비행의
시대

비행의 시대

77개의
키워드로 살펴보는
항공 우주 과학 이야기

장조원

사이언스북스
SCIENCE BOOKS

머리말

인류의 오랜 바람이던 비행이 성공한 이후 '더 빠르게, 더 높게' 비행하자는 목표가 항공학 발전의 가장 큰 동인(動因)이었고, 비행기의 속도는 제1차, 2차 세계 대전을 겪으며 1970년대까지 가파르게 증가했다. 그 이후의 정체는 항공 기술의 진보가 지지부진해서라 아니라 경제성 때문이다. 대부분의 수송기들은 음파의 속도보다 느린 아음속으로 비행하며, B787이나 A380과 같은 최신 여객기들도 음속을 초과하지 않는다. 음속 근방에서 항력이 급격히 증가해 연료 소비가 커지고 구조적인 문제를 유발하기 때문이다. 그렇지 않으면 퇴역한 콩코드처럼 음속을 훌쩍 넘는 초음속 여객기로 제작해야 한다. 따라서 이제 항공 산업은 '더 빠르게, 더 높게' 라는 철학보다는 '더 안전하게, 더 저렴하게, 더 친환경적으로' 라는 철학에 따라 움직이고 있다는 것을 이해해야 한다. 최근에는 드론(drone, 무인기)과 같은 경제적이고 실용적인 비행체들이 우리 생활에 파고들고 있다.

1908년 8월 8일은 윌버 라이트가 프랑스 르망에서 최초의 실용적인 비행기를 시범 비행을 통해 공개한 날이다. 이날을 현대 항공의 시작일이라 할 수 있다. 현대 항공이 시작된 지 100여 년이 지난 오늘날, 항공 우주 과학은 놀랄 정도로 발전했다. 항공 선진국은 이미 1930년대부터 비행기 제작에 관한 기술을 체계적으로 구축하고 심지어 1940년에는 실제 비행 현상을 지상에서 시뮬레이션할 수 있는 풍동 장치까지 설치했다. 그 당시 후학 양성은커녕 일제 강점기에 미래를 내다볼 수 없는 처지에 있던 우리와는 비교도 할 수 없었다. 그러나 1990년대 중반 한국항공우주연구원이 독립하고, 국방과학연구소, 한국항공우주산업(주) 등이 구조 시험 설비, 중형 풍동, 발사체 시험 설비 등을 갖추고 후발 주자로 발돋움하기 시작했다.

이제 우리는 중등 훈련기(KT-1), 고등 훈련기(T-50), 한국형 기동 헬기(KUH), 한국형 전투기 사업(KF-X), 고속 무인기, 나로호 발사체 사업, 인공위성 등을 개발하며 항공 우주 선진국으로 나아가려 부단히 노력하고 있다. 최근 한국항공우주산업(주)이 2025년까지 총 8조 7000억 원이 투입될 한국형 전투기 사업을 본격적으로 개발하는 기회를 맞이했다. 이제 스텔스 설계가 일부 적용된 쌍발 엔진의 중급 전투기가 2021년쯤 우리 영공을 처음으로 나는 모습을 자랑스럽게 볼 수 있게 된 것이다.

항공 우주 산업은 초일류 국가 진입에 필요한 새로운 미래 전략 산업이며, 아울러 고용 창출 효과가 높은 선진국형 지식 기반 고부가가치 산업이다. 우리나라가 범국가적으로 발전시켜야 할 기술에는 에너지 분야를 비롯해 첨단 융합 기술 등이 손꼽히지만 그중에서도 단연 항공 우주 산업이 있다. 항공 우주 산업은 국가의 기술 수준과 산업 역량을 종합적으로 구현하는 시스템 산업이기 때문이다.

나는 어려서부터 장난감 조립 비행기를 여러 대 분해하고 조립하고 때로는 비행기를 망가뜨려 가며 곁에 둘 정도로 무척 좋아했다. 지금도 비행기 소리를 들으면 심장이 뛰고 가슴이 뭉클해진다. 그래서 자연스럽게 항공 우주 공학을 전공해 좋아하는 분야에서 일할 수 있는 행운을 누릴 수 있어 감사하게 생각하고 있다. 또 이런 행운이 나와 같은 꿈을 가진 후학들뿐만 아니라, 아직 꿈을 정하지 못하고 있는 청소년들에게도 전해지기를 바라며, 항공 우주 과학이 힘들고 어렵기만 한 분야가 아니라 누구나 꿈꿀 수 있는 학문이라는 것을 대중들에게 알릴 수 있는 재미있는 책을 만들고 싶었다.

『비행의 시대』는 항공 우주 분야 키워드 77개를 통해 인류가 어떻게 하늘을 바꿔 왔는지를 탐구한다. 1부에서는 비행의 시대에 잊지 못할 순간들을 만든 11개의 사건이 등장한다. 2부에서는 기술의 개발과 역사를 대변하는 비행기들을 엄선하면서 국산 고등 훈련기 T-50까지 소개한다. 3부에서는 수학적 공식을 가능한 한 사용하지 않고, 비행에 적용되는 자연 법칙과 이에 따른 기본 이론과 함께 이론이 등장했던 당시의 역사적 배경도 설명한다. 4부는 비행과 관련된 항공 과학 11대 비밀을, 5부는 비행 중인 항공기에서 발생할 수 있는 11가지 중요 현상을 다루고 있다. 비행의 시대가 만들어지기까지 각계각층에서 두드러진 활약을 펼친 인물들을 소개한 6부와 7부에서는 과학자와 발명가를 비롯해 대중들의 사랑을 받은 작가와 조종사, 우주 비행사들이 나온다.

책에 들어갈 사진을 기꺼이 제공한 한국항공우주산업㈜, ㈜대한항공, 아시아나항공㈜ 관계자 분들께 깊은 감사를 드린다. 끝으로 많은 젊은이들이 항공 우주 업계를 이끌, 능력 있는 차세대 항공 우주 리더들로 성장했으면 좋겠다. 또한 이 책이 많은 이들의 지적 호기심을 자극하고, 하늘에 대한 끝없는 도전과 탐구 정신을 키우는 계기가 될 수 있다면 더 바랄 것이 없겠다.

2015년 5월
장조원

차례

머리말 5

1부

비행의 시대를 만든 11개의 사건

1 : 생체 모방에서 탄생한 비행기 15

2 : 전쟁과 금속제 비행기의 출현 21

3 : 제2차 세계 대전과 공군의 등장 29

4 : 20세기 여객기의 발달 35

5 : 최초 제트 여객기 코멧의 불운 69

6 : 세계 최초 후퇴익 항공기의 등장 73

7 : 역사상 최악의 항공기 사고 79

8 : 초대형 여객기 A380의 탄생 91

9 : 맨몸으로 초음속을 돌파한 남자 97

10 : 인간, 달을 밟다 111

11 : 조종사와 카르티에 시계 121

2부

우리가 꼭 알아야 할 비행기 11대

12 : 비행기 개발의 원동력이었던 글라이더 127

13 : 첫 동력 비행을 성공시킨 플라이어 호 135

14 : 하늘을 나는 기차, DC-3 여객기 141

15 : 세계 최초의 실용 제트 전투기, Me 262 149

16 : 최초로 음속의 벽을 돌파한 벨 X-1 155

17 : 첫 초음속 제트 여객기, 콩코드 161

18 : 꼬리 날개가 없는 B-2 전략 폭격기 165

19 : 21세기 항공기 설계 능력을 보인 사이테이션 X+ 179

20 : 하늘의 지배자, 스텔스 F-22 전투기 185

21 : 우주 여행이 가능한 화이트 나이트 193

22 : 국산 초음속 고등 훈련기, T-50 골든 이글 199

3부

비행기를 지배하는 11개의 자연 법칙

23 : 날기 전에 기억해 둘 주요 물리량   207

24 : 비행기에 적용되는 물리 법칙들   217

25 : 비행기는 뉴턴의 제2법칙을 준수한다   223

26 : 에너지 보존 법칙을 따르는 고속 비행기   229

27 : 엔트로피 증가 법칙과 비행기   233

28 : 항공기 날개에서 춤추는 과학   239

29 : 첨단 비행기와 팽이의 회전 원리   247

30 : 비행기 성능을 어떻게 예측할까?   251

31 : 압축성 흐름과 고속 항공기의 발달   257

32 : 항공기 속도 범위에 따른 속도 측정 원리와 방법   265

33 : 입체적이고 복잡한 도로, 하늘 길   277

4부

아무도 가르쳐 주지 않는 항공 과학 11대 비밀

34 : 비행기 조종사가 되려면?   289

35 : 여객기의 지연과 결항에 숨겨진 비밀   295

36 : 항공기 날개는 어떻게 진화했나?   301

37 : 비행기 조종석의 이모저모   313

38 : 비밀스러운 비행 장치   323

39 : 압축 공기를 주입하지 않는 항공기 타이어   353

40 : 한눈에 보는 항공기 엔진의 발달사   359

41 : 자동 조종 장치의 비밀   367

42 : 현대판 창과 방패, 레이다와 스텔스 장치   377

43 : 항공기의 무덤이 있다고?   383

44 : 헬리콥터가 시끄러운 이유   387

5부

알수록 재밌는 비행 시 발생 현상 11개

45 : 항공기에 나타난 흰색 구름과 충격파 현상 393

46 : 여객기는 난기류와 벼락을 어떻게 피할까? 403

47 : 엔진 나셀 스트레이크의 역할 421

48 : 항공기 중량과 균형의 중요성 435

49 : 비행 중에 꼬리 날개가 부러지면? 449

50 : 조종사와 여객기의 피로 457

51 : 항공기가 등속 원운동을 할 수 있을까? 469

52 : 비행기 속도 측정 장치 및 속도의 분류 473

53 : 센서 구멍이 막혀 추락한 여객기 489

54 : 우주에서 날리는 연 495

55 : 숟가락으로 볼 수 있는 와류 505

6부

비행의 시대를 만든 사람들

56 : 비행체를 고안한 천재 과학자, 레오나르도 다 빈치 509

57 : 비행 현상의 근본 법칙을 알아낸 아이작 뉴턴 513

58 : 공기 역학의 범용 공식을 유도한 베르누이와 오일러 517

59 : 비행 시뮬레이션 공식을 유도한 나비에와 스토크스 525

60 : 근대 로켓의 선구자, 고더드와 치올콥스키 531

61 : 세계 최초로 동력 비행에 성공한 라이트 형제 537

62 : 냉전 시대 우주 경쟁의 맞수, 폰 브라운과 코롤료프 547

63 : 최고의 공기 역학자, 프란틀과 제자 폰 카르만 559

64 : 비행기 형상을 한 단계 끌어올린 리처드 휘트콤 569

65 : 미국의 천재 항공기 설계자, 앨버트 '버트' 루탄 575

66 : 뉴턴의 양력 계산 오류 579

7부

비행의 시대를 사랑한 사람들

67 : 상상의 나래를 펼친 작가, 쥘 베른과 생텍쥐페리   585

68 : 항공기 제조 회사를 창업한 록히드 형제와 휴즈   591

69 : 최초 대서양 횡단 비행에 성공한 찰스 린드버그   599

70 : '잘못된 방향'의 조종사, 코리건   603

71 : 용병 비행단 플라잉 타이거즈의 셰놀트와 보잉톤   607

72 : 제2차 세계 대전의 에이스, 베이더와 리처드 봉   613

73 : 세계 최초 남녀 우주 비행사, 가가린과 테레슈코바   619

74 : 미국 최초의 남녀 우주인, 존 글렌과 샐리 라이드   625

75 : 『코스모스』의 저자, 칼 세이건   631

76 : 세계 최고의 여성 조종사, 에어하트와 웨그스태프   635

77 : 달 궤도 랑데부를 창안한 존 후볼트   643

참고 문헌   647

도판 저작권   653

찾아보기   655

1

비행의 시대를 만든
11개의 사건

1

생체 모방에서 탄생한 비행기

인류는 새나 곤충 등 생체를 모방해 아이디어를 얻고 수많은 시행착오를 겪어 왔다. 자연계에서 새나 곤충과 같이 비행이 가능한 동물은 수십억 년에 걸쳐 자연도태와 돌연변이를 통해 효율적인 형태로 진화했다. 천재 과학자 레오나르도 다 빈치(1452~1519년)는 새가 날개 치는 모습을 연구해 위아래로 퍼덕이는 날개를 장착한 오니숍터(ornithopter)의 설계도를 그렸다. 그러나 실제 비행은 시도조차 못하고 단지 날아오르는 꿈만 품었다.

　1804년에 조지 케일리(George Cayley, 1773~1857년)는 새와 같이 위아래로 퍼덕여야 날 수 있다는 통념을 깨고, 고정식 날개를 갖는 글라이더를 제작했다. 그가 제작한 글라이더는 현대 항공기 형상을 한 첫 번째 비행기로 간주되며, 이때부터 비행기 개념이 생기기 시작되었다고 한다. 그 이후 라이트 형제가 동력 비행에 성공한 1903년까지 약 100년

오토 릴리엔탈의 비행

동안에 항공 발전은 아주 더디게 이루어졌다. 그렇지만 고정익 비행기 개발은 끊임없이 시도되었으며, 동력 장치를 갖춘 고정익 비행기도 등장했다.

오토 릴리엔탈(Otto Lilienthal, 1848~1896년)은 케일리의 이론을 계승하고 1889년 『항공 기술의 기초로서 새의 비행』을 저술한 글라이더의 선구자다. 릴리엔탈은 새의 날개와 꼬리 모양을 본떠 글라이더를 제작해 직접 비행도 했다. 그는 황새의 비행을 정확하게 설명하는 기초적인 연구를 수행했으며, 날개의 양력과 항력비의 특성을 나타내는 극선도(polar diagram, 여러 변수들의 관계를 나타내는 방법 중의 하나로 그린 그래프)도 사용했다. 릴리엔탈은 새처럼 비행하기 위해 위아래로 날개치기 운동을 하는 플래핑 날개(flapping wing)를 모방해 비행 기계를 만들고, 공기보다 무거운 유인 글라이더를 개발했다. 오로지 비행에만 집중해 모든 것을

갈매기의 비행

바친 그는 1896년 8월에 글라이더 비행 중 17미터 상공에서 추락해 사망했다. 《맥클루어 매거진(McClure's Magazine)》에 '나는 인간'으로 소개되었던 릴리엔탈은 라이트 형제가 비행에 관심을 갖는 데 크게 기여했다.

윌버 라이트(Wilbur Wright, 1867~1912년)와 동생인 오빌 라이트(Orville Wright, 1871~1948년)는 인류 최초로 조종이 가능하고 동력 장치가 장착된, 공기보다 무거운 비행기를 개발했다. 그들은 1899년부터 비행 자료를 수집해 옥타브 샤누트(Octave Chanute, 1832~1910년)의 글라이더를 모방하고, 릴리엔탈의 공력 데이터를 참조해 글라이더를 제작했다. 처음에는 충분히 날 수 있는 양력을 얻지 못했지만, 에어포일 형상을 풍동 시험으로 수정해 양력 문제를 해결했다. 4차에 걸친 이륙을 통해 260미터 거리의 동력 비행에 성공한 라이트 형제는 오하이오 주 데이턴으로 돌아가 비행 시험 연구를 지속적으로 수행했다. 그들은 최초의 실용적인 비행기를 개발하고 1908년에 유럽에서 시범 비행하는 데 성공함으로써 인류 최초의 동력 비행이라는 업적을 인정받는 데 기여했다. 라이트 형제는 자연을 모방한 연구 결과를 활용해 동력 글라이더를 발명했으며, 현재까지 사용되는 조종법을 고안해 최초의 동력 비행에 성공한 것이다.

항공 초기 시대에는 하늘을 날기 위해 새나 곤충 등을 모방하는 방법으로 아이디어를 얻었다. 자연의 생명을 모방하여 기술을 얻는 생체 모방 공학(biomimetics, 바이오미메틱스)은 그리스 어로 생명을 의미하는 'bios'와 모방을 의미하는 'mimesis'에서 왔다. 이 용어는 미국 엔지니어인 오토 슈미트(Otto Schumitt, 1913~1998년)가 1969년 제3회 국제 바이오 물리학 회의에서 처음으로 사용했다. 생물학자인 재닌 베니어스(Janine Benyus, 1958년~)는 1997년 『생체 모방(Biomimicry)』을 집필해 생체 모방 분야가 실질적으로 학문 분야로 인정받는 데 커다란 역할을 했고, 1998년에 생체 모방 학회를 공동으로 설립해 생체 모방을 하나의 학문 분야로 성장시키는 데 기여했다.

세계 자연 보전 연맹(IUCN, International Union for Conservation of Nature)에서 2008년 10월에 선정한 '자연의 100대 베스트 기술' 가운데 항공 관련 기술은 돌고래와 고래를 모방한 항력 감소 기술(73위)과 거북복(Ostracion cubicus)을 이용해, 공기 저항이 적고 연비가 뛰어난 자동차 설계에 관한 기술(74위)이다. 혹등고래는 지느러미에 있는 요철 형태의 돌기가 와류(vortex)를 발생시켜, 느린 속도와 높은 받음각에서도 양력을 크게 발생시킨다. 이것을 풍력 터빈에 적용해 바람 속도가 느리고 높은 받음각 상태에서도 양력을 크게 발생시키며 회전하도록 했다.

거북복의 몸체는 딱딱한 갑판으로 덮여 있으며, 몸체 횡단면은 상자처럼 사각형 형태인데도 불구하고, 물속에서 소용돌이를 만들어 저항을 줄인다. 독일 메르세데스-벤츠 사가 2010년에 공개한 미래형 자동차 바이오닉카는 거북복이 각이 져 둔하게 생겼어도 항력이 작게 진화했을 것이라는 데에서 영감을 얻었다. 또 박쥐를 모방한 레이다 기술(88위)도 항공 관련 기술로 볼 수 있다. 박쥐가 어두운 동굴 속에서도 부딪치지 않고 잘 나는 것은 콧구멍에서 나오는 초음파를 통해 반사되는 진동의 세기와 시간으로 물체를 인식하기 때문이다.

자연계는 헤아릴 수 없을 만큼의 삶과 죽음을 통해 진화해 왔다. 잠자리는 두 쌍의 날개로 1초에 약 20~30회 날갯짓을 하면서 전·후방으로 비행한다. 2010년 12월 한국항공운항학회 추계 학술 대회에서 발표한 잠자리의 날갯짓에 관한 논문에서는 두 쌍의 날개가 서로 간섭하는 현상에 대해 자세히 밝혔다. 잠자리는 앞뒤 날개의 간섭으로 인해 오히려 양력을 감소시키지만, 공력 중심을 이동해 나름대로 안정성을 유지하는 역할을 한다.

송어는 초저항의 형상으로 진화했으며 송어를 위에서 본 형상은 저항이 아주 작은 날개 모양을 하고 있다. 인간의 지식과 경험으로 개발한 초저항 날개 형태와 동일한 모양이다. 결국 최적 설계로 초저항 날개 형상을 개발해 낸 결과가 결국은 자연을 못 쫓아간다는 의미로 볼 수 있다. 38억 년 전 지각이 형성된 때부터 쌓인 자연의 지혜는 결국 인류의 훌륭한 스승인 셈이다.

2

전쟁과 금속제 비행기의 출현

1910년대 초기에 비행기는 곡예용, 스포츠용에 불과했지만 제1차 세계 대전(1914~1918년)이 발발하자 급속도로 성능이 향상되고 실용화되었다. 비행기는 기구와 비행선에 비해 속도가 빨라 전쟁에서 생존율도 높았다. 전쟁 초반부터 공중에서의 우세가 지상전에 미치는 영향이 크다는 것이 인정되어 제공권 개념이 생겼고, 제공권을 확보하지 않고는 승리를 쟁취할 수 없다는 것이 경험을 통해 증명되었다.

제1차 세계 대전 당시 항공기 설계자들은 항공기 설계를 개선해 우수한 항공기를 제작하기보다는, 좀 더 많이 생산하는 데 중점을 뒀다. 그래서 비행기 자체보다 비행과 관련된 부분의 발전에 더 많은 공헌을 했다. 또 신뢰성이 있는 비행기를 제작하기 위해 단엽기보다는 복엽기(날개가 위 아래로 두 개인 비행기)를 선호했다. 비행기가 무기로서 전쟁을 수행하는 데 급급했기 때문이다. 제1차 세계 대전 때의 항공 기술은 전투

모랭솔니에르 L형

기, 정찰기, 폭격기 등 용도에 따라 명확하게 분류되었고, 복엽기 위주의 프로펠러 추진식 전투기를 많이 사용했다. 특히 전투기를 대량 생산하면서 공업 수준이 크게 향상한 것은 주목할 만한 일이다.

제1차 세계 대전 초기에 비행기는 전투용이 아닌 정찰용으로 사용되었다. 전쟁 초기에 주로 정찰 비행을 수행했으며, 적기를 만나면 권총이나 장총 등으로 사격하는 정도였다. 나중에는 기관총을 장착한 정찰기가 나와 본격적인 공중전이 시작되었다. 세계 최초의 전투기 모랭솔니에르 L(Morane-Saulnier L) 단엽기는 조종석 앞부분에 구경 8밀리미터 기관총을 장착했다.

롤랑 갸로(Roland Garros, 1888~1918년)는 제1차 세계 대전에 참전한 항공 발달 초기의 프랑스 전투기 조종사로서 1909년 산토스-뒤몽의 드모아젤(Demoiselle) 단엽기로 비행하기 시작했다. 1911년 블레리오 단엽기로 비행 훈련을 받고 유럽 비행 경기에 참가했으며, 1913년 단엽기인 모랭솔니에르로 바꾸고 프랑스 남부 프레주에서 북아프리카 튀니지 비제르트까지 논스톱 지중해 횡단 비행을 해 제1차 세계 대전 전에 이미 유명한 조종사가 되었다. 갸로는 다음해 제1차 세계 대전이 발발했을 때 입대했다.

제1차 세계 대전 당시 공중전 초기에 전투기는 프로펠러의 회전과는 상관없이 전방-기관총이 발사되므로 프로펠러에 손상을 입혔다. 그래서 기관총은 항공기 전방에 있는 프로펠러 방향을 피해 항공기 측방 또는 후방 쪽으로 발사되었다. 프로펠러에 맞아 반사되는 문제는 조종사 각자가 개인적으로 개선해 사용하고 있었다. 1914년 12월 갸로는 에스커드릴 MS 26(Escadrille MS 26) 정찰기를 조종했으며, 프랑스 항공기 설계자인 레몽 솔니에르(Raymond Saulnier, 1881~1964년)와 같이 기총 사격을 할 때 발생하는 문제점을 해결하고자 했다. 그는 총알이 맞는 프로펠러의 후면에 금속 편향판(deflecting plate)을 장착해 전방으로 발사할 수 있는 방법을 고안했다. 강판으로 된 편향판은 전방으로 발사된 총알이 프로펠러를 뚫지 못하게 해 프로펠러를 보호했다. 갸로는 1915년 4월 항공기에 편향판을 장착해 최초의 전투기인 모랭솔니에르 L로 독일 항공기 3대를 격추시켰으며, 세계 최초의 에이스로 알려졌다. 그러나 세계 최초의 전투기 에이스라는 것은 잘못 알려진 것으로, 세계 최초의 에이스는 제1차 세계 대전 중 6대를 격추시킨 프랑스의 아돌프 페고(Adolphe Pegoud, 1889~1915년)다.

프로펠러 자체를 강판으로 제작해 어느 정도 효과를 보았지만 실질적으로는 총알이 프로펠러에 맞아 튕겨 나와 낭비되거나 조종사에게 위협이 되었으며, 무게가 증가해 추력 소모가 심했다. 금속 편향판은 독일이 차단 기어(interrupter gear)를 개발하는 과정에 중요한 역할을

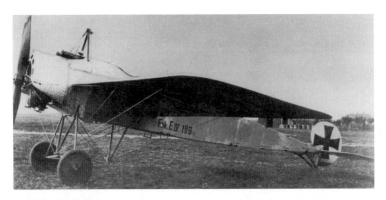

독일 포커 E IV 전투기

했다. 편향판이 장착된 갸로의 항공기가 1915년 4월에 고장으로 독일 전선 쪽에 불시착했다. 포로로 잡히기 전에 항공기를 불태웠지만 편향판이 장착된 프로펠러와 총은 남아 있었다.

갸로의 전투기를 조사한 항공기 제작자 '앤서니' 포커(Anton Herman Gerard 'Anthony' Fokker, 1890~1939년)가 이끄는 독일 항공기 엔지니어 팀은 프로펠러 회전 동기식(synchronized) 전방 발사 기총과, 동기화 장치가 부착된 기총 차단 기어(interrupter gear, 프로펠러가 기관총구 앞을 지나갈 때 발사되지 않는 혁신적인 장치)를 개발했다. 포커 E 전투기는 프로펠러가 회전하면서 총구 앞에 없을 때만 총알이 발사되는 장점을 충분히 발휘해 프랑스에 큰 타격을 가했다.

독일은 전쟁 시작 후 1916년까지는 제공권을 장악해 비행선 체펠린(Zeppelin)으로 영국 본토를 장거리 폭격해 영국을 공포의 도가니로 몰아넣었다. 1916년 체펠린 비행선 14대는 런던 상공을 침입한 후 수백 톤의 폭탄을 투하해 영국에 엄청난 피해를 입혔다. 그후 독일은 공습을 계속했으나 덩치가 크고 느린 비행선으로는 임무를 수행할 수 없었다. 1915년 영국 육군 비행단은 모랭솔니에르 L형 50대를 구입해 정찰기로 활용했으며, 1915년 6월 처음으로 체펠린 LZ.37 비행선을 파괴했다.

전쟁 초기인 1914년에 전투기 시초는 비무장 정찰기였다. 당시 전형적인 항공기 엔진은 90마력(67.1kW)이었지만 전쟁 말기에는 220마력(164.1kW) 엔진으로 강력해졌다. 항공기의 속도는 전쟁 초기에 시속 145킬로미터 정도였지만 1918년 전쟁 말기에는 시속 230킬로미터 정도로 증가했다. 4년 4개월 동안 목재 비행기가 총 18만 대나 생산되어 전쟁 중 비행기의 효용 가치를 실감나게 했다. 초기에 나무와 천으로 만들어지던 기체는 엔진의 추력이 점점 향상되면서 강철 프레임 위에 합판이나 알루미늄을 씌운 것으로 바뀌게 되었다.

1915년에 융커스 사(Junkers, 1895년 휴고 융커스가 설립한 항공기 제작 회사)는 처음으로 독일 정부와 2인승 금속제 비행체를 개발하는 계약을 맺었다. 1915년 9월에 융커스 사는 J1을 설계하기 시작해 같은해 11월에

세계 최초의 금속제 비행기 융커스 J1

금속제 단엽기를 완성했다. 융커스 J1이 바로 세계 최초의 금속제 비행체다. 또 정찰 및 연락용 융커스 J4는 융커스 사가 처음으로 생산한 금속제 항공기로 일엽반기(sesquiplane, 아랫날개가 윗날개의 절반 이하의 면적을 지닌 복엽기) 항공기다. 1917년 1월에 첫 비행을 한 이 정찰기는 1919년에 생산을 중단할 때까지 총 227대가 생산되었다.

항공기 재료로 각광을 받고 있는 금속은 알루미늄 합금인 두랄루민(duralumin)이다. 두랄루민은 독일의 야금학자인 알프레드 빌름(Alfred Wilm, 1869~1937년)이 1906년에 발명한 것으로 구리 4퍼센트, 마그네슘 0.5퍼센트를 알루미늄에 넣은 합금으로서, 빌름이 소속된 '뒤렌(Düren) 금속 회사의 알루미늄'을 가리킨다. 빌름은 1901년 알루미늄 합금에 시효 경화(age hardening)라는 특별한 성질이 있다는 것을 발견했다. 즉 두랄루민을 섭씨 500~510도의 고온으로 가열한 후 물속에서 급랭시켜 매우 연한 상태로 만든 후 실내 온도에서 수일 동안 놔 두면 서서히 단단해져서 강하게 되는 것이다. 두랄루민은 철강 정도의 강도에 무게는 철강의 3분의 1정도로 가볍기 때문에 항공기 재료로 많이 사용된다.

두랄루민은 체펠린 비행선의 단단한 뼈대의 구조물에 이용되어 하늘을 날아다니는 금속으로 아주 유명해졌다. 융커스 사는 J1을 제작하면서 얻은 경험을 융커스 J7 전투기에 적용했으며, 더 많은 두랄루민을 사용했다. 독일은 융커스 D.I(공장 명칭은 Junkers J9) 저익 단엽 전투기에 두랄루민 항공기 구조 기술을 본격적으로 적용했다. 이 전투기는 실용화된 첫 금속제 전투기로 1917년 9월에 첫 비행을 했다. 두랄루민은 1920~1930년대 비행선의 구조물 재료로 지속적으로 사용되었다.

금속제 비행기가 출현한 것은 1920년대와 1930년대의 항공 기술의 특징이기도 하다. 1930년대 초기에 강하면서도 가벼운 두랄루민은 모노코크 구조물(외부 스킨으로 비행체의 구조 하중을 견디게 하는 구조물)에 적용되고 항공기 재료로 빠르게 전파되었다. 1930년대에 두랄루민을 사용한 비행기가 확산되었으며, 비행기는 급속도로 발전해 전투나 수송에 있어 중요한 역할을 담당하게 되었다.

비행기는 두랄루민의 발명으로 더욱 발전했으며, 빌름이 개발한 초기의 두랄루민보다 더 강력한 초두랄루민(super duralumin)이 개발되었다. 1931년 미국이 개발한 초두랄루민(두랄루민 AA2024는 무게비로 알루미늄이 93.5퍼센트이고 구리가 4.4퍼센트, 마그네슘이 1.5퍼센트, 망간이 0.6퍼센트임)은 두랄루민 속의 마그네슘을 0.5퍼센트에서 1.5퍼센트로 양을 늘린 것이다. 1936년에 일본은 초두랄루민보다도 더 강한 초초두랄루민을 개발했다. 개량된 합금은 가공하기 쉬우며 가격도 비교적 저렴하기 때문에 복합 재료와 함께 항공기 재료의 주류를 차지한다.

1927년에 포드 자동차 사(Ford Motor Company)가 항공 사업에 진출해 전체가 금속으로 제작된 3발 엔진 여객기 '포드 트라이모터(Ford Trimotor)'를 제작했다. 트라이모터는 초기 두랄루민의 강도가 높지 않아 물결 모양으로 주름을 만들어 강도를 높였다. 트라이모터는 명칭대로 3대의 엔진을 장착했으며, '틴 구스(Tin Goose, 양철 거위)'라 부르기도 했다. 우편물 수송이 아닌 승객을 수송한 첫 비행기로 승객 12명을 탑승시킬 수 있었다. 트라이모터는 순항 속도 시속 145킬로미터이고 항속 거리 885킬로미터로 당시 가장 높이 가장 빠르게 비행한 항공기다. 1929년 11월에는 번트 벌렌(Berndt Balehen, 1899~1973년)은 포드 트라이모터 단엽기를 이용해 처음으로 남극을 비행하기도 했다.

미국의 첫 민간 수송기 포드 트라이모터

3

제2차 세계 대전과 공군의 등장

제2차 세계 대전(1939~1945년)은 1929년에 비롯된 세계 경제 대공황기 이후 식민지를 보유하지 못한 독일, 이탈리아, 일본 등이 주변국을 침략하면서 발생했다. 연합국으로 프랑스, 영국, 미국, (구)소련, 중국 등이 참전해 모든 강대국들이 전쟁을 수행하게 되었다. 이 전쟁을 통해 미국과 (구)소련을 주축으로 동서진영으로 구분되어 냉전 시대에 진입하는 결정적인 계기가 되었다. 여러 가지 면에서 제1차 세계 대전의 연장이라고 볼 수 있는 제2차 세계 대전은 인류 역사상 인명 피해(민간인을 포함한 사망자 추정치 3500만~6000만 명)가 가장 큰 전쟁이었다.

제2차 세계 대전 당시 독일은 자동차를 개발하면서 획득한 엔진 기술의 파급 효과로 인해 우수한 성능의 비행기를 개발할 수 있는 세계 최고의 항공 기술이 있었던 만큼 최강의 공군력을 보유했다. 전쟁 초기에 독일은 하인켈(Heinkel), 메서슈미트(Messerschmitt), 융커스 등과 같은 전투기를 사용했다. 전쟁 후반에 독일은 포케불프(Focke-Wulf) FW 190, 메서슈미트 Me 262 등을 개발했으며, 제트기의 개발을 계기로 고속 비행기 시대에 돌입했다. 또 이 시기에 최초의 공대공 미사일인 독일의 R4M 로켓이 등장했으며, 단독 무기로서 V-1, V-2 로켓 등 지대공 미사일 및 대륙 간 탄도 미사일이 출현했다.

전쟁 초기에 그러면 F6F 헬캣(F6F Hellcat)을 사용한 미국은 전쟁을 통해 다양한 종류의 비행기를 설계해 30만 대 이상을 생산했다. 전쟁의 후반에 개발된 항공기는 미국의 록히드 P-38 라이트닝(P-38 Lightening), F-51 머스탱(F-51 Mustang), F4U 콜세어(F4U Corsair) 등이 있다. 비행기는 전쟁 중에 무기 체계로서의 중요성 때문에 극히 짧은 기간에 실용화가 이루어져 급격히 발전했다. 전투기들은 제2차 세계 대전 말 제트 전투기가 개발될 때까지 시속 600킬로미터 이상의 속도를 내며 성능이 향상되고 더욱 정교해졌다.

특히 포드 사는 역사상 가장 많이 생산된 B-24 리버레이터(B-24 Liberator) 폭격기를 개발했다.(모두 1만 848대 생산되었음) 이 폭격기는 1939년 12월 첫 비행을 하고, 1941년에 연합군에 투입되어 군사력의 균형을 깨뜨리는 역할을 했다. 포드 사의 윌로우 런 공장은 1941년에 33만 제곱미터 이상 대지에 건립된 세계 최대 규모의 항공기 조립 공장으로 전쟁에 필요한 항공기를 생산하는 데 큰 역할을 했다.

항공기는 제1차 세계 대전 때 군사적 목적으로 최초로 사용되었다. 초기에 비행기를 운영하는 부대는 공군으로 독립하지 않고, 육군 또는 해군 소속의 항공단으로 활동했다. 그렇지만 영국은 제1차 세계 대전 당시 독일의 런던 공습으로 인해 심리적으로 큰 충격을 받아 반드시 제공권을 장악해야 한다는 공감대를 갖고 있었다. 이를 계기로 영

B-24 리버레이터

국은 1918년에 육군과 해군에 따로 소속되어 있던 항공단을 공군으로 독립시켰다. 영국은 다른 나라에 비해 아주 일찍 공군의 중요성을 인식해 공군을 창설하고 공군력을 대폭 확장시켰다. 이외에도 캐나다는 1920년, 이탈리아는 1921년, 프랑스는 1934년에 비교적 일찍 공군을 독립시켰다.

독일은 제1차 세계 대전에 패배한 후 군비 확장이 금지되자, 1935년 비밀리에 공군을 창설했다. 그러나 미국이나 ⑺소련, 중국, 일본 등은 제2차 세계 대전 때에도 육군이나 해군 소속의 항공단으로 운영했고, 별도로 공군을 독립시키지 않았다.

제2차 세계 대전 당시 미국 육군 항공대는 그 지역의 최고 야전 사령관만이 지휘할 수 있어 공군이나 다름없는 독립성을 유지했다. 그러므로 미국 육군 항공대는 소속만 육군일 뿐이지 독립적인 조직이나 다름없었다. 미국 공군은 1947년 9월 18일에 창설되어 미국 육군 항

F-86 세이버

공대에서 독립했고, 2012년 현재 35만 명의 병력과 9,000여 대의 군용기를 보유하고 있다.

한국은 공군이 창설되기도 전에 미국 육군 7사단 항공대로부터 L-4 연락기 부품 10대분을 인수받아 조립해 육군 항공대를 설립했다. 한국 공군은 1949년 10월 1일 육군 항공대에서 독립해 창설되었다. 공군은 한국 전쟁 중인 1950년 7월 3일 첫 출격을 했으며, F-51 머스탱 전투기를 미국으로부터 인수해 휴전할 때까지 대략 8,500회 출격했다.

1950년 6월 25일에 한국 전쟁이 발발하자 미국의 F-86, ㈜소련의 미그-15(Mikoyan-Gurevich MiG-15)와 미그-17과 같은 제트 전투기들이 처음으로 실전에 참가해 제트 전투기 시대에 돌입했다. 첫 제트 전투기

미그-15

1953년 9월 21일 북한 공군의 노금석 상위가 몰고 귀순한 미그-15기를 미국 공군에서 도장한 것이다.

끼리의 공중전은 1950년 11월 8일에 미국 공군 F-80 조종사 러셀 브라운(Russell Brown) 중위가 미그-15를 격추한 것이다. 한국전에서 직선익(항공기 동체에 대해 직각으로 된 날개)인 F-80이 미그기에 비해 성능이 열세이자 미국은 후퇴익(항공기 동체 중심선에 대해 수직인 선보다 뒤쪽으로 기울어져 있는 날개)인 F-86 세이버로 교체했다. 그래서 한국 전쟁 당시 활약한 대표적인 전투기는 F-86 세이버와 미그-15라 할 수 있다. F-86 세이버 전투기는 미그-15보다 더 빠른 속도를 낼 수 있었다. 이를 장점으로 활용해 미군 F-86 조종사들은 미그-15를 철저하게 제압했다.

한국 공군은 한국 전쟁을 거치면서 L-4 연락기를 공군 정찰 비행대에 편성해 지상군을 지원하고, 미국으로부터 F-51 머스탱 전투기를 도입해 꾸준히 전력을 증강했다. 한국 공군은 1952년 첫 단독 전투 출격을 수행했으며, 휴전 무렵에는 총 110대의 항공기를 보유한 공군으로 성장했다. 2015년 현재 한국 공군은 미국 공군이 사용하는 F-15E 스트라이크 이글을 개량한 최신형 F-15K 전폭기 60대와 KF-16 전투기 140여 대, F-4 팬텀 70여 대 등 전술기 약 460대를 포함한 총 500여 대의 항공기를 보유해 막강한 전력을 자랑하고 있다.

4
—
20세기 여객기의 발달

1903년 12월 17일 라이트 형제가 인류 최초로 동력 비행에 성공한 이래 110여 년이 지난 오늘날 항공 우주 과학은 급속도로 발전했다. 항공 선진국은 이미 1930년대부터 NACA 에어포일 시리즈를 시험하고, 본격적으로 여객기들이 날아다니기 시작했다. 2000년대는 A380, B787 등과 같이 최첨단 기술로 제작된 초대형기가 도입되고 환경 친화적인 여객기들이 전 세계를 누비고 있다. 여객기들이 어떻게 발달했는지 알아보자.

1900년대 (비행기의 탄생)

1903년 12월 17일에 미국의 라이트 형제가 노스캐롤라이나 주 키티호크 근처의 킬데빌힐스 모래 바닥에서 인류 최초로 동력 비행에 성공했다. 그렇지만 비행 시간이 59초에 불과해 실생활에 적용할 수 있는 실용적인 비행기가 되지 못했다. 그들은 오하이오 주 데이턴으로 돌아가 허프먼 목장(Huffman Prairie)에서 철저히 비밀을 유지하며 플라이어 호를 개선해 1905년에는 실용적인 비행기를 보유하게 되었다.

라이트 형제는 각각 프랑스와 미국 육군이 제안한 시험 비행을 나누어 맡기로 했다. 형 윌버 라이트가 1908년 8월 8일 프랑스 르망(Le Mans) 근교 유노디에르 경주장에서 조종한 플라이어 호는 승객과 화물을 나를 수 있는 가능성을 보였다. 이때가 최초의 실용적인 비행기를 공개한 시범 비행이자 진정한 현대 항공의 출발 시점이다. 오빌 라이트는 1908년 9월 3일부터 미국 버지니아 주 알링턴의 포트마이어 육군 기지에서 시범 비행을 시작했다. 1908년 9월 9일 오전에 30미터 상공에서 57분 동안 비행했고, 같은 날 오후 62분 15초를 기록해 처음으로 1시간 넘는 비행에 성공했다.

1908년 포트마이어에서의 오빌 라이트의 비행

1903년 당시 플라이어 호는 유용하중(useful load, 승객, 연료, 오일, 기타 항목 무게)과 구조물의 사하중(dead weight, 자체 무게로 인해 항상 작용하는 고정하중)의 비가 20:80이었지만, 1904년에는 27:73으로 향상되었다. 라이트 형제는 1905년에 유용하중과 사하중의 비를 32:68까지 개선했으며, 1909년 미국 육군에 판매한 항공기는 34:66까지 향상되었다. 유용하중이 전체 하중의 34퍼센트여서 승객뿐만 아니라 무기까지 탑재할 수 있었다. 라이트 형제가 1909년 미국 육군에 '플라이어 A'를 납품한 것은 세계 최초의 군용기를 제작한 기록이다. 1908년과 1909년 당시에는 비행기의 속도가 상대적으로 느려 커나드(canard, 프랑스 어로 '오리'라는 뜻으로 항공기 주날개 앞부분에 장착된 작은 날개) 형상이 가능했다. 그러나 항공기 속도가 시속 160.9킬로미터(시속 100마일)를 초과함에 따라 커나드 형상은 조종하기에 너무 민감해 자취를 감추게 되었다. 따라서 1910년 이후에는 현재의 일반적인 비행기 모습대로 꼬리 날개에 부착된 엘리베이터(elevator, 비행기의 상승 및 하강을 도와주는 역할을 하는 승강타)와 러더(rudder, 비행기의 방향을 좌우로 바꾸는 데 도와주는 방향타)를 합쳐 동체 뒷부분에 장착했다.

1910년대

일종의 오락용품으로 여겨졌던 항공기는 1910년경 화물을 옮기는 상업용으로 쓰였다. 1911년 2월에 복엽기로 인도 알라하바드에서 나이니까지 약 9.7킬로미터를 비행해 6,500통의 우편물을 수송한 것이 세계 최초의 공식적인 항공 우편 비행이다. 이후 우편 비행이 활성화되면서 1911년 9월 16일 그레이엄-화이트 항공사(Grahame-White Aviation

미국 최초로 발행된 항공 우표. 비행기가 뒤집어진 상태로 인쇄되었다.

company, 1911년 영국 헨던에 설립된 항공 회사)는 프랑스 비행기로 런던 북부 헨던에서 윈저까지 29킬로미터 거리의 우편 비행을 했다. 한편 미국은 1918년 5월 뉴욕과 워싱턴 D. C. 간 최초로 항공 우편 서비스를 시행했으며, 이탈리아에서도 1917년 포미리오 복엽기로 로마와 토리노 간 항공 우편 비행을 시행했다. 1918년 5월 13일에 미국 최초로 발행된 항공 우표 중 뒤집어진 상태로 나온 커티스 JN-4(일명 제니) 일부가 우체국 직원의 실수로 시중에 유통되었다. '거꾸로 된 제니(Inverted Jenny)'라 불리는 24센트짜리 우표는 희소성으로 인해 2013년 현재 약 100만 달러라는 엄청난 가격으로 거래된다.

1914년 여름에 제1차 세계 대전이 발발하자 비행기는 급격하게 성능이 향상되고 실용화되었다. 막상 전쟁이 시작되었을 때 적어도 전 세계 비행기의 반 정도는 단엽기 형태였다. 그렇지만 1918년 전쟁이 끝날 무렵 대부분 항공기는 오히려 복엽기 형태로 바뀌었다. 갑작스럽게 증가한 비행기 수요로 인해 단엽기보다는 신뢰성이 있는 복엽기를 선호했기 때문이다. 1914년 전쟁 발발 당시 항공기의 속도는 시속 145킬로미터 정도였지만, 1918년 전쟁이 끝날 무렵 시속 225~241킬로미터로 빨라졌다. 당시 항공기 속도는 KTX의 영업 최고 속도인 시속 300킬로미터보다 느렸다.

유럽의 항공 산업은 라이트 형제 이후 미국에 뒤졌으나, 제1차 세계 대전이 발발하면서 비행기가 전쟁 무기로 사용됨에 따라 미국을 앞지른다. 제1차 세계 대전 기간 동안 영국, 프랑스, 독일 등은 나라마다 평균 6만 대의 군용기를 생산했다. 유럽의 항공 산업은 제2차 세계 대전이 발발할 때까지 미국을 앞서나갔지만, 제2차 세계 대전 동안 미국은 항공 우주 산업을 부흥시켜 유럽을 앞지르는 계기를 마련한다. 미국 정부가 NACA(National Advisory Committee for Aeronautics, 1915년 창설된 국립 항공 자문 위원회, 1958년 NASA로 확대 개편되었음)를 창설하는 등 나름대로 노력을 했고, 유럽에 비해 직접적으로 전쟁 피해를 입지 않았기 때문이다. 제2차 세계 대전 동안 미국이 생산한 군용 항공기만 28만 대에 달해 항공 산업이 부흥했다. 대전 후에도 미국으로 이주한 독일 과학자들은 미국의 항공 산업에 크게 기여해 결국 미국은 유럽의 항공 산업을 앞지른다.

1913년 러시아는 최초로 조종실 및 객실을 갖춘 4발 여객 수송기 시코르스키 일리아 무로메츠(Ilya Muromets)를 개발했다. 최초의 여객기 일리아 무로메츠는 1914년 2월에 16명의 승객을 태우고 첫 시범 비행에 성공했으며, 엔진과 구조물이 닳아서 못쓰게 되어 1922년에 퇴역했다.

1915년 12월 핸들리 페이지 O/400(Handley Page O/400)는 영국에서 제작한 복엽기 형태의 공군 폭격기로 첫 비행을 했으며, 제1차 세계 대전에 활용되었다. 핸들리 페이지 사(Handley Page Aircraft Company, 프레더릭 핸들리 페이지가 1909년에 세운 영국의 항공기 제조 회사)는 2대의 핸들리 페이지 O/400(Handley Page O/400) 폭격기를 1918년 4월부터 약 7개월간 여객기로 구조 변경했다. 이 여객기는 총 1800명 이상의 승객을 영국 켄트 주 림픈에서 영불해협(영국의 남동부와 프랑스의 북동부 사이에 있는 30~40킬로미터 거리의 해협)을 건너 프랑스 칼레 근처 마르키스까지 수송했다. 정기적으로 운항을 하지 못했지만 향후 정기적인 운항 가능성을 보여 주었다.

프랑스는 처음에 폭격기로 설계했지만, 1919년에 상업용으로 바뀐 14인승 여객기 파르망 F. 60 골리앗(Farman F. 60 Goliath)을 제작했다. 이 여객기는 복엽기로 1919년 1월에 첫 비행을 했으며, 1920년 3월에는 런던-파리 항로에 취항했다. 이 여객기는 최대 속도가 시속 140킬로미터로 총 60대가 제작되었으며 1931년에 퇴역했다.

한편 독일의 융커스 사는 민간용 여객기로 세계 최초의 금속제 여객기(기체 전체를 두랄루민 금속으로 제작한 비행기) 융커스 F.13을 개발해 근대 수송기의 기초를 마련했다. 이 여객기는 1919년 6월 첫 비행에 성공

융커스 F.13 여객기

했으며, 세계 각국에 수백여 대가 판매되었다. 단엽기 형태의 융커스 F.13은 4~5인이 탑승 가능한 소형 여객기로, 다양한 파생형의 수송기로도 생산되었다.

한편 1919년에 존 알콕(John Alcock)과 아서 브라운(Arthur Brown)은 비커스 비미(Vickers Vimy)로 캐나다 뉴펀들랜드에서 아일랜드의 클리프덴까지 3,040킬로미터를 16시간 27분 동안 비행해 단독 비행은 아니지만 첫 대서양 횡단 비행에 성공했다. 이 당시 장거리를 비행하기 위한 대형 다발 엔진 항공기가 제대로 개발되지 않아 장거리 비행은 아주 위험한 모험이었다.

1920년대

영국은 제1차 세계 대전이 끝난 당시에 경제성이 좋지 않았던 여객기 사업을 엄두도 못 내고 있었다. 영국의 정책은 항공사들이 정부의 지원 없이 '스스로' 비행하게 하는 것이었다. 그러나 항공사들의 항의와 국회 로비를 통한 정부의 적절한 지원으로 항공 서비스가 유지되었다. 프랑스에서는 정부가 초기의 항공사들에게 도움을 주었으며, 독일도 마찬가지로 정부가 항공 서비스를 원조해 항공사들이 살아남도록 도움을 주었다.

제1차 세계 대전 동안 항공 기술이 급격히 발전했지만, 전쟁 이후 항공 수요가 감소해 제대로 유지되지 못했다. 그렇지만 유럽에서는 수송 수단으로 비행기를 이용하려는 움직임이 나타나기 시작했다. 1920년대 당시 비행을 상업용으로 활용하기에는 문제가 있었는데도 불구하고, 항공기가 미래의 수송을 담당할 것이라는 풍조가 확산되었다.

포커 F.VII b/3m 트라이모터 단엽기

포커는 암스테르담에 네덜란드 항공기 제작소를 설립했다. 그는 독일의 유능한 항공기 설계자 발터 레델(Walter Rethel, 1892~1977년)을 고용해 포커 F.VII(Fokker F.VII) 여객기를 제작했다. 1924년 출시된 포커 F.VII은 고익기 형태의 단엽기로 설계되었지만, 나중에 포커 사의 수석 설계가인 라인홀트 플라츠(Reinhold Platz, 1886~1966년)가 트라이모터(엔진 3기)로 바꾸었다. 포커 F.VII b/3m은 1920년대 후반부터 1930년대 전반까지 여객 수송의 기록을 세워 성공을 거뒀다.

1920년대는 상업용 항공기가 시작된 시기로 대표적인 여객기로 융커스 G. 24, 포드 트라이모터(Ford Trimotor, Ford 5-AT) 등을 들 수 있다. 포드 트라이모터(틴 구스)는 전체가 금속으로 1926년 6월에 처음으로 비행을 시작했으며, 1933년 6월까지 총 199대가 생산되었다.

미국 최초의 국제 항공 운송 회사는 1920년 10월에 기존의 항공사를 합병한 에어로마린 웨스트 인디스 에어웨이(Aeromarine West Indies

융커스 G. 24 여객기
저익기 형태의 금속제 3발 단엽기로 1924년 9월 첫 비행을 수행했다. 1926년 5월 1일 독일 루프트한자 항공사는 융커스 G. 24로 베를린에서 쾨니히스베르크까지(약 400킬로미터 거리) 세계 최초로 승객들을 야간 비행으로 운송하기 시작했다. 종전에는 조종사가 비상 탈출할 수 있는 우편이나 화물 비행만이 야간에 이루어졌는데 엔진이 꺼질 경우 야간에 강제 착륙하는 것은 아주 위험하기 때문이었다. 융커스 G. 24는 항법 및 계기 비행 장치 덕분에 야간에 안전하게 운송할 수 있었다.

Airways)이며, 복엽기인 에어로마린 모델 75(군용 비행정인 F.5L을 구조 변경한 여객기)로 1920년 11월 1일에 플로리다 주 키웨스트에서 쿠바 하바나까지의 국제 비행을 최초로 수행했다. 이 회사는 정부 보조금도 없이 너무 일찍 항공 운송을 시작해 결국은 운영 적자로 1924년에 파산했다. 그러자 미국 정부는 1925년 켈리 법안(Kelly Act, 민간업자의 항공 우편 취급에 대한 항공법)을 통과시켜 항공 운송 분야를 활성화시켰다. 이 당시 등장한 여러 항공사들은 항공 우편 항로를 놓고 서로 경쟁하며 빠르게 성장했다.

1920년대의 항공기는 프로펠러를 손으로 강제 구동시켜 시동을 걸었으며, 1927년이 되어서야 관성 시동기(inertia starter)를 이용했다. 1920년대의 항공기는 미국 우편국이 개발한 점등 항로 시스템(lighted airway system) 덕분에 부분적으로나마 야간 비행을 할 수 있었다.

1930년대

1930년대는 미국 윌슨 대통령(1856~1924년, 재임 기간 1913~1921년)이 중점적으로 육성한 항공 산업이 빛을 발하기 시작한 시대다. 이 시대는 여객기의 도입 시대로 미국이 항공 산업을 주도했으며 19인승 융커스 Ju-52, 10인승 B247, 77인승 B-314, 14인승 DC-2, 21~32인승 DC-3, 45인승 M-130, 38인승 B307 등이 대표적인 여객기다.

1930년대 초반 순항 속도가 시속 200~250킬로미터 수준에서 시속 300킬로미터 이상으로 향상되었다. 고속 순항의 요구를 충족하기 위해 접개들이 착륙 장치(retracting landing gear)도 개발되었다. 비행기의 성능이 향상됨에 따라 비행 고도가 높아지자, 공기 밀도가 낮아지면서 추력이 감소했고, 이를 위해 추력을 증가시킬 수 있는 가변 피치 프로펠러(엔진 가동 중에 프로펠러 깃의 피치 각도를 자유롭게 조정할 수 있는 프로펠러)가 개발되었다. 또 공기를 압축해 공급하는 과급기가 개발됨에 따라 항공용 왕복 기관의 성능이 크게 향상되었다. 이외에도 항공기는 보편화된 고공 비행으로 인한 산소 부족에 대비해, 산소 마스크와 여압실(높은 고도를 비행하는 항공기 내부는 기압이 낮으므로 지상의 기압에 가깝게 공기의 압력을 높여 놓은 객실)을 갖추었다. 미국에서의 야간 비행은 1930년대 들어서 활발해졌지만 유럽은 1934년까지도 착륙 라이트를 갖춘 항공기를 찾아보기 힘들었다.

1930년대에 도입된 수송기는 종전의 항공기에 비해 성능 면에서 획기적으로 발전했다. 상업용 보잉 300 모노메일(B 300 Monomail)은 전체가 금속제인 단엽기로 가변 피치 프로펠러를 갖추지는 않았지만 현대 여객기의 특징을 가진 비행기다. 1930년 맥나리 워터스 법안(McNary Waters Act)으로 인해 일부 항공사가 독점했던 항로가 개방되자 항공사끼리 통폐합이 일어나 아메리칸 에어라인, TWA(Trans World Airlines, 미국의 항공사로 1930년도부터 운영되기 시작했으며, 2001년 아메리칸 항공사에 합병된 항공사) 이스턴 에어라인(Eastern Air Lines, 1926년 4월 설립되어 1991년 1월에 파산한 미국의 항공사), 유나이티드 에어라인, 팬암(Pan Am, Pan American World Airways, 1927년 3월 창립된 항공사로 1991년 1월 델타 항공사에 병합됨) 등 미국의 5대 항공사가 등장했다. TWA는 트랜스컨티넨탈과 웨스턴 에어 익스프레스가 합병해 탄생한 항공사다.

시코르스키 S-40(Sikorsky S-40)은 1930년대 초기 이고르 시코르스키(Igor Sikorsky, 1889~1972년)가 만든 수륙양용 비행정(flying boats)이다. 이 여객기는 1931년 10월 팬암 사에 처음 인도되었으며, 첫 클리퍼(Clipper, 쾌속 대형 비행정)를 아메리칸 클리퍼라 명명했다.

융커스 Ju-52는 제2차 세계 대전 때 활약한 독일 공군의 3발 수송기로 1932년부터 1945년까지 제작된 독일의 트라이모터 수송기다. 1930년대와 1940년대 민간용으로 여객 또는 화물기로 사용되었으며 군수용으로는 수송기뿐만 아니라 중폭격기로 사용되었다. 1930년 10월 13일 단발 기체가 첫 비행을 했고, 392킬로와트짜리 엔진을 3기 장착한 기체는 1932년부터 등장했다. Ju-52 여객기는 승무원 2명과 탑승객 15~17명을 태우고 순항 속도 시속 245킬로미터로 비행할 수 있다. Ju-52 시리즈는 총 4,835대 생산되었으나 거의 격추당하고 독일이 패망한 뒤 수십 대만 남았다. 이 수송기는 1932년부터 히틀러의 전용 비행기로도 활용되었지만, 1939년 9월에 4발 단엽기인 포케불프 FW 200 콘도르(Focke-Wulf FW 200 Condor)로 교체되었다.

보잉 사(Boeing Defense, Space & Security) 최초의 여객기인 B247은 세미모노코크(semi-monocoque) 구조로 제작된 금속제 쌍발 저익기 형태의 단엽기다. B247은 최초의 현대적인 여객기라 할 정도로 혁신적으로 설계되었으며, 1933년 2월 8일 첫 비행을 하고 5월에 바로 상업 비행을 시작했다. 그러면서 전형적인 상용 항공 운송의 모습을 보여 줬지만 경제적인 문제로 총 75대만 제작되었다. 이 여객기는 승객 10명을 태우고 순항 속도 시속 304킬로미터로 1,207킬로미터 거리를 비행할 수 있다.

더글러스 항공사(Douglas Aircraft Company, 1921년 도널드 더글러스가 설립한 항공기 제작사로 1967년 맥도넬 항공사와 합병해 맥도넬 더글러스 사로 변경됨)의 쌍발 DC-1은 보잉 B247의 성능을 능가하는 여객기로 1대만 제작되었다. 이 여객기는 가변 피치 프로펠러와 530킬로와트 엔진 2기를 장착했으며, 1933년 7월에 첫 비행을 했다. TWA는 DC-1을 기본으로 하고 더 강력한 추력으로 보강해 14인의 승객을 탑승할 수 있는 여객기 DC-2를 20대 주문했다. DC-2는 1934년 5월 첫 비행을 하고 나서 바로 TWA에게 인도되었다. 1934년 TWA의 DC-2 여객기는 기차로 90시간 소요되는 로스앤젤레스에서 뉴욕까지 13시간 4분의 비행 기록을 수립했다. 특히 좌석을 21~32석으로 늘린 DC-3는 1935년 12월 첫 비행에 성공했으며, 운임만으로 운항 비용을 충당할 수 있었다. 따라서 DC-3는 민간 여객기 시장을 장악해 1939년에는 미국 여객기의 75퍼센트를 차지했다. 이 여객기는 1939년 제2차 세계 대전이 일어난 직후 C-47 스카이트레인이라는 군용 수송기로 전환되었다.

DC-2, DC-3 여객기가 등장하게 되면서 여객기는 급속도로 발전한다. 마틴 M-130은 메릴랜드 주 볼티모어에 위치한 글렌 엘 마틴 사(Glenn L. Martin Company)가 1935년에 제작한 상용 비행정(수상 비행기)이다. 이 비행정은 항속 거리 5,150킬로미터로 차이나 클리퍼, 필리핀 클리퍼, 하와이 클리퍼 등 3대만 제작되었다. 마틴 M-130은 620킬로와트짜리 엔진 4개를 장착했으며 승무원 6~9명과 탑승객 36명(야간 18명)을 태우고 순항 속도 시속 209킬로미터로 비행할 수 있는 여객기다.

한편 보잉 사는 B247에 이어 항속 거리 5,896킬로미터인 장거리 여객기인 B-314 클리퍼를 개발했다. 이 클리퍼는 태평양을 논스톱으로 횡단하지는 못했지만 당시 항속 거리가 가장 긴 기종이다. 팬암 사

보잉 B-314 클리퍼(장거리 비행정)

가 마틴 M-130의 항속 거리를 능가하는 비행정을 요구해, 보잉 사가 1938년부터 1941년까지 B-314 클리퍼 12대를 제작했다. 보잉 사는 종전에 취소된 XB-15의 46미터짜리 날개폭을 채택하고 엔진 추력을 보강해 1,200킬로와트짜리 엔진 4기를 장착했다. B-314 클리퍼는 1938년 6월 7일에 첫 비행을 했으며, 승무원 11명과 탑승객 68명(야간 36명)을 태우고 순항 속도 시속 302킬로미터로 비행할 수 있다.

이와 같이 1930년대에 새로운 여객기의 개발과 더불어 미국은 세계 최고의 상용 항공 시스템을 개발했다. 또 미국의 팬암 사는 단독으로 라틴아메리카 루트를 개척하기 시작했다. 팬암 사는 클리퍼를 뉴욕-리우데자네이루-부에노스아이레스 항로에 운항하며, 남아메리카 전역으로 항로를 확장했다. 1935년 11월에 팬암 사는 샌프란시스코를 출발해 하와이, 미드웨이 제도, 웨이크 섬, 괌을 경유해 필리핀 마닐라에 이르는 환태평양 항로 비행을 최초로 성공했다. 1936년 이후에도 비행정의 일부 시험용 항공기만이 태평양을 횡단했다. 당시 미국은 개인 및 기업가의 열정, 정부의 지원, 풍부한 경제력, 지리적인 환경 등 다양한 요소들을 갖춰 상업용 항공을 주도했다.

1935년에 항공 우편은 샌프란시스코와 필리핀을 연결하는 정기적인 태평양 횡단 비행을 통해 이뤄졌다. 당시에는 태평양을 횡단할 수 있는 장거리 비행기가 없어, 몇몇의 중간 기착지를 거쳐 항공 우편 비행을 수행했다. 또 1939년에는 정기적인 북대서양 횡단 항공 우편 비행이 시작되었다.

1938년 여압실 기능이 있는 보잉 B307 스트라토라이너(Stratoliner)가 처음으로 선을 보였다. 보잉 B307은 최초로 여압 장치를 갖춘 4발 여객기로서 6.1킬로미터(2만 피트) 고도에서 비행하고, 여압 장치는 2.4

킬로미터(8,000피트) 고도에 맞춰졌다. 이 여객기에는 승무원 5명과 승객 33명이 탑승했으며, 총 10대만 생산되었다. 제2차 세계 대전 당시 대형 폭격기 B-17 플라잉 포트리스(Flying Fortress)로 개량되었다.

1940년대

제2차 세계 대전 중인 1940년대는 미국이 피스톤 엔진을 장착한 대형 여객기 기술을 확보해, DC-4, L. 049, DC-6 등 대표적인 여객기를 제작했다. 1936년부터 설계가 시작된 4발 엔진의 DC-4는 1942년 첫 비행을 했다. 미국 육군 항공대에서는 DC-4를 C-54 스카이마스터라 부른다. DC-6는 DC-4와 동일한 날개를 장착했지만, 동체가 확장되고 엔진 추력이 증가되었다.

미국은 제2차 세계 대전을 통해 다양한 종류의 비행기를 설계해 28만 대 이상을 생산했다. 특히 B-17 플라잉 포트리스와 B-29 슈퍼포트리스(Superfortress) 폭격기를 대량 생산해, 독일과 일본을 상대로 전략 폭격을 감행했다. 비행기는 전쟁 중에 무기 체계로서의 중요성 때문에 극히 짧은 기간에 실용화가 이루어지고 급격히 발전해 왔다. 미국의 항공기 제작사들은 군사용 폭격기로 4발 수송기를 개발했다. 이것은 전쟁 후 쉽게 민간용 여객기로 전환할 수 있기 때문에 미국에게 민간 항공을 육성하는 데 도움을 주었다. 또 미국은 엄청난 항공기 설계 및 제작 기술을 확보했다.

제2차 세계 대전 동안 아음속과 천음속(transonic velocity, 비행체 주위의 흐름에 음속 이하인 아음속과 음속 이상인 초음속 부분이 공존할 때의 비행체의 속도) 영역의 항공기를 개발할 수 있는 모든 기술 요소가 확립되었다. C-97에서 군

B-29 에놀라 게이

사용으로 개발된 B-29 슈퍼포트리스 폭격기는 보잉 사에서 만든 4발 프로펠러 구동 폭격기로, 1942년 9월에 첫 비행을 한 후 1944년 5월 제2차 세계 대전에 투입되었다. 제2차 세계 대전 때 가장 세련된 프로펠러 구동 폭격기인 B-29는 원격 조종용 총기와 여압실, 강력한 엔진 등을 갖추었다. 이 폭격기는 미국 전역의 공장에서 생산되어 2년도 안 돼 500대가 태평양 전쟁에 사용되었다. 1946년 생산이 중단될 때까지 3,960대가 생산되었는데, 그중 1,620대는 보잉 사가 캔자스 주 위치타에 위치한 공장에서 생산했고, 나머지는 마틴 사(Martin)의 네브라스카 주 오마하 공장과 벨 사(Bell)의 조지아 주 마리에타 공장에서 생산되었다. B-29 폭격기는 약 9톤의 폭탄을 적재할 수 있고 최대 속도 시속 576킬로미터이며 탑승 인원은 10~14명이다.

폭탄을 투하한 B-29 폭격기의 애칭인 에놀라 게이(Enola Gay)는 기장인 폴 티베츠(Paul W. Tibbets) 대령의 어머니 이름으로 명명된 것이다. 에놀라 게이는 정찰을 담당한 다른 B-29 폭격기 2대와 함께 일본 현지 시각 1945년 8월 6일 오전 8시 15분 17초에 히로시마에 첫 원자 폭탄을 투하해 14만 명을 사망케 했다. 워싱턴 D. C. 동남쪽 메릴랜드 주 수틀랜드에 위치한 가버 시설(Paul E. Garber Facility)에서 1984년부터 복원해 2003년부터 워싱턴 D. C. 덜레스 공항에 있는 스티븐 우드바-헤이지 센터 국립 항공 우주 박물관에 전시되고 있다.

폭탄 투하 3일 후인 1945년 8월 9일 오전 11시 2분 미국 공군 B-29 복스카(Bockscar)는 일본 나가사키에 두 번째 원자 폭탄을 투하해 7만 3000여 명을 사망케 했다. 이 항공기 진품은 오하이오 주 데이턴에 있는 미국 국립 공군 박물관에 전시되어 있다. 나가사키 원폭 투하 당시 에놀라 게이는 기상 정찰 항공기로 비행했으며, 세 번째 B-29 폭격기인 그레이트 아티스트(Great Artiste)는 두 번의 원폭 투하 임무에 관측 항공기로 비행했다. 1946년 B-29 폭격기 생산이 중단된 이후에는 대부분 공중 급유기로 개조되었다.

폭격기의 설계 및 제작 기술은 전쟁 후 장거리 수송기 및 여객기 제작 기술에 직접적으로 응용되어 B-29를 C-54 수송기로 개량했다. 또 C-54 수송기 설계 및 제작 기술은 더글러스 DC-4, DC-6, DC-7, DC-8 등의 여객기로 발전했으며, 장거리 여객 수송 분야에서 미국의 주도권을 유지할 수 있게 했다. 제2차 세계 대전 종료 후 미국과 (구)소련은 독일의 많은 항공 기술자들을 활용해 제트 항공기 시대를 맞이하였으며 동서 진영 무기 개발 경쟁을 시작했다.

제2차 세계 대전은 항공 수송에 있어 설계와 제작 능력의 향상, 대서양, 태평양 등을 건널 수 있는 장거리 항공기, 대형기의 제작 등과 같은

3가지 주요한 변화를 가져왔다. 1950년대 초기에 4발 프로펠러 구동 여객기인 DC-6(더글러스 항공사에서 제작한 항공기로 1946년에 처음 비행했으며 700대 이상 제작됨)과 록히드 C-121 컨스텔레이션(Constellation, 록히드 사가 1943년에서 1958년까지 캘리포니아 버뱅크에서 856대 생산), C-97에서 민간 여객기로 개발된 보잉 B377 스트라토크루저(Stratocruiser, 1947년 7월 첫 비행) 등은 중장거리 항공기의 요구를 충족시켰다.

미국 최초의 제트 전투기는 벨 사가 제작한 P-59로 1942년 10월 1일에 첫 비행을 했으며, 시속 약 600킬로미터로 순항할 수 있었다. 이 제트 전투기는 전쟁에 투입되지는 않았지만 향후 터보제트 추진 항공기를 개발하는 밑거름이 되었다. F-80 슈팅스타와 T-33A 고등 훈련기 등의 제트기를 개발하면서 제트기 시대에 돌입한다.

1950년대(제1세대 제트 수송기)

1950년대는 대형 프로펠러 여객기가 정착된 시기로 후퇴익과 가스터빈기관이 도입되었으며, 대표적인 여객기로는 DC-7, B377, Tu-104, B707, DC-8 등이 있다.

영국은 전쟁 이후 드 하빌랜드 사의 DH 106 코멧(Comet, 1949년 7월 첫 비행)이란 최초 제트 추진 민간 여객기를 제작했다. 코멧은 1952년 5월 2일에 영국 해외 항공사(BOAC, British Overseas Airways Corporation, 영국의 항공사들이 1939년에 국유화되면서 통합된 항공사 명칭으로 1981년에 브리티시 에어웨이즈로 개명됨)에 의해 처음으로 런던과 요하네스버그 간 정기 항로에 취항했다. 그러나 코멧 여객기는 창문의 피로 균열(fatigue crack, 재료가 반복적으로 하중을 받아 발생하는 균열로 구조물 파괴의 주요 원인이 되기도 함)로 인해 1954년 1월과

4월에 연속적인 대형 비행 사고가 발생했다. 제2차 세계 대전 이후 미국의 보잉 사는 군용 항공기에서 상업용 항공기로 전환을 해 1957년에 미국 최초의 제트 4발 여객기인 B707(보잉 사의 707번째 프로젝트여서 B707로 명명되었으며 1957년 12월에 첫 비행을 수행했음)을 개발했다. 이 여객기는 1958년 팬암 사에서 유럽 노선에 투입해 최초의 대서양 횡단 항로와 제트 여객 항로를 개설하는 기록을 남겼다.

1950년대 중반부터 최초로 여객 수송에 도입되어 항공 교통의 혁명을 유발한 초기의 제트 수송기를 제1세대 제트 수송기(first generation jet transport)라 한다. 제1세대 제트 수송기는 미국 보잉 사의 B707, 프랑스의 쉬드 아비아시옹 카라벨(Sud Aviation Caravelle), 미국 더글러스 사의 DC-8 등 3종류가 있다.

B707은 엔진 4기를 지닌 협폭 동체(narrow-body, 여객기 객실에 복도가 1개인 폭의 중·소형 여객기) 여객기로 1958년부터 1979년까지 1,010대 생산되었다. B707은 포디드 엔진(podded engine, 엔진을 외부로 빼내기 위해 파일론에

대표적인 제1세대 제트 수송기 B707

장착한 엔진)과 **후퇴익**(sweptback wing, 후퇴각이 없는 직선 날개를 뒤로 젖힌 날개. 후퇴각이 커질수록 속도가 음속에 접근하더라도 날개 윗면의 충격파 발생을 늦추는 역할을 함) **형태**로 설계되었다. B707-120은 1957년 12월 첫 비행을 했으며 B707의 동체 설계는 나중에 B727, B737, B757 등의 동체 설계에 활용되었다. 이 여객기는 보잉 사의 첫 제트 여객기로 초기 생산 기종(B707-120, -220, -320)은 터보제트 엔진을 장착했으나 엔진 효율이 떨어져 나중에 B707-420, -520, -620, -700, -820 기종에는 터보팬 엔진(turbofan engine, 대형 팬, 압축기, 연소실, 터빈 등으로 구성된 가스 터빈 엔진)으로 교체했다. 한편 미국의 록히드 사는 U-2 고고도 정찰기를 개발해, 1955년 8월에 첫 비행을 수행하고 전략 정찰을 실시했다.

쉬드 아비아시옹 카라벨은 프랑스 쉬드 아비아시옹 사(Sud Aviation)에서 제작한 단·중거리 제트 여객기다. 카라벨은 유럽 시장뿐만 아니라 미국 시장까지 진출한 여객기로 크게 성공한 1세대 제트 여객기 중 하나다. DC-8은 더글러스 사가 1958년부터 1972년까지 556대 제작한 협폭 동체의 상용 제트 여객기다. 1958년 5월 첫 비행을 했으며, 4기의 터보제트 엔진(DC-8 Series 40부터는 터보팬 엔진을 장착함)을 장착했다.

한편 미국의 F-86, F-84 등의 제트 전투기는 한국 전쟁을 통해 미그-15와 공중전을 벌였다. 한국 전쟁을 통해 (구)소련의 항공 기술력이 상당 수준에 올라와 있었다는 것이 입증되었다. 이에 미국은 항공 우주 기술에 박차를 가해 센추리 시리즈(Century series, F-100에서 F-106까지의 미국 전투기의 그룹 명칭)로 F-100, F-101, F-102, F-104, F-105, F-106 등 다양한 종류의 신형 전투기를 개발했다. 1950년대 초기의 여객기는 속도가 대략 시속 273킬로미터였으며 여압실을 갖춰 4.6~6.1킬로미터(1만 5000~2만 피트) 고도에서 비행할 수 있었다.

1960년대(제2세대 제트 수송기)

1960년대는 효율이 높은 터보팬 엔진이 도입되고 설계기법이 확장되었으며, 여객기의 속도는 시속 500킬로미터보다 더 빠르게 향상되었다. 이 당시 대표적인 여객기는 DC-8-60, B707-320, 비커스 VC-10(Vickers VC-10) 등이 있다. 보잉 사는 B707이 DC-8에 밀리자 더글러스 사를 제치기 위해 재설계한 B707-320을 출시했다. 보잉 사가 제트 엔진을 동체 후방에 장착한 B727(1963년 2월 첫 비행)을 출시했으며, 이에 더글러스 사도 제트 엔진을 동체 후방에 장착한 DC-9(1965년 2월 첫 비행)을 출시했다. 또 보잉 사의 단거리 여객기인 B737은 초기 반응은 별로였지만 나중에 폭발적으로 좋은 반응을 얻었다.

제2세대 제트 수송기는 1960년대에 시제품 형태(prototype form)로 첫 비행을 했던 제트 수송기로 효율이 높은 터보팬 엔진을 본격적으

대표적인 제2세대 제트 수송기 DC-9
더글러스 사의 DC-9은 쌍발 단일 복도의 제트 여객기로 1965년 2월에 첫 비행을 했으며, 델타 항공사에서 1965년 12월에 도입했다. 이 여객기는 1965년부터 1982년까지 지속적으로 개량되어 생산되었으며, DC-9의 50시리즈는 최종 생산품으로 1974년에 첫 비행을 했다.

로 사용한 수송기를 말한다. 제2세대 제트 수송기로 HS-121(Trident, 첫 비행 연도 1962년), VC-10(1962년), B727(1963년), Tu-134(1964년), DC-9(1965년), F-28(1967년), B737(1967년), Tu-154(1968년) 등이 있다.

B727은 협폭 동체(narrow body) 여객기로 승객 149~189명을 태우고 4,400~5,000킬로미터 거리를 비행할 수 있는 중거리 여객기다. B727-100은 1963년 2월에 첫 비행을 했으며 1964년 2월에 취항했다. 보잉 사는 3기 엔진을 장착한 여객기로 B727만을 유일하게 제작했다. B727 여객기는 공항 소음 규정 때문에 허시 키트(hush kit, 엔진 소음을 줄이기 위한 장치로 B737-200, DC-8, DC-9, Tu-154 등에 장착됨)를 갖추었다.

B707은 터보제트 엔진을 날개 중간 내부에 장착하지 않고 날개와 분리해 날개 밑에 장착했는데, 화재가 발생했을 때 동체나 날개 내부에 장착된 엔진에 비해 위험성이 적다. B727은 날개에 앞전 슬랫과 플랩을 장착함에 따라 주날개에 엔진을 장착할 공간이 없어 엔진 3개를 모두 동체의 꼬리 부분에 장착했다. 따라서 B727은 T자 형의 꼬리 날개를 갖게 되었다.

투폴레프 Tu-154는 727과 유사하게 엔진 3기를 장착한 중거리 협폭 동체 여객기다. 이 여객기는 (구)소련의 항공기 설계 기술자인 안드레이 투폴레프(Andrei Nikolayevich Tupolev, 1888~1972년)가 1960년 중반에 설계했다. 이 여객기는 1968년 10월에 첫 비행을 했으며, 아에로플로트 사(Aeroflot)에서 1972년 2월에 도입했다.

미국의 보잉 사는 1960년대 말 소형 단거리 여객기 수요에 부응하기 위해 B737 여객기를 개발했다. 이 여객기는 현재 보잉 사에서 생산 중인 유일한 단일 복도의 협폭 동체 여객기로, 종전의 B707, B727, B757, DC-9, MD-80/90 등과 같은 여객기 시장을 대체한 여객기다.

시애틀 비행 박물관 야외에 전시 중인 B737 프로토타입

1967년 4월 9일 처음으로 비행한 B737기 프로토타입(대량 생산하기 전에 제작해 보는 원형)으로 비행 시험 항공기로 사용되다 1974년 버지니아 주 NASA 랭글리 연구 센터에 인도되어 운송 시스템 연구 항공기로 활용되었다. 저바이패스비의 엔진이 장착되어 엔진 입구 크기가 작은 것을 확인할 수 있다.

B737 여객기는 원래 B707과 B727 여객기로부터 개발된 저가형 쌍발 엔진의 단거리용 여객기로 현재 B737-100부터 B737-900까지 아홉 번 개량되었다. B737여객기는 1967년 이후 지속적으로 제작해 2017년 9월까지 역사상 가장 많은 1만 4147대가 판매되거나 주문된 성공한 여객기다. 2006년 기준으로 출고된 B737기종 중에서 현재 4,500대 정도가 운항 중이며, 약 1,250대가 하늘에 떠 있다. 그러므로 B737 여객기는 심야 시간을 제외하고 전 세계에서 대략 5초마다 한 대가 이·착륙하고 있는 셈이다.

보잉 사는 1964년 5월에 소형 단거리 여객기 시장을 공략하기 위해 50~60명을 탑승시키는 쌍발 여객기를 개발하고자 기본 설계를 수행하기 시작했다. 그러나 1965년 2월에 루프트한자 항공사가 21대를 주문하면서 약 100명의 승객을 태울 수 있는 여객기를 요구해 보잉 사는 115명이 탑승할 수 있는 B737-100을 개발했다. 737-100 여객기는 1967년 4월 첫 비행 후 1968년 2월 루프트한자 항공사의 상용 여객기로 취항했다.

1965년 4월에 미국이 현재의 B737-100보다 약간 큰 여객기를 주문하자 보잉 사에서 동체를 날개 앞뒤로 각각 91센티미터, 102센티미터 늘린 것이 바로 B737-200 여객기다. B737 오리지널 B737-100, 200 여객기들은 프랫 & 휘트니 사(Pratt & Whitney)의 저바이패스비(엔진 입구에서 흡입한 공기 중에서 바깥쪽으로 배출되는 공기와 엔진 중심의 엔진에서 연소시킨 공기의 중량 비율이 작은 경우를 의미함. 바이패스비(bypass ratio)란 엔진 입구에서 흡입한 공기 중에서 바깥쪽으로 보내는 유량과 엔진 중심에서 연소시킨 유량의 비율을 의미함)의 JT8D 터보팬 엔진을 장착했다. 터보제트에서 터보팬 엔진으로 바뀌면서 엔진 입구 지름이 커져 지면과 엔진 사이의 여유 공간이 줄어드는 문제가 발생했다. 보잉 사는 이 문제를 해결하기 위해 나셀 엔진 마운트(engine mount, 엔진의 장착대) 형태로 주날개 밑에 장착하는 여객기(B737-100, 200)를 개발했다. 그 결과 737-100은 수평 꼬리 날개를 727처럼 T자형의 꼬리 날개가 아닌 동체 뒷부분에 장착할 수 있게 되었다. B737 클래식 B737-300, B737-400, B737-500 등은 고바이패스비 엔진을 장착해 소음을 줄이고 연비를 향상시켰다.

비커스 VC-10은 영국의 비커스-암스트롱 항공사(Vickers-Armstrongs Aircraft Ltd)에서 제작한 장거리 여객기로 1962년 6월에 첫 비행한 제트기다. 이 여객기는 1962년부터 1970년까지 54대가 제작되었으며, 영국 해외 항공사(BOAC), 영국 공군, 가나 에어웨이즈(Ghana Airways) 등이 운영한 항공기다. 보잉 사는 1966년 7월에 세계 최대의 747 점보 여객기를 개발하기 시작해 1969년 12월에 시애틀-뉴욕까지 장거리 비행 시험에 성공했다. 1970년 1월에 팬암 사가 처음으로 747 여객기를 도입하고 운항하기 시작해 1970년대로 넘어가면서 점보 여객기 시대를 맞이하게 된다.

1960년대는 미국의 보잉 사, 더글러스 사, 록히드 사 등과 같은 제작 회사들이 여객기 시장을 독점하다시피했다. 이를 견제하기 위해 유럽에서는 중거리 여객기를 개발하기 위한 에어버스 사를 설립하자는 움직임이 있었다.

한편 미국 록히드 사는 마하수 3까지 비행할 수 있는 SR-71 초음속 정찰기(1964년 12월 첫 비행)를 출시했다. SR-71은 1966년 미국 공군에 인도되어 1998년 퇴역할 때까지 총 32대가 생산되었다. 이 초음속 정찰기는 공기의 마찰열을 견디기 위해 티타늄 합금으로 제작되었고 최첨단 항공 기술이 가미된 최고 빠른 항공기다. 베트남 전쟁 (1960~1975년) 중 미국은 센추리 시리즈와 F-4, F-5, A-4, A-6, A-7 등을 운용했으며 미국의 항공 산업체들은 이 시기에 호황을 누렸다.

1970년대(제3세대 제트 수송기)

1970년대는 보잉 사 B747, 록히드 사 L-1011, 맥도넬 더글러스 사 DC-10, A300 등이 대표적인 여객기로 광폭 동체(wide-body, 여객기 객실에 복도가 2개 있는 대형 여객기)와 고바이패스비를 갖는 터보팬 엔진이 도입된 시기다. 보잉 사는 B747을 조립하기에 충분히 큰 워싱턴 주 에버렛 공장을 마련했다. 록히드 사와 맥도넬 더글러스 사는 보잉 사 B747 점보 여객기에 밀려 여객기 사업을 접게 되었다. 1970년대 여객기의 속

대표적인 제3세대 제트 수송기 L-1011

도는 대략 시속 760킬로미터로 1960년대에 비해 크게 증가했다.

1970년대 항공사에서 운항하기 시작한 광폭 동체의 대형 제트 수송기를 제3세대 제트 수송기라 한다. 제3세대 제트 수송기는 보잉 사의 B747, 맥도넬 더글러스 사의 DC-10, 록히드 사의 L-1011 등과 같이 미국에서 제작한 여객기와 에어버스 사의 A300과 같이 유럽에서 제작한 여객기, 그리고 ㈜소련에서 제작한 일류신(Ilyushin) Il-86 등이 있다.

B747는 1960년대 인기 있었던 대형 여객기인 B707의 2.5배 정도 크기의 점보제트(Jumbo Jet) 여객기다. B747은 1969년 2월에 첫 비행을 했으며, 1970년 1월에 팬암 사에서 처음으로 도입했다. Il-86은 일류신 설계국에서 개발한 단·중거리 여객기로 세계에서 두 번째 4기의 엔진을 장착한 광폭 동체 여객기다. 이 여객기는 1976년 첫 비행을 했으며, 1980년부터 아에로플로트, 시베리아 항공, 풀코보 항공 등의 민간 항공사에서 운영되다가 2011년에 퇴역했다.

유럽의 에어버스 사는 유럽에 기반을 둔 항공 회사들의 컨소시엄으

1975년 대한항공이 처음으로 도입한 에어버스 사의 A300

로 미국의 보잉 사과 맥도넬 더글러스 사와 경쟁하기 위해 시작된 항공기 제작사다. 에어버스 사는 1969년 5월 A300 쌍발기(좌석 수 250~361개)를 개발하기 시작했으며, 1972년 10월 28일 첫 비행을 하고 1974년에 감항 증명(민간 항공기가 사전 형식 설계와 일치하고 안전하게 비행할 수 있다는 평가를 받은 증명)을 받았다. 에어버스 사는 A300이 안전성과 경제성이 입증되지 않아 시장의 주목을 받지 못해 심각한 경영난을 겪고 있었다. 대한항공이 1975년 8월 8일에 A300을 도입해 동남아 노선에 투입하면서 안전성과 경제성을 성공적으로 입증해 주었다. 또 미국의 이스턴 에어라인 사(Eastern Airlines, Inc., 1926년에 설립되어 1991년에 파산한 미국 항공사)가 1977년 8월에 미국 제작사를 제치고 A300 여객기 4대를 임대하기로 계약함으로써, 유럽 외 국가에 판매할 수 있는 판로가 열려 경영난을 극복할 수 있었다.

초음속 여객기 콩코드기는 영국과 프랑스를 중심으로 1950년대 말부터 개발을 시작해 1969년 3월에 첫 비행을 했다. 콩코드 여객기는 1976년 1월 정기 노선에 취항했으나, 소음, 대기 오염 등의 문제점이 드러나고 좌석 수가 적어 경제성이 없었다. 콩코드기는 유럽과 미국 사이를 정기 운항하다가 결국 2003년 11월에 역사 속으로 사라졌다. 한편 (구)소련의 초음속 여객기인 투폴레프 Tu-144는 1975년부터 운항하기 시작했지만 각종 비행 사고를 내면서 1978년에 민간 여객기로서의 비행은 중지되었다. 한편 미국은 차세대 전투기 사업으로 각각 F-14, F-15와 F-16을 해군과 공군에 도입했다.

1980년대(제4세대 제트 수송기)

1980년대는 글래스 콕핏(glass cockpit, 조종석 계기판에 전자 디스플레이를 채택하는 방식), 플라이 바이 와이어(fly by wire, 종전의 기계 구조와 유압에 의해 조종면을 직접 연결하는 방식이 아니라 전기적인 신호로 조종면을 제어하는 방식) 등이 도입된 시기로 A310, B767-200, MD-11, B747-400, A320, B757-200 등이 대표적인 여객기다. DC-10은 신형 항공 전자 장비와 엔진 등으로 개량된 MD-11으로 교체되었다. 1980년대 이후의 여객기의 속도는 시속 약 920킬로미터로 향상되었으며, 초음속 여객기가 아닌 이상 아음속기가 낼 수 있는 최대의 경제 속도에 도달했다. 연료 및 수송 효율을 극대화하기 위해 개발된 1980년대의 제트 수송기를 제4세대 제트 수송기라고도 한다.

기존의 B747 여객기의 전자 장비를 개선하고 엔진을 개선한 B747-400을 선보였다. B747-400은 가장 흔한 여객기 버전으로 순항 속도가 마하수 M=0.85(시속 912킬로미터)로 B737, B767, A320, A330 등의 여객기보다 더 빠르다. 2014년 7월 현재 대한항공은 B747-400 여객기 14대와 화물기인 B747-400F 17대, 최신 버전인 B747-8F 5대

대표적인 제4세대 제트 수송기 B767-200

를 보유하고 있다. 아시아나항공은 B747-400 여객기 4대와 B747-400F 화물기 10대를 보유해 운영하고 있다.

보잉 사는 광폭 동체의 여객기인 쌍발 엔진의 B767을 개발했으며, A300과 경쟁하기 위해 B727의 후속기로 B757을 개발했다. B767은 B747보다 작은 규모의 광폭 동체 쌍발 여객기로 1981년 9월에 첫 비행을 하고, 1982년 9월에 유나이티드 에어라인에서 처음으로 도입했다. B767은 B757과 유사하고 일부 설계 형태를 공유하고 있으며, 조종사 자격은 두 기종이 동일해 B767 조종사는 B757 여객기를 조종할 수 있다.

B757은 1982년 2월에 첫 비행을 하고, 1983년 1월에 이스턴 에어라인에서 처음으로 도입했다. B757은 B767과 달리 동체가 좁은 협폭 동체 여객기로 미국에서 B737보다 승객수가 많은 국내 노선에 투입된다. B757은 엔진 3기를 장착한 B727을 대체하기 위해 개발한 쌍발 여객기로 엔진 숫자를 줄이면서 출력을 증가시켰기 때문에 연비가 좋지 못하다. 또 B757은 동체가 좁아 항공사들이 선호하지 않으므로

2005년 생산을 일찍 중단했다.

에어버스 사의 A310은 쌍발 엔진의 중장거리 광폭 동체형 여객기로 A300의 동체 단축형 모델이다. 이 여객기는 1982년 4월에 첫 비행을 했으며, 2007년 생산을 중단할 때까지 255대가 생산되었다. 또 에어버스 사는 B737, 맥도넬 더글러스 MD-80 등과 경쟁하기 위해 A320 패밀리(A318, A319, A320, A321)를 개발했다. A320은 연료 소모가 아주 적은 경제성 있는 여객기로 1987년 2월에 첫 비행을 했다. 이 여객기는 A310에 비해 사업적으로 크게 성공했으며, 2012년까지 5,000대 이상 생산되었다. 에어버스 사는 상용 여객기 A320에 사상 최초로 플라이 바이 와이어 시스템을 도입했다.

한편 1980년대에는 미국 해군에 맥도넬 더글러스 사의 F/A-18 호넷 전투기가 실전 배치되었으며, 이를 제작한 맥도넬 더글러스 사는 MD-11, MD-80/90 시리즈가 판매에 실패하면서 1997년 보잉 사에 합병되었다.

대표적인 제5세대 제트 수송기 A330

1990년대(제5세대 제트 수송기)

1990년대는 미국의 보잉 사와 유럽의 에어버스 사가 세계 최대의 항공기 제작사로 서로 경쟁적으로 여객기를 발전시킨 시기다. 대표적인 여객기는 중장거리 비행을 위한 A340, A330, B777 등이 있다. 이 시기에 운용된 제트 수송기는 친환경적이고 안전하며 경제성이 높아 제5세대 제트 수송기에 포함되기도 한다.

에어버스 사에서 개발한 4발 엔진의 광폭 동체 여객기 A340의 첫 비행은 1991년 10월로, 비행 거리 1만 2400~1만 7000킬로미터를 비행할 수 있는 장거리 여객기다. 루프트한자, 버진 애틀란틱 에어웨이즈, 사우스 아프리칸 에어웨이즈, 터키 항공, 중국 동방 항공 등의 항공사가 1993년부터 A340을 구입하기 시작했다. 또 에어버스 사는 쌍발 엔진의 광폭 동체 여객기인 A330도 개발해 1991년 11월 첫 비행을 했다. 이 여객기는 A340과 비슷한 숫자의 승객을 수용한다.

보잉 사의 B777은 B767과 외형이 비슷하지만, 첨단 기술과 고성능 엔진을 도입한 여객기다. B777은 광폭 동체 장거리 여객기로 쌍발 엔진을 장착한 여객기 중에서 가장 큰 여객기다. 보잉 사가 주요 8개의 항공사와 상의한 끝에 B767과 B747 중간 정도의 탑승객 규모가 필요하다는 결론에 따라 B777을 탄생시켰다. B777은 1994년 6월에 첫 비행을 했으며, 1995년 6월 유나이티드 에어라인에 처음으로 인도되었다. 특히 B777-300(291~338석)은 B747-400(333~365석)에 맞먹는 승객이 탑승할 수 있으면서도 연료를 약 20퍼센트 절감할 수 있다. 보잉 사는 1997년에 대형 항공기 기업이었던 맥도넬 더글러스 사를 합병하면서 세계 최대 항공기 제작사가 되었다.

1981년 미국 공군은 B-52 폭격기를 대체할 폭격기로 노스럽 사 (현 노스럽 그러먼 사, Northrop Grumman, 노스럽 사가 1994년 그러먼 사를 인수해 합병한 미국의 대표적인 방위 산업체)가 제안한 B-2 스피릿 폭격기를 선정했다. 미국의 B-2 다목적 스텔스 전략 폭격기는 1997년부터 운용하기 시작했으며, 총 21대가 제작되었지만 사고로 1대를 잃어 20대를 운용 중이다. B-2 전략 폭격기는 세계에서 가장 비싼 비행기로 현재는 1대당 한화로 2조 원이 넘는다.

2000년대

2000년대는 A380, B787 등과 같이, 최첨단 기술로 제작된 초대형기가 도입되고 환경 친화적인 여객기를 제작한 시기다. 제5세대 제트 수송기를 대표하는 여객기는 B777, B787, B747-8, B737 NG, A330, A380 등이 있다. 에어버스 사의 A380은 세계에서 가장 큰 여객기로, 대형 항공기 시장을 독점하는 B747에 대항하기 위해 개발되었다. 2011년부터 운항하기 시작한 B787 드림라이너(Dreamliner)는 B777 설계와 공유하고 있다. B737NG(Next Generation)는 B737 여객기 3번째 세대를 말하며 B737-600/-700/-800/-900 계열을 말한다. B737 클래식 여객기는 1980년대 생산했던 B737-300/-400/-500 계열로 고바이패스비 엔진을 장착한 제2세대 제트 수송기에 해당한다.

보잉 사는 초대형 여객기인 A380(2005년 4월 첫 비행을 수행)과 대항하기 위해 B747-8과 B787을 개발했다. B747-8은 기존 B747-400보다 비행 거리는 10퍼센트, 연료 효율성은 13퍼센트 향상되었으며, 동체를 확대해 좌석 수가 400~500석이다. B747-8, A380 등과 같이 대형

워싱턴 주 에버렛에서 비행 시험 중인 B747-8F

항공기를 개발하는 것은 여객 및 화물 수송량을 극대화시켜 운송 비용을 줄이기 위한 것이다. B747-8은 동체 길이를 기존의 70.7미터에서 5.6미터 연장해 76.3미터로 제작했다. B747-8은 B787 드림라이너와 동일한 엔진, 날개, 조종실 등을 사용하므로 8이라는 숫자를 사용했다. B747-8F 화물기는 2010년 2월 첫 비행을 했으며 2011년에 인증을 받았다. B747-8I(Intercontinental) 여객기 버전은 2011년 3월에 첫 비행을 했으며, 2012년 5월 루프트한자 항공사가 처음으로 도입했다. 대한항공은 B747-8I(여객기)와 B747-8F(화물기) 두 종류 모두를 주문했다. 향후 B747은 보잉 옐로스톤 프로젝트(Boeing Yellowstone Project, 보잉 사의 모든 여객기를 대체하기 위해 최첨단 기술과 복합재료, 효율적인 터보팬 엔진을 적용한 여객기를 개발하는 프로젝트로 여객기 규모에 따라 Y1, Y2, Y3 등으로 구분됨)의 Y3(B747과 B777-300의 생산 라인을 대체하는 프로젝트)로 대체될 것이다.

한편 미국 록히드 마틴 사의 5세대 전투기 F-22는 1997년 9월에 첫 비행을 했으며, 2005년 12월에 미국 공군에 실전 배치되었다. 이 전투기는 스텔스 기능을 보유하고 있는 세계 최강의 쌍발 전투기로 총 195대가 활약 중이다. 이 기념비적인 F-22는 미국 의회가 2006년에 해외 판매를 2018년까지 금지하는 법안을 통과시켰기 때문에 미국 이외의 국가가 보유할 수 없는 전투기다. 미국은 향후 F-22를 대체할 인공 지능형 6세대 전투기를 개발한다고 한다.

5

최초 제트 여객기 코멧의 불운

영국의 드 하빌랜드 사(De Havilland Aircraft Company, 1920년 런던 교외에 설립된 영국 항공기 제작사)는 1949년 7월에 세계 최초로 제트 엔진을 장착한 민간 여객기 코멧(Comet, 혜성)을 개발했다. 코멧은 영국 항공 산업의 자존심을 내건 최신 여객기로 전장 28.35미터, 폭 35.1미터, 무게 47.6톤 크기에, 기내 승객들에게 산소를 공급할 수 있고, 고도에 따른 기압 변화를 조절해 주는 여압 장치도 구비했다. 그렇지만 터보제트 엔진 4기를 장착하고도 겨우 36명의 승객만 태울 수 있었다.

1952년 5월 2일에 제트 여객기 코멧은 영국 해외 항공(British Overseas Airways, 영국 항공 회사의 전신)이 처음으로 런던-요하네스버그 노선에 취항해 실용화되었다. 1953년 3월에 캐나다 퍼시픽 항공사(Canadian Pacific Airlines) 소속 코멧은 제트 여객기로서 첫 사고를 기록한다. 파키스탄 카라 공항에서 이륙 후 상승 자세가 너무 높아 실속 속도(stall speed, 비행

드 하빌랜드 DH 106 코멧 제트 여객기

기가 양력을 잃고 추락하는 현상이 발생하기 시작하는 속도)에 들어가 추락해 11명이
사망한 사고다. 이어서 1953년 5월에 영국 해외 항공 소속의 코멧이
캘커타에서 이륙 6분 만에 추락해 43명이 사망하는 사건이 발생했는
데 악천후로 인한 사고로 판명되었다.

1954년 1월 코멧은 이탈리아 엘바 섬에서 공중에서 분해되어 세
번째로 추락하는 비운을 맞아 35명의 사망자가 발생했다. 운항을 잠
시 중지했던 코멧은 사고 원인이 제대로 밝혀지지 않자 1954년 3월
부터 운항을 재개했다. 1954년 4월에 남아프리카 항공의 전세 항공
기 코멧은 로마에서 카이로를 비행하던 중 나폴리 근처에서 네 번째
로 추락해 21명이 사망했다. 영국 당국은 모든 코멧 여객기의 운항을
1958년까지 중지시키고 대대적인 조사를 착수했다. 항공기 잔해를
수거해 조사한 결과 엔진에는 문제가 없었다.

여객기의 창문은 승객이 탑승했을 때 외부 전경을 볼 수 있어 답답

영국 런던 과학 박물관에 전시된 코멧 사고 여객기의 사각형 창문

하지 않고, 비상 시 신속히 대처할 수 있도록 만든 것이다. 그리고 여객기 창문은 높은 고도에서도 실내 압력과 외부 압력의 차이를 견딜 수 있도록 견고하게 제작한다. 코멧의 사고 조사 위원회는 같은 기종의 여객기로 모의 실험을 하는 등 각고의 노력 끝에 여객기 창문 모서리 주위의 스트레스가 예상보다 훨씬 크다는 것을 발견했다. 여객기 동체 외피의 압력이 4만 프사이(psi, pound per square inch, 제곱인치당 파운드로 압력을 나타내는 단위, 2812.3kg_f/cm^2)보다 커서 스트레스가 예상보다 더 큰 값으로 작용했다. 당시 보편적인 형태였던 사각형 모양의 창문이 스트레스 집중 현상을 유발하는 점도 밝혀냈다. 사고 조사 위원회는 기압 변화로 인한 동체 외판의 피로가 추락의 원인이었다는 것을 규명했다.

1954년 1월과 4월에 연이은 코멧 여객기의 추락 사고는 동체에 설치한 창문의 구조적인 문제로 발생했다. 코멧 여객기는 2,000회 정도 고공 비행을 반복한 결과, 창문의 피로 균열을 전혀 예측하지 못한 설계상의 결함이 드러나기 시작했다. 사고 여객기는 드릴 리베팅과 달리 펀치 리벳에 의해 만들어진 불완전한 창문 구멍에서 피로 균열이 시작되었다. 창문에 생긴 리벳 구멍의 균열이 과도한 하중으로 인해 장기간 반복적으로 가해지면서 창문의 균열이 점차 확대되기 시작했다. 결국 사각형 창문 틀 부분이 기압 차이를 견디지 못하고 파괴되어 기체 공중 분해라는 끔찍한 사고를 유발했다. 그래서 코멧의 사각형 창문을 타원형으로 바꿨으며, 종전보다 더 두껍게 제작해 피로 균열을 방지했다.

한동안 상업적인 항공 서비스를 중단한 코멧은 1958년 개선된 코멧 4 시리즈로 비행을 재개해 대서양을 횡단했다. 코멧 4 시리즈는 1958년부터 1964년까지 총 76대가 제작되어 운항되었다. 그렇지만 코멧은 13번의 치명적인 사고를 겪었다. 이중 5번은 항공기 설계나 피로 문제로 인해 발생한 사고다.

코멧 여객기는 한동안 아무런 문제가 없는 것처럼 보이다가 시간이 지나면서 균열 피로가 누적되어 갑자기 사고가 계속해서 발생했다. 그래서 '코멧 유형의 고장(Comet Type Failure)'이라는 신조어가 탄생했다. 1954년 연이어 발생한 원인 불명의 사고들은 초기에 지녔던 설계상 결함이 시간이 지나며 겉으로 드러난 것이다. 코멧 여객기는 1981년에 마지막 비행을 수행하고 역사의 무대에서 영원히 사라졌다.

6

세계 최초 후퇴익 항공기의 등장

독일 출신의 공기 역학자인 아돌프 부제만(Adolf Busemann, 1901~1986년)
은 1924년에 독일 브라운 슈바이크 공과 대학에서 박사 학위를 받고,
괴팅겐 대학교의 루트비히 프란틀(Ludwig Prandtl, 1875~1953년)의 문하로
들어갔다. 부제만은 1935년 10월 2일에 로마에서 개최된 제5차 볼타
회의(Volta conference, 1800년대 배터리를 발명한 이태리 물리학자 알레산드로 볼타 재단이
지원하는 국제 회의)에 프란틀과 함께 참석해 "초음속에서의 공기 역학적
인 힘(Aerodynamic Forces at Supersonic Speeds)"을 발표했다. 그는 초음속으로
비행할 때 항력을 감소시킬 수 있는 후퇴익(sweptback wing, 후퇴각이 없는 직
선 날개를 뒤로 젖힌 날개를 말하며, 후퇴각이 커질수록 속도가 음속에 접근하더라도 날개 윗면
의 충격파 발생을 늦추는 역할을 함) 개념을 고안해 처음으로 제시했다. 후퇴익
의 중요성을 간파한 독일 공군은 1936년에 후퇴익 개념을 군사 기밀
로 분류하고 제2차 세계 대전 중에 비밀리에 연구를 진행했다.

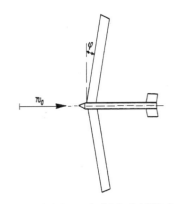

아돌프 부제만　　　　　1935년 부제만의 논문에 실린 후퇴익 항공기

알베르트 베츠(Albert Betz, 1885~1968년)와 루트비히 뷜코프(Ludwig Bölkow, 1912~2003년)는 메서슈미트 Me 262(Messerschmitt Me 262, 독일의 메서슈미트 사가 개발한 세계 최초의 실용 제트 전투기)를 위한 후퇴익 날개 모델을 풍동 시험했다. 풍동 시험 결과는 후퇴익은 고속에서 후퇴각이 없는 날개보다 공기 저항을 줄여 더 높은 속도에 도달하는 데 유리하다는 사실을 보였다. 후퇴익 개념을 적당히 적용한 메서슈미트 Me 262는 1942년에 첫 비행을 수행한 후 1944년부터 독일 공군에서 운용하기 시작했다.

1939년에 독일에서는 후퇴익이 천음속 비행 영역(0.8 < M < 1.2)에서 국부적으로 날개에 발생하는 충격파 문제를 지연할 수 있다는 것을 알고 있었다. 당시 후퇴익은 새로운 아이디어는 아니었지만 고속 공기 역학에서의 중요성을 정확하게 알아차리지 못했다. 제1차 세계 대전 이전에도 무게 중심을 이동시키는 방법으로 후퇴익을 사용해 항공기의 균형(balance) 문제를 해결하기도 했다. 또 1935년 볼타 회의에서 부

제만이 고속 공기 역학에서 후퇴익의 개념을 발표했는데도 불구하고, 고속 공기 역학의 발전에 비해 너무 이른 감이 있어 그 중요성을 인지하지 못했다.

1940년대 초기 독일은 후퇴익을 장착한 항공기를 제작하기 시작했는데, 앞전 후퇴각을 20도로 제한해 항력 감소 효과는 거의 없었다. 따라서 독일 항공기는 공기 역학적인 장점을 얻기보다 항공기 균형을 잡기 위한 이유로 후퇴익을 장착했다. 1935년 12월에 첫 비행을 수행한 DC-3 여객기는 근대적인 형식을 도입한 대표적인 수송기다. 비교적 저속(순항 속도는 시속 330킬로미터)인데도 불구하고 후퇴각을 갖는 날개를 장착했는데 마찬가지로 비행기 균형을 맞추기 위한 것이었다. 그럼에도 불구하고 독일은 고속에서 공기 역학적 특성을 향상시키기 위한 후퇴익에 대한 연구를 지속해 많은 발전을 이뤘다. 제2차 세계 대전이 끝날 무렵 후퇴익은 미래의 항공기 설계와 결합해 항공기 발전에 크게 이바지했다.

한편 미국의 로버트 존스(Robert Jones, 1910~1999년)는 NACA 랭글리 연구소에서 근무하는 공기 역학자로 독자적으로 고속에서 후퇴익의 장점을 발견했다. 1945년 6월에 발행된 「고속 비행을 위한 날개 평면 형상(Wing Plan forms for High-speed Flight)」이라는 NACA 보고서(No. 863)에서 존스는 부제만이 초음속에서 후퇴각의 항력 감소 효과를 조사했다고 인용하면서, 마하각보다 큰 후퇴각을 고려하지 않았다고 지적하기도 했다(이 책 323쪽 「비밀스러운 비행 장치」 초음속 항공기 날개의 뒷전 후퇴각 참조).

미국은 1947년 10월 14일에 벨 사(Bell)의 X-1 글래머러스 글레니스(X-1 Glamorous Glennis)로 세계 최초 음속 장벽 돌파에 성공했다. 그러나 X-1을 자세히 보면 후퇴익이 아닌 직선 날개인 것을 볼 수 있다. 미국이 X-1 설계를 시작했던 1944년 이전에 후퇴익 정립에는 어떤 지식이나 자료가 없었다는 것을 말해 준다. 1945년 중반 이후 후퇴익에 대한 연구가 공개되고 독일로부터 자료가 유입되었지만 벨 사 설계팀은 쉽게 후퇴익으로 바꿔 제작하지 않았다. 후퇴익 개념 정립에는 부제만과 존스의 역할이 상당히 크며, 제2차 세계 대전이 끝난 후 많은 정보가 유출되면서 후퇴익 개념이 실제로 적용되기 시작했다.

공기 역학자인 조지 샤이렐(George Schairer, 1913~2004년)은 1935년에 MIT에서 석사 학위를 받은 후, 1939년 보잉 사의 고속 공기 역학 팀과 합류했다. 거기서 그는 첫 여압실(엔진에서 뽑아낸 고온 고압의 공기를 기내에 넣어 기압과 기온을 조절해 고고도 비행에서 정상적인 활동을 할 수 있도록 한 공간)을 갖춘 여객기인 B307을 개발하고 시험하는 과제와 수직 꼬리 날개를 다시 설계하는 과제를 수행했다. 샤이렐은 1945년에는 폰 카르만이 이끄는 엔지니어 팀의 일원으로서 보잉 사가 후퇴익을 채택하는 작업을 수행했다. 당시 폰 카르만은 독일 연구 센터에서 가져온 기술 데이터 분석을 책임지고 연구하고 있었다.

보잉 사는 당시 발견된 독일 항공 실험실의 최신 데이터를 획득하기 위해 1945년에 샤이렐을 연합군 기술 정보팀의 일원으로 독일의 항공 연구소로 보냈다. 왜냐하면 보잉 사는 새로운 제트 폭격기에 대한 미국 공군의 계약을 경쟁하고 있었을 뿐만 아니라 그 데이터는 폭격기 설계에 있어서 아주 중요했기 때문이다. 샤이렐은 독일에 도착해 천음속에서 후퇴익에 의해 항력이 감소하는 시험 결과를 발견했으며, 새로운 폭격기 설계를 후퇴익으로 바꾸라는 편지를 보냈다. 그는 독일에서 돌아오자마자 35도 후퇴각을 갖는 보잉 B-47 스트라토제트(Stratojet)에 대한 설계를 철저히 검증했다. 최초의 제트 폭격기인 B-47

의 후퇴익은 미국 공군 폭격기 설계를 수주하기 위한 보잉 사의 노력을 증명할 수 있었다. B-47 후퇴익 폭격기는 후퇴익 제트 여객기인 B707의 모체가 되었으며, 지금까지 여객기에 적용되고 있다.

또 미국 보잉 사는 폭격기에 제트 엔진을 장착하기 위한 여러 가지 방안을 모색하고 있었다. 유럽에서 돌아온 샤이렐은 독일 데이터를 근거로 후퇴각을 갖는 항공기를 설계했지만, 여전히 엔진은 날개의 몸체 부분에 있었다. 그는 날개 스팬(wing span, 날개 길이)이 긴 장점을 이용해서 날개 앞전 아랫부분의 앞쪽에 파일론(pylon, 외부 장착물을 기체에 연결해 주는 지지 구조물)으로 엔진을 매다는 방식으로 4곳의 엔진 위치를 선정했다. 그는 B-47에 외부에 장착된 포디드 엔진이 유리하다고 굳게 믿고 있었다. 엔진은 날개와 분리되었기 때문에 포드(pod, 제트 엔진, 연료, 무기 등을 수용하기 위해 날개 밑에 다는 유선형 용기. 나셀이라고도 함)에 장착된 엔진은 화재가 발생했을 때 동체나 날개 내부에 장착된 엔진에 비해 위험이 적다는 장점이 있다. 보잉 사의 B-29 슈퍼포트리스 폭격기는 날개 외부에 엔

보잉 B-47 스트라토제트

진이 장착되었는데 1942년 12월에 엔진 화재가 발생했을 때 날개로 번지지 않아 큰 위험에서 벗어날 수 있었다.

더군다나 엔진을 동체 바깥쪽으로 잘 위치시키면 엔진의 중량이 얇고 휘어지기 쉬운 후퇴익에 유익한 공탄성(aeroelastic, 공기력에 의해 변형을 일으킨 후 그 힘이 제거될 때 원래대로 되돌아가려는 성질) 효과를 준다. 그래서 1947년에 처음으로 비행한 보잉 B-47 스트라토제트 폭격기는 장거리 비행기에 대한 적절한 형태를 갖게 되었다. 이러한 장거리 수송기의 형태는 모든 여객기의 형태가 이를 따르는 규정처럼 인정되었다. 현대 고속 항공기들은 후퇴각을 갖고 있는데 이것은 B-47, F-86 등과 같은 항공기에서 비롯된 것이다. 이와 대조적으로 영국은 1945년과 1946년에 후퇴익 채택을 꺼려했으며, 1960년대 초반까지도 영국 수송기는 포디드 엔진을 채택하지 않았다.

고속의 제트 수송기를 개발하려는 노력은 1940년대 후반 미국에서부터 시작되었다. 미국은 NACA 풍동에서 후퇴익 모델 실험을 통해 양력, 항력, 피칭 모멘트 등 기본적인 공기 역학적 특성을 얻었다. 또 풍동 시험 결과를 지원하기 위해 2차원 후퇴익 이론(sweep theory)과 유용한 해석적 방법을 연구했다. 예를 들면 보잉 사는 B707(B-47로부터 발전된 후퇴익을 갖는 제1세대 제트 여객기)과 같은 크기를 갖는 후퇴각 25도 날개를 시험했다. 풍동 시험은 간단히 후퇴각을 변경시켜 실제에 가까운 데이터를 얻을 수 있었는데도 불구하고, 이론적인 방법으로도 풍동 시험 결과를 지원하고 검증해 시간을 절약했다. 따라서 초기 후퇴익 수송기 설계자들은 경험 데이터뿐만 아니라 이론 데이터까지 조합해 이를 성공적으로 활용한 셈이다.

7

역사상 최악의 항공기 사고

1977년 3월 27일 일요일 17시 6분(현지 시각) 아프리카 서북부 스페인령 카나리아 제도 테네리페 섬 로스로데오 공항(현 테네리페 북 공항)에서 이륙 중이던 네덜란드 KLM(1919년 설립된 네덜란드 항공사로 KLM은 Royal Dutch Airlines의 네덜란드 어 약자임)의 B747기가 활주로 반대편에서 지상 활주 중이던 미국 팬암 사 B747 여객기와 충돌했다. 활주로 상에서 B747기 2대가 충돌해 KLM 탑승자 248명 전원이 사망했고, 팬암 탑승자 335명이 사망하고 61명이 부상당하는 대형 참사가 발생했다. 테네리페 참사는 승객과 승무원을 포함해 583명이 사망해 단일 항공기 사고 가운데 역사상 최악의 항공기 사고로 기록되었다.

최악의 항공기 사고 원인은 팬암 사 B747기가 활주로에서 지시받은 유도로(taxi way)로 벗어나지 않았고, KLM기 기장이 팬암기가 활주로 상에 있는 것을 알고도 이륙을 강행했기 때문이다. 또 안개가 짙게

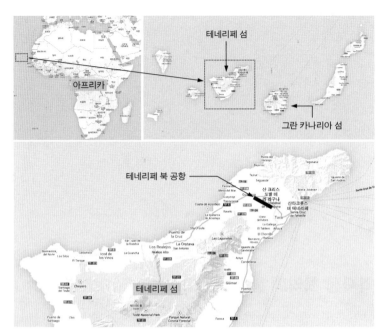

테네리페섬의 테네리페 북 공항

아프리카 서북부 대서양에 있는 스페인 카나리아 제도에 있는 7개 섬 중 하나인 테네리페 섬은 라스팔마스가 있는 그란 카나리아 섬의 좌측에 위치해 있다. 비극의 현장인 로스로데오 공항은 테네리페 북 공항으로 명칭이 바뀌었다. 테네리페 북 공항은 테네리페 섬 산타 크루즈에서 서쪽으로 11킬로미터 떨어져 있으며, 카나리아 제도의 7개 섬 모두와 스페인 본토를 연결하는 허브 공항으로 활용되고 있다. 2002년 새 터미널을 만들어 저가 항공사를 포함한 일부 국제 노선을 취급하기 시작했다.

낀 악기상 상태에서 항공기와 관제탑 사이의 교신이 표준 용어를 제대로 사용하지 않는 등 다양한 요인이 한꺼번에 겹쳐 발생한 것으로 밝혀졌다. 다큐멘터리로 제작된 「세기의 충돌(Crash of the Century)」은 관제 및 조종사 교육에 있어서 중요한 교육 자료로 활용된다.

　항공기 사고는 벼락 맞아 죽을 확률보다 더 낮다고 말하는 데 어떻게 대형 B747기 두 대가 충돌할 수 있었을까? 테네리페 참사는 수많은 불운이 복합적으로 맞물려 발생한 사고다.

미국 팬암 사의 B747 사고기는 로스앤젤레스 국제 공항을 이륙해 뉴욕의 존 에프 케네디 국제 공항에 중간 기착했으며, 승무원을 포함한 탑승객은 모두 396명이었다. 팬암 항공기의 기장은 빅터 그럽스, 부기장은 로버트 브래그였다. 한편 사고 4시간 전에 네덜란드 암스테르담의 스키폴 국제 공항을 이륙한 KLM사의 B747사고기도 여행객 235명과 승무원 14명이 탑승(테네리페 섬에서 탑승하지 않은 여성 1명을 제외한 사망자는 248명)한 전세 항공기다. 이 두 B747 여객기들의 목적지는 모로코의 서쪽 대서양의 리조트로 유명한 그란 카나리아 섬의 라스팔마스 공항이었다.

1977년 3월 27일 일요일 오후 1시 15분, 라스팔마스 공항 꽃집에서 카나리아 제도를 스페인으로부터 독립시키려는 테러 조직이 설치한 소형 폭탄이 폭발했다. 공항 당국은 두 번째 폭탄이 공항 터미널 어디엔가 설치했다는 전화를 받고 검색하기 위해 공항을 임시 폐쇄했다. 이 때문에 라스팔마스를 향하던 모든 항공기들은 테네리페 섬 북부의 로스로데오 공항으로 목적지를 바꾸어 임시 착륙한다. 팬암 B747기는 최종 목적지인 라스팔마스 공항에 다가가던 도중 공항 폐쇄라는 연락을 받고 연료가 충분히 남아 선회 대기하려고 했으나, 관제탑으로부터 테네리페 섬의 로스로데오 공항에 임시 착륙하라는 연락을 받았다. KLM B747기도 마찬가지로 라스팔마스 공항에서 로스로데오 공항으로 바꾸어 착륙하라는 연락을 받는다.

적어도 5대의 대형 항공기가 임시 착륙지인 로스로데오 공항에 착륙하게 되었다. 그러나 로스로데오 공항은 아주 작은 지방 공항으로 대형 항공기들을 쉽게 수용할 수 없었다. 로스로데오 공항에는 단 1개의 활주로 및 1개의 평행 유도로와 이를 연결하는 유도로가 있었으며, 지상 관제 레이다조차 없었다. 따라서 로스로데오 공항은 B747 대형 여객기의 대체 공항으로는 적당하지 않았다. 더군다나 관제사도 2명만 근무하고 있었으며, 작은 공항이 임시 착륙한 항공기로 가득 차서 유도로까지 항공기를 주기해야 하는 상황이었다. 로스로데오 공항 관제사는 KLM기가 팬암기보다 먼저 착륙했을 때 평행 유도로까지 다른 항공기가 차지하고 있어서 평행 유도로 끝의 이륙 대기 장소에 주기하도록 했다. 또 관제사는 약 30분 후에 착륙한 팬암기도 KLM기와 마찬가지로 이륙 대기 장소에 주기하도록 했다. 라스팔마스 공항이 재개되기를 기다리고 있는 동안, 임시 착륙한 항공기들은 너무 많은 유도로를 차지해 다른 항공기들이 유도로를 사용할 수 없었다. 따라서 이륙하는 항공기는 활주로로 활용해 이륙 위치에까지 역주행해야 하는 상황이 되었다.

팬암 여객기가 착륙한 지 약 2시간 후, 라스팔마스 공항에 대한 두 번째 폭탄 테러 위협이 거짓이었다는 것이 판명되어 공항 당국은 공항 폐쇄를 해제하고 착륙을 재개했다. 팬암 여객기는 승객을 기내 밖으로 내보내지 않아 출발 준비가 되었지만, KLM 여객기와 연료 보급 차량이 이륙 활주로로 가는 유도로를 가로막고 있어 이동할 수 없었다.(로스로데오 공항 활주로 그림 참조) 탑승객을 기내 밖 터미널에 내려놓았던 KLM 여객기의 기장 자코브 벨드휴젠 판 잔텐은 승객을 소집하는 데 시간이 소요될 거라는 생각에 급유 시간을 절약하기 위해 로스로데오 공항에서 급유하기로 결정했다. 이것도 세계 최악의 항공기 충돌 참사의 결정적인 요인 중의 하나가 되었다. 만약 KLM 여객기가 급유

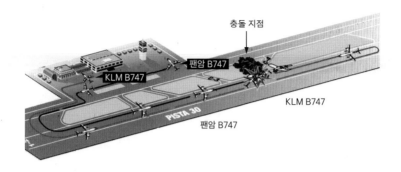

충돌 지점

팬암 B747

KLM B747

KLM B747

PISTA 30

팬암 B747

로스로데오 공항(현 테네리페 북 공항)의 활주로 및 팬암기와 KLM기가 충돌한 위치

를 안 했더라면 5만 5000리터의 연료 무게만큼 가벼워 빨리 공중 부양되어 충돌을 피할 수 있었을 것이다.

팬암기의 기장은 KLM기의 옆으로 피해 지나갈 수 있는지 확인하기 위해 부기장과 기관사를 기내 밖으로 내보내 B747 날개 간 거리를 측정하도록 했다. 그러나 거리가 너무 짧아 팬암기가 KLM기 옆으로 지나갈 수 없었다. 팬암기는 어쩔 수 없이 KLM기의 급유가 끝나 비켜 주기를 기다릴 수밖에 없었다. KLM기의 급유가 끝나면서 먼저 이륙 장소로 가기 위해 활주로 끝 쪽을 향해 이동하기 시작했다. 몇 분 후 팬 암기도 이륙 활주로로 들어가 그 뒤를 따라 이동하기 시작했다.

KLM기가 역주해 활주로에서 이륙 준비를 하는 동안에 항공 교통 관제사(ATC)는 활주로의 이륙 위치에서 관제 승인을 받으라고 했다. KLM기는 관제탑의 지시에 따라 이륙 활주로를 끝까지 역주해 이동한 뒤 180도 회전했다. 활주로의 이륙 위치에서 관제 승인은 바로 요청하지 않아 승인은 나지 않았다. 조종사가 이륙을 위한 점검 사항을 수행하고 있었기 때문이다. 설상가상으로 KLM기가 지상 활주하는 동안 기상이 악화되어 낮게 깔린 구름은 시계 305미터(1,000피트)로 제한되었다. 따라서 관제사는 관제탑에서는 활주로의 팬암기와 KLM기의 이동 상황을 볼 수 없었다.

또 팬암기는 KLM기와 동일한 이륙 활주로를 역주해 세 번째 출구에서 좌로 돌아 활주로와 평행한 유도로로 활주로를 벗어나라는 관제탑의 지시를 받았다. 관제사가 이륙 활주로를 역주행해 빠지라고 한 출구가 첫 번째 출구인지 세 번째 출구인지는 정확하지 않았다. 분명하게 해 달라는 조종사의 요청에 관제사는 세 번째(The third one, sir, one, two, three, third, third one.)라고 응답했다. 팬암기 조종사는 출구 마크가 없는 C1, C2, C3 유도로를 확인하기 위해 공항 지도를 보면서 활주로를 천천히 이동하고 있었다. 유도로 사이의 거리(그리고 충돌 당시의 항공기의 위치인 C4 출구)와 조종석 음성 기록 장치를 기반으로 조종사들이 성공적으로 첫 번째 출구 C1 및 두 번째 출구 C2를 이미 식별했다는 것을 알았다. 그러나 팬암기 조종사들이 빠져나가야 할 출구 C3를 알았는지 여부는 조종석에서의 대화 기록으로 알 수 없었다.

팬암기 조종사는 덩치가 큰 팬암 B747기가 안개 속에서 출구 C3로 빠져나오기 위해 좁은 활주로에서 왼쪽으로 135도 급회전하는 것이 불가능하다고 생각했다. 그렇지만 KLM사는 최악의 충돌 사고 후에 사고 조사 과정에서 독자적으로 실험을 감행해 B747기가 135도를 통과할 수 있다는 것을 증명했다. 팬암기는 출구 C3를 그대로 지나치고, 왼쪽으로 45도만 회전하면 빠져나올 수 있는 출구 C4로 향해 활주로로 계속 진행했다.

한편 KLM기 기장은 활주로에 이륙을 위해 정렬하자마자 엔진 스로틀(throttle, 엔진의 추력을 조절하기 위해 공기와 연료의 혼합물을 조절하는 조종 장치)을 조금 앞으로 밀어 넣어 추력을 증가시켰다. 이륙 표준 절차는 이륙을 위해 엔진이 제대로 작동하는지 확인하기 위해 엔진 회전수를 올리는 것이다. 부기장은 관제탑에 "이륙 준비가 되었다. 관제 승인을 기다린다.(Ready for take-off, waiting for our ATC clearance.)라 교신했다. KLM 조종사는 항공기 출발 경로를 지정한 허가를 받았고, 이륙 후에 무엇을 해야 할지 지침도 받았다. 그러나 로스로데오 공항 관제사가 KLM기에 내린 관제 승인은 이륙 후에 목적지까지 비행 계획과 항로를 비행하기 위한 비행 계획의 승인을 의미한다. 이것은 아직 이륙하지 말고 대기하라는 뜻으로, 이륙해도 좋다는 승인이 아니었다. 이륙 자체는 관제 승인의 일부인 것이다. 그러나 KLM기 조종사는 이것을 이륙 허가로 잘못 받아들였다.

KLM 부기장은 "지금 우리는 이륙 위치에 있다.(We're now at take-off.)" 또는 "이륙하겠다.(We're now uh……taking off.)"(표현이 명확하지 않음)라고 말해 관제사에게 이륙을 시작한다고 알려 주는 관제 승인을 다시 읽었다. 관제탑의 관제사는 잘 듣지 못한 메시지에 혼란스러워하며, KLM기에게 "O. K. ……(약 2초간 무응답)……우리가 부를 때까지 대기하라.(…… Stand by for take off. I will call you.)"라고 답했다. 관제사는 이륙 허가가 아니라는 것을 알려 주는 말을 바로 추가한 것이다. 그러나 여기서 이어진 2초간의 "무응답"이 서로 오해를 불렀다. 동시의 무선 통화는 상호 간섭을 유발해 KLM 조종사는 관제탑에서 부를 때까지 대기하라는 말을 듣지 못했다.

관제사와 KLM 조종사의 통신 내용을 들은 팬암기 조종사는 위기감을 느끼고 즉시, "안 돼! 우리는 아직 이륙 활주로 위를 지상 활주 중이다.(No, we are still taxiing down the runway.)"라고 송신했다. 그러나 팬암기 조종사의 무선 송신은 2초간의 무응답 상태에서 이루어졌기 때문에 KLM기 조종사들은 듣지 못했다. 팬암기 조종사는 2초간의 무응답 상태로 인해 관제사의 송신은 끝난 것으로 판단해 송신을 시도한 것이다. 그러나 관제사는 아직 송신 버튼을 누르고 있었기에 혼선이 생긴 것이다. 관제탑과 팬암기 양쪽은 혼선이 발생한 것을 서로 모르고 있었다. 이로 인해 팬암기 조종사는 KLM기 조종사와 관제사 양쪽 모두에 경고를 알렸다고 생각했고, 관제사는 KLM기가 활주로 끝단 이륙 위치에서 대기 중일 것이라고 생각했다. 또 KLM기 조종사는 무선 통화가 혼선이 생긴 것을 모르고 "OK!"라는 한마디만을 들어 이륙 허가가 나온 것으로 착각하고 있었던 것이다. 만약 무선 통신이 별도로 방송되었다면 각 메시지는 KLM 조종석에서 들을 수 있었고, KLM 조종사는 이륙을 포기했을 것이다.

KLM 조종사는 안개로 인해 팬암기가 활주로 상에서 자신들의 방향으로 지상 활주하는 것을 볼 수 없었다. 엎친 데 덮친 격으로 전방상황마저 주시하지 못했다. 관제탑 관제사들은 어떤 항공기도 볼 수 없었고, 공항은 지상 레이다를 갖추지 못하고 있었다. KLM 조종사가 이륙을 시작하는 동안에 관제탑은 팬암기 조종사에게 "활주로를 벗어나면 보고하라.(Report when runway clear.)"라고 지시했다. 팬암기 조종사는 "오케이, 활주로를 벗어나면 보고하겠다.(O. K., we'll report when we're clear.)"라고 회답했다. 교신 내용은 KLM기 승무원들도 명확히 들었다. 이것을 듣자마자 KLM기 기관사(엔지니어, 조종실내 항공기의 연료, 유압, 전기 및 전자 장치, 엔진 계기, 기계 장치를 점검 및 조정함으로써 조종사를 보좌하는 항공 종사자를 말하지만 현재는 조종석이 디지털 시스템으로 간소화되어 기관사가 근무하지 않음)는 조종사에게 팬암기가 활주로를 벗어나지 않았다며 우려했다. 그러나 기장은 그들이 이륙 허가를 했다는 생각에 잠겨 있어 이륙에만 초점을 맞추고 있었다. KLM 기장은 강한 어조로 "Oh, Yes."라고 대답하고 이륙을 위해 파워를 증가시키기 시작했다.

음성 기록 장치에 따르면, 팬암기 기장은 여객기가 출구 C4에 접근하면서 안개 속에서 접근하는 KLM기의 조명 장치를 볼 수 있었다. 충돌하기 직전 마지막 순간이 다가온 것이다. 깜짝 놀란 그는 최대 파워를 넣고 충돌을 피하기 위해 출구로 급선회를 하려고 했다. 또 팬암기를 확인한 KLM 기장은 이륙을 하기 위해 속도를 높이고 있었기 때문에 팬암기를 피하기 위해 더 가속해 빨리 뜨는 수밖에 없었다. 이륙 중인 KLM기의 속도는 V_1(decision speed, 이륙 결심 속도, 이륙 활주 중 이륙을 계속할 것인가를 결정하는 속도)을 초과했기 때문에 정지시키는 것은 불가능했다. 또 KLM기는 V_R(rotation speed, 전환 속도, 조종간을 당겨 이륙 전환을 시작하는 속도)에는 도달하지 못한 상태였다.

KLM 기장은 최후의 수단으로 공중에 떠서 충돌을 피하기 위해 조

팬암기와 KML기가 충돌하는 장면

종간을 힘껏 당겼다. 이로 인해 여객기 동체의 꼬리 부분이 활주로 바닥 20미터(66피트)를 긁었다. KLM 기장은 급상승하기 위해 기수를 올리는 조작을 취했으나, KLM기 동체를 활주로 바닥에서 30.5미터(100피트) 정도 부양시키는 것에 불과했다. 만약 연료를 주유하지 않아 무게를 줄였다면 더 부양시켜 충돌을 피할 수도 있었을 것이다. 겨우 부양시켰던 KLM기의 동체 하부는 활주로 상에서 출구 C4로 벗어나려던 팬암기의 동체 상부 중앙 부분을 거의 벗겨 내듯이 충돌했다. KLM기는 완전히 실속에 들어가 조종 불능 상태였고 충돌 위치에서 150미터 (500피트) 떨어진 곳에 추락해 활주로에서 300미터나 더 멀리 미끄러졌다. 팬암기 동체 상부는 완전히 파괴되었으며 충돌한 그 자리에서 폭발했다.

KLM기 탑승자 248명 전원, 팬암기 탑승자 중 335명이 사망해 총 583명이 사망했다. 대부분 사망 원인은 연료 폭발과 화재였다. 기장, 부기장, 기관사 등을 포함한 승무원 5명과 승객 56명 등 팬암기 탑승자 61명은 살아남았다. 생존한 탑승객들은 팬암기의 엔진이 충돌 후 몇 분 동안 작동하고 있었다고 진술했다. 안개와 화염 때문에 소방 구조대가 신속하게 대응하지 못했고, 처음에는 두 대의 항공기가 충돌했다는 사실조차 몰랐다. 대부분의 생존자들은 날개에서 지상 바닥 아래로 뛰어내려 피신했다.

테네리페 참사를 조사하기 위해 약 70명의 항공 사고 조사관들이 스페인(관제사 측), 네덜란드(KLM 측), 미국(팬암 측) 등에서 파견되어 사고 조사에 참여했다. 명확하게 밝혀진 사실은 당시 조종사들과 관제사 사이에 오해와 잘못된 가정이 있었다는 것이다. 조종석 음성 기록 장치를 분석한 결과 KLM기 조종사는 이륙 허가가 나왔다고 확신했으며, 공항 관제사는 KLM기가 활주로 끝에 정지해 이륙 허가를 기다리고 있다고 잘못 생각했다.

사고 조사 결과 관제사와 관련된 스페인 측은 KLM기에게 책임이 있다고 했고, 네덜란드 측은 복잡한 여러 가지 원인으로 사고가 발생한 것이라며 전적인 책임을 회피했다. 얼마 지나지 않아 사고 조사 결과 네덜란드 측의 주장이 공정하다는 평가가 나왔다. 사고 조사 당사국 간에 상대적으로 사고 원인에 대해 이견이 있었지만 테네리페 참사는 아래의 주요 요인 때문에 발생한 것이라는 결론을 내렸다.

1) KLM기 기장이 이륙 허가가 나왔다고 잘못 알고 이륙 허가 없이 이륙한 사실.

2) KLM기 항공 기관사가 팬암기가 아직 활주로에서 이동하고 있다고 말했는데도 KLM기 기장이 이륙을 포기하지 않은 사실.

3) 비행기와 관제탑 사이에서 2개의 통신이 동시에 발생했기 때문에 서로 간섭을 받아 방해된 무선 메시지.

4) KLM 부기장 및 관제사가 표준 문구가 아닌 "We're at take off." 및 "OK." 등과 같은 애매한 문구로 교신한 사실.

5) 팬암기 기장이 관제사의 송신이 끝난 것으로 잘못 판단해 아직 활주로에 있다고 보고해 혼선을 유도한 시점.

6) 팬암기가 실수로 항공 관제사의 지시한 출구 C3 대신에 출구 C4로 나가려고 한 사실.

7) B737과 같은 소형 여객기가 이·착륙하도록 설계된 로스로데오 공항이 라스팔마스 공항의 폭탄 위협으로 인해 다수의 대형 여객기를 강제로 수용해 정상적으로 유도로를 사용하지 못한 사실.

테네리페 참사의 결과로 항공기 및 국제 항공사 규정에 대한 전면적인 변경이 이루어졌다. 전 세계 항공 당국은 표준화된 용어를 사용하라는 요청을 받았고, 항공 공통 언어로 영어가 더 강조되었다. 관제사가 오류를 유발하는 문구를 사용하지 못하도록 개정한 것이다. 예를 들어 국제 민간 항공 기구(ICAO)는 "활주로에 정렬하고 기다려라.(Line up and wait.)"라는 문구가 항공기를 활주로에 정대시키지만 이륙을 허가한 것은 아니라는 것이다. 미국 연방 항공국(FAA)에서의 "위치로 이동하고 기다려라.(Taxi into position and hold.)"라는 문구도 같은 의미다. 관제사는 이륙 허가로서 해석된 허가가 아니라는 것을 알려 주는 말을 바로 추가한 것이다. 항공 교통 교범은 "OK."또는 "Roger."와 같은 구어체 문구는 전적으로 인정하지 않지만, 상호 이해를 나타내기 위한 지시의 주요 부분으로는 인정한다. 또 "take-off(이륙)"라는 문구는 실제 이륙 허가가 주어졌을 때만 사용할 수 있다. 그 시점까지 항공기 승무원 및 관제사 모두 그 장소에서 "departure(출발)"또는 "ready for departure(출발 준비)"라는 문구를 사용해야 한다.

한편 여객기 조종실 내 기장과 부기장의 의사 결정 과정과 엄격한 수직 관계도 변경되었다. 승무원 간의 관계가 수평적인 관계로 전환되고 승무원 상호 합의에 따른 의사 결정이 한층 더 강조되었다. 이것은 항공업계에서 CRM(crew resource management, 인적 자원 관리)이라 하며, 현재 주요 항공사에서 표준 안전 관리 방식 및 훈련 체계로 활용된다.

8

초대형 여객기 A380의 탄생

최근 항공사들은 여객 및 화물 수송량을 극대화시키기 위해 초대형 여객기를 선호하며, 이에 따라 항공기 제작사들은 A380과 같은 초대형 항공기를 개발해 판매하고 있다. 그러므로 여객 및 화물 수송량 극대화를 위한 여객기의 생산성(productivity)을 언급할 수밖에 없다.

여객기(또는 화물기)의 생산성은 특정한 상황에서 운항할 때 유용한 운송 가치를 산출하는 능력이라 정의된다. 생산성은 쉽게 말해 투입물에 따른 산출물의 관계를 나타내는 것이다. 항공 운송에서 산출물은 운송 수입과 운송 실적으로 구분할 수 있다. 따라서 생산성은 승객(또는 화물)이 좌석을 예약하고 탑승함에 따라 나타나게 되며, 단위 시간, 단위 일자, 단위 연도당 산출하는 운송 수입, 좌석-킬로미터(생산량을 나타내는 단위), 유상 승객-킬로미터(항공사의 운송량), 화물톤-킬로미터(화물과 우편물 운송량), 유효톤-킬로미터(여객, 화물, 우편 등 종합적인 생산량) 등으로 표현된다. 그러나 여객기의 이용률은 계절과 시기에 따라 변동이 크며, 해외 여행인 경우 출발지 및 도착지의 기후, 정치적 상황, 경기 상황 등에 따라 영향을 받는다. 따라서 항공사는 모든 요소를 일일이 다 고려하기 곤란하므로 연간 평균적인 생산성을 따져볼 수밖에 없다.

항공 운송 산업의 생산성에 대한 공식은 평균 운항 거리, 탑승률, 취항 공항 수, 지점 수, 항공사의 규모, 중량 이용률, 노선 숫자, 평균 구간 거리 등 여러 결정 변수들을 고려해야 한다. 그러나 세부적인 변수를 고려하지 않고 대표적인 여객기의 생산성을 언급하고자 할 때 여객기 생산성 공식은 다음과 같이 간략하게 나타낸다.

생산성＝탑재물×구간 속도×구간 시간

구간 속도(block speed)는 구간 거리(block distance)에 대한 평균 속도를 나타내는 것으로, 항공 운송에 있어 중요한 가치인 고속성을 의미한다. 고속성이란 순항 속도(cruise speed, 장시간 동안 정상적으로 운항할 수 있는 속도를 의미하며, 제트 여객기들의 순항 속도는 대략 M＝0.82로 서로 비슷한 비행 속도를 유지함)가 아니라 구간 속도를 의미한다. 따라서 비행 거리가 길면 길수록 순항 속도를 낼 수 있는 구간이 길어지므로 구간 속도가 더 빨라진다. 또 여객기는 단거리 비행이 장거리 비행보다 순항 속도를 낼 수 있는 거리가 짧아 구간 속도가 작으므로 생산성을 높이기 힘들다. 여객기가 구간 속도를 크게 한다면 생산성을 더 높일 수 있다. 여객기의 고속성은 다른 교통 수단에서 볼 수 없는 중요한 가치로 주요 도시 간의 시간적·거리적 장애를 극복하게 해 항공사의 발전을 이끄는 원동력이 되었다.

여객기는 지상 유도로를 거쳐 활주로에 도달한 후 이륙하며, 지정

고도까지 상승 후 순항 속도를 낼 수 있다. 또 착륙을 하기 위해 강하해 공항 활주로에 접지한 후 지상 유도로를 통해 게이트까지 이동하는 일련의 과정을 밟는다. 구간 시간(block hours)이란 비행기의 출발 시간에서부터 도착 시간까지의 시간을 의미한다. 비행기의 출발 시간은 항공기가 견인되기 시작한 시간, 즉 움직이기 시작한 시간을 기준으로 하고, 도착 시간은 엔진을 정지한 시간으로 정하고 있다. 흔히 말하는 실제 비행 시간(flight time)은 관제사로부터 이륙 허가를 받은 시간(일반적으로 활주로에서 공중에 부양해 이륙한 시간이라 종종 착각함)에서 비행기가 활주로에 접지한 시간을 말한다. 따라서 구간 시간과 비행 시간에는 차이가 있으며, 승무원들의 비행 시간은 구간 시간을 기준으로 기록된다.

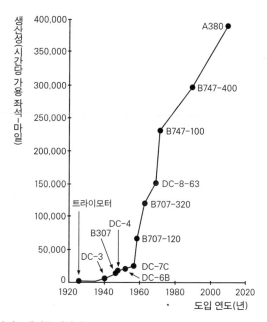

항공기 도입 연도에 따른 생산성(*Evolution of the Airliner* 참조)

생산성 공식에서 탑재물(revenue, 수입), 구간 속도, 구간 시간 등 세 가지 요소를 서로 곱하기 때문에 요소들의 각자는 각기 다른 두 가지 요소에 영향을 미친다. 생산성은 각 요소들을 결합한 결과이기 때문에 이를 고려해 생산성을 따져야 한다. 각 시대를 대표하는 장거리 여객기의 생산성(시간당 가용 좌석×거리)이 연도에 따라 어떻게 증가했는지를 보여 주는 도표를 보면 1950년대 말경부터 여객기의 생산성이 급격히 증가하기 시작하는 것을 알 수 있다. 4발 프로펠러 여객기(DC-7C, 맥도넬 더글라스 사가 DC-6의 성능을 보완한 여객기로 1953년 8월 첫 비행)가 속도가 빠른 제트 여객기(B707-120)로 바뀌면서 구간 속도가 크게 증가했기 때문이다. 이제 순항 속도를 증가시켜 구간 속도를 증가시키기에는 곤란하다. 왜냐하면 여객기의 순항 속도는 여러 설계 파라미터를 고려해 볼 때 이미 한계에 도달해 더 이상 증가시킬 수 없기 때문이다.

따라서 항공기 제작사의 양대 산맥이라 할 수 있는 미국의 보잉 사와 유럽의 에어버스 사는 B747, A380 등 대형 항공기를 개발해 여객 및 화물 수송량을 극대화시켜 여객기 생산성을 향상시키고 있다. B747, A380 등의 생산성은 탑재 중량 증가로 가파르게 상승한다.

1966년 7월 보잉 사는 세계 최대의 B747 점보 여객기를 개발하기 시작해, 1969년 12월 시애틀-뉴욕 장거리 비행 시험에 성공했다. 1970년 1월 미국의 팬암 사가 처음으로 B747 여객기를 도입하고 운항하기 시작해, 점보 여객기 시대를 맞이했다. 에어버스 사가 2000년 12월에 개발을 시작해 2005년 4월에 첫 비행을 한 2층 구조(double deck)인 A380을 2007년 10월에 싱가포르 항공사가 처음으로 도입했다. 현재는 대한항공, 아시아나항공, 아랍 에미레이트 항공, 루프트한자 등 여러 항공사가 도입해 운영하고 있다. 이 초대형 여객기는 높이

초대형 여객기 A380

는 아파트 10층에 맞먹는 24미터고, 이륙 중량은 569톤으로 555명 (표준형)의 승객을 탑승시킬 수 있다. 대한항공은 좌석 수 407석, 최대 운항 거리 1만 3473킬로미터인 A380 슈퍼 점보를 세계에서 여섯 번째로 도입해 2011년 6월부터 뉴욕, LA 등 장거리 노선에 투입하고 있으며, 2014년 10월 기준으로 1대당 4000억 원이 넘는 A380을 10대 운영하고 있다. 아시아나항공도 A380을 2대 도입했으며, 곧 A350도 도입해 운영할 예정이다. 대형 항공기를 개발하는 것은 여객 및 화물 수송량을 극대화시켜 운송 비용을 줄이기 위한 것이다.

9

맨몸으로 초음속을 돌파한 남자

2012년 10월 14일에 오스트리아의 스카이다이버 펠릭스 바움가르트너(Felix Baumgartner, 1969년~)는 우주에서 63빌딩 높이와 맞먹는 헬륨 기구를 타고 고도 39킬로미터 상공까지 올라가 지상까지 맨몸으로 초음속을 돌파해 뛰어내리는 위험천만한 일을 했다.(《월간중앙》 2012년 12월호 참조) 단순히 자유 낙하 신기록을 수립하는 것뿐만 아니라, 우주선에서의 고고도 탈출과 우주 여행의 안전을 향상하기 위한 과학적인 정보를 수집하기 위함이다. 인류 최초로 가장 높은 고도까지 올라가 맨몸으로 자유 낙하해 초음속을 돌파하는 레드불 스트라토스(Red Bull Stratos) 프로젝트는, 오스트리아 에너지 음료 회사인 레드불과 성층권(stratosphere)을 합친 이름의 프로젝트로서, 인간의 비행 영역을 확장하기 위한 목적 이외에도 스포츠 마케팅 효과를 기대했다.

우주에서의 점프

바움가르트너는 뉴멕시코 주 로스웰 공항을 이륙한 지 2시간 21분 만에 목표 고도보다 높은 고도 39.045킬로미터에 도달했다. 시속 22~25킬로미터로 초고속 엘리베이터를 타고 올라가는 느낌이었지만 목표 고도에 다다를수록 상승 속도는 떨어졌다. 올라갈수록 기구에 가득 찬 헬륨 기체와 주변 공기의 비중에 차이가 나지 않았기 때문이다. 바움가르트너가 탑승한 기구의 상승 속도는 일반 여객기에 비하면 절반 정도의 수준에 불과한데 여객기는 최대 11킬로미터 부근 대류권계면에서 상승을 멈추지만 바움가르트너는 3배 이상을 올라갔다.

목표 고도에 도달하자마자 바움가르트너는 문을 열기 위해 진공과 같은 외부 압력과 비슷하게 캡슐 안의 기압부터 줄였다. 캡슐 안의 기압은 해발 4.88킬로미터 수준(여압복을 작동시키지 않고 버틸 수 있는 최대고도)이어서 목표 고도의 외부 기압과는 160배 차이가 난다. 따라서 사전 감압 조치를 취하지 않고, 캡슐의 문을 열면 운항 중인 비행기의 문이 열릴 때 승객이 폭풍에 휩쓸려 빠져나가듯 사고를 당한다.

바움가르트너가 뛰어내린 성층권은 대류 현상이 없어 바람이 불지 않는다. 또 외부 온도는 영하 6.9도(표준대기표에 따른 고도 39킬로미터의 온도는 영하 15.2도)로 측정되었으나 보호복을 입었기 때문에 추위도 못 느꼈다. 이미 캡슐을 감압했기 때문에 뛰어내리지 않고는 10분 내에 집으로 돌아갈 방법이 전혀 없다. 그는 어차피 보호복에 있는 산소도 10분이면 모두 소진되기 때문에 "나는 집에 간다."라는 말과 함께 우주선에서 비상 탈출하듯이 뛰어내렸다.

바움가르트너는 풀장에서 다이빙을 하듯 머리부터 떨어지지 않고

높은 건물에서 아래로 뛰어내리듯 다리부터 먼저 떨어졌다. 얼마 안
가 머리를 아래로 향한 자세를 취할 때 일반적인 스카이다이빙에서는
사지를 벌리고 배를 내밀어 공기 저항을 높인다. 그러나 바움가르트너
는 가능한 한 몸을 일직선으로 만들어 떨어졌다. 낙하 속도를 초음속
에 도달하려면 무엇보다도 저항을 최대한 줄여 속도를 높여야 했기 때
문이다. 성층권은 공기 밀도가 낮기 때문에 평지처럼 속도가 빨라지
면서 느끼는 바람의 저항은 그다지 없다. 실제로 낙하한 지 33초 만에

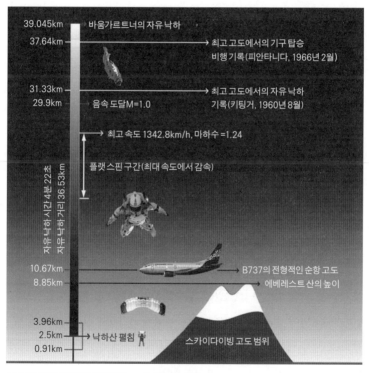

성층권에서 지상까지 바움가르트너의 낙하 과정

음속을 돌파했지만 본인은 아무런 느낌도 없었다고 한다.

그가 기록한 최고 속도인 시속 1,342.8킬로미터는 낙하를 시작한 지 42초 만이었다. 캡슐에서 12킬로미터쯤 떨어진 고도 27킬로미터 근방이다. 음속은 온도에 따라 달라지며, 추운 곳에서는 소리는 더 천천히 이동한다. 섭씨 15도에서 음속은 초속 340미터이지만 섭씨 48도에서는 음속이 느려져 초속 300.8미터다. 바움가르트너가 최고 속도를 낸 고도에서는 섭씨 48도였으며, 그때 그는 마하수 1.24의 속도로 1초에 373미터 떨어졌다.

최고 속도에 돌입한 직후 바움가르트너는 플랫 스핀(flat spin)에 돌입했다. 플랫 스핀은 낙하하는 신체에 작용하는 힘이 좌·우 동일하지 않으므로 균형을 맞추려고 몸이 나선형으로 돌면서 추락하는 현상이다. 1분에 120바퀴 가까이 돌기 때문에 이 상황이 지속되면 의식을 잃는다. 1959년에 조지프 윌리엄 키팅거(Joseph William Kittinger II, 1928년~) 대위는 낙하 도중 플랫 스핀에 빠지면서 의식을 잃었지만 자동으로 펴진 낙하산 덕분에 간신히 목숨을 건졌다.

맨하이(Manhigh) 프로젝트와 엑셀시어(Excelsior) 프로젝트에 참가해 명성을 얻은 키팅거는 미국 공군 예비역 대령으로 최고 높은 고도에서의 점프 기록을 비롯해 자유 낙하에서의 최고 속도 기록 등을 보유하고 있다.

맨하이 프로젝트는 인간에 작용하는 우주선(cosmic rays)의 효과를 조사하기 위해 1955년 12월부터 수행하기 시작한 군사 프로젝트로 1957년 6월에 29.5킬로미터 고도(키팅거 대위), 1957년 8월에 30.9킬로미터 고도, 1958년 10월에 29.9킬로미터 고도까지 올라가는 3번의 성층권 기구 비행이 수행되었다. 이어서 수행된 엑셀시어 프로젝트

(Project Excelsior)는 고고도 비상 탈출을 위해 대형 헬륨 기구로 곤돌라에서 낙하산 점프를 하는 것이다. 키팅거는 이 프로젝트에서 3번의 고고도 점프를 수행했다. 첫 번째는 1959년 11월에 23.3킬로미터에서 점프했으나 회전 속도 120아르피엠(rpm, 1분당 회전수)의 플랫 스핀에 들어가 의식을 잃었고, 1959년 12월에 22.8킬로미터에서 두 번째 점프를 시도했다. 1960년 8월 16일에 31.3킬로미터에서 시도한 마지막 점프에서 4분 36초 동안 자유 낙하를 해 5.5킬로미터 고도에서 낙하산을 펼치기 전까지 시속 988킬로미터를 기록했다.

바움가르트너는 플랫 스핀에 돌입했을 때 죽을지 모른다는 걱정보다는 "음속을 돌파하지 못했을까 봐" 더 걱정했다고 한다. 플랫 스핀에 돌입하면 신체가 회전하며 낙하 속도가 줄기 때문이다. 그는 BBC 방송에서 "플랫 스핀이 예상보다 빨리 시작되었고 대단히 격렬한 회전이었다."라고 말했다.

비록 성층권의 공기 밀도가 낮아서 공기의 저항이 거의 없지만 속도가 시속 1,000킬로미터가 넘어가면 아무리 밀도가 작은 공기라도 저항이 생기기 마련이다. 저항이 점차 커지면서 몸의 형태에 따라 균형이 깨지면서 플랫 스핀이 발생한다. 이때 양팔을 뒤로 약간 벌린 슈퍼맨 같은 델타 포지션(delta position)을 취하고 플랫 스핀에서 빠져나올 때까지 40여 초가 걸렸다. 대략 80바퀴를 나선형으로 회전한 셈이다. 낙하를 시작한 지 1분 23초가 지나면서 자세가 안정되었다.

바움가르트너는 안정된 자세를 취한 이후 2분 59초간 더 자유 낙하(free fall)했다. 이때 속도는 어떤 자세를 취하느냐에 따라 달라진다. 또 물체가 대류권(기상 현상이 발생하는 약 11킬로미터까지의 고도)에서 자유 낙하할 때는 일정한 속도에 도달한 이후 더 이상 가속도가 붙지 않는다.

왜냐하면 공기 밀도가 점차 높아지고 속도가 증가하면서 저항이 크게 증가하기 때문이다. 따라서 밀어내는 저항과 끌어당기는 중력이 같아지면 더 이상 속도가 증가하지 않고 일정한 속도가 된다. 이렇게 가속도가 더 이상 붙지 않는 속도를 종단 속도(terminal velocity)라 한다. 스카이다이빙 자세에서 바움가르트너의 종단 속도는 KTX의 영업 최고 속도(시속 300킬로미터)를 넘지 못했을 것이라 생각된다. 최고 속도에서 플랫 스핀에 들어가기 시작했을 때부터 낙하산을 펼 때까지 평균 하강 속도가 시속 334킬로미터였기 때문이다. 그러나 성층권에서의 빠른 자유 낙하 속도가 포함되었기 때문에 대류권에서는 공기 저항으로 속도가 많이 줄었다고 봐야 한다.

성층권에서 대류권에 진입하자마자 만나는 제트 기류는 시속 100킬로미터를 넘나드는 편서풍으로 서쪽에서 동쪽으로 부는 바람이다. 여객기가 다니는 한계 고도에 가까운 약 11킬로미터 상공인 대류권과 성층권의 경계 부근에서 형성된다. 이 제트 기류층은 두께가 수킬로미터 정도 된다. 여객기는 미국을 갈 때 이 바람을 등에 업고 가기 때문에 연료도 절약하고 빨리 간다. 제트 기류에 맞서 서쪽으로 비행해야 할 때는 그만큼 더 힘들다. 바움가르트너도 이 제트 기류 지역을 통과할 때는 분명히 성층권과 다른 느낌을 받았으리라 보인다. 제트 기류가 흐르는 곳은 바람도 강하지만 영하 55도를 넘나들어 대단히 춥고 고도가 높아 산소도 부족하다. 만약 이런 곳에서 낙하산을 편다면 아무리 특수복을 입었다 해도 지상으로 내려오지도 못한 채 상공에서 얼어 죽고 만다. 따라서 비상 탈출을 한 전투기 조종사도 고도가 일정한 수준(4.27킬로미터, 1만 4000피트) 아래로 내려와야 자동으로 낙하산이 펴진다. 그러나 제트 기류도 지역과 계절에 따라 조금 달라진다. 그런 사정을 고려해 미국의 북부에 비해 상대적으로 제트 기류가 약한 남부 지역인 뉴멕시코 주에서 기구를 띄웠을 가능성이 크다.

바움가르트너는 해발 고도 2.4킬로미터 상공(지상까지의 거리는 1.6킬로미터)에서 낙하산을 폈다. 그런데도 지상에 안착하기까지 5분 가까이 걸렸다. 그보다 23배 정도 먼 거리를 4분 22초 만에 내려왔으니 낙하산을 펴고 난 다음과 이전이 강하 속도에 있어 엄청난 차이가 난다. 그는 이륙 지점인 로스웰 공항에서 70.5킬로미터 떨어진 뉴멕시코 주 동부 지역 들판에 캡슐에서 뛰어내린 지 9분 9초 만에 안전하게 착지했다.

바움가르트너가 2012년 10월에 수립한 기록은 모두 세 가지다. 최고 고도 기구 탑승 비행(39.045킬로미터, 종전 최고 기록은 1966년 피아타니다의 37.64킬로미터), 가장 높은 고도에서 자유 낙하(종전 기록은 1960년 키팅거의 31.33킬로미터), 자유 낙하 최초 초음속 기록(시속 1342.8킬로미터, 마하수 1.24, 종전 최고 기록은 1960년 키팅거의 시속 988킬로미터, 마하수 0.9)이다. 또 그는 가장 긴 낙하 시간 기록(최고 기록 1960년 키팅거의 4분 36초)을 깨지는 못했지만 가장 빠른 낙하 속도로 인해 4분 22초간 가장 긴 자유 낙하 거리(36.53킬로미터) 기록을 수립했다.

그후 2014년 10월 24일 성층권 우주 여행을 위한 상용 우주복을 개발하고 있는 벤처 기업 파라곤 우주 개발 사(Paragon Space Development Corporation)가 3년 동안 기획한 행사에서 최고 고도 초음속 스카이 다이빙 신기록이 나왔다. 로버트 앨런 유스터스(Robert Alan Eustace, 1956년~) 구글 수석 부사장이 41.419킬로미터 고도에 올라가 바움가르트너의 최고 고도 기록을 갱신한 것이다.

우주 점프 장비 및 준비사항

바움가르트너는 점프에 앞서 두 번 연습을 했다. 2012년 3월 15일에 고도 21.8킬로미터에서, 또 7월 25일에는 고도 29.6킬로미터에서 자유 낙하해 경험을 쌓았다. 이에 앞서 무인으로 기구를 띄워 안전성을 시험했다. 2011년 12월과 2012년 1월에 두 번 각종 기기의 작동을 점검했다. 이번 점프에서 직면한 위험 요소의 하나는 음속 돌파의 충격파에 따른 소닉 붐(sonic boom) 현상이다. 가끔 전투기가 음속을 돌파할 때 내는 콰-쾅 하는 소리가 바로 소닉 붐이다. 이미 비행기는 1947년 10월 14일에 예거 대위가 초음속 기록(마하수 1.06)을 수립했다. 이렇게 비행기처럼 특수 합금으로 만들어진 물체는 크게 지장이 없다. 그렇지만 사람이 어떻게 그런 정도의 충격을 견뎌 낼까 하는 의문이 생긴다. 특수복을 입기는 했지만 충격에는 거의 맨몸이나 다름없기 때문이다. 바움가르트너는 BBC와의 인터뷰에서 낙하 도중에는 음속을 돌파했다는 사실을 전혀 몰랐다고 한다. 특별한 열(heat)이나 충격을 느끼지 못했다는 이야기다. 아마도 성층권의 공기 밀도가 낮았기 때문으로 보인다. 그가 최고 속도를 낸 지상 27킬로미터 근방의 공기 밀도는 대류권과 비교할 때 42배나 낮다.

또 다른 위험은 체액 비등(blood boiling)과 혹독한 추위다. 그가 뛰어내린 성층권은 지구 대기압의 0.3퍼센트에 해당한다. 체액 비등은 성층권에서의 낮은 압력이 몸을 풍선처럼 부풀게 하거나, 혈액에 공기 거품을 유발하는 현상이다. 체액 비등 현상으로 인해 여압복 없이 몇 분을 버티기 힘든 고도 19.2킬로미터를 암스트롱 한계(Armstrong Limit, 미국 공군 외과 의사인 해리 암스트롱의 이름을 붙인 고도, 6만 3000피트)라 한다. 만약 대동맥에서 피를 멈추게 할 만큼 큰 거품이 만들어진다면 아주 치명적이다. 실제로 1960년 당시 키팅거 대위는 여압 장치가 제대로 작동하지 않아 손이 2배 가까이 부풀었는데도 점프를 강행했다.

성층권은 고도 11킬로미터에서 50킬로미터에 이르는 지역이다. 성층권의 아래인 대류권은 고도가 높아질수록 온도가 떨어진다. 그러나 성층권은 고도가 올라갈수록 온도가 일정하다가 오히려 온도가 올라가 상대적으로 덜 춥다. 바움가르트너가 도달했던 고도 39킬로미터는 성층권에서도 조금 높은 지역으로 영하 15도 정도가 보통이다.

성층권을 다니는 새는 거의 없지만, 1973년에 아프리카 아비장에서 11.3킬로미터 상공을 나는 여객기 엔진에 루펠 독수리가 빨려 들어간 적이 있다. 이 독수리는 중앙아프리카 초원지대에서 서식하며 6.1킬로미터 고도까지 날아다닌다. 따뜻한 곳을 찾아 히말라야 산맥을 넘나드는 철새인 인도기러기는 극한의 환경을 견디는 신체를 갖고 있어 6.4킬로미터 고도까지 올라간다.

바움가르트너가 입은 특수 여압복(성층권 이상의 높은 고도에서 생기는 기압의 저하나 가속도의 변화로부터 인간을 보호하려고 기압을 일정하게 유지해 주는 특수한 옷)은 고고도 정찰기를 타는 조종사복을 토대로 만들어졌다. 그러나 스카이다이버에 맞도록 활동성을 조금 더 좋게 했다. 섭씨 38도에서 섭씨 68도의 외부 조건을 견뎌내도록 모두 4겹으로 제작했다. 온도가 낮은 지역을 자유 낙하하면서 신체 온도가 섭씨 28도 아래로 떨어지면 무의식에 빠지고, 더 떨어지면 사망에 이른다. 그러므로 여압복 표면은 보온 효과가 높고 불에 잘 타지 않는 특수 섬유로 만들었다. 손바닥만한 압력 조절 장치는 여압복의 핵심 장치로 고도에 따라 압력을 자동 조절해 준다. 체액 비등을 막으려는 목적이다. 또 여압복에는 캡슐 내에서 냉난방 공기를 공급받을 수 있는 연결 호스가 있다. 장시간 머무는 캡슐에서 체온을 조절하거나 선바이저(태양의 직사광선으로부터 눈을 보호하기 위한 햇빛 방지 장치)에 김 서림을 방지하는 목적이다.

호흡은 헬멧을 통해 공급되는 100퍼센트 산소를 이용했다. 지상과 캡슐 안에 있을 때는 각각 별도의 액화 산소가 쓰이며, 자유 낙하 때는 등에 달린 고압 산소통 2개가 작동한다. 헬멧을 통해 물을 마실 수도 있고, 음성 송수신기도 달려 있다. 선바이저에는 김 서림과 성에를 방지할 수 있는 가열 회로가 내장되어 있다.

가슴에 매단 박스(chest pack)는 바움가르트너의 속도와 자세, 고도를 지상 통제 본부에 시시각각 알려 준다. 체스트 팩에는 헬멧에 연결된 음성 송수신기 장치, 위치를 알려 주는 GPS, 속도와 방향을 측정하는 관성 측정 장치(IMU), 데이터 장거리 전송 장치, 국제 항공 스포츠 기구에 기록을 입증할 기록기, 120도 시각의 고화질 카메라(바움가르트너가 고속 낙하 때나 델타 포지션을 취할 때 모두를 촬영) 등이 있다.

2005년부터 준비를 시작해 300여 명의 과학자와 스태프가 투입된 프로젝트였지만, 기구가 이륙한 지 1시간가량 지난 후 가슴에 단 기기에 빨간 불이 들어왔고, 헬멧의 선바이저에 습기가 차 앞이 보이지 않았다. 김 서림을 제거하는 가열 회로가 작동하지 않았기 때문이다. 바움가르트너는 그 순간 임무를 포기할까 망설였다고 한다. 그러나 바움가르트너는 점프하기로 결정하고 지상 통제 본부에 알려 점프가 무산될 위기를 잘 넘겼다.

여압복에는 주 낙하산, 보조 낙하산은 물론이고 플랫 스핀에 빠져 의식을 잃기 직전 자동으로 펴져 신체 균형을 맞추어 주는 드로그 안정 낙하산(drogue stabilization chute)도 달려 있다. 접었을 때 무게는 27킬

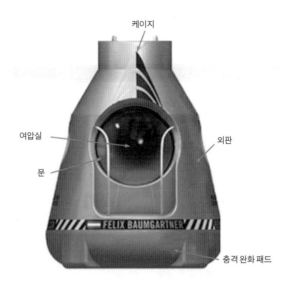

케이지

여압실

문

외판

충격 완화 패드

FELIX BAUMGARTNER

바움가르트너가 사용한 캡슐

캡슐은 지름 2.5미터, 높이 3.4미터, 무게 1,315킬로그램으로 우주선의 대기권 재돌입용 캡슐과 비슷하다. 가장 안쪽은 여압실(pressure sphere)로 유리 섬유와 에폭시 구조물(열경화성 플라스틱인 에폭시를 사용해 제작한 복합 재료의 구조물)이며 문과 창문은 아크릴이다. 에폭시 구조물은 다시 케이지가 감싸는데 기구에 캡슐을 연결하는 연결 부위로도 사용되는 케이지는 항공기의 파이프나 연결 부위, 고급 자전거 몸체를 만드는 크롬몰리브덴 합금으로 제작된다. 케이지를 감싸고 사람들의 눈에 뜨이는 외판은 폼-내장 피부(foam-insulated skin)로 유리 섬유와 페인트가 칠해져 있다. 캡슐의 맨바닥은 가장 넓은 부분으로 기판과 충격 완화 패드로 구성되며, 벌집 모양의 알루미늄 구조물이 들어 있는 5.1센티미터 두께의 샌드위치 구조물로 만든 곡선형 기판을 다시 충격 완화 패드가 감싼다. 8G의 충격에도 견뎌 내도록 설계되어 있지만 다음 비행에는 반드시 갈아 준다.

로그램으로 일반적인 스카이다이버의 낙하산(9킬로그램)보다는 상당히 무겁다. 바움가르트너는 하강 속도를 시속 277킬로미터로 늦춘 다음에 펴야 하는 주 낙하산만 폈다. 저고도에서 시속 126킬로미터 이상으로 급강하할 경우 0.61킬로미터 상공에서 자동으로 펴지는 보조 낙하산은 당연히 펴지지 않았다. 주 낙하산은 25제곱미터 크기로 보

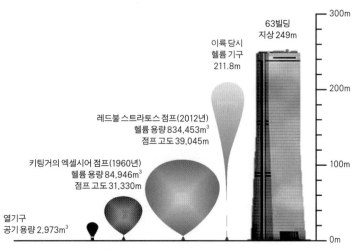

레드불 스트라토스 점프(2012년)
헬륨 용량 834,453m³
점프 고도 39,045m

이륙 당시
헬륨 기구
211.8m

63빌딩
지상 249m

300m

200m

키팅거의 엑셀시어 점프(1960년)
헬륨 용량 84,946m³
점프 고도 31,330m

100m

열기구
공기 용량 2,973m³

0m

바움가르트너가 이륙할 때 이용한 헬륨 기구의 크기 비교

통 낙하산의 2.5배 정도다.

　바움가르트너가 탔던 캡슐은 지름 1.8미터 내부엔 무선 통신기, 항법 장치, 산소와 질소 탱크, 제어 시스템과 카메라 등이 있으며 해발 4.88킬로미터의 기압으로 맞춰져 있다. 여압복을 작동하지 않아도 감압증(기압이 높은 상태에서 장시간 있다가 갑자기 낮은 기압 상태로 돌아오면서 발생하는 질환)에 걸리지 않을 정도의 기압이다. 이 캡슐은 캘리포니아 주 랭커스터에 있는 세이지 체셔 에어로스페이스 사(Sage Cheshire Aerospace)에서 개발했다.

　불이 붙지 않고 유해하지 않은 헬륨을 담은 기구(balloon)는 고기능 플라스틱 필름으로 만들어졌다. 두께는 0.02밀리미터로 일반 비닐봉투의 두께에 비해 상당히 얇은 편이다. 얇게 펴서 바닥에 깔면 16만

1818 제곱미터로 국제 규격의 축구 경기장 20개의 크기이며, 기구 자체의 무게는 1,680킬로그램이다. 물론 특수 강화 처리되어 1,359킬로그램의 헬륨 무게를 감당한다. 이륙 당시 기구는 비교적 길쭉해 보이며, 높이는 55층 빌딩과 비슷하다. 캡슐과 로프 부분까지 포함하면 63빌딩(지상 높이 249미터)보다 조금 짧은 211.8미터다. 이륙 초기에는 이렇게 얇고 길지만 공기 밀도가 낮아지는 곳에서는 높이가 줄어 101.1미터며 폭이 더 넓어지면서 타원형처럼 변한다. 이것은 1960년 키팅거의 헬륨 기구보다 10배 큰 체적이다.

이 기구는 비록 회수되지만 워낙 민감해서 재활용은 되지 못한다. 두 대의 트럭으로 실려 온 헬륨은 한 시간 가까이 주입되었다. 기구로 비행할 때 조종은 바람으로 한다. 그러나 바람의 방향과 속도가 여의치 않으면 기구의 고도를 조정해 적절한 바람의 조건을 찾아간다. 고도를 낮추려면 헬륨을 빼고, 고도를 높이려면 무게가 있는 구조물을 떨어뜨린다.

기구는 이처럼 바람에 대단히 민감하다. 2012년 10월 9일에 1차로 예정되었던 비행은 바람이 지나치게 불어 연기되었다. 바움가르트너가 이륙한 날은 바람이 거의 없었기에 최적의 날씨였다. 바움가르트너는 그당시에 유인 기구로는 가장 높은 곳을 올랐다. 그러나 무인 기구는 최고 53킬로미터 고도에 오른 경우가 있다. 2002년 5월에 일본 우주 항공 연구 개발 기구(JAXA)가 초박형 필름으로 제작해 띄워 올린 과학 헬륨 기구였다.

바움가르트너가 실시한 B·A·S·E 점프는 건물(building) 안테나(antennas), 교각(spans, bridges), 절벽(earth, cliffs) 등 고정된 곳에서 뛰어내리는 점프다. 1999년에 말레이시아 쿠알라룸푸르의 페트로나스 트윈

타워 빌딩에서 뛰어내렸고, 2003년엔 영국 해협을 처음으로 탄소 섬유 날개를 달고 스카이다이빙으로 건넜다. 2007년 12월에는 대만의 타이베이 101 건물의 91층 전망대에서도 처음 뛰어내렸다. 1999년에 고도 29미터인 리우데자네이루의 예수 석상의 손에서 뛰어 내리며 가장 낮은 곳에서 기록한 B · A · S · E 점프라고 주장했다. 그러나 그가 실제로 착륙한 곳은 예수 석상 다리 부분 밑의 경사지였기 때문에 실제로는 29미터가 넘는다는 논란을 불러일으켰다.

레드불이 추진한 바움가르트너의 자유 낙하 프로젝트는 제품 광고가 가장 큰 목적이었을 것으로 추정되며, 이 프로젝트에 누가 얼마나 비용을 부담했는지는 공개되지 않았다. 또 바움가르트너의 최고 고도 기록을 갱신한 구글 수석 부사장의 초음속 스카이 다이빙 신기록도 파라곤 우주 개발 사의 상용 우주복 광고의 일환이었을 것이다. 그러나 이러한 우주 점프가 우주선에서의 비상 탈출의 가능성을 제공했고, 우주 개발과 의학 및 과학 분야에 있어 많은 기여를 한 것은 부정할 수 없는 사실이다.

10

인간, 달을 밟다

달 탐사는 백과사전에서 "무인 또는 유인 우주선으로 달을 과학적으로 연구하는 것."이라 소개한다. 달 탐사는 1958년 8월에 최초로 미국이 무인 우주선 파이어니어(Pioneer, 행성 간 탐사를 위한 최초의 무인 탐사선)를 발사하면서 시작되었지만 발사체가 폭발해 실패했다. 10월과 11월에도 파이어니어를 발사했으나 연이어 실패했다. 이로 인해 미국의 자존심은 바닥에 떨어졌고, 더욱 분발하는 계기가 되었다.

1959년 1월 2일에 (구)소련은 무인 달 탐사선 루나 1호(Luna 1) 발사에 성공했으며 세계 최초로 달 착륙을 시도했다. 그러나 루나 1호는 기술적인 문제로 달 근방 5,995킬로미터까지 접근하는 데까지만 성공했다. 따라서 인류의 달 탐사는 1959년부터 본격적으로 시작되었다고 말할 수 있다. 1959년 3월에는 미국의 달 탐사선 파이어니어 4호가 달 궤도에 진입하는 데 성공했다. 같은해 9월 (구)소련은 루나 1호

루나 1호

와 구조가 동일한 루나 2호를 발사했으며 이것은 달의 표면에 도착한 최초의 탐사선이다. 루나 2호는 달 표면에 연착륙(soft landing, 속도를 줄여 충격 없이 부드럽게 착륙함)을 통해 안착한 것이 아니고 추락하면서 사진을 찍어 전송한 후 고철 덩어리처럼 파괴되었다. 1959년 10월에는 루나 3호가 달로부터 6,880킬로미터 떨어진 거리에서 달의 반대편을 촬영한 사진을 전송했다. 이후 (구)소련은 1976년까지 17년 동안 총 24대의 루나를 발사했으며, 루나 9호는 1966년 2월 세계 최초로 달 표면에 연착륙하는 데 성공했다.

한편 미국은 1966년 5월 30일에 서베이어(Surveyor, 달 표면을 촬영하기 위해 1966년부터 1968년까지 달에 보낸 7대의 무인 탐사선) 1호를 발사해 미국 최초로 달에 연착륙하는 데 성공했다. 서베이어 6호는 1967년 11월 달에 착륙한 뒤 한 지역의 사진을 찍은 다음, 다른 지역을 촬영하기 위해 이동해, 지구 밖 천체에서의 이륙을 최초로 성공했다. 미국은 1966년 서베이어 1호부터 1968년 서베이어 7호까지 발사한 탐사선 가운데 5대가 달에 연착륙하는 데 성공했다. 미국은 무인 탐사선 연구를 통해 아폴로 유인 달 착륙선이 달에 착륙하고 이륙하는 절차를 점검했다.

1961년 5월 25일에 케네디 대통령이 의회 연설에서 "1960년대가 다 가기 전에 인간을 안전하게 달에 보내겠다."라는 야심찬 목표를 발표했다. 미국은 1958년에 승인된 1인승 머큐리 계획(1959~1963년)에 이어서 모든 우주 비행 계획을 유인 달 착륙에 맞춰 진행했다. 따라서 2인승 제미니 계획(1962~1966년)과 달 착륙 유인 비행 계획인 3인승 아폴로 계획(1963~1972년)이 수립되었다.

1967년 1월에 아폴로 1호 발사 준비 모의 연습 중 화재가 발생해 우주 비행사 3명이 질식사하는 사고가 발생했다. 그래서 미국 국립 항공 우주국(NASA)은 아폴로 6호까지 무인 우주선을 운영했다. 1968년 10월 아폴로 7호부터 유인 우주선 발사를 시작해 아폴로 10호까지 미국인을 달에 보내기 위한 절차를 차근차근 수행했다.

1969년 7월 16일(24일 귀환) 오전 9시 32분에 미국 플로리다 주 케이프커내버럴 발사장에서 선장 닐 암스트롱(Neil Armstrong, 1930~2012년), 사령선 조종사 마이클 콜린스(Michael Collins, 1930년~), 달 착륙선 조종사 에드윈 올드린(Edwin E. Aldrin, Jr, 1930년~) 등은 거대한 새턴 발사 로켓을 갖춘 아폴로 11호를 탑승하고 솟아올랐다. 드디어 1969년 7월 20일 오후 4시 17분에 암스트롱과 올드린을 태운 달 착륙선 이글 호가 달 표면에 안착했다. 같은 날 오후 10시 56분에 선장 암스트롱은 달 착륙선에서 달 표면으로 나와 인류 역사상 최초로 첫발자국을 내딛었다.

아폴로 11호 이후 아폴로 12호부터 17호까지 아폴로 13호를 제외하고 총 6번 달 착륙에 성공했다. 아폴로 12호는 1969년 11월 14일(24일 귀환) 선장 찰스 콘래드(Charles Conrad, Jr.), 사령선 조종사 리처드 고든(Richard F. Gordon, Jr.), 달 착륙선 조종사 앨런 빈(Alan L. Bean) 등을 태우고 발사되었다. 달에 착륙해 7시간 37분 동안 월면 활동을 했으며, 암석 표본을 대량 채집했다. 1970년 4월 11일(17일 귀환) 선장 제임스 로벨(James A. Lovell, Jr.), 사령선 조종사 존 스위거트(John L. Swigert), 달 착륙선 조종사 프레드 헤이즈(Fred W. Haise, Jr.)를 태우고 발사된 아폴로 13호는 달로 가는 도중 3일째 되는 날 기계선의 산소 탱크가 폭발하는 바람에 달에 착륙하지 못하고 달 궤도만을 선회하고는 간신히 지구로 귀환했다. 아폴로 14호(1971년 2월 5일 달 착륙), 아폴로 15호(1971년 7월 30일 달 착륙), 아폴로 16호(1972년 4월 21일 달 착륙), 아폴로 17호(1972년 12월 11일 달 착륙)가 달 착륙에 성공했다.

한편 (구)소련은 유인 우주선을 운용하지 않고 무인 탐사선을 이용해 달 탐사를 수행했다. 1970년 11월과 1973년 1월에 루나 17호와 루나 21호는 무인 월면차를 달 표면에 착륙시켜 수개월 동안 활동하게 했다. 미국이 1972년에 아폴로 17호를 마지막으로 달 탐사 계획을 마무리했지만, (구)소련은 1976년 8월까지 무인 탐사선(루나 24호)을 달에 보내 달 토양을 채취하고 탐사하는 활동을 지속했다. 당시 미국과 (구)소련은 재정적, 정치적인 문제로 서로 미소 우주 경쟁을 포기하고 침체되었으며, 이때 이후 달 탐사선은 거의 보내지 않았다.

우리나라는 첫 우주 탐사를 1992년 8월 11일에 우리별 1호(위성 개발 및 인력 양성을 위해 개발된 실험용 과학 위성)를 궤도상에 올려놓음으로써 시작했다. 우주 개발 선진국에 비해 30년 이상 늦게 우주 탐사를 시작한 셈이다. 우리별 1호는 한국 최초의 국적위성이 되었으며, 뒤를 이어 1993년 9월과 1999년 5월에 각각 우리별 2호와 우리별 3호를 발사했다.

또 1995년 8월 한국 최초의 방송 통신 위성인 무궁화 1호가 미국 케이프커내버럴 공군 기지에서 발사되어 한국은 세계에서 22번째로 상용 위성을 보유한 국가가 되었다. 이어서 1996년 1월, 1999년 9월, 2006년 8월, 2010년 12월에 각각 무궁화 2호, 3호, 5호, 6호가 발사되었다. 1999년 12월에는 한국 최초의 실용 위성인 아리랑 1호(미국의

TRW사와 공동 개발한 다목적 실용 위성)가 미국 캘리포니아 주 반덴버그 공군 기지에서 발사되었다. 아리랑 2호(세계 7번째 1미터급 고해상도 위성)는 2006년 7월에 러시아 플레세츠크 우주 기지(Plesetsk Cosmodrome, 모스크바에서 800킬로미터 북쪽에 위치한 러시아의 우주 센터로 1957년에 건설하기 시작한 러시아의 대륙간 탄도 미사일 발사장)에서 발사되었다. 그리고 아리랑 3호는 2012년 5월 18일에 일본 다네가시마 우주 센터(Tanegashima Space Center, 일본 가고시마 현 다네가 섬에 있는 로켓 발사장으로 1969년 10월 건설되었으며 일본 우주 항공 연구 개발 기구 JAXA가 관리함)에서 발사되었다. 2010년 6월에는 세계 최초 해양 관측 정지 궤도 위성인 천리안이 발사되어 운용되고 있다.

한국항공우주연구원은 위성 발사 로켓으로 고체 연료 추진 1단 로켓인 8.8톤급 과학 로켓 1호(KSR-1)를 개발해 1993년 6월과 9월에 두 번 연달아 성공적으로 발사했다. 이후 1998년 6월에 고체 연료 추진 2단 로켓인 30.4톤급 과학 로켓 2호(KSR-2) 발사에 성공했다. 또 2002년 11월에는 국내 첫 액체 연료 추진 로켓인 13톤급 과학 로켓 3호(KSR-3) 발사에 성공해 2단 로켓 개발 기술을 확보했다. 이외에도 한국 항공우주연구원은 러시아와 기술 협력으로 지구 저궤도에 소형 위성(100킬로그램급)을 쏘아 올릴 수 있는 196톤급 발사체 나로호(KSLV-I)를 개발해 2013년 1월에 성공적으로 발사했다.

동서 냉전 시대에 미국과 (구)소련이 주도했던 달 탐사 경쟁이 끝난 지 40년이 지난 오늘날 다시 뜨거워지고 있다. 이제 "제2의 우주 경쟁 시대"가 도래했다고 해도 과언이 아니다. 달 탐사의 목적은 미래 에너지로 활용할 수 있는 광물 자원을 탐사하고 확보하기 위한 것이다.

2007년 9월 일본 우주 항공 연구 개발 기구는 새로운 달 탐사선인 가구야(Kaguya, 달과 관련된 일본 전래동화에 나오는 공주 이름)를 H2A 로켓에 탑재해 발사했다. 2.9톤 무게의 가구야 위성은 달에서의 촬영 임무를 마치고 달에 추락했다. 일본의 달 탐사 위성 발사는 미국의 아폴로 탐사 이후 최대의 달 탐사 프로젝트인 '셀레네(Selene, 그리스 신화 속 달의 여신)'의 첫 단계 프로젝트다. 일본은 장기적으로 달의 암석을 채취해 지구로 가져오고 2025년에는 유인 우주선을 달에 보낸다고 한다.

일본뿐만 아니라 중국도 2007년 10월에 무인 달 탐사 위성인 창어(중국 신화 속의 달의 여신 이름에서 나온 말) 1호를 창정 3호 갑 로켓에 탑재해 쓰촨성 시창 위성 발사 센터에서 성공적으로 발사했다. 2008년 10월 인도 우주 연구소(ISRO, Indian Space Research Organization)는 헬륨 3를 비롯한 자원 탐사를 위해 인도 최초의 달 탐사선 찬드라얀(Chandrayaan, 인도의 고전어로 '달 탐사선') 1호를 인도 남부의 사티시 다완 우주 센터에서 발사했다. 서방 국가뿐만 아니라 아시아 국가에서도 달 탐사에 가세하면서 전 세계는 달 탐사를 위한 우주 경쟁을 벌이고 있다.

달 탐사 우주선의 임무 중 하나는 달에 있는 광물 자원의 종류와 분포를 파악하는 것이다. 달의 자원으로 레어 메탈(rare metal, 수요 대비 매장량이 적은 금속으로 리튬, 크롬, 티타늄, 몰리브덴 등 35종의 희소 금속)과 '헬륨-3(보통 헬륨보다 중성자수가 하나 작은 물질로 핵융합의 원료로 활용 가능성이 있음)'를 대표적으로 들 수 있다. 레어 메탈은 화학적으로 안정되면서도 열을 잘 전달하므로 휴대 전화기, 전기 자동차, 액정 스크린 등 고부가 가치 제품에 필수적으로 사용되는 금속으로, 수요는 점점 더 증가되므로 제조업의 경쟁력 강화의 관점에서 레어 메탈을 안정적으로 확보해야 한다. 또 헬륨-3는 핵융합의 원료로 각광받고 있는 물질이지만 지구에는 거의 없다. 헬륨-3는 매우 가볍고 다른 원소들과 결합해 있지 않기 때문이다. 헬륨-3가 차세대 에너지원으로의 활용 여부는 아직 모를지라도

2013년 1월 30일 나로호 3차 발사 장면

한국은 항공우주연구원(KARI) 나로호(KSLV-I, Korea Space Launch Vehicle-I, 과학 위성을 저궤도에 진입시킨 한국 최초의 우주 발사체) 발사를 2009년과 2010년에 잇달아 실패했지만, 2013년 1월 30일 나로호 3차 발사(당시 김승조 원장)에 성공했다. 한국은 러시아와 합작으로 나로호를 개발해 한국의 14번째 인공위성인 나로 과학 위성(100킬로그램급)을 궤도에 올려놓았다. 나로 과학 위성은 고도 300~1,500킬로미터인 타원 궤도를 하루에 14비퀴씩 돌면서 1년 동안 우주 방사선과 이온층 측정 등 우주 관측 활동을 한다.

달 탐사를 통해 확보하고자 하는 노력은 바람직하다.

한국은 2013년 1월에 전남 고흥군 나로 우주 센터에서 나로호 발사에 성공하면서 본격적으로 우주 경쟁 대열에 합류했다. 그동안 정부가 발표한 우주 개발 사업 로드맵에 따르면 한국형 발사체 기술을 확보하고 2021년에 1.5톤급 인공위성을 자력으로 발사할 계획이다. 이 계획을 위해 한국항공우주연구원은 2010년부터 한국형 우주 발사체(KSLV-II) 개발 사업을 시작해 75톤급 추력의 로켓 엔진을 개발하고 있다. 한국항공우주연구원은 액체 추진 3단 발사체(1단 300톤: 75톤 로켓 엔진을 4기 장착, 2단 75톤, 3단 5톤)를 개발한 뒤 아리랑 위성급(1.5톤)을 고도 600~800킬로미터의 저궤도에 쏘아 올리는 것을 목표로 하고 있다.

계획이 성공하면 한국은 명실상부한 자력 우주 발사국(자국 영토 안에서 자력으로 개발한 발사체로 인공위성을 발사해 정상궤도에 진입시켜 위성 운영에 성공한 국가)이 된다. 그렇지만 달 탐사를 위해서는 2.6톤 정도의 무거운 달 탐사선(자체 로켓 엔진 및 착륙선 등을 보유함)을 약 300킬로미터 정도의 저궤도에 올려놓을 수 있는 발사체가 필요하다. 달 탐사선 발사체는 1.5톤급 인공위성을 쏘는 한국형 우주 발사체의 성능과 크게 다르다. 따라서 달 탐사선 발사체는 한국형 우주 발사체의 성능을 일부 개조해야 한다.

한국은 2021년쯤에 100퍼센트 순수 우리 기술로 한국형 우주 발사체 개발에 성공해 달 탐사 우주선을 쏘아 올릴 수 있는 능력을 보유하고자 한다. 그리고 이미 어느 정도 확보한 달 궤도선과 착륙선의 추력과 제어 성능, 우주 항법 기술을 확보한다면 달 탐사도 가능하다.

한국은 한국형 발사체 개발보다 위성 개발이 앞서 있어 달 탐사 초소형 위성 큐브샛(Cube Sat)을 먼저 달 궤도에 진입시킬 것으로 보인다. 2012년 한국항공우주연구원은 NASA와 초소형 위성을 달에 보내는 '루나 임팩터(Lunar Impactor)' 프로젝트를 공동으로 진행하기로 합의했기 때문이다. 루나 임팩터는 달에 한국이 제작한 큐브샛을 2016년에 미국이 제작한 발사체로 쏘아 올려 달 표면 자기장을 조사하고 물 생성 원리를 추적하는 프로젝트다. 그러므로 2016년에는 한국이 제작한 발사체를 사용하지는 않지만 한국이 만든 초소형 위성이 달 궤도에 진입할 것이다.

2012년 12월 16일에 대선 TV 토론에서 박근혜 대통령 후보는 "2020년 달에 태극기가 펄럭이게 하겠다."라고 공약했다. 그러면 우주 개발 사업은 2025년 목표였던 달 착륙선을 앞당겨 조기 발사해야 한다. 이를 위해서는 달 탐사선을 탑재할 한국형 발사체를 당초 목표인 2021년에서 수년 앞당겨 개발해야 한다. 따라서 2020년 달 표면에 태극기가 펄럭이기 위해서는 무엇보다도 한국형 우주 발사체를 얼마나 빨리 성공적으로 개발하느냐가 관건이다.

11

조종사와 카르티에 시계

초기 항공의 개척자 알베르토 산토스-뒤몽(Alberto Santos-Dumont, 1873~1932년)은 브라질에서 커피 재배 사업을 하는 부유한 집안에서 태어났다. 17세 때 프랑스로 이주해 젊은 시절 대부분을 프랑스에서 보낸 그는 1898년에 처음으로 기구를 설계·제작해 하늘을 날았다.

한편 석유 사업으로 부를 축적한 프랑스 자본가인 앙리 도이치 드라 뫼르트(Henri Deutsch de la Meurthe, 1846~1919년)는 프랑스의 초기 항공 발전 촉진을 위해 생클로드에서 에펠탑까지 비행해 30분 안에 돌아오는 사람에게 10만 프랑의 상금을 주겠다고 제의했다. 여러 번 도전했으나 실패한 뒤몽은 마침내 1901년 10월 19일에 비행선으로 30분 이내에 최초로 왕복 비행해 뫼르트의 상금을 받았다.

1905년에 첫 비행기를 설계한 뒤몽은 1906년 10월 23일 파리에서 처음으로 자신이 제작한 항공기로 발사 레일이나 다른 보조 장치 없

알베르토 산토스-뒤몽

비행선으로 에펠탑을 비행하는 뒤몽

이 비행했고 11월 12일에 220미터 거리를 21.5초 동안 비행해 유럽 첫 동력 비행 기록을 수립했다. 그는 1910년 1월 4일에 조종사로서 마지막 비행을 마치고 다발성 경화증(신경 전달이 안 되어 신체 마비가 오는 원인 불명의 질환)으로 인해 은퇴했다. 1928년 그는 프랑스를 떠나 브라질로 돌아갔으며, 우울증으로 1932년 7월 23일에 상파울루에서 자살했다.

뒤몽은 20세기 초기에 손목시계 대중화에 크게 기여했다. 15세기 말쯤에 유럽에서 대형 시계가 대부분이었지만, 이때 손목시계의 원조가 처음 등장했다. 금속 태엽의 발명과 더불어 휴대용 시계가 등장하기 시작한 것이다. 19세기에 들어 자전거가 대중화되면서 회중시계(포켓 시계)를 사용하기 불편해지자 손목시계를 사용하게 되었다. 그러나 당시 소형으로 제작된 기계식 손목시계는 아주 비쌌기 때문에 대중화되지는 못했다. 당시 유명했던 파텍 필립 회사(Patek Philippe & Co.)는 1851년 앙트완 드 파텍(Antoine de Patek, 1812~1877년)과 장 아드리앙 필립(Jean Adrian Philippe, 1815~1894년)이 세운 스위스 고급 시계 제조 회사다. 당시 남성들은 손목시계를 착용하지 않았으며, 여성들만이 회중시계

카르티에 산토스 손목시계

를 보석처럼 손목에 감고 다녔다.

1904년 뒤몽은 친구인 루이 카르티에(Louis Cartier, 1875~1942년)에게 비행 중 회중시계를 주머니에서 꺼내는 것이 불편하다고 토로했다. 그는 비행기 조종간에서 손을 떼지 않고 바로 시간을 볼 수 있는 시계를 원했다. 카르티에는 문제를 해결하기 위해 가죽 밴드와 작은 버클이 있는 사각형 시계(산토스 시계)를 만들어 손목에 착용할 수 있도록 했다. 이것을 계기로 손목시계가 본격적으로 활성화되기 시작했고, 제1차 세계 대전을 거치면서 사용하기 편한 손목시계가 일반화되었다.

뒤몽은 비행할 때 반드시 카르티에 손목시계를 차고 이륙했으며, 1906년 11월 12일에 유럽 최초로 21.5초 동안 비행한 기록을 확인하는 데에도 사용했다. 산토스-뒤몽 시계는 1979년 10월 20일부터 파리의 항공 박물관에 전시되었으며, 그가 1908년에 마지막으로 제작한 비행기 옆에 전시되고 있다. 사각형의 명품 카르티에 산토스 시계는 수백만 원에서 수천만 원까지의 가격으로 지금도 판매되고 있지만, 명칭의 유래를 아는 사람은 그리 많지 않다.

우리가 꼭 알아야 할
비행기 11대

12

비행기 개발의 원동력이었던 글라이더

1804년에 케일리가 현대 항공기 모양을 갖춘 고정익 글라이더 모델을 설계하고 제작했다. 모형 글라이더에 불과하지만 실제 비행할 수 있고 처음으로 고정익 비행기 형태를 갖춘 모양이어서, 이때부터 항공기 개발 역사가 시작된 것으로 보고 있다. 비행기 역사에 있어서 빼놓을 수 없는 첫 번째 비행기로 우리가 꼭 알아야 할 11대의 비행기에 포함되는 글라이더라 생각된다.

한편 1800년대 말에 독일의 릴리엔탈은 성공적인 유인 글라이더를 발명했다. 그는 공기보다 무거운 10여 종의 글라이더를 개발하고 안정성을 향상시키기 위해 노력했다. 끊임없는 글라이더 연구는 동력 비행기를 개발하는 데 크게 공헌해 1903년에 첫 동력 비행기가 탄생한다. 현대 비행기 개발의 출발과 원동력이었던 케일리와 릴리엔탈의 글라이더에 대해 알아보자.

비행기 개념이 시작된 첫 글라이더

1903년 첫 동력 비행을 성공하기 전 100여 년 동안에 초기 항공학자들은 비행기를 개발하기 위해 끊임없이 연구했다. 1804년 케일리는 현대 비행기 모양을 지닌 1.52미터(5피트) 길이의 단엽기 글라이더 모델을 설계하고 제작했다. 날개는 높은 받음각으로 장착된 연 모양이었고, 꼬리는 가변 십자형이었으며 무게 중심을 변경할 수 있었다. 퍼덕이는 새를 모방하지 않고 고정된 날개를 갖춘 글라이더를 개발한 그는 양력, 추진력, 자세 제어 등이 비행에 필요한 기본 요소임을 잘 알고 있었다. 그가 개발한 모형 글라이더는 양력을 위한 고정된 날개, 제어를 위한 꼬리날개, 추력을 위한 추진 시스템(flappers) 등을 갖추고 있어 항공기 개발의 출발점이 된 모형 글라이더다. 그러므로 항공 역사에 있어서 빼놓을 수 없는 모형 글라이더를 개발한 케일리는 '항공의 아버지'라 불린다.

1773년 영국 요크셔 주 스카보로 근교에서 태어난 케일리는 과학자이자 기계공인 조지 워커(George Walker) 밑에서 공부했다. 그는 인생의 대부분을 비행체를 시험하는 데 보냈다. 그는 1796년 첫 번째 비행 장치인 이중 반전 프로펠러(contra-rotating propeller, 2개의 프로펠러를 서로 반대 방향으로 회전시키는 방법으로 각각의 반작용을 상쇄시켜 헬리콥터의 꼬리로터를 없앨 수 있지만 매우 복잡함)를 갖는 헬리콥터 모델을 제작했다.

1805년 케일리는 상반각(dihedral angle, 비행기를 정면에서 볼 때 비행기 날개가 동체에서 날개 끝으로 갈수록 수평선보다 위쪽으로 치올라가 보이는 각도)이 가로 안정성(lateral stability, 돌풍으로 인해 날개가 기울어졌을 때 내려간 날개가 다시 올라가 스스로 수평으로 회복하는 롤 안정성)을 향상시킨다는 것을 발견했다. 1807년에는 같은

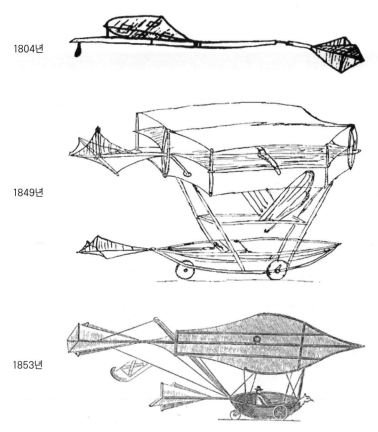

1804년

1849년

1853년

1804년부터 1853년까지의 케일리의 글라이더

케일리는 1804년 현대 항공기 모양의 고정익 글라이더 모델을 만들었다. 1849년에는 10세 소년을 태웠다는 3겹 날개 글라이더를, 1853년에는 사람이 탑승할 수 있는 무동력 글라이더를 제작했다.

면적의 평편한 판보다 굽은 양력체가 양력을 더 많이 발생시킨다는 것도 발견했다. 1810년에는 비행에 성공하기 위해 꼭 필요한 3개의 구성 요소(양력, 추진, 제어)를 설명한 『공중 비행에 대해(On Aerial Navigation)』를 출판했다. 그는 기계적인 비행의 원리를 정의하고 진정으로 비행을 실현한 첫 번째 사람이다.

1837년에 케일리는 증기 엔진으로 가동되는 유선형의 비행선을 설계했으며, 1838년에 현재의 런던 웨스트민스터 대학인 영국 왕립 폴리테크닉 연구소(Royal Polytechnic Institution)를 설립했다.

1849년에 케일리는 1799년 설계에 의거한 3겹 날개 글라이더를 처음 제작했으며, 10세 소년을 태우고 활공 시험을 했지만, 날았는지는 확실치 않다. 1853년에는 처음으로 인간의 무게를 이겨내고 비행할 수 있는 무동력 글라이더를 제작했다. 조종 가능한 글라이더로 좁은 계곡을 건너 275미터(900피트)를 비행한 기록은 사람이 탑승한 첫 번째 기록이다. 케일리는 윌리엄 헨슨(William S. Henson, 1812~1888년)과 존 스트링펠로(John Stringfellow, 1799~1883년) 등과 같은 다음 세대의 비행체 개발자들에게 영감을 불어넣어 비행기 개발의 견인차 역할을 했다. 현대 비행기 모양과 고정된 날개를 갖춘 케일리의 모형 글라이더는 비행기 개발을 출발시킨 최초 비행기임에는 틀림없다.

릴리엔탈의 유인 글라이더

1804년 이후 초기 100년 동안 항공기 개발은 아주 더디게 이루어졌다. 1881년에 릴리엔탈이 첫 글라이더를 발명하기 이전에 글라이더를 개발하려는 시도가 가끔 있었다. 그러나 당시 기구(balloon)가 아닌 공기보다 무거운 항공기를 만들려는 것은 몽상가들이나 하는 것으로 알려져 있었다. 그렇지만 1800년대 말에 독일의 릴리엔탈은 성공적인 유인 글라이더를 발명했다. 글라이더 개발 후에 릴리엔탈의 글라이더

사진이 여러 나라의 신문과 잡지에 게재되면서 항공의 암흑 시대 이후 비행 기계의 실현 가능성에 대한 호의적인 여론이 조성되었다. 그의 노력은 항공기 개발을 꺼려하는 분위기를 허물고 사람들에게 항공기 개발 동기를 제공했다.

1848년 5월 23일에 독일 포메라니아 서부 안클람에서 태어난 릴리엔탈은 성공적으로 글라이더로 활공 비행을 반복한 최초의 사람으로 글라이더의 선구자라 불린다. 릴리엔탈은 19세기 초 처음으로 실험적인 방식을 통해 글라이더를 개발했다.

릴리엔탈의 무동력 글라이더는 조종사의 몸을 움직여 무게 중심을 변화시킴으로써 제어되었다. 릴리엔탈의 글라이더는 오늘날 행글라이더처럼 몸을 매다는 것이 아니라, 어깨로 글라이더는 잡는 것이어서 하체만 움직일 수 있었다. 그러므로 움직일 수 있는 무게가 제한되어 기동하기 어려웠고, 자꾸만 피치각이 떨어지는 경향이 있어 회복하기 곤란했다. 그래서 그는 착륙 비행을 쉽게 하기 위해 자유롭게 위로 움직일 수 있는 꼬리 날개를 만들고, 날개 스팬을 절반으로 줄인 복엽기(biplane, 날개가 위 아래로 2개인 비행기)를 제작하기도 했다. 그는 10여 종의 글라이더를 제작하며 안정성 향상을 위해 지속적으로 노력했다.

릴리엔탈은 동생 구스타프 릴리엔탈(Gustav Lilienthal, 1849~1933년)과 함께 일하면서 1891년에 첫 글라이더 더비처(Derwitzer)를 개발했다. 더비처는 꼬리 날개 없이 한 쌍의 날개만 있었으며, 날개 스팬은 7미터고 무게는 18킬로그램으로 24.4미터를 날았다. 1892년에 제작한 글라이더(Südende-glider)는 날개 스팬이 9.5미터, 무게는 24킬로그램으로 9.1미터 높이에서 82.3미터를 비행했다. 이것은 위에 하나의 정점이 있고 아래에 2개의 정점을 갖는 삼각 제어 프레임(frame, 비행체나 건조물 등의 뼈대를 말함)을 사용했다.

릴리엔탈은 1893년과 1896년에 오니숍터(ornithopter, 날개를 상하로 펄럭이면서 날던 초기의 비행기) 방식의 플래핑 날개가 있는 글라이더를 개발했다. 그가 새의 플래핑 운동을 모방한 글라이더는 날개 스팬 6.7미터, 날개 넓이 12제곱미터인 단엽기다. 이 글라이더는 날개를 상하로 흔들 수 있는 약 1.5킬로와트의 힘을 낼 수 있는 탄산 엔진(carbonic acid engine)을 장착했다. 이 글라이더로 만족할 만한 시험 결과를 얻지는 못했지만 끊임없이 연구했다.

1894년에 개발한 노말 글라이더(Normal Gliders)는 날개 넓이 13제곱미터인 단엽기로 날개 스팬이 7미터, 무게는 20킬로그램이다. 이 글라이더 원형은 미국 워싱턴 D. C.에 있는 스미스소니언 국립 항공 우주 박물관(National Space and Air Museum)에 전시되어 있다. 또 노말 글라이더는 적어도 8개 이상의 복제품이 제작되어 판매되고, 나머지 3개의 원형은 런던, 모스크바, 뮌헨 등의 박물관에 전시되고 있다. 이것은 1895

1895년 비행 중인 릴리엔탈의 노말 글라이더

년에 제작된 복엽기 형태의 바이플레인으로 발전한다.

1894년 릴리엔탈은 미국 특허에서 파일럿에게 행글라이더를 조종하기 위해 막대를 이용하라는 내용을 언급했다. 릴리엔탈과 그의 제자 퍼시 필처(Percy Sinclair Pilcher, 1866~1899년)의 삼각 제어 프레임은 오늘날까지도 거의 모든 행글라이더의 중요한 부품으로 여러 가지 형태로 제작되어 사용되며, 세발자전거, 초경량 항공기의 제어 프레임으로도 모방되어 사용된다. 1895년 릴리엔탈은 노말 글라이더에 날개를 하나 더 추가해 대형 바이플레인을 제작했다. 이것은 이미 제작해 본 소형 바이플레인의 비행 성능과 조종성을 고려해 제작한 것이다.

1896년 8월 9일 릴리엔탈은 글라이더가 17미터 상공에서 세로 안정성 불안으로 추락해 척추를 다친다. 그리고 다음날 사망할 때까지 2,000회 이상 활공 비행과 평균 400미터 활공 기록을 수립한다. 인류 역사에 있어 릴리엔탈의 최대의 공헌은 공기보다 가벼운 열기구가 아닌 공기보다 무거운 비행기를 개발한 것이다. 사망 후 그는 베를린 란크비츠 공공 묘지의 특별 무덤에 안장되었다. 그는 평생 독신으로 살면서 오로지 비행에만 모든 것을 바친 사람이다.

릴리엔탈은 "비행기를 발명하는 것은 아무것도 아니다. 비행기를 만드는 것은 뭔가를 한 것이다. 그러나 비행하는 것은 모든 것이다."라고 말하면서 비행에 목숨까지 바쳤다. 한 가지 일에 미쳐 집중하는 사람이 그 분야의 발전을 선도하고 역사의 한 페이지를 장식한다. 그가 개발한 더비처, 노말 글라이더, 바이플레인 등은 비행기 개발의 원동력이 된 글라이더들이다. 그는 양력과 항력 등을 알고 글라이더를 조종한 사람이지 아무 생각 없이 글라이더를 조종한 사람은 아니었다.

13

첫 동력 비행을 성공시킨 플라이어 호

라이트 형제는 1892년 12월쯤 오하이오 주 데이턴에 자전거를 수리하고 제작하는 라이트 사이클 회사를 열었다. 윌버 라이트는 데이턴 시내의 7 호손 가(7 Hawthorn Street) 집에서 웨스트 3번가에 있는 자전거 가게까지 약 0.5킬로미터를 걸어서 출근하면서 자전거를 판매하거나 수리했다. 그러다가 《맥클루어 매거진》에 실린 릴리엔탈의 글라이더 기사를 보고 비행을 하기로 결심한 그는 1899년에 스미스소니언 박물관에 편지를 써서 비행 관련 자료들을 요청했다. 라이트 형제는 케일리와 릴리엔탈, 옥타브 샤누트, 랭글리 등의 비행 관련 자료들을 검토해 당시 기준으로 우수한 성능의 글라이더를 제작했다.

라이트 형제는 국립 기상국에 장애물이 없는 모래밭과 강한 바람이 있는 지역을 알아본 후 비행 시험을 하기 위해 1900년 9월에 미국 동부 대서양 연안의 노스캐롤라이나 주 키티호크로 향했다. 남북으

데이턴에 있는 박물관과 자전거 가게

로 가늘고 길게 뻗은 둑처럼 생긴 지역에 위치한 키티호크의 킬데빌힐
스(Kill Devil Hills, 이곳에서 빚은 술이 너무 독해 악마를 죽일 정도였기 때문에 붙은 이름)에
는 글라이더를 타고 점프하기 좋은 언덕이 있다.

　라이트 형제는 동력 비행을 성공시키기 위해 1) 공기 역학적 문제(양
력), 2) 비행기 균형과 제어 문제(조종), 3) 가볍고 강력한 엔진 문제(추력)
등과 같은 세 가지를 체계적으로 해결했다. 그들은 1900년부터 3년
동안 키티호크 모래 언덕에서 글라이더 비행을 1,000회 이상 수행했
다. 부정확한 릴리엔탈의 공력 데이터를 사용하지 않고, 직접 공력 데
이터를 획득해 양력을 정확하게 예측할 수 있었다.

　라이트 형제는 양력 문제에 있어 날개면의 공기력 차이가 비행체를
높이 띄운다는 사실을 최대로 활용했다. 그들은 날개를 설계한 후 체
계적인 풍동 시험(wind tunnel test, 인공적으로 바람을 만드는 장치로 비행하는 상태를
만들어 수행하는 시험)을 통해 공기 역학적 문제를 해결했다. 이 풍동 시험
은 19세기에서 20세기로 전환할 무렵 에어포일 기술의 커다란 발전을

이루었다.

라이트 형제는 풍동 시험을 통해 양력 문제를 잘 처리한 다음 3년 간 글라이더 비행을 통해 조종법까지 익혀 조종 문제를 해결했다. 또한 동력 비행을 성공시키기 위해 효율적인 프로펠러뿐만 아니라 엔진을 개발하는 데 몰두했다. 당시에 제작된 자동차 엔진은 비행에 적합하지 않아, 가볍고 강력한 가솔린 엔진을 직접 설계하고 제작했다. 당시 최고의 성능을 갖는 글라이더에 자신들이 직접 제작한 4기통 12마

플라이어 호

라이트 플라이어 호는 전체 길이는 6.4미터, 높이는 2.7미터, 날개 스팬은 12.3미터인 커나드를 장착한 복엽기다. 날개는 1:20의 캠버로 시위 길이는 0.2미터이고, 날개 면적은 47.4제곱미터다. 플라이어 호는 12마력(8.9킬로와트) 4기통 수랭식 피스톤 엔진으로 2개의 푸셔타입 프로펠러를 350rpm으로 구동하여 최대 시속 48킬로미터를 낼 수 있다. 플라이어 호는 기체 구조물은 나무로 제작하고 표면은 모슬린 직물을 사용했으며 전체 중량은 조종사 없이 274킬로그램이다. 1905년 플라이어 3호에서는 러더, 엘리베이터의 크기를 키우고 날개와 거리를 늘려 조종성을 높여 비행 성능을 향상시켰다.

라이트 형제는 1903년 12월 17일 정오쯤 4번째 비행을 할 때 경착륙으로 인해 커나드 손상을 입은 플라이어 호를 다시 데이턴으로 가지고 갔다. 오빌 라이트는 1916년에 손상된 플라이어 호를 복원하고 1928년에 영국 런던의 켄싱턴 과학 박물관에 전시하도록 임대 기증했다. 플라이어 호는 1948년에 미국으로 돌아온 후 1949년부터 워싱턴 D. C. 스미스소니언 국립 항공우주 박물관에 전시되었다.

력(8.9킬로와트)짜리 엔진을 장착해 플라이어 호를 완성했다. 공기 역학, 구조, 엔진, 제어 등을 고려해 체계적으로 접근했기 때문에 최초의 동력 비행에 성공한 것이다.

라이트 형제는 1903년 12월 17일 오전에 킬데빌힐스에서 4번의 비행을 시도했다. 첫 비행은 오빌 라이트의 조종으로 12초 동안 36미터(120피트)를 비행해 인류 최초의 동력 비행에 성공했다. 마지막 4차 비행은 윌버 라이트의 조종으로 260미터(852피트)까지 비행했지만, 플라이어 호가 일부 파손되어 더 이상 비행할 수 없었다. 플라이어 호는 폭이 12.3미터고 전장이 6.4미터인 프로펠러기로 최대 속도는 시속 48킬로미터에 불과했다. 라이트 형제가 플라이어 호의 보안 문제를 우려해 기자들을 초청하지 않아 불과 몇 명만이 역사적 장면을 목격했다.

라이트 형제의 플라이어 호나 산토스-뒤몽의 14-bis와 같은 초기의 항공기는 날아가는 오리와 같이 생겼다고 해서 커나드라 불렀다. 오늘날 커나드는 비행기의 날개 앞쪽이나 동체 앞부분에 장착한 작은 날개로 수평 안정판과 엘리베이터 역할을 한다.

라이트 형제가 플라이어 호 앞쪽에 커나드를 장착한 것은 비행 중에 추락하더라도 커나드가 먼저 땅에 충돌해 조종사의 충격을 줄이고 조종면이 움직이는 것을 눈으로 확인하기 위한 것이다. 그렇지만 커

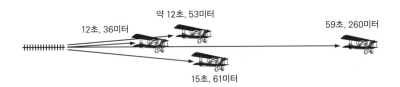

라이트 형제의 4차에 걸친 비행 착륙지점

나드는 1910년을 전후해서 사라지고 수직 꼬리 날개와 합쳐져 주날개 뒤에 수평 꼬리 날개로 장착된다. 당시 사용했던 공랭식 엔진(엔진 실린더에 설치한 냉각핀에 공기를 흐르게 해 엔진의 발생 열을 제거하는 방식)이 냉각을 위해 비행기 앞쪽으로 이동함에 따라 주날개가 앞쪽으로 이동되기 때문이다.

고속 비행기는 저항을 줄이기 위해 전방 부분을 원추형으로 뾰족하게 제작해야 하므로 엔진을 앞에 장착하지 못하고 후방으로 이동하게 되었다. 엔진이 후방으로 이동하면서 주날개도 후방으로 이동하게 되었고 수평 꼬리 날개도 전방으로 이동하는 형태의 비행기가 다시 출현하게 되었다. 무게 중심(CG, center of gravity)이 공력 중심(AC, aerodynamic center, 받음각이 변해도 피칭 모멘트가 변하지 않고 일정한 기준점)보다 앞에 있는 항공기의 경우 속도가 증가해 양력이 증가함에 따라 공력 중심 위치로 인해 기수가 내려간다. 이런 경우 커나드를 장착한 항공기는 커나드에서 발생한 양력이 기수가 내려가는 것을 방지하는 역할을 한다.

또 초음속 전투기가 속도가 증가해 천음속에 도달하면 공력 중심(AC)이 후방으로 이동하면서 기수가 아래로 내려간다. 이런 경우도 주날개 앞에 커나드를 장착해 기수가 내려가는 것을 방지할 수 있다. 또 커나드를 장착한 항공기는 실속(stall) 특성이 좋다. 커나드가 주날개보다 먼저 실속에 들어가 기수를 아래로 향하게 해 실속에서 벗어나게 하기 때문이다.

인류 최초로 동력 비행에 성공한 항공기 형상을 개발한 라이트 형제는 플라이어 호를 개량해 1908년에는 최초로 실용적인 비행기를 공개했다. 그후 라이트 형제는 1909년 라이트 항공사를 설립해 30마력(22.4킬로와트)의 엔진을 장착한 '라이트 A'를 양산했다. 첫 동력 비행

에 성공한 후 실용화된 플라이어 III호야말로 비행기 역사에 이정표
가 되는 11대의 항공기에 포함되지 않을까 생각된다.

14

하늘을 나는 기차, DC-3 여객기

더글러스 사의 DC-3는 1930년대 당시 신기술을 모두 적용한 획기적인 금속제 단엽 여객기로 엔진 카울링(cowling, 항공기의 엔진 덮개)을 장착하고 간섭 항력을 줄이기 위한 필레트(fillet, 날개와 동체 사이에서와 같이 모서리 부분을 결합할 때 볼록한 곡면으로 연결한 부분)를 적용했다. 엔진 덮개는 방사형 엔진을 장착한 항공기의 항력을 크게 감소시킨다. 또 필레트는 DC-1 설계 형상에 대한 연구를 통해 간섭 항력을 줄이는 과정에서 처음 발견되었다. 엔진 덮개와 필레트, 그리고 하늘을 나는 기차라는 별명을 가진 DC-3 등에 대해 차례로 알아보자.

엔진 덮개

제1차 세계 대전 이후 프로펠러 항공기는 주로 방사형(성형) 피스톤 엔

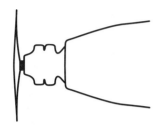

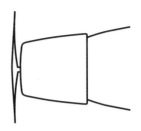

엔진 덮개가 없는 항공기　　　　　　　**엔진 덮개가 있는 항공기**

진을 사용했다. 방사형 엔진은 원형으로 배열된 피스톤이 항공기 전면
에 장착되고, 실린더는 외부 표면에 있는 공랭식 냉각핀에 의해 냉각
된다. 1927년까지 엔진 실린더들의 냉각 장치는 주로 항공기의 속도
에 의한 바람으로 직접 냉각되었다. 따라서 엔진 및 동체가 결합된 항
공기에서 전면에 부착된 방사형 엔진은 지나치게 큰 항력을 유발했다.

　항력 문제로 인해 항공기 제조업자들은 1927년 5월 24일에 미국
버지니아 주 랭글리 필드(Langley Field)에 모여 항력을 줄이는 연구를 맡
은 NACA(국립항공자문위원회, National Advisory Committee for Aeronautics) 연구
팀을 부추기기 시작했다. 그러자 NACA 랭글리 연구팀은 프레드 와
이크(Fred E. Weick, 1899~1993년)의 지휘 아래 시험부 지름 6.1미터(20피트)
의 프로펠러 연구 풍동(Propeller Research Tunnel, 1927년부터 작동된 대형 아음속
풍동)에서 J-5 방사형 엔진(포드 트라이모터 항공기 등에 사용된 공랭식 9기통 피스톤
엔진)을 기존의 동체에 장착해 일련의 시험 연구를 수행했다. 이 시험
연구를 통해 다양한 유선형의 덮개가 엔진 실린더를 부분적으로 또
는 전체적으로 덮을 수 있도록 했다. 이것은 냉각을 목적으로 실린더
주위의 공기 흐름의 일부분을 안내하지만 동시에 동체 주위의 매끄러

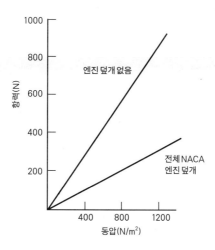

엔진 덮개 유무에 따른 항공기의 항력 비교

운 공기 흐름을 방해하지 않는다. 이러한 연구 결과는 「다양한 엔진 덮개 형태를 갖는 "휠윈드" 공랭식 방사형 엔진의 항력과 냉각(Drag and Cooling with Various Forms of Cowling for a "Whirlwind" Radial Air-Cooled Engine-I)」이란 제목으로 1928년에 발행된 NACA 기술 보고서(TR 313)에 발표되었다.

NACA 기술 보고서에 따르면 가장 좋은 엔진 카울링은 엔진 전체를 덮고 있는 것으로 그 효과로 인한 항력 감소는 아주 놀라울 정도다. 공기 역학적으로 매끈한 엔진 덮개를 장착한 항공기의 항력은 엔진 덮개를 장착하지 않은 항공기에 비해 약 60퍼센트 감소한다. 그러므로 1928년 이후 더글러스 사의 DC-3 수송기를 포함한 모든 방사형 엔진을 갖춘 항공기들은 엔진 전체를 덮는 NACA 카울링을 장착했다. 이러한 엔진 덮개 개발은 1920년대의 공기 역학 분야에 있어 획기적인 비행체 설계 혁명 중에 하나로 항공기 항력을 감소시켜 속도와 효율을 증가시키는 데 아주 커다란 역할을 했다.

날개와 동체의 결합 부분의 필레트

1930년대 초반 프란틀의 박사 학위 제자인 폰 카르만은 미국 캘리포니아 주 패서디나에 있는 캘리포니아 공과 대학에서 항공학 프로그램을 만들었다. 폰 카르만은 구겐하임 재단(다니엘 구겐하임이 항공학 발전을 위해 설립한 자선 단체)에서 지원한 거대한 아음속(subsonic, 음속보다 느린 마하수로 1.0 미만의 속도) 풍동(wind tunnel, 항공기의 축소 모형을 고정하고 바람을 보내 항공기에 나타나는 제반 형상을 연구 하는 시험 설비)을 포함하는 수준 높은 항공 실험실을 설립했다. 이 풍동에서 수행한 첫 주요 실험은 더글러스 사의 프로젝트로 날개와 동체가 접합된 부분의 간섭 항력(공기 흐름이 날개와 동체의 이음새 부분에서와 같이 간섭을 일으켜 발생하는 항력)을 줄이는 연구다.

더글러스 사의 최고 경영자인 도널드 더글러스(Donald Douglas, 1892~1981년)는 1930년대 초반 트랜스 월드 항공사의 항공기 구매의사를 비롯해 100대의 항공기 시장이 있다는 자체를 의심했다. 그러나 그는 12명의 승객이 탑승할 수 있고 쌍발 엔진을 갖는 저익기 형태의 금속제 프로펠러 항공기를 설계했다. 이것이 바로 더글러스 커머셜(Douglas Commercial)로 상업용 항공기 시리즈의 첫 모델인 DC-1 항공기다. 처음에 프로토타입(원형)으로 1대 생산되었으며, 순항 속도가 시속 306킬로미터이고 항속 거리는 1,610킬로미터다. 이 항공기는 1대만 생산되었지만 이어서 DC-2, DC-3 항공기 설계의 기반이 되었다.

폰 카르만이 이끄는 캘리포니아 공과 대학 항공 실험실은 당시 건립

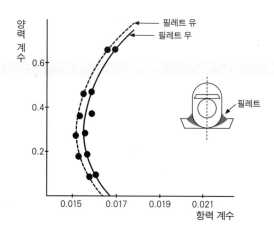

날개와 동체의 결합 부분을 접합한 필레트의 효과

된 풍동에서 더글러스 사가 설계한 저익 DC-1을 처음으로 시험했다. 저익기 형태인 항공기는 날개와 동체 접합 부분에서 흐름이 분리되고, 와류(vortex, 유체의 소용돌이 현상)를 발생시키는 날개 윗면을 갖고 있다. 따라서 DC-1의 동체와 접합된 날개 부분의 날카로운 모퉁이는 경계층이 서로 간섭해 심한 흐름 분리 현상(flow separation, 흐름이 표면을 따라 흐르지 못하고 떨어지는 현상)을 일으키며, 이것은 항력을 증가시키고 꼬리 날개를 진동시킬 정도의 와류를 만든다. 그래서 연구팀은 동체와 저익형 날개의 연결부 각진 부분을 메워 공기가 부드럽게 흐르도록 둥글게 유선형 필레트를 설계했으며, 진흙으로 DC-1 풍동 모형을 제작했다. 필레트의 최적 형상은 많은 시행착오를 거쳐 수정되었다. 접합부의 흐름을 필레트로 매끄럽게 해 꼬리 날개의 진동을 없앤 것이다. DC-1 항공기는 1933년 7월 1일에 첫 비행을 실시한 이후 200회 이상의 비행 시험을 수행했다. 첫 DC-1 여객기는 당시 어느 항공기보다 우수한 성능을 발휘했지만 1940년 12월에 스페인 말라가에 착륙하다가 크게 손상되어 비행을 못하게 되었다.

이와 같이 DC-1 설계 형상에 대한 연구를 통해 간섭 항력을 줄이기 위한 필레트를 발명했으며, 차후 항공기 동체 및 날개 접합부의 필레트는 항공기 설계의 기본 모양이 되었다. 이제 날개와 동체가 연결된 부분을 매끄럽게 곡선으로 연결한 대학 연구실 연구 결과가 거의 모든 비행기에 적용된다. 대학 연구실의 연구 결과가 실용적인 항공기 설계 발전에 직접적으로 기여한 아주 좋은 예라 할 수 있다.

근대 수송기의 시초인 DC-3

더글러스 사의 DC-3는 엔진 덮개를 장착하고 간섭 항력을 줄이기 위한 필레트를 적용한 프로펠러 항공기로서 당시 신기술을 모두 도입한 획기적인 금속제 단엽 여객기다. DC-3는 1930년대 말 전 세계 수송기의 대부분을 차지할 정도로 인기가 있었다. 또 DC-3의 향상된 속도와 항속 거리는 1930년대와 1940년대에 항공 운송에 있어서 가히 혁명적이라 말할 수 있다.

DC-3는 제2차 세계 대전 중에는 손쉽게 군용으로 개조 사용해 가장 중요한 수송 항공기 중 하나가 되었다. 군사용 버전은 C-47 스카이트레인(Skytrain)과 C-53 스카이트루퍼(Skytrooper)로 약 28명의 낙하산병, 의무병, 군용화물 등을 탑재할 수 있다.

아메리칸 에어라인의 최고 경영자 사이러스 롤러트 스미스(Cyrus Rowlett Smith, 1899~1990년)는 더글러스와 장시간 전화 통화로 복엽 비행기인 커티스 콘도르 II의 대체용으로 DC-2를 기반으로 한 침대 항공

더글러스 DC-3

DC-3는 순항 고도 7킬로미터(2만 3000피트)에서 순항 속도 시속 310킬로미터로 2,410킬로미터 거리까지 비행할 수 있다.

기를 설계하도록 설득했다. 더글러스 항공사는 아메리칸 에어라인이 20대의 항공기를 구입하는 조건으로 DC-3 개발을 진행하기로 합의했다.

더글러스 사의 수석 엔지니어 아서 레이먼드가 이끄는 팀은 새로운 비행기를 2년간 설계했다. 새로 개발된 프로토타입 DST(Douglas Sleeper Transport)는 1935년 12월 17일(라이트 형제 동력 비행 32주년 기념일)에 첫 비행을 했다. DC-3는 DST 여객기에서 내부 구조를 바꾼 여객기로 21~28명의 승객을 태울 수 있다. 따라서 프로토타입도 없었으며, DST 생산 라인을 이용해 제작했다.

아메리칸 항공은 1936년 6월에 DC-3를 뉴어크-시카고 항로에 취항시켰으며, 아메리칸 에어라인, 유나이티드 에어라인, TWA와 같은 초기 미국 항공사들은 DC-3를 400대 이상 주문했다. 1936년 네

딜란드 KLM 항공사는 처음으로 DC-3를 인수받아 암스테르담에서 자카르타를 경유해 시드니까지 당시 가장 긴 항로에 투입했다.

DC-3는 실속 속도가 낮아 저속으로 비행할 수 있으므로 짧은 활주로에서도 쉽게 이·착륙할 수 있는 장점이 있고, 조종과 정비가 쉽고 신뢰성이 높아 조종사들에게 인기가 많았다. 그래서 1942년까지 1만 6000대 이상 생산되었으며, 군용 버전 C-47은 1945년 전쟁이 끝날 때까지 생산되었다. 1949년, 더 크고 강력한 슈퍼 DC-3를 개발했으나 대량 생산된 C-47을 여객 및 화물 버전으로 변환해 수요가 없었다. 그래서 슈퍼 DC-3는 3대만 제작되어 1950년 상업용으로 인도되었다.

DC-3를 사용한 라틴 아메리카 최초의 항공사는 쿠바 국적 항공사인 쿠바나(Cubana)로 1945년 쿠바 아바나에서 미국 마이애미까지 운항했다. 쿠바나 항공사는 1960년대 일부 국내 노선에도 투입했다. DC-3는 정기 여객기로서는 세계 최초로 성공한 기종으로 우리나라에서는 1950년부터 국내 노선에 투입되었다. 1954년 국내에 세 번째로 도입된 DC-3 우남(이승만 대통령의 아호) 호가 현재 인하대학교 본관 옆 광장에 전시되어 있다.

15

세계 최초의 실용 제트 전투기, Me 262

영국의 프랭크 휘틀(Frank Whittle, 1907~1996년)과 독일의 한스 폰 오하인
(Hans Von Ohain, 1911~1998년)이 공동으로 제트 엔진을 개발한 것으로 알
려져 있다. 그들은 독립적으로 제트 엔진을 개발했으며, 상대방의 개
발 내용도 모르고 있었다. 폰 오하인은 정상적으로 작동하는 터보제
트 엔진을 최초로 설계한 사람이며, 휘틀은 1930년에 터보제트 엔진
에 대한 특허를 처음으로 출원해, 1932년에 특허를 등록한 사람이다.
오하인은 터보제트에 대한 특허를 1936년에 받아 휘틀보다 2년 늦었
다. 휘틀은 1930년 세계 최초로 개발한 실용적인 제트 엔진을 근거로,
영국 공군은 제트 엔진 개발에 예산을 지원해 1941년 5월에 글로스
터 E28/29의 제트 엔진 비행기를 제작했다. 그렇지만 독일은 영국보
다 무려 2년 앞서 실제적인 제트 엔진 비행기를 개발했다.

독일의 오하인은 괴팅겐 대학교에서 물리학 박사 학위를 준비하던

1933년에 프로펠러를 필요로 하지 않는 새로운 개념의 항공기 엔진을 연구하고 있었다. 그는 하나의 축(shaft)에서 같이 구동되는 압축기와 터빈을 통해 연속적인 사이클로 연소되는 가스 터빈 엔진을 생각해 냈다. 독일의 항공기 설계자이며 제작자인 에른스트 하인켈(Ernst Heinkel, 1888~1958년)은 1936년에 오하인을 자신의 회사에 영입해 항공기용 제트 엔진의 개발에 박차를 가했다. 드디어 독일의 에른스트 하인켈 사는 1937년 4월에 수소를 연료로 사용하는 HeS-1 엔진 개발에 성공했다. 또 1939년 8월 27일에 가솔린을 연료로 하는 출력 5kN의 HeS-3 제트 엔진을 하인켈 사의 He 178에 장착해 세계 최초로 제트 비행에 성공했다. 독일은 하인켈 He 178 시험 비행을 성공적으로 마친 후 고성능 제트 전투기를 개발하기 시작했다.

독일의 메서슈미트 Me 262 슈발베(Schwalbe, 영어명 Swallow)는 세계 최초의 실용 제트 추진 전투기로 세계 제2차 세계 대전이 발발하기 전 1938년부터 개발하기 시작했다. 그렇지만 제트 엔진의 여러 가지 문

세계 최초의 제트 비행기인 하인켈 사의 He 178

제점이 노출되어 1944년 중반에서야 실전에 배치할 수 있었다. 독일은 Me 262를 전투기뿐만 아니라 경폭격기, 정찰기, 야간 전투기 등 다양한 용도로 사용했다. 메서슈미트 Me 262는 '프로젝트 1065'로 개발하기 시작했으며, 설계 요구는 시속 850킬로미터 정도 속도에 항속 시간 1시간이었다. 독일의 메서슈미트 사는 1939년 1월에 독일 공군의 주문을 받아 1941년에 Me 262 시제기 1호를 완성했다.

1939년 6월에 작성된 초기 Me 262 설계 도면은 나중에 생산된 전투기 도면과 많이 달랐으며, 새로운 제트 엔진을 장착하면서 발생한 기술적인 문제로 인해 진행이 상당히 느려졌다. 처음 제트 엔진을 날개 뿌리에 장착하려고 했지만 나중에 포디드 엔진으로 날개 중간 아래에 장착했다. Me 262에 부착한 BMW 003 터보제트 엔진은 기대했던 것보다 무거워, 무게 중심이 앞쪽으로 이동하게 된다. 그러므로 이를 보상하기 위해 주날개를 후방으로 18.5도로 꺾은 후퇴익에 엔진을 장착해 무게 중심을 후방으로 이동했다.

개발된 제트 엔진은 압축기가 너무 커 엔진 단면이 커졌고 이로 인해 항력이 증가해 효율이 좋지 못했다. 이 문제를 해결한 것은 융커스 사의 엔진 팀으로 원심력으로 공기를 압축하는 대신 마치 터빈을 거꾸로 설치하듯 팬을 다단으로 설치해 공기를 압축했다. 이러한 터보제트 엔진은 유모 004(Jumo 004)로 명명되었으며, 더욱 복잡해졌지만 작아졌다. Me 262 개발 초기에 4대의 시제기를 제작해 시험했으며, 이런 과정을 통해 BMW 003 엔진보다 유모 004를 더 신뢰하게 되었다.

Me 262 설계 당시 공기 역학 분야는 뷜코프가 담당했다. 그는 초기에 날개 앞부분을 타원형으로 변형한 NACA 에어포일을 적용해 설계했다. 그러나 나중에 NACA 에어포일에서 파생된 에어포일로 변경하

세계 최초의 실용 제트 전투기인 Me 262
1942년 7월에 첫 비행을 한 메서슈미트 Me 262호는 전체 길이는 10.6미터, 높이는 3.5미터, 날개 스팬은 12.6미터인 제트 전투기다. 융커스 유모 004 터보제트 엔진을 2기 장착해 최대 시속 900킬로미터를 낼 수 있으며 항속 거리는 1,050킬로미터다.

고, 날개 뿌리와 날개 끝에 서로 다른 에어포일을 사용했다.

Me 262 시제기 3호는 1942년 7월 18일에 유모 004 엔진 2기를 장착하고, 라이프하임(Leipheim)에서 처음으로 제트 추진 비행에 성공했다. 영국 공군의 작전 가능한 실용 전투기 글로스터 미티어(Gloster Meteor)가 처음으로 비행한 1943년 3월 5일보다 무려 9개월이나 앞선 비행이었다.

독일 공군은 가능한 한 빨리 Me 262를 실전에 배치하고자 했지만, 대량 생산에는 큰 차질을 빚었다. 1943년 8월에 메서슈미트 사의 공장이 연합군 폭격으로 파괴되고, 같은해 11월에는 히틀러가 대규모 폭격을 위한 전투 폭격기로의 설계 변경을 지시했기 때문이다. 또 제트 전투기는 엔진의 높은 온도를 견디어 낼 합금 부족으로 인해 생산에 막대한 지장을 초래했다. 그들이 기대한 엔진 작동 시간은 50시간이었지만 대부분 유모 004 엔진은 12시간밖에 사용할 수 없었다. 제트 엔진에 급가속할 때 연소실을 녹여 엔진이 고장났기 때문이다. 그러나 노련한 조종사는 Me 262를 20~25시간까지 작동할 수 있었다. Me 262는 연합군의 어떤 전투기보다 우수한 성능을 보유했지만, 고장이 자주 나고 연료 소모량도 아주 많아 비행 시간이 짧았다. 또 독일 공군은 제트 전투기를 조종할 조종사를 충분히 확보하지 못했다.

Me 262 비행대는 1944년 7월에 처음으로 편성되었으며, 1944년 8월에 처음으로 프랑스 전선에 투입되었다. 1945년 3월 18일에는 독일 Me 262 전투기 37대가 폭격기 1,221대와 호위기 전투기 632대로 구성된 연합군 대규모 폭격기단을 맞서 공중전을 벌였다. 공중전 결과 독일은 Me 262를 3대 잃었으며, 연합군은 12대의 폭격기와 1대의 전투기를 잃었다. 독일 공군의 4대 1이라는 격추율은 연합군에 큰 충격을 가할 만하지만, 격추한 숫자는 연합군 폭격기단의 1퍼센트 정도로 아주 미미했다. 메서슈미트 Me 262 전투기는 전쟁에 너무 늦게 투입되고 고장율도 높아 실제로 비행할 수 있는 댓수는 많지 않았다. Me 262 전투기로는 압도적인 대규모 연합군기에 대항하기에는 역부족이었으며 전쟁의 양상을 바꿀 수는 없었다.

Me 262는 총 1433대가 생산되었으며, 종전 후 승전국인 미국, 영국, ㈜소련 등은 이 전투기를 연구 분석해 자국의 제트 전투기를 개발했다. 특히 미국은 포획한 Me 262를 참고해 노스 아메리칸 사 F-86 세이버와 보잉 사 B-47 스트라토제트 같은 항공기를 설계했다.

종전의 왕복 기관으로는 항공기의 성능을 향상시키는 데 한계가 있었으며, 1939년 제트 엔진의 개발로 인해 군용기와 민간기에 큰 변화를 유발했다. 1940년대 중반에 본격적인 제트 추진 항공기 Me 262가 출현해 혁명적인 항공기 진화가 이뤄진 셈이다.

　제2차 세계 대전 후 대표적인 제트 추진 항공기는 미국 노스아메리칸 사의 F-86 세이버 전투기로 한국 전쟁에 투입되어 미그-15와 격돌하여 압도적인 전과(미국 공군은 미그-15에 대해 10:1의 격추비율이라 주장하지만 사실과 다르다는 러시아 측의 반론도 있음)를 올렸다.

16

최초로 음속의 벽을 돌파한 벨 X-1

원래 XS-1(eXperimental Supersonic-1, 후에 X-1)이라 불렀던 벨 X-1은 NACA와 미국 공군의 합동 초음속 연구 프로젝트의 일환으로 벨 항공기 회사가 제작했다. XS-1기는 음속에 가까운 속도에서 항공기에 작용하는 공기력을 시험하고 조종사의 반응과 대처 능력 등을 연구하기 위해 제작한 로켓 항공기 시리즈 중의 하나다. 미국 실험 로켓 항공기 시리즈는 신기술을 시험하기 위해 설계되었고 비밀리에 연구가 진행되었다.

　미국 육군 항공대의 비행 시험 부서와 NACA는 공동으로 초음속기 개발을 위한 프로젝트를 구상했으며, 1944년에 미국 정부의 승인을 받았다. 미국 육군 비행 시험 부서와 NACA는 1945년 3월에 벨 항공사와 3대의 XS-1을 제작하기로 계약했다. 이것은 천음속 속도 범위에서 비행 데이터를 획득하기 위한 항공기다.

벨 X-1 글래머러스 글레니스
1946년 1월에 첫 비행을 한 벨 X-1은 전체 길이 9.4미터, 높이 3.3미터, 날개 스팬 8.5미터인 유인 실험 로켓 항공기다. 최대 이륙 중량이 5.6톤이며, 리액션 모터스 사의 액체 추진 로켓 엔진인 XLR11-RM-5 엔진으로 최대 시속 1,541 킬로미터(마하수 M=1.226)를 낼 수 있다.

　　X-1의 기본적인 형상은 "날개가 있는 총알"로 볼 수 있으며, 그 모양은 초음속 비행에서 안정한 것으로 알려진 브라우닝 50 구경(12.7밀리미터) 기관총의 총알과 아주 비슷하다. 로켓 추진 시스템은 리액션 모터스 사(Reaction Motors, Inc., 액체 추진제 로켓 엔진 개발을 위해 1941년 설립된 미국 최초의 회사)에서 개발한 액체 로켓 엔진으로 4기를 장착했다. 로켓 엔진은 액체 산소와 희석 에틸알코올을 연소시키며, 하나 이상의 챔버를 연소시켜 챔버 하나에 6,700뉴턴(힘의 단위로 1뉴턴은 0.1킬로그램임)씩 추력을 증가시킨다.

　　벨 X-1은 독자적으로 이륙이 불가능해 B-29와 같은 모선에서 발사되는 로켓 항공기로 로켓을 점화해 5분 정도 비행이 가능하다. 벨 사는 후퇴각이 없는 직선 날개로 제작해 공기 저항이 커서 초음속 비행을 도달하는 데 많은 어려움을 겪었다. 이 당시 독일로부터 후퇴익에 자료가 유입되고 후퇴익에 관한 연구가 발표되었지만, 벨 사의 항공기 설계자들은 XS-1을 후퇴익으로 바꿔 제작하지 않았다.

벨 항공기 수석 비행 시험 조종사 잭 울램스(Jack Woolams, 1917~1946년)는 XS-1을 처음으로 비행한 사람이다. 그는 1946년 로켓 비행기 XS-1을 9회 이상 활공 비행을 수행했고 P-39 에어라코브라(Airacobra)로 클리블랜드 비행 대회를 준비하기 위해 훈련하다가 1946년에 온타리오 호수에 추락해 사망했다. 벨 X-1의 두 번째 비행 시험 조종사가 된 찰머스 굿린(Chalmers H. Goodlin, 1923~2005년)은 1946년 12월 첫 동력 비행을 했으며, 1946년 9월부터 1947년 6월까지 26회의 비행을 성공적으로 수행했다.

그 뒤를 이어서 찰스 엘우드 '척' 예거(Charles Elwood "Chuck" Yeager, 1923년~)는 1947년에 무락 공군 기지(Muroc Air Base, 현재의 에드워드 공군 기지)에 벨 사의 X-1 프로젝트 담당 장교로 선발되었다. 그는 제2차 세계 대전 동안에 유럽으로 64회 출격했으며, 총 13대의 독일 항공기를 격추시킨 에이스다. X-1 비행 시험 조종사로 선발되기 전에 오하이오 주 라이트 비행장(Wright Field)의 비행 시험 학교에서 비행을 했다.

1947년 9월 18일에 미국 공군이 육군으로부터 독립하자 X-1 프로그램은 미국 공군이 맡아 진행하게 되면서 첫 유인 초음속 비행 시험이 절정에 달했다. 예거는 로켓 비행기 X-1을 아내 이름인 글레니스를 따서 글래머러스 글레니스(Glamorous Glennis)라 명명했다. 1947년 10월 14일에 특별히 개조된 B-29 폭격기의 폭탄 투하실에서 공중 발사된 이 로켓 비행기는 고도 13.9킬로미터 상공에서 마하수 1.06(초속 313미터, 시속 1,126킬로미터)으로 세계 최초로 음속의 벽을 돌파하는 꿈을 이뤘다. 그리고 X-1은 활공해 에드워즈 공군 기지의 마른 호수바닥에 안전하게 착륙했다. 1947년 국립 항공 협회(National Aeronautics Association, NAA)는 세계 최초로 음속의 장벽을 돌파하는 데 기여한 벨 사의 랠리 벨(Larry Bell)과 X-1 글래머러스 글레니스에 탑승한 예거 대위, NACA 의 존 스택(John Stack) 등 3명에게 콜리에 트로피를 수여했다. 1975년 에 공군 준장으로 퇴역한 예거는 1997년 10월 초음속 돌파 50주년 기념일에 F-15D 이글 전투기를 직접 조종해 초음속 시범을 보였다.

여성으로서는 1953년 5월 18일에 재키 코크란(Jacqueline Cochran, 1906~1980년)이 F-86 세이버를 탑승하고 최초로 음속의 벽을 돌파 했다. 이후 1953년 11월 20일에 앨버트 스콧 크로스필드(Albert Scott Crossfield, 1921~2006년)는 에드워즈 공군 기지에서 스카이로켓(Skyrocket) 을 탑승하고 시속 2,078킬로미터(마하수 2.005)로 음속 2배의 비행을 달 성했다. 당시 비행에서 원래의 설계 속도보다 25퍼센트 초과해 비행에 성공했다. 곧이어 예거는 초음속을 돌파한 지 6년 후인 1953년 12월 에 이 항공기로 마하 2.44에 도달하는 기록을 수립하는 데에도 성공

세계 최초의 실용 초음속 전투기 F-100 슈퍼 세이버

했다.

1950년 6월 25일 한국 전쟁이 발발하자 미국의 F-86, ㈜소련의 미그-15와 미그-17과 같은 제트 전투기들이 처음으로 실전에 참가해 제트 전투기 시대에 돌입하게 되었다. 북아메리칸 사의 F-100 슈퍼 세이버(Super Sabre)는 F-86 세이버의 후속 전투기다. 이는 기존 날개의 후퇴각을 35도에서 45도로 증가시켜 수평 비행 중에 초음속 비행이 가능한 최초의 전투기가 되었다. 이 전투기는 1953년 5월 25일에 첫 비행을 했으며, 마하수 1.05로 초음속에 도달했다. 슈퍼 세이버는 세계 최초의 실용 초음속 제트 전투기로 미국 공군은 1954년부터 1971년까지 운용했다. 이처럼 제2차 세계 대전을 치르면서 제트 엔진을 개발하게 되었고, 항공기는 급속도로 진화되어 음속을 돌파해 초음속 비행 시대에 돌입했다.

17

첫 초음속 제트 여객기, 콩코드

1960년대 기술로 설계된 앵글로 프렌치 사(Anglo-French)의 콩코드 (Concorde, 협조라는 뜻)는 초음속 수송기로는 유일하게 상용으로 운용되었으며, 최고 18.3킬로미터(6만 피트) 고도까지 비행할 수 있었다. 탑승객 숫자는 브리티시 에어웨이즈(British Airways)의 경우 100명이고 에어 프랑스(Air France)의 경우 92명으로 대략 747 여객기 승객 수의 25퍼센트 정도만 탑승할 수 있었다.

순항 마하수 2.04인 콩코드 초음속 제트 여객기(SST, Super Sonic Transporter)는 영국과 프랑스 양국이 협력해서 1950년대 말부터 개발하기 시작했다. 1967년 12월에 첫 초음속 여객기를 완성했고, 1969년 3월에 첫 비행을 수행했다. 다음 해인 1970년에 마하 2.0의 속도 기록도 수립했다. 영국과 프랑스 양국은 콩코드기를 1972년까지 총 20대 생산했다.

초음속 여객기는 고속으로 인한 공기 저항을 줄이기 위해 아음속 여객기에 비해 날렵하게 제작되며, 공력 가열 및 하중으로 인해 구조물도 저속 항공기와 다르게 제작된다. 콩코드의 기수는 조종사의 시야를 확보하기 위해 이륙하거나 활주할 때 5도, 착륙할 때 12.5도까지 아랫방향으로 꺾을 수 있도록 힌지(hinge)로 연결되어 있다. 이 여객기는 영국의 롤스로이스 사와 프랑스의 스넥마 사가 공동으로 개발한 올림푸스 593 엔진 4기를 장착했다. 또 날개는 곡선형 앞전을 갖는 오자이브(ogive)형 날개를 갖고 있다. 오자이브형 날개는 공력 중심을 날개 뒤쪽으로 이동시키며, 속도와 받음각에 따라 공력 중심의 이동을 감소시키는 장점이 있다. 오자이브형 날개의 앞전 곡선 부분은 저속으로 착륙할 때 와류를 발생하고 지면 효과에 따라 양력이 증가하므로 고양력 장치를 필요로 하지 않는다. 이외에도 공력 가열에 의해 팽창되어 동체가 늘어나는 것을 고려해 설계했으며, 조금이라도 가열되는 것을 줄이기 위해 외부 색깔도 흰색으로 칠했다.

에어 프랑스 4590편 콩코드기는 2000년 7월 25일에 파리 샤를 드골 국제 공항에서 뉴욕으로 가기 위해 이륙하던 중 활주로 바닥에 있던 티타늄 조각에 타이어가 파열되면서 화염에 휩싸여 추락했다. 탑승자 100명과 승무원 9명, 사고기 추락 지점에 있던 4명 등 총 113명이 사망하는 끔찍한 사고였다. 내셔널 지오그래픽 채널은 참사 사건의 전모를 「콩코드기의 충돌(Crash of the Concorde)」다큐멘터리로 재구성했다. 사고로 항공 시장이 위축되어 승객은 감소했으며, 유지 비용의 증가로 인해 더 이상 수익을 낼 수 없었다. 또 소음 공해·대기 오염 등의 문제점이 드러나고 좌석 수가 적은 것도 문제점으로 대두되었다. 높은 운영·유지 비용으로 인해 항공료가 비싸져 이용 승객은 많지 않았다.

브리티시 에어웨이즈 소속의 콩코드 여객기

1976년에 브리티시 에어웨이즈와 에어프랑스 항공사는 서로 합작해 콩코드기를 상업 운항하기 시작했다. 최대 마하수 M=2.2까지 낼 수 있는 콩코드는 유럽과 미국 사이(파리-뉴욕, 런던-워싱턴 D. C.)를 정기적으로 운항했다. 콩코드기는 27년 동안 음속의 2배의 속도로 승객을 태우고 대서양을 횡단하는 비행을 했다. 이 여객기는 일반 여객기가 대략 7시간 걸리는 대서양 횡단 코스를 3시간 30분 만에 횡단한다.

항속 거리가 7,250킬로미터로 짧아 대서양을 횡단할 수는 있지만, 태평양(인천-로스앤젤레스, 9,613킬로미터)을 횡단하지 못해 노선을 확장할 수 없는 문제점도 있어 결국은 운항을 중단했다.

에어 프랑스는 2003년 6월 12일에 마지막 비행을 마친 콩코드 F-BVFA기를 워싱턴 D. C. 덜레스 공항의 우드바 헤이지 센터(스미스소니언)에 기증했다. 이곳에 전시된 콩코드기는 리우 데 자네이로, 워싱턴 D. C., 뉴욕 시에 취항한 첫 번째 에어 프랑스 소속 항공기다. 결국 초음속 여객기는 1976년도 상업 비행을 시작한 지 27년 만인 2003년 11월 26일에 영국 런던을 출발해 뉴욕에 도착한 것을 마지막으로 운항을 완전히 중단했다.

㈜소련은 초음속 여객기 투폴레프 Tu-144를 독자적으로 개발해

1968년 10월에 첫 비행을 했다. 7년 후인 1975년부터 초음속 여객기 Tu-144를 운항하기 시작했으나 각종 비행 사고로 인해 1978년까지만 운항하고 완전히 중단했다. 그러니 지금은 전 세계 어디도 초음속 여객기가 존재하지 않아 탑승할 수 없다. 하지만 인천에서 미국을 갈 때 여객기는 지상 속도 기준으로 초음속으로 이동할 수는 있다. 뒷바람의 제트 기류가 여객기를 뒤에서 밀어 주어 순항 속도(항공기가 체감하는 속도로 지시됨)보다 훨씬 빠르게 비행할 수 있기 때문이다. 따라서 객실 좌석에서 스크린으로 볼 수 있는 지상 속도는 가끔 초음속을 넘어갈 수 있지만 실제 항공기가 체감하는 속도는 초음속을 넘어서는 안 된다. 항공기 구조물을 초음속 기준보다 약하게 아음속 기준으로 제작해 파괴될 수 있기 때문이다.

미국은 1971년에 초음속기를 여객기로서의 실용성을 낮게 평가해 초음속기 개발을 공식적으로 포기했다. 미국은 초음속 폭격기 XB-70 발키리를 모델로 초음속 여객기 개발을 검토한 것이다. 연료 소모가 많고 승객을 많이 태울 수가 없어 경제성이 없으며, 소음과 공해로 인해 비행 지역을 제한받는다는 이유였다. 그렇지만 현재는 보잉, 록히드 마틴, 걸프스트림 등 3개 사가 손을 잡고 NASA의 기술 도움을 받아 미래형 초음속 여객기 'X-54'를 개발하고 있다. 가까운 미래에 초음속 여객기가 사용화되어 일반 승객이 탑승할 수 있는 날이 오기를 기대해 보자.

18

꼬리 날개가 없는 B-2 전략 폭격기

1903년 라이트 형제가 인류 최초로 동력 비행을 성공한 지 110여 년이 지난 오늘날까지 항공 분야는 비약적으로 발전했다. 새로운 개념과 신기술들이 개발되어 기존의 비행기 형태와 완전히 다른 혁신적인 형태의 비행기들도 등장하게 되었다. 혁신적인 항공기 형태의 대표적인 사례가 무미익기(tailless aircraft, 꼬리 날개가 없는 항공기)다. 무미익기는 수평-수직 꼬리 날개 모두 없는 항공기는 물론 수직 꼬리 날개는 있지만 수평 꼬리 날개만 없는 항공기도 포함된다. 수평 꼬리 날개 없이 수직 꼬리 날개만 장착된 무미익기는 공력 중심과 무게 중심을 잘 설계해 안정성을 유지할 수 있다면 수평 꼬리 날개로 인한 무게와 항력을 줄일 수 있는 장점이 있다.

또 일반 항공기에 비해 동체 또는 꼬리 날개(수평 및 수직 꼬리 날개 모두 포함)가 없는 전익기(flying-wing)도 무미익기로 분류된다. 일반적인 항공기는 동체(body), 날개(wing), 꼬리 날개(tail) 등으로 구성되었지만 전익기는 일반 항공기에 비해 동체 또는 꼬리 날개(수평 및 수직 꼬리 날개 모두 포함)가 없는 특별한 형태의 항공기다.

수평 꼬리 날개가 없는 항공기

수평 꼬리 날개가 없는 항공기는 1910년에 아일랜드 출신의 존 윌리엄 던(John William Dunne, 1875~1949년)이 V자 평면 형태의 후퇴익으로 복엽기를 제작해 생각보다 일찍 등장했다. 이러한 시험용 복엽기를 던 D.5(Dunne D.5)라 하는데 이는 프로펠러 2개로 추진하는 푸셔형(pusher type) 비행기며 최대 속도는 시속 72킬로미터다. 이 비행기는 꼬리 날개가 없는 최초의 항공기로, 1910년 여름에 설계자 던의 조종으로 수평 꼬리 날개가 없는데도 불구하고 안정적으로 첫 비행을 수행했다. 던 D.5는 자동차 속도보다 느린 비행기였지만 최초의 후퇴익기이기도 하다. 그러나 지금처럼 고속 비행을 위해서가 아니라 비행 안정성을 도

수평 꼬리 날개가 없는 최초의 비행기 던 D.5

모하기 위해서였다. 미국의 버지스 사(Burgess Company)는 라이선스를 획득해 던의 설계대로 버지스-던(Burgess-Dunne)을 제작해 캐나다 및 미국 등에 판매했다.

메서슈미트 Me 163 코멧(Me 163 Komet) 전투기는 수평 꼬리 날개가 없는 독일 로켓 추진 전투기로 1941년에 첫 비행을 했다. 이 전투기는 1944년에 시속 1,123킬로미터에 도달할 정도로 빨랐으며, 날개 뿌리(wing root) 쪽에 뒷전 플랩(flap)도 장착했다. 그러나 날개 끝 쪽에 장착된 엘레본(elevon, 엘리베이터와 에일러론을 합친 용어로 삼각 날개 항공기의 승강타와 보조 날개의 역할을 하는 비행기의 조종면을 말함)은 수평 꼬리 날개처럼 무게 중심에서 멀리 장착할 수 없으므로 모멘트를 키우기 위해 크게 제작했다.

꼬리 날개가 없는 비행기는 제2차 세계 대전 당시 잠시 등장했다가 로켓 추진으로 인한 짧은 비행 거리와 잦은 사고로 인해 자취를 감추었다. 그렇지만 수평 꼬리 날개가 없는 비행기는 삼각 날개를 부착한 초음속기가 등장하면서 다시 각광받기 시작했다. 가로세로비가 작고

수평 꼬리 날개가 없는 Me 163 코멧 전투기

앞뒤로 길이가 긴 삼각 날개는 엘레본이 위치한 날개 뒷전 부분이 무게 중심에서 거리가 멀기 때문에 엘레본의 효과를 크게 할 수 있다. 따라서 삼각 날개 형태를 갖는 초음속 전투기들은 수평 꼬리 날개를 제거해 저항을 줄임으로써 최대 속도를 증가시킬 수 있었다.

미국이 1950년대에 개발한 미국 공군 식별 번호 100번 대의 전투기/요격기들을 센추리 시리즈(Century series, 센추리는 100을 의미)라고 하며, F-100부터 F-106까지의 6기종이 있다. 여기서 F-103이 없는 것은 XF-103이 미국 공군 요격기 사업에서 F-102와 경쟁해 탈락했

수평 꼬리 날개가 없고 면적 법칙이 적용된 F-106 델타 다트
F-102를 기본으로 재설계한 기종으로 1959년부터 1988년까지 미국에서만 운용한 미국 공군의 전천후 요격기다. F-106 원형기는 1956년 12월에 첫 비행을 했으며, 1957년 4월에 에드워드 공군 기지에서 실시된 공군의 첫 번째 비행에서 17.4킬로미터(5만 7000피트)에서 마하 1.9를 기록했다. F-106A 델타 다트는 1959년 5월부터 1960년 12월까지 총 277대가 제작되어 공군에 실전 배치되었다.

기 때문이다. 센추리 시리즈 중에서 F-100 슈퍼 세이버(Super Sabre), F-101 부두(Voodoo), F-104 스타파이터(Starfighter), F-105 썬더치프(Thunderchief) 등은 꼬리 날개가 있는 전투기이며 F-102 델타 대거(Delta Dagger)와 F-106 델타 다트(Delta Dart)는 수평 꼬리 날개가 없는 전투기다. F-102는 삼각 날개를 장착한 초음속 전투기로 꼬리 날개가 없으며, 최초로 면적 법칙(area rule, 초음속으로 비행할 때 항공기 단면적의 분포가 기축 방향으로 완만하게 변할수록 공기 저항이 적음)이 적용된 비행기다.

프랑스 다소 항공사(Dassault Aviation)의 수평 꼬리 날개가 없는 미라주(Mirage) 전투기는 대표적인 삼각 날개 항공기다. 미라주 I을 원형으로 개발된 전투기 미라주 III는 유럽 최초로 마하 2.0을 넘은, 1960년대를 대표하는 제3세대 전투기다. 미라주 2000은 미라주 III보다 삼각 날개 면적을 확대하고 더 강력한 엔진을 장착해 비행 성능을 향상시켰다. 프랑스는 유럽에서 공동 개발하고 있는 유로파이터 계획에서 탈퇴한 후 독자적으로 미라주 2000의 후속 기종인 라팔(Rafale) 다목적 전투기를 개발했다.

수평 꼬리 날개가 없는 미국 컨베어 사(Convair, 1943년에 설립된 항공기 제작 회사로 1990년대 중반 여러 항공기 제작사에 분할 매각 되었음)의 B-58 허슬러는 1960년에 실전 배치된 삼각 날개의 초음속 폭격기다. 영불 합작으로 제작한 초음속 여객기 콩코드기, (구)소련의 투폴레프가 설계한 Tu-144 등 민간 초음속 여객기도 수평 꼬리 날개를 제거했다. 그러나 전투기의 아음속 기동 능력이 중시되고 이·착륙 거리가 짧은 성능이 요구되면서 꼬리 날개가 없는 전투기는 점차 사라졌다. 따라서 수평 꼬리 날개가 있거나 커나드(비행기의 날개 앞부분 동체에 단 작은 날개를 말함)를 장착한 항공기가 주류를 이뤘다. 그렇지만 미라주 2000과 같은 전투기는 컴퓨터의 도움으로 비행 제어 기술과 공력 설계 기술이 향상됨에 따라 꼬리 날개가 없어도 기동성 및 이·착륙 성능을 충분히 발휘했다.

수평 및 수직 꼬리 날개가 전부 없는 B-2 폭격기

전익기는 전체 형상이 동체와 꼬리 날개 없이 날개 형상으로 제작되었기 때문에 전체적인 항력이 감소해 항속 거리 및 항속 시간을 증가시킬 수 있다. 또 전익기는 무게에 비해 날개 면적이 크므로 저속비행이 가능하며, 이를 통해 이·착륙할 때 활주 거리가 짧아지는 장점이 있다. 이외에도 하중을 가장 많이 받는 동체와 날개 뿌리 연결 부분이 없으므로 구조적인 문제도 쉽게 해결된다. 전익기는 엔진 팬, 꼬리 날개 등 레이다에 포착되기 쉬운 부분이 감소하므로 스텔스 효과(항공기에 레이다 전파를 흡수하는 형상, 재료, 도장 따위를 사용해 레이다나 전자 탐지기에 탐지되기 어렵게 하는 효과)도 얻을 수 있다.

수평 꼬리 날개 및 수직 꼬리 날개가 모두 없는 전익기 형상은 호르텐 형제(Walter Horten 1913~1998, Reimar Horten 1915~1993년)가 1933년에 꼬리 날개가 없는 글라이더를 처음으로 날리면서 시작되었다. 그들은 꼬리 날개 없는 글라이더로 공력 시험을 수행해 전익기가 유해 항력(parasitic drag, 비행기의 양력에 기여하지 않고 전진 비행을 방해하는 모든 저항을 말하며, 전체 항력에서 날개끝 와류로 인해 유도된 유도 항력을 제외한 항력을 의미함)이 작아 장거리 비행에도 적당하다는 것을 알았다.

호르텐 형제는 정식으로 항공 공학 관련 분야 교육을 받지 않았지만, 조종사이자 항공기 애호가로 1930년대 초기에 글라이더 성능을 향상시키기 위한 방법으로 전익기 개발에 착수했다. 제2차 세계 대전 초기에 독일 공군에 입대한 후 전익기 개발에 전념해 1941년에 시험용 글라이더인 호르텐 H.IV(Horten H.IV)를 개발했다. 1943년에 나치 독일의 공군 원수 헤르만 괴링(Hermann Göring, 1893~1946년)은 무게 1,000 킬로그램, 거리 1,000킬로미터, 속도 시속 1,000킬로미터를 초과하는 "3×1,000 프로젝트"라고 불리는 폭격기를 개발하는 설계 목표를 제시했다. 호르텐 형제는 이 목표를 달성하기 위해 초저항의 전익기를 만들어야 한다고 생각했다.

전익기는 엘레본과 스포일러(spoiler, 항공기 주날개 위쪽에 판 모양으로 돌출되어 있는 부분으로 양력을 감소시키는 역할을 하며 비행기의 감속 강하 또는 좌우 기울기를 조절하는 장치로도 활용됨)로 제어되었다. 전익기는 안쪽의 긴 스포일러와 바깥쪽의 짧은 스포일러를 갖추고 있으며, 요잉 운동을 제어하는 데 단일 스포일러 시스템보다 더 효과적이다.

연구 결과를 바탕으로 1940년대에 세계 최초의 제트 추진 전익기인 호르텐 Ho 229를 설계했다. 전익기 개발은 독일이 제2차 세계 대전에서 패망하면서 동시에 중단되었지만, 이미 70여 년 전에 거의 실용화 단계까지 제작이 이뤄졌으며, 미국은 전익기를 설계 도면대로 원형을 복원해 시험을 수행했다. 또 미국 육군은 전쟁에서 노획한 Ho 229의 시험을 통해 기본 형상과 페인트가 1940년대의 레이다 탐지를 줄인다는 것도 알아냈다.

전쟁 후 미국 노스럽 사의 창립자인 존 크누센 '잭' 노스럽(John Knudsen 'Jack' Northrop, 1895~1981년)은 1941년에 첫 비행을 한 N-1M(여기서 M은 모형을 뜻함), 1942년에 첫 비행을 한 N-9M이란 전익기 형상의 폭격기를 지속적으로 연구했다. N-9M은 장거리 전익기 폭격기 프로그램인 노스럽 XB-35(시험 제작기)와 YB-35(시제기)의 3분의 1 크기의 모델로 전익기도 비행할 수 있다는 것을 증명하기 위한 실증기다. 전익기 형상의 N-9M은 잘 날았지만 전쟁 중에 B-24, B-17과 같은 기존 폭격기를 생산하느라 새로운 폭격기를 개발할 여유가 없었다. 미국은 제2차 세계 대전 초반에 장거리 폭격기로 XB-35를 개발하기 시작했지만, 인력 부족으로 인해 계획대로 진행하지 못했다. 그러나 종전 후 1946년 미국은 노스럽 XB-35(2대 생산)와 YB-35(13대 생산)란 미국 육군 항공대를 위한 실험용 전략 중폭격기를 개발했다.

미국 육군 항공대는 왕복 추진의 YB-35를 기반으로 한 제트 추진 폭격기를 주문했으며, 노스럽 사는 제트 추진의 항공기로 바꾼 YB-49(전익기 형태의 제트 엔진 장착 중폭격기 시제기)를 제작했다. YB-35는 프로펠러를 장착했으며 이를 지지하는 구조물이 수직 꼬리 날개 역할을 했지만 제트 추진의 YB-49는 작은 수직 꼬리 날개 4개와 요우 댐퍼(Yaw Damper, 조종사의 러더 조종면 조작을 유연하게 조절해 주는 완충 장치)를 장착해 방향 안정성을 유지했다. 하지만 1948년 6월 5일 오전에 YB-49 전익기 2호가 캘리포니아 주 모하비 사막 근교에서 추락해 기장 다니엘 포브스(Daniel High Forbes, Jr., 1920~1948년) 소령과 글렌 에드워즈(Glen Walter Edwards, 1918~1948년) 대위 등이 사망했다. 이를 기리기 위해 캔자스 주와 캘리포니아 주 공군 기지를 포브스 공군 기지와 에드워즈 공군 기지로 명명했다. 전익기 형상의 폭격기는 결국은 B-52 폭격기와의 경쟁에서 밀려 사장된다.

미국의 록히드 사는 최초의 스텔스기인 F-117 나이트호크를 개발해 1981년 6월에 첫 비행에 성공했다. F-117은 1983년 10월에 미국 공군에 인도되어 운영되었지만 장거리 비행을 하지 못하는 단점이 있었다. 이를 통해 스텔스기 제작 기술이 많이 전파되어 스텔스 폭격기를 개

B-2 스피릿 스텔스 전략 폭격기

B-2는 전체 길이는 21미터, 높이 52미터, 날개 스팬 52.4미터인 전략 폭격기로 최대 이륙 중량이 170.6톤이며, 2개의 내부 무장창에 18톤을 무장한다. 15.2킬로미터(5만 피트) 상공까지 올라가 임무를 수행할 수 있으며, 12.2킬로미터(4만 피트) 고도에서 최대 마하수 0.95까지 속도를 낼 수 있다. 순항 속도는 마하수 0.85로 보통 여객기 정도의 속도를 내고 있으며, 공중 급유 없이 항속 거리 1만 1100킬로미터 정도까지 비행할 수 있다. B-2 전략 폭격기는 1999년 코소보 전투에서 세르비아에 재래식 무기를 투하하는 데 처음으로 사용되었으며, 2001년 아프간 대테러 전쟁과 2003년 2차 걸프전에서도 출격해 그 성능을 최대한 발휘했다. 구조 시험용으로 제작된 B-2가 오하이오 주 데이턴의 국립 공군 박물관에 1999년부터 전시되고 있다.

발하는 데 도움을 주었다.

B-2 폭격기의 개발은 1979년 카터 행정부 당시 B-52를 대체할 스텔스 폭격기 개발 계획인 ATB(Advanced Technology Bomber, 첨단 기술 폭격기) 프로젝트로 시작되었다. 이 프로젝트는 록히드(로크웰 참여) 팀과 노스럽(보잉 참여) 팀이 제안해 결국은 노스럽 팀이 선정된다. 미국 노스럽 사는 전익기의 장점들을 반영해 B-2 스피릿(B-2 Spirit) 폭격기를 1981년부터 개발하기 시작했다. 따라서 전익기 형상의 장거리 전략 스텔스 폭격기 B-2는 노스럽 그러먼 사에서 설계, 제작 등 전반적인 책임을 맡아 탄생

한다. B-2 폭격기는 1988년 11월 캘리포니아 주 팜데일에 위치한 공장에서 처음으로 대중에게 공개되었다.

종전의 항공기와 다른 전익기 형상의 B-2 폭격기는 스텔스 전폭기인 F-117A 나이트호크처럼 외형이 각이 있도록 제작되지 않았으며, 외형이 부드러운 곡선으로 처리되면서도 레이다 반사 면적(RCS, radar cross section, 상대 목표물이 레이다 파를 얼마나 반사시키는가를 나타내는 척도)을 줄였다. 또 스텔스성을 강화하기 위해 엔진의 공기 흡입구와 배기 노즐의 위치를 동체 윗부분에 위치하도록 하고, 엔진에서 나오는 배기 가스의 온도를 낮추기 위한 배기 냉각 시스템도 갖췄다. 이외에도 B-2는 수직 꼬리 날개를 제거, 레이다 흡수 도료의 사용, 내부 무장창 등과 같은 스텔스 기능을 갖췄다.

B-2는 1989년 7월 17일에 에드워즈 공군 기지에서 첫 비행을 했고, 계속해서 비행 시험을 수행했다. 1993년에 미국 공군에 처음 인도되었으며, 1997년부터 운용하기 시작해 전익기 형상에 대해 본격적으로 실용화 단계에 진입하게 되었다. 미국 공군은 1980년대 중반 132대를 요청했으나 의회의 강력한 반대로 21대만 구입할 수밖에 없었다.

2008년 2월에 B-2기는 괌에 위치한 앤더슨 공군 기지에서 이륙 직후 활주로에 추락하는 사고가 발생했다. 이륙 중에 30도 피치를 유발했지만 조종사 2명은 모두 안전하게 비상 탈출했다. 사고 원인은 에어 데이터를 감지하는 센서의 오류로 인해 잘못된 속도 및 받음각 정보를 제공해 발생한 것으로 판명되었다.

이와 같은 세계 최강의 스텔스 B-2 폭격기는 모든 사람들을 감탄시키기에 충분한 형상과 성능을 갖춘, 비행기 역사에 이정표가 되는 대

총중량 5.5톤의 X-45A 무인 전투기

표적인 비행기임에는 틀림없다.

전략 폭격기를 통해 알려진 무미익 형상 항공기에 대한 개념도 무인기에 적용되고 있다. 무미익 형상 항공기는 스텔스 효과뿐만 아니라 항력 감소와 고기동성을 확보할 수 있어 연구 개발이 활발하게 진행되고 있다. 무미익 형상 항공기의 경우 발생하는 방향 불안정성은 적절한 추력 편향 시스템 및 통합 디지털 비행 제어 시스템 등으로 해결될 것으로 기대된다.

스텔스 효과를 얻을 수 있는 전익기의 특징을 바탕으로 미국 공군의 X-45 프로그램과 미국 해군의 X-47 페가수스 프로그램 등 무인 전투기(UCAV, Unmanned Combat Air Vehicle)가 미국을 비롯한 여러 항공 선진국에서 개발되고 있다. 무인 전투기는 최신예 전투기가 추구하는 스텔스 기능이 기본적으로 포함되며, 미국에서 개발 중인 X-45와 X-47의 경우 약 50시간 동안 임무를 수행할 수 있는 능력을 보유하고 있다. 이러한 무인 전투기는 적 대공망 제압 및 연합 작전을 위해 활발하게 개발되고 있다.

꼬리 날개가 없는 항공기 제어

수직 및 수평 꼬리 날개가 전부 없는 전익기는 짧은 시위 길이로 인해 피칭 운동에 아주 예민하다. 따라서 전익기가 안정성을 유지하기 위해 무게 중심이 날개의 공력 중심 앞에 위치해야 한다. 수평 비행할 때

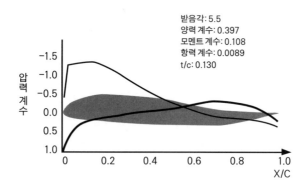

리플렉스 캠버를 갖는 에어포일의 압력 계수

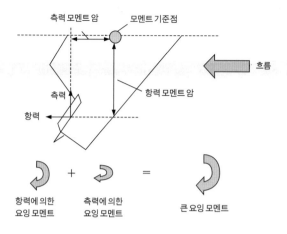

측력 모멘트 암　모멘트 기준점

흐름

항력 모멘트 암

측력

항력

항력에 의한　+　측력에 의한　=　큰 요잉 모멘트
요잉 모멘트　　요잉 모멘트

스플릿 플랩 항력 러더

공력 중심에 작용하는 양력에 의한 모멘트를 상쇄시키기 위해 아랫방향으로 작용하는 모멘트가 필요하기 때문이다. 따라서 전익기는 뒷전 부근에 역캠버를 갖는 리플렉스 에어포일(reflexed airfoil)을 사용해 아랫방향으로 힘과 모멘트를 작용하게 한다. 또 날개에 후퇴각을 주어 공력 중심을 뒤로 이동시키거나 워시아웃(wash out, 날개 끝을 날개 뿌리보다 장착 각을 작게 함)을 주어 안정성을 유지한다.

전익기는 꼬리 날개가 모두 없으므로 조종에 어려움이 있지만, 각 기종별로 약간씩 다른 방식으로 조종면을 활용한다. B-2는 중앙과 양쪽의 엘레본과 스플릿 플랩 항력 러더(split flap drag rudders, 주날개의 뒷부분이 분리되어 내려오는 방식으로 양력을 일시적으로 증가시키는 스플릿 플랩을 이용해 비행기 좌우의 저항을 조절해 기수의 방향을 바꾸는 방향타 역할을 하는 장치)로 조종한다. 엘레본은 피치와 롤링 운동을 제어하며, 스플릿 플랩 항력 러더는 요잉 운동(기수를 좌우로 회전하는 운동)을 제어한다. 스플릿 플랩 항력 러더는 날개 양쪽에서 대칭적으로 내려져 양력을 증가시키기 위한 플랩 역할을 하고, 비대칭적으로 움직여 요잉 모멘트를 유발한다. 또 왼쪽 및 오른쪽 위 아래 스플릿 플랩 항력 러더를 모두 열어 에어브레이크 역할도 한다.

　무인 전투기 X-45는 엘레본으로 피치와 롤링 운동을 제어하고, 추력 방향을 조절해 요잉 운동을 제어한다. 추력으로 조절할 때는 추력이 아주 큰 비행 조건에서 효과적이다. 또 X-47은 X-45와 마찬가지로 엘레본으로 피치와 롤링 운동을 제어하지만, 요잉 운동은 스포일러로 제어한다. 일반적인 항공기에서 수직 꼬리 날개의 러더가 요잉 운동을 담당한다. 그러나 전익기에서는 스포일러가 날개 양쪽의 저항을 다르게 해 요잉 운동을 수행한다. 그리고 전익기는 후퇴각을 주어 방향 안정성을 향상시키고 날개 스팬이 긴 것도 방향 안정성을 유지하는 데 도움을 준다. 전익기는 컴퓨터로 제어되는 플라이 바이 와이어 시스템을 채택해 비행 안정성을 도모한다.

19

21세기 항공기 설계 능력을 보인 사이테이션 X +

1903년 최초의 동력 비행이 이루어진 후 109년 만인 2012년에 비즈니스 제트기(Business jet) 사이테이션 X 플러스(Citation X +)의 설계·제작이 성공한다. 비즈니스 제트기는 소그룹의 비즈니스맨들을 운송하기 위한 목적으로 사용되는 비교적 소형의 제트 여객기를 말한다.

비즈니스 항공 이용자는 혼잡한 대규모 허브 공항을 피하고 작고 편리한 공항을 이용할 수 있으므로 시간을 절약할 수 있을 뿐만 아니라 유연성 있는 스케줄을 운영할 수 있다. 그러므로 회사들은 개인 비행을 위해 회사 소유, 전세 또는 임대한 항공기를 사용한다. 비즈니스 항공은 제1차 세계 대전 이후에 뿌리를 내리기 시작해 제2차 세계 대전 이후에 비즈니스 여행을 위한 새로운 항공기를 사용함으로써 실질적으로 성장했다.

오늘날 비즈니스 항공기는 단거리용 프로펠러 구동 비행기에서부터 장거리용 터보팬 구동 비즈제트(bizjet)까지 다양하며, 비즈니스 항공 시장은 급격하게 성장했다. 글로벌 경제 성장과 더불어 발생하는 새로운 비즈니스 출장 수요, 공항에서의 엄격한 보안 검색으로 인한 시간 소비, 기업들의 인식 변화 등과 같은 복합적 요인 때문이다.

세스나(Cessna, 1927년 미국 캔자스 주 위치토에 설립된 소형 비행기 제조업체로 세계 3대 메이커 중 하나)는 1969년 9월에 비즈니스 제트 모델 500으로 첫 비행을 하면서 이 분야에 진출해 새로운 모델을 개발하기 시작했다. 세스나 사이테이션은 미국 항공기 제작사인 세스나가 비즈니스 제트 항공기에 사용한 마케팅 이름으로, 특정한 항공기 모델이 아니라 그동안 세스나에서 생산한 터보팬 추진 항공기의 6개의 패밀리에 적용되었다. 조종사 2인과 승객 5인이 탑승하는 사이테이션 I은 1971년 9월 FAA로부터 대형 항공기 항공 규정인 Part 25(1965년 미국 FAA에서 최초의 감항 규정으로 Part 23과 Part 25를 도입했으며 최대 이륙 중량 기준에 따라 소형 비행기와 대형 비행기를 구분한 규정 중에서 대형 비행기 감항 규정을 의미함)로 인증받았다. 세스나 사이테이션 I(모델 500)은 팬제트 500을 설계 변경해 제작했으며, 1985년까지 생산되었다. 사이테이션 II(모델 550)는 모델 500 동체를 더 길게 개발했고, 1978년에 처음으로 생산되었다. 엔진은 꼬리 날개 안에 들어가 있었다. 사이테이션 I 및 II 모두 직선익이며 터보팬 엔진으로 추진된 비즈니스 제트 항공기다.

비즈니스 제트기인 세스나 사이테이션과 쌍발 엔진의 터보 프롭 비즈니스 항공기인 비치 킹 에어(Beech King Air)는 날개 단면으로 NACA 23012와 같은 다섯 자리 에어포일 계열을 사용한다. 1930년대 후반 무렵 NACA는 최대 양력을 증가시키기 위해 평균 캠버선을 변경시켜 새로운 형태의 에어포일을 개발했다. 이것은 표준 NACA 두께 분포와 결합되어 NACA 다섯 자리 에어포일 계열로 제시된 것이다.

세스나 사이테이션 III(모델 650)는 사이테이션 제트의 모델 650 시리즈의 첫 번째로 고성능 중형 비즈니스 제트다. 이 비행기는 고전적인 형태에서 벗어나 후퇴익을 처음으로 적용했다. 1978년에 개발을 시작해 시제품은 1979년 5월에 첫 비행을 했다. 전형적인 개발 비행 시험 절차를 거친 후 1982년 4월에 FAA로부터 형식 승인을 받았다. 사이테이션 III는 가레트(Garrett) TFE731-3B 쌍발 터보팬 엔진으로 추진되며, 순항 속도는 시속 875킬로미터고 항속 거리는 3,774킬로미터다. 승무원 2명, 승객 6~9명이 탑승할 수 있다.

1989년 세스나는 사이테이션 III에 연료 탱크를 더 크게 제작해 항속 거리를 더 연장한 사이테이션 IV를 제작한다고 발표했다. 그러나 세스나는 첫 비행기가 제작되기도 전에 항속 거리를 늘이는 계획을 취소했다. 대신에 사이테이션 II 모델의 대체 기종인 사이테이션 V(모델 560)를 개발한 데 이어서 세스나는 사이테이션 IV 대신에 사이테이션 III의 2개의 다른 버전인 사이테이션 VI(모델 650) 및 VII(모델 650)을 개발했다. 그중 하나인 사이테이션 VI는 사이테이션 III의 경제적 버전으로 1991년 첫 비행을 했다. 이 기종은 그다지 인기가 좋지 않아 1995년 5월 생산을 중단할 때까지 39대만이 제작되었다. 두 번째 비행기는 사이테이션 VII으로 최대 순항 속도는 시속 889킬로미터의 속도로 비행할 수 있다. 이 비행기는 엔진을 개선해 사이테이션 III보다 더 높은 고도에서 비행할 수 있다. 사이테이션 VII의 첫 비행은 1991년이었으며, 9년 후 생산을 중단할 때까지 모두 119대가 제작되었다.

1993년 세스나는 승객 12명까지 탑승시키고 대륙 간 비행이 가능한 사이테이션 X(10을 의미)을 개발했다. 사이테이션 X(모델 750)은 장거리 중형 비즈니스 제트 항공기로 콩코드 초음속 여객기가 퇴역한 이후 세계에서 가장 빠른 민간 항공기다. 이는 장거리 중형 비즈니스 제트로 롤스로이스 터보팬 엔진 2기로 추진된다. 종전의 사이테이션 III, VI 및 VII에 근거해 제작했다 하더라도 날개, 항전 장비 및 엔진 등에서 근본적으로 다르다. 시제품은 1993년 12월에 첫 비행을 했으며 미국 연방 항공국의 승인은 1996년 6월에 받았다. 처음으로 생산한 사이테이션 X은 1996년 7월에 골프 선수인 아놀드 파머(Arnold Palmer, 1929년~)에게 인도되었다. 1997년 2월에 사이테이션 X 설계팀은 미국 항공 분야에서 가장 권위 있는 콜리에 트로피를 수상했다.

사이테이션 X 플러스는 날개, 꼬리 날개, 기어 등 여러 가지 면에서

사이테이션 X 플러스
2010년에 세스나는 사이테이션 X의 엔진과 조종석 디스플레이 등을 개선해 순항 속도를 시속 977킬로미터로 증가시키고 항속 거리도 5,956킬로미터로 352킬로미터 연장했다. 2012년 1월에 첫 비행을 한 사이테이션 X 플러스의 최대이륙 중량은 16.6톤이고, 최대 순항 속도는 시속 976킬로미터다. 최대 속도는 시속 1,154킬로미터로 마하수 0.935에 해당된다.

종전의 사이테이션 X과 다른 새로운 항공기다. 초임계 에어포일을 사용했으며 후퇴각이 크다. 이것은 임계 마하수(날개 윗면에서의 속도가 증가하여 M=1.0이 될 때의 비행기의 속도)를 증가시키고 최대 속도를 증가시켰다. 또 후퇴각은 날개의 25퍼센트 지점에서 37도며, 다른 비즈니스 제트의 후퇴각보다 크다. 수평-수직 꼬리 날개도 큰 후퇴각을 갖고 있으며, T자형 꼬리 날개 형태를 지녔다. 항력을 감소시키기 위해 동체에 면적 법칙, 날개에 큰 후퇴각, 초임계 에어포일 등을 적용하는 등 많은 노력을 했다. 또 날개-동체 연결 방법에 있어서 날개가 동체 중심을 관통하지 않고 동체 아래에 장착되어 동체의 공간을 확보했다.

사이테이션 X 플러스는 롤스로이스 AE 3007C1 터보팬 엔진 2기가 동체 후방 양쪽에 부착되었다. 세스나는 바이패스비가 5.0인 고바이패스비의 롤스로이스 터보팬 엔진을 사용해 공기 소음을 줄이고 연료 소모율도 향상시켰다. 엘리베이터는 양쪽에 분리되어 있으며 수평 꼬리 날개 전체를 움직여 그 역할을 한다. 러더는 2개로 나뉘어 있으며 아랫부분은 유압식으로 윗부분은 전기식으로 가동된다. 각 날개에는 5개의 스포일러 판넬이 있으며 에일러론(aileron, 작은 날개를 뜻하는 프랑스어)에 추가해 롤링 운동을 제어하거나 스피드 브레이크로 사용된다. 타원형 윙렛을 장착했으며 연료를 4~5퍼센트 절약해 항속 거리가 278킬로미터 증가하고 순항 속도도 시속 28킬로미터 빨라졌다.

새로운 사이테이션 X 플러스는 장거리 중형 비즈니스 제트 항공기로 빠르고 높게 그리고 멀리 가는 비즈니스 제트기다. 이 비행기는 21세기 항공기 설계 능력을 보여 주는 전형적인 항공기로 간주할 수 있으며, 비즈니스 제트기는 우리도 반드시 연구·개발해야 할 항공기다.

20

하늘의 지배자, 스텔스 F-22 전투기

록히드 마틴 사의 F-22 랩터(Raptor, 맹금)는 단좌(1인승 항공기)로 초기동성을 갖는 쌍발 5세대 스텔스 전투기다. 이것은 주로 제공권 전투기로 설계되었지만 지상 공격, 전자전 및 정보 획득을 위한 장비를 추가했다. 록히드 마틴 항공사가 주 계약자로 기체, 조종석 일체, 무기 체계, F-22의 최종 조립 등을 담당했다. 프로그램 파트너인 보잉 사는 날개, 후방 동체, 항공 전자 통합, 교육 시스템을 담당했다. 또 록히드 마틴 사 포트워스 부문(1993년 제너럴 다이내믹스 사를 합병함)은 중앙 동체와 통합 전자전 장치, 통신·항법·식별 시스템 등을 담당했다.

이 전투기는 2005년에 공식적으로 미국 공군에 배치되어 미국 공군의 전술 항공 전력에 중요한 역할을 담당하고 있다. 2006년 노던에 지(Northern Edge)와 2007년 레드플래그(Red Flag) 훈련에서 F-22가 보여 준 공중전 격추율은 F-15, F-16, F-18 등 가상 적기들에 비해 편

파적으로 높아서 많은 사람들을 놀라게 했다. F-22는 속도, 민첩성, 정밀도, 상황 인식, 공대공 및 공대지 전투 능력 등 전반적으로 비교할 때 현재까지 이를 능가하는 전투기는 없다. F-22는 1997년부터 2011년까지 총 195대가 생산되었으며 187대가 미국 공군 작전에 배치되었다. 2006년 9월에 미국 의회가 F-22 외국 판매 금지 법안을 통과시켰기 때문에 미국 이외의 국가는 F-22를 구입할 수 없다. 미국에서 제작한 전투기를 구매하는 고객은 F-15 이글, F-16 파이팅 팰콘, F/A-18E/F 슈퍼 호넷, F-35 라이트닝 II 등에서 선택해야 한다.

1981년에 미국 공군은 F-15 이글과 F-16 파이팅 팰콘을 대체 할 수 있는 새로운 제공권 전투기로 고급 전술 전투기(ATF, Advanced Tactical Fighter)를 요구했다. 제안 요구서(RFP)는 1986년 7월에 발표되었으며, 록히드 사 및 노스럽 사가 각각 주도하는 2개의 팀이 제안한 YF-22와 YF-23이 1986년 10월에 선정되었다. 비행 시험 검증을 거쳐 1991

선회 비행 중인 F-15(오른쪽 위)의 후계기로 개발된 차세대 제공전투기 F-22(왼쪽 아래)

년 4월에 ATF 경쟁의 최종 선정자로 YF-22를 발표했다. 노스럽 사의 YF-23은 스텔스 기능과 속도 성능에 있어 우수했지만, YF-22는 피치 성능을 강화하기 위해 추력 벡터링을 채택해 공중전에서 기동성이 더 우수했다. YF-23 블랙위도우는 너무 앞서간 스텔스 성능으로 인해 가격 면에서 너무 비싼 기체였다.

록히드 사의 YF-22는 제2차 세계 대전 전투기 P-38이후 비공식적인 이름 라이트닝 II라고 불렀지만 미국 공군은 1990년대 중반에 공식적으로 랩터라고 명명했다. F-22 랩터의 양산형 모델은 1997년 4월에 조지아 주 매리에타에 있는 록히드 마틴 사 조립 공장에서 처음으로 공개되었다. 이 전투기의 시제기는 1990년에 최초 비행을 했지만 양산형 1호기는 1997년 9월에 첫 비행을 했다. 두 번째 양산형 기체는 1998년에 완성했으며, 총 9대의 엔지니어링, 제작, 개발(EMD, Engineering, Manufacture and Development)시험용 기체를 제작해 비행 시험을 수행했다. 1999년 5월 생산된 시험용 기체 중 1대는 시험 프로그램이 끝난 후 2007년부터 데이턴의 국립 공군 박물관에 전시되어 있다. 첫 번째 생산된 F-22는 2003년 1월에 네바다 주 넬리스 공군 기지에 전달되었으며, 2005년 12월에 미국 공군에 실전 배치되었다. 미국 공군을 비롯한 록히드 마틴 사, 보잉 사 등 F-22 개발 팀은 2006년에 콜리에 트로피를 수상했다.

F-22는 YF-22로부터 여러 가지 설계를 변경해 대량 생산되었다. 날개의 후퇴각은 48도에서 42도로 줄였으며, 수직 안정판의 면적을 20퍼센트 감소시켰다. 조종사의 시야를 개선하기 위해 조종석은 앞쪽으로 178밀리미터 이동시키고, 엔진의 흡입구는 356밀리미터 후방으로 이동했다. 날개의 모양과 수평 안정판의 뒷전은 공기 역학 성능 및

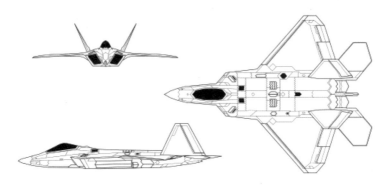

현존 세계 최강의 F-22 전투기

F-22 랩터의 최대 이륙 중량은 38.0톤이고 실용 상승 한도는 19.8킬로미터(6만 5000피트)
다. 최대 속도는 마하수 2.25(시속 2,410킬로미터)이고 최대 설계 중력 가속도 부하 범위는
-3g~+9g다. 항속 거리는 내부 연료(8.2톤)와 추가로 2개의 외부 연료 탱크(11.9톤)를 장착
했을 때 2,960킬로미터다.

강도, 스텔스 성능을 개선하기 위해 조정했으며, 수직 안정판은 후방
으로 이동시켰다. F-22를 개발하는 동안, 설계에서 여러 시스템을 제
거했음에도 불구하고 항공기 무게가 상당히 증가해 공기 역학적 성능
및 항속 거리가 감소되었다.

　F-22 프로젝트는 컨소시엄으로 이뤄졌으므로 여러 대형 군수업체
들이 나눠 제작했다. 또 F-22는 의회의 지원을 확대하기 위한 전략으
로 미국 전역의 46개 주에 걸친 많은 하청 업체에 분할해 제작했다. 그
로 인해 비용과 제작 시일이 늘어났다. 1,000개의 하청 업체와 공급 업
체, 9만 5000명의 인력이 소요되었으며, 1997년부터 2011년까지 15
년 동안 한 달에 2대꼴로 생산되었다. F-22의 수명은 30년 또는 비행
시간으로 8,000시간으로 설계되었다.

　F-22 구조물은 고강도 티타늄, 복합 재료, 종전의 알루미늄 합금,
열화 프라스틱 등으로 제작되었다. F-22는 열과 응력을 모두 견딜 수

있는 구조를 갖기 위해 이전의 전투기보다 고강도인 티타늄 및 복합 재료를 더 많이 사용했다. F-22는 내부 무장창(기체 내부에 무장을 탑재하는 격실)을 사용해 외부 장착물에 의한 항력 증가를 피할 수 있어 비교적 높은 성능을 유지할 수 있다. 또 후기연소기(afterburner, 항공기의 이륙 및 상승, 전투 성능 향상을 위하여 가스 터빈 엔진의 추력을 보강하는 장치로 터빈에서 나오는 미반응 산소에 추가 연료를 연소시켜 추력을 증가시킴)의 사용 없이 초음속 순항(슈퍼크루즈) 비행이 가능한 몇 안 되는 항공기 중 하나다.

F-22는 스텔스 기능을 갖추기 위해 전체적인 외형, 레이다 흡수 재료의 사용, 공기 흡입구와 엔진 위치에 스텔스 기술의 적용, 레이다 반사를 제공하는 조종사 헬멧 등이 고려되었다. 또 슈퍼크루즈(후기연소기를 사용하지 않는 초음속 순항을 의미함) 비행 중 발생하는 열 상승을 줄이기 위해 앞전에 냉각 장치와 특수 도료로 제작했다.

F-22 랩터는 쌍발 프랫 & 휘트니 F119-PW-100 터보팬 엔진으로 가동되며, 벡터링 추력으로 ±20도 범위의 피치 축을 변경할 수 있다. F-22에 장착된 엔진은 F-15에 장착된 엔진보다 훨씬 강력한 엔진이다. 이 엔진은 엔진당 11톤(후기연소기 가동 시 18톤) 추력을 갖고 있으며, 슈퍼크루즈 상태에서 최고 속도는 마하수 1.82 정도다. 그렇지만 후기연소기를 가동하면 마하수 2.0을 넘는다. F-22는 단일 플랫폼에 초음속 순항, 초기동성, 스텔스 및 센서 융합 등을 두루 다 갖춘 유일한 전투기로 알려져 있다. 커다란 기체와 스텔스 성능으로 인한 항력을 극복하기 위해 첨단 재질로 가볍고 견고한 기체를 만들고, 강력한 엔진을 장착해 추력 대 중량비를 아주 크게 제작했기 때문이다.

F-22에 장착된 주요 항공 전자 장치는 BAE 시스템스(BAE Systems)의 E&IS 레이다 경보 수신기(RWR)와 미사일 접근 경고 시스템

(MAWS), 노스럽 그러먼 사의 능동 전자 주사식 배열(AESA) 레이다 등이다. E&IS 레이다 경보 수신기는 패시브 레이다 검출기로 날개와 동체에 30개 이상의 안테나로 구성해 모든 방향을 담당한다. 능동 전자 주사식 배열 레이다는 제공권 장악과 공격 작전을 위해 설계되었으며, 어떠한 날씨에서도 여러 목표를 추적할 수 있다. 또 차단 확률을 낮추기 위해 초당 1,000회 이상 주파수를 변경할 수 있다.

F-22의 조종석은 디지털식 비행 계기들로 구성된 글래스 콕핏으로 고해상도의 칼라 액정 판넬을 갖춘 6개의 다기능 디스플레이를 갖췄다. 또 조종사가 조종간과 스로틀을 잡고 조종하면서 여러 명령을 수행할 수 있는 HOTAS(Hand On Throttle And Stick, 스틱과 스로틀에 여러 가지 조작 버튼을 두어 전투 기동 중에 다른 명령을 조작할 수 있게 하는 장치) 기능도 있다.

F-22는 동체의 아래에 큰 베이(bay, 비행기의 동체 내부의 격실), 엔진 흡입구 후방의 동체의 양쪽에 2개의 작은 베이 등 3개의 내부 무장창이 있다. 내부 무장은 스텔스 성능을 향상시키고 항력을 줄여 주어 최대 속도와 항속 거리를 증가시킨다. 중앙 무장창에 AIM-120C 암람(AMRAAM) 미사일 6기를 장착할 수 있으며, 각 측면 베이에 AIM-9X 사이드와인더 미사일 1기씩 장착할 수 있다. 중거리 미사일의 4기는 4개의 작은 폭탄 또는 1기의 중간 크기 폭탄을 운반할 수 있는 2개의 폭탄 랙(rack)으로 교체할 수 있다. F-22는 JDAM과 같은 공대지 무기를 장착하며, 스텔스성을 극대화하기 위해 덮개 안에 M61A2 20밀리미터 칸포와 480발 탄약이 장착된다.

F-22의 첫 번째 전투 능력을 제공하는 항공 전자 버전은 블록 3.0으로 2001년 1월에 첫 시험 비행을 했다. 2009년 6월에는 F-22에 블록 3.1로 업그레이드해 에드워즈 공군 기지에서 시험했으며, 2013

년 버전은 영상 레이다 매핑, GBU-39 소형 정밀 관통탄(SDB, Small Diameter Bomb) 등을 통해 기본적인 지상 공격 능력을 갖추었다. 블록 3.2는 SDB 기능을 개선하고 자동 지상 충돌 회피 시스템을 추가해 AIM-9X 사이드와인더와 AIM-120D 암람 미사일을 사용할 수 있도록 했다. 블록 3.2A는 2014년에 전자전, 통신 및 식별에 초점을 맞추고, 블록 3.2B는 2017년에 AIM-9X와 AIM-120D를 지원할 예정이다. 블록 3.2C는 2019년이면 오픈 플랫폼에 여러 전자 장비를 장착할 수 있을 것이다.

F-22는 초음속 및 아음속 등 모든 속도 영역에서 높은 기동성을 발휘할 수 있다. F-22는 추력 편향 노즐(thrust vectoring nozzle)을 이용해 허

코브라 기동
2013년 모스코바 에어쇼에서 미그-29와 수호이 35가 푸가초프의 코브라 기동을 하고 있다.(이대성 촬영)

브스트 기동(Herbst maneuver 또는 J-turn, 1993년 4월 처음으로 선보인 기동으로 높은 받음각 상태에서 추력 벡터링이나 비행 제어를 이용해 급작스럽게 180도 역방향으로 회전하는 전투기동), 푸가초프의 코브라(Pugachev's Cobra, 1989년 파리 에어쇼에서 러시아 조종사 푸가초프가 Su-27 전투기로 시범 비행한 기동으로 코브라가 머리를 세우듯이 전투기를 수직으로 세워 급감속한 후 다시 수평자세로 되돌아가는 기동을 말함), 쿨비트(Kulbit, Su-37로 처음 시범 비행을 한 러시아 조종사 이름을 따 프롤로프의 회전이라고도 하며, 아주 심하게 작은 반경의 루프 비행으로 제자리 수직 회전 기동을 말함) 등과 같은 아주 높은 받음각에서의 기동을 수행할 수 있다. 또 롤링 운동을 제어하는 동안에 60도 이상의 일정한 받음각을 유지할 수 있는 초기동성을 보유하고 있다.

F-22 랩터는 스텔스성, 초음속 순항, 높은 생존성, 전자전 능력, 그리고 간편한 정비성 등을 갖춘 기념비적인 전투기다. 획기적인 성능을 보유한 F-22는 먼저 보고, 먼저 쏘며, 먼저 격추시키는 능력을 갖춰 상대 적기가 전혀 모르는 상태에서 일방적으로 격추시킬 수 있는 세계 최강의 전투기임에는 틀림없다.

21
—

우주 여행이 가능한 화이트 나이트

준궤도 우주 관광은 지구 궤도를 돌지 않고 지구에서 100~160킬로미터 고도까지 올라가는 것으로 우주의 별과 푸른 지구를 보면서 무중력을 3~6분 경험하고, 2시간 30분 동안 우주 여행을 하는 것이다. 준궤도 우주 관광이 돈을 벌 수 있는 사업이라 생각해 추진 중인 회사들은 스페이드 어드벤처(Space Adventures), 버진 갤랙틱(Virgin Galactic), 스타체이서(Starchaser), 블루 오리진(Blue Origin), 아마딜로 에어로스페이스(Armadillo Aerospace), 로켓플레인 리미티드(Rocketplane Limited) 등이다. 그중에서 버진 갤랙틱 사는 우주 관광선을 개발하고 미국 뉴멕시코 주 업햄에 우주 공항을 건설해 스티븐 호킹, 빌 게이츠, 레오나르도 디카프리오, 브래드 피트 등 700명 이상의 우주 승객들로부터 예약을 받은 상태다.

버진 갤랙틱 사는 2007년에 2.1억 달러 프로젝트인 미국 우주 공항

우주 공항 활주로의 화이트 나이트 투와 스페이스십 투

(Spaceport America)의 디자인을 공개했다. 2009년 6월에 뉴멕시코 주 시에라 카운티 업햄(Upham)에 있는 사막 지역에 우주 공항을 건립하기 위해 착공했다. 상업용 우주선은 추락 위험성 때문에 사막 아니면 바다위에서만 비행이 허가되기 때문이다. 우주 공항은 9,290제곱미터의 터미널과 함께 수직 발사대 및 3,000미터의 우주선 활주로 등을 두루갖췄다. 이곳은 모선 비행기(우주 여행의 중심체가 되는 큰 비행기)와 자선 우주선(모선에 딸린 우주선)이 이·착륙하는 곳으로 우주 여행 전후의 활동 근거지로 활용될 것이다. 또 우주선을 장착한 비행기들은 폭 61미터, 길이 3킬로미터인 콘크리트 활주로를 보유한 우주 공항에서 수평으로이륙할 것이다.

　뉴멕시코 주 업햄은 앨버커키에서 남쪽으로 290킬로미터 떨어진곳으로 1년 중 340일이 맑은 날이어서 우주 비행을 하는 데 최적의 기후 조건이다. 또 이곳은 고도가 높고 적도 근처(적도 근처에서는 자전에 의한 원심력이 커서 지구 중력이 작음)여서 연료를 절약할 수 있으며, 습도가 낮아 우주선 기체의 부식을 방지할 수 있다. 뉴멕시코 주정부는 우주 사업의 시초를 마련해 지역 경제를 활성화시키겠다고 미국 연방 항공국(FAA) 의 정식 승인을 받고 약 2억 달러 규모의 우주 공항 건설을 적극 지원했다. 뉴멕시코 주의 남부에 있는 우주 공항은 버진 갤럭틱의 본부 역할을 하며 세계 최초의 상업용 우주선을 운용할 예정이다.

리처드 브랜슨(Richard Branson, 1950년~)이 운영 중인 버진 갤럭틱 사는 세계 최초 상업용 우주선을 제작했다. 브랜슨은 360개 이상의 기업을 거느린 버진(Virgin) 그룹의 창업자로 유명한 영국의 사업가다. 브랜슨은 2004년 9월에 새로운 우주 관광 회사인 버진 갤럭틱을 인수했다. 버진 갤럭틱은 전설적인 항공 엔지니어인 버트 루탄이 설계한 스페이스십을 탑승하고 일반인도 우주 여행을 할 수 있도록 계획하고 있다. 브랜슨은 항공 및 우주 분야 사업가로 유명할 뿐만 아니라 기구 비행(balloon flight) 세계 기록 보유자로도 많이 알려져 있다. 그는 1991년 1월 일본에서 북극 캐나다까지 1만 800킬로미터 태평양을 횡단했으며, 기구 비행과의 인연으로 영화 「80일간의 세계일주(2004년)」에 열기구를 조작하는 사람으로 출연하기도 했다.

준궤도 우주 관광 우주선의 모체가 된 스페이스십 원(SpaceShipOne) 은 정부 지원금 없이 모하비 에어로스페이스 벤처(Mojave Aerospace Ventures) 사에서 개발한 우주선이다. 스페이스십 원을 공중에서 발사하기 위해 사용되는 모선은 스케일드 컴포지트(Scaled Composites) 모델 318 화이트 나이트(White Knight)로 터보팬 엔진으로 추진되는 운반 비행기다. 자선인 스페이스십 원은 모선에서 분리된 후 하이브리드 로켓 모터를 사용하고 저궤도 비행을 했던 시험용 우주선으로, 2004년 9월 29일에 고도 102.9킬로미터까지 올라갔고, 5일 후인 10월 4일에

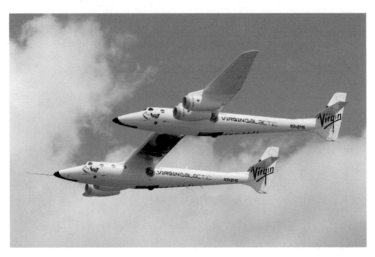

화이트 나이트 투

2008년 12월에 첫 비행을 화이트 나이트 투는 전체 길이 24미터, 날개 스팬은 B-29 폭격기와 비슷한 43미터 정도인 제트 추진 수송기다. 프랫 & 휘트니 사의 PW 308 터보팬 엔진을 양 날개에 2기씩 장착해 모두 4기의 엔진으로 가동되는 운반 비행기다.

고도 112.0킬로미터까지 올라갔다. 엑스프라이즈(X-PRIZE) 재단은 2주 내에 2번의 유인 우주 비행에 성공하면 1000만 달러의 상금을 주겠다고 했다. 따라서 유인 우주선 스페이스십 원은 엑스프라이즈 재단의 조건을 만족시켜 거액의 상금을 받았다.

우주선 운반용 화이트 나이트는 2005년 6월부터 2006년 4월까지 보잉 X-37 우주 비행기 시험에도 사용되었다. 스페이스십 원은 2003년 5월 19일 첫 비행 후 2004년 10월 4일 17번째 비행을 끝으로 퇴역했으며, 지금은 워싱턴 D. C. 스미스소니언 국립 항공 우주 박물관에 전시되어 있다.

준궤도 우주 관광을 위한 상업용 우주선은 항공기 두 대로 구성되

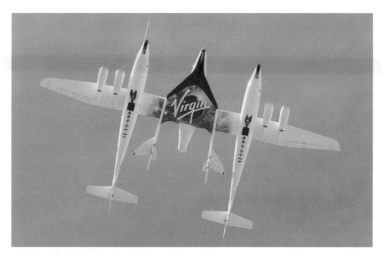

화이트 나이트 투와 스페이스십 투

2013년 4월에 첫 로켓 추진 비행을 한 스페이스십 투는 전체 길이 18.3미터, 높이 5.5미터, 날개 스팬 8.3미터인 여객 우주선이다. 하이브리드 로켓 엔진 1기로 최대 시속 4,000킬로미터를 낼 수 있으며 고도 110킬로미터까지 올라간다.

어 있으며, 운반 비행기(모선)가 15.2킬로미터(5만 피트) 상공까지 올라가 우주선(자선)을 발사한다. 6인승 우주선인 VSS 엔터프라이즈(VSS Enterprise, SpaceShipTwo, 스페이스십 투)는 모선 화이트 나이트 투의 중앙 부분에 장착된다.

2010년 3월 22일에 세계 최초 상업용 우주선 VSS 엔터프라이즈가 미국 캘리포니아 주 모하비 사막에서 첫 비행 시험을 성공적으로 마쳤다. 이것은 모선 비행 시험에 성공한 것으로 자선인 스페이스십 투는 모선인 화이트 나이트 투에 붙어 2시간 54분간 13.7킬로미터(4만 5000피트)까지 비행했다. 또 2013년 4월에는 운반 비행선에서 자선이 분리되고 자선의 로켓을 점화하는 시험에 성공했다. 스페이스십 투는 우주 관광객을 운송하기 위한 준궤도 우주선으로 하나의 하이브리드 로켓 모터를 장착했다. 모선인 화이트 나이트 투의 중앙 부분에 탑재된 자선 스페이스십 투는 15.2킬로미터 고도에서 분리된 후에 하이브리드 로켓 모터를 가동시켜 8초 안에 초음속으로 비행한다. 그리고 70초 후에 로켓 모터는 정지되며, 최대 110킬로미터 고도까지 올라간다. 스페이스십 투의 객실은 크기가 길이 3.66미터, 지름은 2.28미터이며 승객 6명과 조종사 2명이 탑승할 수 있다.

스페이스십 투는 대기권을 진입할 때 페더드 대기권 재진입 시스템(feathered reentry system)을 사용한다. 대기권에 들어올 때 날개와 꼬리의 통합 구조인 페더(feather)가 수직으로 세워져 항력을 발생시키는 것이다. 항력으로 인해 대기권 진입 속도를 줄이고, 날개의 앞전 부분에 발생하는 열을 줄일 수 있다.

2014년 10월에는 우주선 스페이스십 투가 비행 시험 중 모하비 사막 상공에서 공중 폭발했다. 이것은 민간 우주 여행의 안전을 점검하는 계기가 되었다.

준궤도 우주 관광 탑승 비용은 1인당 25만 달러(약 2억 7000만 원)정도다. 하지만 향후 수십만 명이 우주 관광을 즐기는 시대가 오면 비용이 대폭 낮아져 저렴한 비용으로 우주 관광을 즐길 수 있을 것이다. 이제 항공기 형상은 우주 관광을 즐길 수 있을 정도로 극적인 발전을 거듭해 왔다.

22

국산 초음속 고등 훈련기, T-50 골든 이글

T-50 골든 이글(Golden Eagle, 검독수리)은 록히드 마틴 사와 함께 한국항공 우주산업㈜(KAI, Korea Aerospace Industries, LTD.)에서 개발한 초음속 고등 훈련기로 세계에서 몇 안 되는 초음속 훈련기 중 하나다.

T-50 개발 프로그램은 공군의 KF-16과 F-15K 전투기 조종사를 양성하는 고등 훈련기인 T-38과 A-37을 교체하기 위한 것이다. 한국은 이미 프로펠러 구동 기본 훈련기인 KT-1을 개발하고 KF-16을 면허 생산한 경험도 있다. 영국의 BAE 시스템스는 한국이 T-59 호크(Hawk)기 20대를 도입하는 조건으로 고등 훈련기 설계 기술을 제공하기로 했다. 따라서 국방과학연구소(ADD, Agency for Defence Development)는 설계 기술을 배우기 위해 영국 BAE 사에 1990~1991년 사이 14개월 동안 연구진 24명을 파견했다.

1992년 12월에는 국방부가 고등 훈련기 탐색 개발 사업을 승인하면서 탐색 개발 사업이 1992년부터 1995년까지 진행되었다. 무기 체계 획득 과정은 소요 제기, 선행 연구 및 타당성 검토, 탐색 개발, 체계 개발, 시험 평가, 양산 등과 같은 절차를 거치게 되며, 탐색 개발 사업은 사업 추진 단계에 맞춰 체계 개발을 준비하는 단계다. 고등 훈련기 탐색 개발 사업은 국방과학연구소 황매(골든 이글) 설계팀이 록히드 마틴 사의 텍사스 주 포트워스로 파견 가 설계 기술을 배우며 시작되었다. 초기에는 공군이 아음속기를 원했으나 미래의 시장과 전투기 발전 추세를 고려해 초음속기로 바꿨다. (전영훈, 『T-50 끝없는 도전』(행복한마음, 2011년) 참조) 체계 개발은 1997년 10월부터 업체 주도로 시작되었으며, 삼성항공이 주계약 업체이고 대우중공업, 대한항공이 협력업체로 참여했다.

IMF 후 삼성항공, 대우중공업, 현대가 병합해 1999년 12월에 법인으로 등기를 해 현재의 한국항공우주산업㈜이 되었다. 고등 훈련기 설계 기술은 당시 KFP 사업(F-16을 총140대 도입한 한국형 전투기 사업)의 일환으로 록히드 마틴 사의 기술 협력을 받았다.

체계 개발 사업은 한국 정부가 70퍼센트를 투자하고 KAI가 17퍼센트, 록히드 마틴이 13퍼센트를 투자했다. 1999년 8월에는 T-50 고등 훈련기 외형 형상이 확정되었다. 잠정적으로 KTX-2라 불리던 고등 훈련기는 공군 창설 50주년인 1999년에 공모를 통해 2000년 2월에 T-50, 닉네임은 골든 이글로 공식 확정했다. 2001년 9월 시제기 1호가 처음으로 출고되었으며, 2002년 8월 20일에 첫 비행을 했다. T-50은 2003년 2월 19일에 경남 사천 기지 12.2킬로미터(4만 피트) 고도에서 마하수 1.05로 처음 초음속 돌파(시험 비행 조종사 이충환 공군 소령)에 성공했다. 한국은 자체 고유 모델 항공기로 초음속 비행에 성공한 세

초음속 고등 훈련기 T-50 골든 이글

T-50의 최대 이륙 중량은 13.5톤이고 실용 상승 한도는 14.8킬로미터(애프터버너 사용할 때 16.8킬로미터)며 실속 속도는 시속 195킬로미터다. 무장을 하지 않은 T-50의 선회율은 4.6 킬로미터(1만 5000피트) 고도에서 14.5도/초를 기록해 F-16과 유사하다. 그렇지만 TA-50 과 FA-50과 같이 무장을 하는 경우에 선회율은 당연히 떨어진다.

계 12번째 국가가 되었다.

T-50은 초음속 항공기로 주날개의 후퇴각을 35도로 크게 제작되었다. 반면에 경쟁적인 위치에 있는 이탈리아 알레냐 아에르마키 사 (Alenia Aermacchi)의 M-346 쌍발 고등 훈련기는 아음속 항공기로 후퇴각은 30도다. T-50은 제너럴 일렉트릭 사의 애프터버너 F404-GE-102 터보팬 엔진 1기로 가동된다. 이 엔진은 디지털 엔진 제어 장치 (FADEC, Full Authority Digital Engine Control)를 넣어 개량한 것으로 ㈜삼성 테크윈이 면허 생산을 수행했다. 이 엔진의 추력은 5.4톤(1만 1925파운드)이며, 애프터버너 사용 시 추력은 8.03톤(1만 7700파운드)이다. F-16 엔진 출력 7.8톤(1만 7155파운드, 애프터버너 사용 시 13.0톤)의 70퍼센트 정도다. 이것은 훈련기로서 경제성을 고려했기 때문이다. 또 단발 엔진이

라 엔진이 정지되었을 때 안정성을 향상시키기 위해 즉시 재점화가 가능한 이중 회로 방식을 채택했다. T-50의 최대 속도는 마하수 1.5로 2009년 11월 23일에 최고 속도를 입증하는 초음속 비행에 성공했다. T-50의 설계 하중계수(load factor, 항공기에 작용하는 하중을 등속수평 비행할 때의 양력으로 나눈 값)는 -3g~+8g이며 최대 상승 고도는 16.7킬로미터(5만 5000피트)다.

T-50의 연료 탱크는 날개에 2개, 동체에 5개가 있어 총 7개가 있으며, 내부 연료는 총 2,655리터(701 갤런)를 탑재할 수 있다. 또 연료 탱크 1개당 568리터(150갤런)의 연료를 탑재할 수 있는 외부 연료 탱크가 3개 있어 1,703리터(450 갤런) 연료를 외부에 장착할 수 있다. 항속 거리는 내부 연료만을 사용했을 때는 1,850킬로미터이며, 외부 연료 탱크까지 장착했을 때에는 2,590킬로미터다.

삼성 탈레스(주)와 LIG 넥스원(주)은 T-50 계열 항공기의 항공 전자 및 전자전 장비를 주도적으로 개발한 업체다. T-50의 조종석은 조종사에게 뛰어난 시계를 제공하는 글래스 콕핏으로 하니웰 H-764G 위성 항법 장치 및 관성 항법 장치, HG9550 레이다 고도계 등이 장착되었다. 또 조종면은 3중 디지털 플라이 바이 와이어로 제어된다. T-50 훈련기의 좌석은 학생 조종사와 교관이 앞뒤에 앉을 수 있도록 배치했다. 또 기체 구조는 8,000시간을 수명 한계로 설계했으며, 수명 연장 작업을 통해 수명을 2배 증가시킬 수 있다.

고등 훈련기 T-50은 훈련기 개념을 초월해 전술 입문기 TA-50, 다목적 경공격기 FA-50, 블랙 이글스용 기체 T-50B 등으로 기능을 확장했다.

전술 입문기 TA-50은 T-50 훈련기에 Elta EL/M-2032 레이다

와 무장 능력을 추가한 전투기 입문 과정의 훈련기다. TA-50 버전은 M61 벌컨포(205발)를 조종석 뒤에, AIM-9 사이드와인더 공대공 미사일을 날개 끝에 장착했다. 또 날개 밑에 파일론을 부착해 다양한 무기를 장착하도록 개량했으며, 전자전과 목표물 지원, 정찰 등을 위해 다양한 용도의 포드(pod, 무기, 연료, 엔진 등을 장착하기 위해 날개나 동체 밑에 다는 유선형 용기)를 추가했다. 호환용 공대지 무기로는 AGM-65 매버릭 미사일, CBU-58과 MK-20 클러스터 폭탄, MK-82, -83, -84 범용 폭탄 등이다. TA-50은 2011년 1월에 양산 1호기를 출고했으며, 인도네시아에 수출된 16대 중 4대는 TA-50, 12대는 T-50이다.

경공격기 FA-50은 T-50의 가장 진보한 버전으로 2011년 5월 첫 비행에 성공했다. 이 기종은 EL/M-2032 레이다를 탑재했으며 내부 연료 용량을 늘리고, 전술 데이터 링크, 정밀 유도 폭탄 투하, 야간 임무 수행 능력 등을 추가했다. 또한 TA-50과 마찬가지로 20밀리미터 내장형 기총을 설치했고, AIM-9 공대공 미사일, 레이저 유도 폭탄, AGM-65 메버릭 공대지 미사일, 공대지 작전을 위한 합동 정밀 직격 폭탄(JDAM), AIM-120 공대공 미사일 등을 장착했다. 한국 공군은 F-5E/F를 대체하기 위해 FA-50 경전투기를 20대 주문했으며, 2016년까지 40대를 추가 주문하기로 했다. 2013년 8월에 FA-50 양산 1호기를 인도했으며, 2014년 10월에 20대를 배치 완료해 공군 제8전투 비행단에서 국산 전투기 FA-50 전력화 기념식을 거행했다.

한편 T-50B는 한국 공군의 블랙 이글스 에어쇼 팀이 주문한 항공기다. 블랙 이글스 팀은 T-50B로 재창단 후 2011년 4월에 첫 비행을 성공적으로 마치고 서울 에어쇼를 비롯해 각종 국제 에어쇼에서 맹활약 중이다.

한국공군블랙이글스의 T-50B

한국항공우주산업㈜은 T-50 초음속 고등 훈련기를 성공적으로 개발해 한국 공군에 2005년 12월에 1호기를 인도한 이후 2010년 5월에 50대를 배치 완료했다. 이어 인도네시아와 2011년에 16대를 계약한 후 2013년 9월부터 2014년 1월까지 기체를 모두 인도했으며, 2013년 12월 이라크에도 계약이 성사되어 수출하게 되었다. 이러한 기술은 사실 대한민국 차세대 전투기 사업(Korean Fighter eXperimental, KF-X)을 수행하기 위한 투자라 해도 과언이 아니다.

KF-X 체계 개발 사업은 한국항공우주산업㈜의 주도로 2018년 6월 기본 설계(PDR)를 마무리했으며, 2021년 상반기까지 시제기 1호기를 출고하고 2022년 초도 시험 비행을 수행할 예정이다. 이어 양산 사업을 통해 제작된 한국형 전투기는 2026년부터 2032년까지 공군에 실전 배치될 계획이다.

3

비행기를
지배하는
11개의
자연 법칙

23

날기 전에 기억해 둘 주요 물리량

일반적으로 물리량이란 '객관적으로 측정할 수 있는 양'으로 정의되며, 비행기가 날아갈 때 발생하는 현상을 다루기 위한 물리량에는 여러 가지가 있다. 국제 단위계의 기본 물리량에는 길이(미터), 질량(킬로그램), 시간(초), 전류(암페어), 온도(켈빈), 물질의 양(몰), 광도(칸델라) 등이 있다. 이러한 기본 물리량의 단위(unit)는 물리량의 크기를 나타내는 일정한 기준치를 뜻한다. 비행기에 적용되는 물리 법칙과 관련된 주요 물리량은 기본 물리량이거나 이를 조합해 나타낸 물리량으로 압력, 속도, 밀도, 온도, 질량, 힘 등이 있다.

압력

압력(pressure)이란 단위 면적당 작용하는 힘, $P = F/A$(F는 힘, A는 면적)로 정의되며 응력(stress, 물체가 외부에서 가해지는 힘에 저항해 원래 모양을 지키려는 힘)과 같은 단위를 갖고 있다. 그러므로 압력은 같은 힘이 작용하더라도 면적에 따라 다르다. 뭉툭한 연필로 찌르는 것보다 날카로운 연필로 찌르는 것이 더 아픈 이유는 같은 힘이 작용하더라도 단면적이 작은 것이 압력이 세기 때문이다. 항공기는 대기 중으로 날아가기 위해 공기를 뚫고 앞으로 나아가야 한다. 그렇기 때문에 저항이 작도록 유선형으로 제작해야 작은 힘으로 공기를 뚫고 날아갈 수 있다.

여기에서 압력은 물체와 물체의 접촉면을 경계로 서로 그 면에 수직으로 작용하는 단위 면적당 힘을 말한다. 예를 들면 유체(fluid, 기체와 액체를 합쳐 부르는 용어로 변형이 쉬워 형상이 정해지지 않고 흐르는 성질을 가짐)를 담고 있는 용기의 접촉면에 유체에 의해 작용하는 단위 면적당 힘이다. 일반적으로 압력은 미지의 압력과 기준 압력(대기압) 사이의 차이를 측정하는데 이를 게이지 압력(gage pressure) 또는 계기 압력이라 한다.

공기나 물의 압력에 대해서는 익히 들어 알고 있으므로 빛에도 압력이 있는지 알아보자. 국어사전에 '빛이 물체에 닿아서 반사하거나

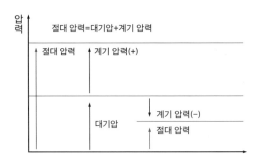

압력의 관계
절대 압력은 유체의 외부 벽면에 미치는 단위 면적당의 힘의 절대치를 의미하며, 계기압력 또는 게이지 압력은 절대 압력과 외부 대기압과의 차이를 의미한다.

흡수될 때 물체 면에 미치는 압력'이라고 정의가 나오듯 빛에도 압력이 있다. 물리학자들은 오래전부터 빛이 압력을 유발한다는 사실을 알고 있었다. 현재 빛의 압력을 조사하는 실험은 대학 물리 수준에서 간단하게 할 수 있다. 작은 압력에도 잘 돌아갈 수 있도록 제작한 기둥에 2개의 거울을 부착해 하나는 그대로 두고 다른 거울은 검정색으로 칠하고, 토크(torque, 힘의 모멘트라고도 하며, 회전축을 중심으로 회전시키는 능력) 균형도 잡는다. 두 거울에 같은 세기의 빛을 비추면 빛의 압력이 가해져 회전한다. 거울은 빛을 반사하지만 검정색 거울은 빛을 흡수해 운동량 차이가 발생하기 때문에 거울 쪽 방향으로 회전하는 것이다.

빛의 압력은 혜성의 꼬리 방향도 설명할 수 있다. 혜성의 꼬리가 항상 태양 반대쪽을 향하고 있는 것은 꼬리를 구성하고 있는 물질이 태양으로부터 멀어지려는 힘을 받는다는 것을 말해 준다. 그 멀어지려는 힘이 빛의 압력 및 태양풍(solar wind, 태양의 상부 대기층에서 방출된 미립자의 흐름)이다. 따라서 혜성의 꼬리는 태양으로부터 빛의 압력과 태양풍으로 인해 뒤쪽으로 약간 휘어지고 폭이 넓은 꼬리를 만드는 것이다.

속도

속도(velocity)는 물체가 움직일 때 방향과 빠른 정도를 나타내는 벡터량으로 거리를 시간으로 나눈 값으로 정의된다. 속도의 개념을 더 정확히 이해하기 위해 물속에서의 빛과 음파의 속도가 어떻게 변하는지 알아보자.

빛의 속도는 물속에서 느려지지만, 음파의 속도는 물속에서 빨라진다. 빛의 속도는 공기 또는 진공에서 초속 약 30만 킬로미터로 지구에서 달까지 가는 데 1초 정도 소요되고 태양까지 약 8분 걸린다. 빛의 속도 V는 V=C/n 관계식이 성립된다. 여기서 V는 빛의 속도이고 C는 진공에서의 빛의 속도이며 n은 굴절률이다. 진공에서의 굴절률은 1이며, 빛의 속도는 다른 매질(물리적인 작용을 한 곳에서 다른 곳으로 옮겨 주는 매개물)을 통과하는 경우 작아지므로 굴절률은 항상 1보다 크다. 물속에서 빛의 속도는 초당 약 20만 킬로미터다. 빛은 매질이 없는 공간에서 진행할 수 있는 파동으로, 매질이 있으면 속도가 느려진다. 그리고 빛의 속도는 매질의 밀도가 높을수록 느리므로 물속에서는 공기에서보다 더 느리다.

이에 반해 음파의 속도는 섭씨 0도, 1기압인 경우 공기에서 초속 331미터다. 온도 1도 증가할 때마다 초속 0.607미터씩 증가해 표준대기 온도인 15도에서 음파의 속도를 계산하면 약 초속 340미터가 된다. 그러나 음파의 속도는 물속에서는 초속 1,493미터이므로 물속에서는 공기에서보다 약 4배 빠르다. 음파는 매질이 있어야 빠르게 전달되기 때문이다. 소음을 차단하기 위해 이중 유리창 사이를 진공으로 제작하는 것은 음파가 진공에서 전달되지 않는 점을 이용한 것이다.

밀도

공기의 밀도(density)는 공기 역학에서 중요한 성질 중의 하나로 단위체적당 질량(공기 분자의 양)으로 표기된다. 공기 밀도는 온도가 상승하면 공기가 팽창해 희박해지고, 반대로 온도가 내려가면 공기가 수축되어 증가한다. 밀도는 높은 고도에서 지상으로 내려올수록 증가한다. 공기의 밀도가 높다는 것은 단위 시간당 부딪치는 공기의 분자 수가 많다

고도에 따른 밀도 변화

는 뜻이다.

밀도 고도(density altitude)는 공기의 밀도에 따른 고도를 의미하는데 공기의 밀도가 낮아지면 지표면과 멀어져 밀도 고도가 높다는 것을 의미한다. 이때 항공기의 성능도 전반적으로 떨어진다. 수증기는 공기보다 가볍기 때문에 수증기의 밀도는 공기의 밀도보다 작다. 습도가 높을수록 공기의 밀도는 낮아진다. 습한 날씨이거나 더운 여름철(온도가 증가하면 공기 밀도가 떨어짐)에 항공기의 이륙 거리가 길어진다. 밀도가 떨어져 양력이 감소할 뿐만 아니라 엔진 효율도 떨어지기 때문이다.

공기의 밀도는 엔진의 성능, 프로펠러의 효율 등 항공기 성능에 직접적으로 영향을 미치는 요소로, 밀도가 낮은 영역에서는 엔진 출력 및 프로펠러 효율성이 떨어지고 항력 및 양력 등도 감소한다. 밀도가 높은 동절기일 때의 활주 거리는 추력과 양력은 항력에 비해 더 크게 증가하므로 하절기일 때보다 짧아진다. 따라서 공기의 밀도가 높아지면 양력 및 엔진 출력이 증가하므로 평소보다 좀 더 빠른 이륙이 가능하다. 여객기가 순항 고도보다 높은 성층권에서 비행하지 않는 것은 온도는 변화하지 않더라도 공기 밀도가 너무 감소해 그만큼 연료 소모가 많기 때문이다.

일반적으로 제트 항공기는 공기의 압축성 효과가 나타난다는 마하 0.3 이상의 속도로 비행하므로 공기의 밀도가 높아지면 이에 따른 공기의 저항이 커진다. 그러므로 제트 여객기는 대류권(대기권의 최하층으로 높이는 위도와 계절에 따라 변하지만 지표면에서 10~17킬로미터 범위)의 고고도에서 비행하므로 밀도 감소로 인해 엔진 성능이 저하되지만 항력을 크게 감소시켜 연료를 절감할 수 있다.

온도

온도(temperature)는 물체 안에서의 분자 운동 에너지를 나타내는 것으로, 명백한 실체 기준(국제 질량원기) 개념과 기초에 지식을 두고 있다. 온도 눈금은 섭씨와 화씨가 있으며, 이것은 표준 대기압에서 물의 빙점과 비등점 사이 눈금의 숫자를 다르게 한 것이다. 섭씨는 두 점 사이에 100단위를 갖고 있고, 화씨는 180단위를 갖고 있다.

더운 여름에 미국 출장을 간다면 온도가 화씨 70도라는 뉴스를 들을 수 있다. 섭씨 단위에 익숙한 사람이라도 온도의 정의를 파악하고 있다면 화씨 70도가 섭씨 21.1도가 되는 것을 암산으로 계산할 수 있다.

절대 섭씨 눈금을 켈빈(Kelvin)이라 하며, 절대 화씨 눈금을 랜킨(Rankine)이라 한다. 켈빈 온도는 1848년에 영국(북아일랜드 벨파스트)의 물리학자인 켈빈(Lord Kelvin, 1824~1907년)이 도입한 것으로 물질의 열역학적인 특징을 이용해 정의한 것이다. 절대 영도인 섭씨 0도K는

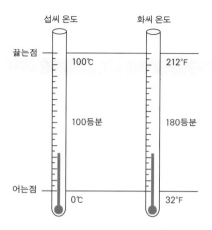

섭씨 온도

화씨 온도

끓는점 ── 100℃ | 212°F

100등분 | 180등분

어는점 ── 0℃ | 32°F

섭씨 및 화씨 온도계

화씨(°F)온도는 1714년에 독일의 물리학자인 가브리엘 파렌하이트(Gabriel Fahrenheit, 1686~1736년)가 처음 만들었다. 당시 사람이 눈(또는 물)과 소금, 암모니아로 만들 수 있는 가장 낮은 온도를 0°F(약 −18℃)로하고 물의 빙점을 화씨 32°F, 비등점을 화씨 212°F로 해 그 사이를 180눈금으로 나누었다. 섭씨(℃)온도는 1742년에 스웨덴의 물리학자인 셀시우스 (Anders Celsius, 1701~1744년)가 처음 만든 것으로 물의 빙점을 0℃, 비등점을 100℃로 하고 그 사이를 100눈금으로 나눈 것이다.

−273.15도로 이보다 더 아래 온도는 존재할 수 없다. 이것은 이론적인 것일 뿐 실제로 실험을 통해 도달하는 것은 불가능하다. 절대 영도에 서는 분자의 운동이 멎어 버리고 열에너지가 존재하지 않아 엔트로피 도 0이기 때문이다.

질량과 힘

1kg$_f$는 힘(force)을, 1kg$_m$는 질량(mass)을 나타내는 것으로 단위가 완전 히 다르다. 1kg$_f$는 뉴턴의 제2법칙인 힘＝질량×가속도($\vec{F}=m\vec{a}$)에서와

같이 질량에 가속도를 곱한 값이다. 지구상에서는 중력이 작용하므로 가속도 대신에 중력 가속도를 곱한 값이다. 예를 들어 자신의 몸무게를 측정했을 때 60킬로그램이 나왔다면 단위는 kg_f를 지칭하는 말이지 $1kg_m$를 나타내는 말은 아니다. 중력이 작용하는 지구상에서는 질량 $1kg_m$를 잴 수는 없다. 일상생활에서 말하는 킬로그램(kg)은 힘을 나타내는 kg_f를 지칭하는 경우가 대부분이다. 60킬로그램의 몸무게를 달에 가서 재면 달의 중력은 지구 중력의 6분의 1 정도밖에 안 되므로 몸무게는 10킬로그램이 된다. 지구에서의 질량 $1kg_m$는 달에 가서도 $1kg_m$로 변하지 않지만 힘을 나타내는 kg_f는 변한다는 것을 알 수 있다.

힘을 나타내는 단위인 N(Newton)은 질량 $1kg_m$의 물체를 $1m/sec^2$의 가속도로 움직이는 데 필요한 힘이다. 힘=질량×가속도이므로 $1N=1kg×1m/sec^2$이 된다. 지구상의 물체는 만유인력과 지구자전에 따른 원심력을 더한 값인 지구의 중력이 작용해 땅위에 붙어 있을 수 있다.

지구는 자전을 하고 있으므로 지구상의 물체는 만유인력 이외에 지구상에서 떨어져 나가려는 방향으로 작용하는 원심력의 영향을 받는다. 원심력은 적도 지방에서는 크고 극지방에는 작다. 따라서 중력은 잡아당기는 힘(만유인력)과 떨어져 나가려 힘(원심력)을 더한 값으로 엄밀하게 말하면 위치마다 다른 값을 갖는다. 적도 지방에서는 중력 가속도가 작은($9.78m/sec^2$) 반면 극지방에서는 크게($9.83m/sec^2$) 된다. 중력 가속도 g에 작용하는 힘은 $\vec{F}=m\vec{g}$가 된다. g의 크기는 평균적으로 $9.8m/sec^2$이므로 $1kg_f=1kg_m ×9.8m/sec^2$이며, $1kg_f=9.8N$이 된다.

무중력 상태에서는 모든 물체의 무게가 0이 되기 때문에 물체를 공중에 놓으면 그대로 공중에 떠 있다. 일정한 속도로 지구를 도는 우주 비행체의 원심력이 지구의 중력과 평형을 이루는 경우에 서로의 힘이 상쇄되어 결과적으로 무중력 상태가 된다.

자유 낙하하는 항공기나 우주선 내부에서의 물체는 물체에 가해지는 중력 가속도와 동일한 크기의 가속도를 받으며 운동하므로 중력이 작용하지 않는다. 무중력 비행은 마치 놀이기구를 타고 올라갔다 내려갈 때 허공에 붕 뜬 느낌이 드는 것과 같다. 이러한 원리를 이용해 지상에서도 짧은 시간이지만 무중력 상태를 만들 수 있다. 항공기가 고공으로 날아오르다 급강하하면 순간적으로 무중력과 같은 상태가 된

NASA 중립 부력 연구소에서의 우주 비행사 훈련
저렴한 비용으로 장시간 물속에서 훈련을 받기도 한다. 텍사스 주 휴스턴의 NASA 존슨 연구센터의 중립 부력 연구소(Neutral Buoyancy Laboratory)는 물속에서 부력을 이용, 무중력 상태와 같은 상황을 만들어 훈련하는 곳이다.

다. 이때 강하하는 비행기에 계속 가속도를 붙이면 무중력 상태를 한동안 더 지속시킬 수 있다. 또 항공기가 탄도 비행(자체의 추진력 없이 던져진 물체가 운동하는 궤적을 따라가는 운동)을 하거나, 높은 고도에서 중력 가속도 크기로 수직 강하를 하면, 항공기 내부는 무중력 상태가 된다.

지구상에서는 중력을 피할 수 없으므로 무중력을 체험할 수는 없다. 지상에서 무중력을 미리 체험 해야 하는 우주 비행사는 고공에서 낙하 비행을 통해 훈련 받고 있다. 실제로 우주 비행사들은 무중력 상태를 위한 훈련을 받기 위해 오하이오 주 데이턴에 위치한 라이트 패터슨(Wright-Patterson) 공군 기지에서 C-131에 탑승해 포물선 비행 중에 겪는 무중력을 경험하고 있다. 텍사스 주 샌안토니오에 있는 항공 의학 학교(School of Aviation Medicine)에서도 F-100 항공기에 탑승해 무중력을 경험한다. 무중력 상태는 약 15초에서 1분간 지속될 수 있는 짧은 시간이지만 사용한 항공기에 따라 3회에서 24회에 이르기까지 포물선 비행을 하면서 무중력 상태를 재현할 수 있다.

24

비행기에 적용되는 물리 법칙들

B747 또는 A380 등과 같은 여객기들은 자연법칙을 준수하면서 날아간다. 그러므로 물리 법칙으로부터 수학적인 일반 방정식(general equation)을 유도하고 일반 방정식을 특정한 비행 물체에 적용해 방정식의 해(solution)를 구할 수 있다. 그러면 특정한 비행체에 작용하는 양력, 항력 등 공기 역학적인 힘을 구해 날아가는 상태를 시뮬레이션할 수 있다. 비행기에 적용할 수 있는 기본적인 물리 법칙들은 다음과 같다.

1) 질량 보존 법칙: 질량은 생성되지 않으며 소멸되지도 않는다.
2) 선형운동량 보존 법칙(힘=질량×가속도): 물체의 선형 운동량(linear momentum, 질량과 속도의 곱으로 정의되며 물체의 운동을 기술하는 데 중요한 개념임)의 시간에 대한 변화율은 물체에 작용하는 모든 힘의 합과 같다.
3) 에너지 보존 법칙: 에너지는 생성되거나 소멸되지 않으며 그 형태만

바뀔 뿐이다.

기본적인 물리 법칙을 수학적으로 표현하기 위해서는 유체 유동을 푸는 방식을 선택해 일반 방정식을 유도한다. 자연법칙으로부터 일반 방정식을 수학적으로 유도하는 과정은 웬만한 유체 관련 입문서에서 쉽게 접할 수 있다. 유체 유동을 푸는 다양한 방식 중에서 어떤 것을 선택하든 간에 푸는 방식은 다르지만 일반 방정식으로 유도한 결과는 동일하다.

일반 방정식은 대수 방정식(덧셈, 뺄셈, 곱셈, 나눗셈 등 연산 기호로 연결한 미지수가 포함된 식에서 미지수에 특정한 값을 주었을 때에만 성립하는 등식을 말함), 미분 방정식, 적분 방정식 등의 형태로 표현할 수 있다. 일반 방정식은 어떠한 흐름 문제에라도 적용할 수 있는 방정식이다. 그러므로 일반 방정식은 특정한 비행기의 형태 및 비행 조건에 따라 그 해가 무궁무진하게 많다.

비행기에 적용되는 기본적인 물리 법칙들(질량 보존 법칙, 선형운동량 보존 법칙, 에너지 보존 법칙)을 일반 방정식(연속 방정식, 나비에-스토크스 방정식, 에너지 방정식)으로 만들어 비행기에 어떻게 적용하는지 알아보자. 여기서 모든 법칙을 수학적으로 표현하는 과정을 유도하기에는 너무 어려우므로 제일 간단한 질량 보존 법칙을 수학적으로 표현한 연속 방정식(continuity equation)을 구해 보자.

질량 보존 법칙을 적용하기 위해서 유체 유동을 푸는 방식 중에서 유동영역(flow region) 내의 임의의 위치에 일정한 체적을 고정한 제어체적(control volume) 방식을 택하자. 질량 보존 법칙이 성립하기 위해서는 제어체적을 통해 들어오는 질량만큼 내부에서 질량이 증가해야 한다는 것이다. 일정한 체적 내에서 들어온 질량만큼 나가지 않는다면 들

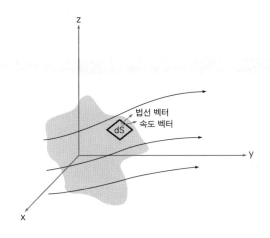

유동영역 내의 일정한 제어체적

유동영역 내의 임의의 위치에 일정한 체적을 고정한 제어체적을 잡고 그 표면적의 작은 미소면적을 ds라 정의한다. 작은 미소면적에 수직한 단위 벡터를 $\vec{n}$이라 하자. 여기서 밀도 ρ에 속도 $\vec{V}$를 곱한 $\rho\vec{V}$값은 물리적으로 단위 면적당·단위 시간당 질량(mass)을 의미한다.

단위 벡터 $\vec{n}$에 수직한 단위 면적(ds)을 통해 들어오고 나가는 질량을 표현하기 위해 스칼라 곱(scalar product)을 적용하면 $\rho\vec{V}\cdot\vec{n}$이 된다. 그러므로 $-\rho\vec{V}\cdot\vec{n}$은 단위 시간당 단위 벡터 $\vec{n}$에 수직한 단위 면적을 통해 들어오는 질량($-\vec{n}$방향, 그림에서 나가는 방향을 +로 잡았기 때문에 들어오는 방향은 그 반대이므로 음부호를 붙인 것임)을 나타낸 것이다. 전체 표면적을 통해 일정한 체적 내로 들어오는 양은 단위 면적당 들어오는 작은 양을 전체에 대해 면적적분을 해주면 $-\oiint\rho\vec{V}\cdot\vec{n}ds$와 같이 된다.

어온 만큼 증가해야 한다는 뜻이다. 물론 제어체적 내에서 질량이 생성되거나 소멸된다면 법칙은 성립될 수 없다.

단위 시간당(1초 동안에 들어온 양과 2초 동안에 들어온 양이 다르므로 일정한 기준 시간을 정해야 함) 체적 내에 들어오는 총 유량은 $-\oiint\rho\vec{V}\cdot\vec{n}ds$와 같이 표현된다. 따라서 질량 보존 법칙이 성립하기 위해서 단위 시간당 제어체적 내로 들어오는 총질량은 단위 시간당 증가한 질량과 같아야 하므로 $-\oiint\rho\vec{V}\cdot\vec{n}ds = \dfrac{\partial}{\partial t}\iiint\rho dV$와 같이 표현된다. 여기서 밀도 ρ는 단위

체적당 질량이므로 이를 체적적분한다면 전체 체적 내의 질량으로 표현할 수 있다. 또 증가하는 양이 시간에 따라 다르므로 시간에 대한 변화량을 고려해 단위 시간당 질량 증가로 표시한 것이다.

이것이 바로 질량 보존 법칙을 수학적으로 표현된 적분 형태의 일반 방정식이며, 어떠한 3차원 유동 문제라도 적용할 수 있는 방정식이다. 연속 방정식의 좌변은 단위 시간당 들어온 질량(나가는 부호를 +로 정의했으므로 −는 들어온 질량을 나타냄)을 의미하고 우변은 단위 시간당 증가한 질량을 의미한다. 따라서 일정한 체적 내에서 질량이 들어온 양만큼 늘어나고, 나간 만큼 줄어들어야 질량 보존 법칙이 성립된다는 뜻이다.

예를 들어 일반 방정식인 연속 방정식(continuity equation)을 1차원 유동이라는 특정 문제에 적용해 간략한 형태로 바꾸어 이론적인 해를 구해 보자. 덕트(duct, 도관)의 면적 변화가 심하지 않을 경우에는 덕트의 각 단면에서 유동 성질(속도, 밀도, 압력 등)이 일정하다고 가정할 수 있는데 이것을 준 1차원 유동(quasi-one-dimensional flow)이라 한다.

적분 형태 일반 방정식의 연속 방정식에서 정상 흐름(steady flow, 유

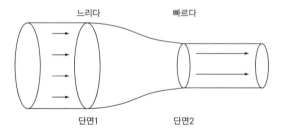

느리다　　　　빠르다

단면1　　　　단면2

도관을 지나는 흐름

체의 성질이 시간의 지배를 받지 않는 흐름)이라고 가정하면 시간에 대한 변화가 0이므로 우변 항은 0이 된다. 따라서 연속 방정식은 좌변 항만 남는다. 이것을 단면 1과 단면 2 사이의 폐곡면에 대해 적용해 풀면 $\rho_2 v_2 A_2 - \rho_1 v_1 A_1 = 0$이 된다. 그러므로 자연법칙인 질량 보존의 법칙으로 유도한 일반 연속 방정식으로부터 $\rho VA = constant$ 라는 1차원 유동에 적용할 수 있는 가장 간단한 형태의 연속 방정식을 구한 것이다.

물이 덕트의 단면 1에서 단면2로 흘러갈 때 가장 간단한 형태의 연속 방정식을 적용할 수 있다. 물이 흘러가는 경우는 단면적이 감소함에 따라 물의 속도가 빨라진다. 질량 보존 법칙에 의거 단면1을 지나는 물의 질량 유동율은 단면2를 지나는 물의 질량 유동율과 같기 때문이다. 단위 시간당 흐르는 질량 유량은 물의 체적(면적×속도)에 밀도의 곱으로 표현된다. 연속 방정식은 $\rho_1 v_1 A_1 = \rho_2 v_2 A_2$로 표현된다. 만약 흐름이 밀도가 일정한 비압축성 흐름이라면 연속 방정식은 $v_1 A_1 = v_2 A_2$가 된다. 따라서 하나의 유관을 지나는 비압축성 유체인 물의 속도는 관의 단면적에 반비례하는 것을 알 수 있다.

넓은 도로가 병목 구간에서 폭이 좁아지는 것을 종종 볼 수 있다. 자동차가 좁아지는 도로에서 빨리 가지 못하고 정체되는 것을 병목 현상이라고 한다. 자동차는 단면2에서 속도가 느려져 병목 현상을 직면하지만, 유체는 관이 좁아지면 오히려 유체의 속도가 빨라진다. 유체는 자동차와 직접적으로 비교할 수 없지만 질량 보존 법칙이라는 자연법칙을 준수하기 때문에 자동차처럼 병목 현상이 발생하지 않는다.

25

비행기는 뉴턴의 제2법칙을 준수한다

A380이나 B777과 같은 대형 여객기가 날아갈 때 발생하는 양력 및 항력, 속도, 밀도, 온도 등을 실험하지 않고 어떻게 이론적으로 구할 수 있을까? 물리 기본법칙들(질량 보존 법칙, 선형운동량 보존 법칙, 에너지 보존 법칙)을 적용해 유도한 수학적 일반 방정식(연속 방정식, 나비에-스토크스 방정식, 에너지 방정식)의 해를 구하면 된다. 해는 압력(p), 온도(T), 밀도(ρ), 속도($\vec{V}$) 등과 같은 유동 성질들을 시간과 위치의 함수로서 제시할 수 있다. 그러면 비행기에 작용하는 공기 역학적 힘과 모멘트, 온도 분포 등의 정보를 추출할 수 있다.

스위스의 천재 수학자 다니엘 베르누이(Daniel Bernoulli, 1700~1782년)는 뉴턴의 제2법칙($\vec{F}=m\vec{a}$, 물리적 기본법칙인 선형운동량 보존 법칙)이 발표된 지 51년 만인 1738년에 에너지 보존 법칙을 이용해 유도한 베르누이 방정식을 발표했다. 베르누이와 친구처럼 가깝게 지냈던 레온하르트 오일러(Leonhard Euler, 1707~1783년)는 1755년 점성이 없는 비점성 유체에 뉴턴의 제2법칙을 적용해 오일러 방정식을 유도했다. 프랑스의 엔지니어 앙리 나비에(Henri Navier, 1785~1836년)와 영국의 물리학자 조지 스토크스(George Stokes, 1819~1903년)는 오일러 방정식을 보완해 점성유체를 고려한 나비에-스토크스 방정식을 유도했다. 이것이 바로 수학적 일반 방정식인 운동량 방정식(momentum equation)이다.

뉴턴, 베르누이, 오일러, 나비에, 스토크스 등 위대한 물리학자 및 수학자 들의 업적으로 인해 비행기가 날아갈 때 적용할 수 있는 나비에-스토크스 방정식이 유도된 것이다. 제일 나중에 유도된 나비에-스토크스 방정식은 실제 점성 유체에 적용할 수 있으므로 비점성 유체에만 적용 가능한 오일러 방정식과 베르누이 방정식을 모두 포함하는 방정식이다. 한편 오일러 방정식은 비점성 비압축성 및 압축성 유체에 적용 가능한 식으로 제일 처음에 유도되었던 비점성 비압축성 유체에 적용 가능한 베르누이 방정식을 포함하는 방정식이다.

1738년 유도된 베르누이 방정식은 압력과 속도 사이의 관계식으로 유체의 속도가 증가해 운동 에너지가 증가하면 압력 에너지, 즉 압력은 감소한다는 것이다. 밀도 ρ가 변하지 않는 비압축성 흐름에 적용할 수 있는 식으로 오일러 방정식을 적분해 $P + \frac{1}{2}\rho V^2 = C(\text{상수})$와 같이 구할 수 있다. 베르누이 방정식은 소형 항공기나 글라이더와 같은 저속 항공기의 속도를 계산할 때 사용된다. 또 일상생활에서도 베르누이 원리와 관련된 현상을 종종 관찰할 수 있다.

예를 들어 바람이 아주 세게 불 때 지붕이 날아가는 현상은 지붕 윗면이 바람의 영향으로 속도가 빨라져 압력이 낮아지고, 지붕 아래는 거의 속도가 0인 상태로 압력이 높아 일어난다. 또 선박이 가까이 접

베르누이 원리에 의한 현상

근하면 선박 사이의 유속이 빠르기 때문에 압력이 낮고, 반대편은 유속이 느리므로 압력이 높아 선박은 서로 접근해 위험해진다. 수도꼭지에서 물이 내려오는 곳 가까이 아주 가벼운 공을 접근시켰을 때 정지된 공기가 있는 쪽의 대기압이 흐르는 물 쪽 압력보다 더 크므로 공을 물 쪽으로 미는 현상을 관찰할 수 있다.

실제 우리 주변에 존재하는 모든 유체의 흐름은 점성이 있는 유체 유동(fluid flow)이다. 그러나 어떤 조건하에서는 실제 유체 유동을 점성이 없는 비점성 유체 유동(inviscid fluid flow)으로 가정하고 유동 현상을 해석해도 실제 유체에서 얻은 결과와 거의 유사한 결과를 얻을 수 있다. 이런 상황에서는 실제 유체 유동을 비점성 유체 유동으로 가정해 쉽고 빠르게 해결할 수 있다.

실제 유체 유동을 퍼텐셜 유동(potential flow, 유체의 점성, 압축성, 유체입자의 회전성 등 세 가지 효과가 모두 무시된 이상화된 유체 유동), 이상 유체 유동(ideal fluid flow) 등으로 가정한다면 공기 역학상의 많은 문제를 해결하는 데 아주 유용하다. 특히 항공기 날개에서 발생하는 양력은 이런 이론들을 쓰면 실제 유체로 계산하는 방법보다 수학적으로 쉽게 계산할 수 있다.

에어포일과 같은 유선형 물체가 받음각이 크지 않을 때에 실험에 의한 압력 계수 C_p와 비점성 유동 이론에 의한 C_p에 차이가 나지 않으므

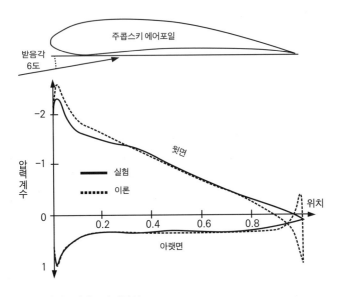

주콥스키 에어포일의 표면 압력 분포

2차원 날개 이론의 기초를 완성한 러시아의 물리학자 니콜라이 예고로비치 주콥스키(Nikolai Egorovich Zhukovskii, 1847~1921년)의 이름을 딴 주콥스키 에어포일에서의 압력 분포 데이터다. 비점성 유동 이론과 실험에 따른 표면 압력 분포로 이상 유체 이론과 실제 유체 실험에서 표면 압력 분포가 거의 동일하다. 유선형 에어포일에서 받음각이 작을 때 에어포일에 미치는 힘(특히 양력)은 점성에 의한 마찰보다는 주로 압력에 의한 힘이기 때문이다. 표면 압력 분포는 에어포일의 윗면에서 앞전 부근과 뒷전 근처에서만 약간 차이가 난다. 그러므로 이 경우는 직접 실험하거나 어려운 나비에–스토크스 방정식을 풀지 않고도 쉽게 비점성 이론으로 문제를 해결할 수 있다.

로 비점성으로 가정할 수 있다. 이런 경우 비교적 간단한 오일러 방정식으로 풀 수 있다. 비점성 유체 유동은 문제 해결을 매우 간단하고 쉽게 해 준다.

그렇지만 실제적으로 항력이라든가 유체 유동의 분리(separation) 등 많은 현상들은 유체가 점성을 갖고 있다는 사실을 고려하지 않고는 유체 유동 현상을 설명할 수 없는 경우가 대부분이다. 에어포일 압력 분포를 구하기 위해 받음각이 0도일 때 비점성으로 가정해 오일러 방정식을 풀었다고 하자. 받음각이 0도일 때 계산 과정은 실험 결과와 아주 잘 맞았다. 그러나 받음각을 높여 계산 해 연구 결과를 제시했다면 비점성이라 가정한 자체가 맞지 않는다. 받음각이 높아짐에 따라 흐름이 분리되는 등 점성 효과가 크기 때문이다. 에어포일의 받음각을 높임에 따라 점성 효과가 크게 나타난다는 아주 간단하면서도 중요한 사실을 간과해서는 안 된다.

나비에-스토크스 방정식

$$\rho \frac{D\vec{V}}{Dt} = \rho\vec{f} - \nabla p + \mu \nabla^2 \vec{V}$$

관성항   체적력   압력항   점성항

나비에-스토크스 방정식은 항공기 주위의 흐름 현상을 해석하는 데 근간이 되는 방정식이다. 그렇지만 물체의 표면력에 점성력은 없고(비점성) 단지 압력만 작용한다고 가정해 1755년에 유도한 오일러 방정식은 처음으로 유도한 레온하르트 오일러의 이름을 딴 것이다. 이 방정식은 나비에-스토크스 방정식에서 점성계수 μ가 붙은 점성항을 제거한 경우와 동일하며 $\rho \frac{D\vec{V}}{Dt} = \rho\vec{f} - \nabla p$와 같이 쓸 수 있다. 이 경우에는 비점성 유동에만 적용할 수 있으니 유의해 사용해야 한다.

나비에-스토크스 방정식(운동량 방정식)은 아주 어려워 해석적으로 유체 역학 문제를 풀지 못하고 있었다. 1900년대 중반 이후 컴퓨터가 등장하고 나비에-스토크스 방정식을 수치적으로 해석하는 전산 유체 역학의 기법이 급속도로 향상되었다. 그 결과로 일반 방정식을 특정 물체에 대해 경계 조건을 만족시켜 주는 지배 방정식(연속, 운동량, 에너지 방정식)의 근사해(approximate solution)를 수치적으로 구해 물체에 작용하는 압력 분포와 속도, 밀도, 온도 등을 구할 수 있게 되었다.

전산 유체 역학(적분 또는 편미분 방정식을 대수적 형태로 이산화시켜 풀은 다음 그 위치에서의 시간 또는 공간에 대한 유동장 값을 구하는 법)은 공기 역학적 문제를 해결하기 위해 지배 방정식을 푸는 방법 중의 하나다. 그러니까 전산 유체 역학은 해석적인 해를 구하기 위해 간략화시키지 않고도 지배 방정식을 대수적으로 근사해를 구할 수 있다. 전산 유체 역학이라는 기법을 통해 비행기 동체 및 날개의 최적 형상을 종전보다 쉽게 알아낼 수 있다. 따라서 자연법칙을 수학적으로 표현한 일반 방정식을 특정 항공기에 적용함으로써 이론적으로 풀 수 있게 된 것이다.

이와 같이 비행기 주위의 흐름을 지배하는 방정식의 유용한 해를 얻기 위해 간략한 형태로 바꾸어 수치 기법을 통해 유동 문제를 풀고 해석하는 것이다. 이것이 공기 역학을 지배하는 방정식을 해석적 또는 이론적으로 접근하는 방법이다.

26

에너지 보존 법칙을 따르는 고속 비행기

시속 367킬로미터(마하수 0.3)보다 빠르게 비행하는 고속 비행기는 속도
가 아주 빠르므로 단위 질량당 운동 에너지($V^2/2$)가 매우 큰 값을 갖는
다. 물체가 고속으로 운동하면 마찰열이 발생해 온도가 변한다. 그러
므로 유체 역학과 열역학은 서로 결합되어 서로 떨어질 수 없는 분야
이므로 흔히들 열·유체라고도 한다. 고속 비행기를 해석하기 위해서
는 밀도의 변화(온도도 변함)를 고려해야 하므로 자연법칙인 에너지 보존
법칙으로부터 유도한 에너지 방정식이 필요하다.

고속으로 비행하는 항공기인 경우 다른 물리적 양과 상호 작용으
로 인해 밀도의 변화율이 5퍼센트 이상이 되면 이를 무시할 수 없다.
밀도의 변화는 온도의 변화를 유발하므로 항공기 주위 유동에서의
미지수는 비압축성 흐름(밀도가 변하지 않고 일정한 흐름)에서의 미지수 4개,
즉 p(압력), 속도 벡터 $\vec{V}(u, v, w)$에 미지수 2개, 즉 ρ(밀도), T(온도)가 추가

되어 모두 6개의 미지수를 포함한다. 따라서 압축성 유동장(밀도를 변수로 취급해야 하는 유동장)을 풀기 위해서는 총 6개의 방정식이 필요하다. 비압축성 유동장에서 사용한 방정식인 연속 방정식(1개)과 운동량 방정식(3개) 등 4개의 방정식 이외에 2개의 방정식이 추가로 필요하다.

열유체 분야에서 많이 사용하는 에너지 방정식은 열역학 제1법칙(에너지 보존 법칙)이란 자연법칙으로부터 유도되며, 추가로 적용할 수 있다. 에너지 방정식만 추가해서는 미지수가 1개 더 많아 해석하기 곤란하므로 1개의 방정식이 더 필요하다. 이것이 바로 완전 기체 상태 방정식 또는 이상 기체 상태 방정식(equation of state)이다. 완전 기체(perfect gas, 또는 이상 기체)는 원자 또는 분자들로 구성되어 있으며 뉴턴의 운동법칙

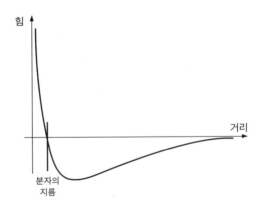

거리에 따른 분자 간의 힘

기체는 임의의 운동을 하고 있는 입자들(분자, 원자, 전자)의 집합으로 상온의 기체는 대부분이 분자들로 구성되어 있다. 각 분자들은 분자 구조에 의해 분자 주위에 분자 간 역장(intermolecular force field)을 형성한다. 분자력은 그림에서와 같이 분자 간의 거리에 따라 크기와 방향이 다르다. 분자 간의 거리가 분자의 지름보다 훨씬 클 때 약한 인력이 작용하며, 거리가 분자의 지름과 거의 같은 경우에는 강한 인력 또는 반발력이 발생한다.

을 따르고 각 입자의 총부피는 전체 부피에 비해 무시할 수 있는 성질을 갖고 있다. 또 충돌에 걸리는 시간을 무시할 수 있고, 분자 간의 힘의 영향을 무시할 수 있는 기체를 말한다. 표준 조건에서 분자 간의 거리는 보통 분자 지름의 10배 이상이어서 약한 인력만 작용하므로 완전 기체로 가정할 수 있다. 일반적으로 항공기가 대기 중에 날아가는 경우 직면하는 압력과 온도의 조건에서의 공기는 저온 고압인 상태가 아니므로 완전 기체로 가정할 수 있다.

완전 기체의 상태 방정식은 통계역학이나 분자운동론으로 유도될 수 있다. 역사적으로 볼 때 17~18세기에 실험적으로 구했으며 $P=\rho RT$라 표현된다. 여기에서 P는 압력, ρ는 밀도, R은 기체 상수, T는 온도로서, 표준 상태에서 거의 모든 기체의 $P=\rho RT$의 값이 완전 기체의 값과 1퍼센트 이내의 오차 범위에 있다.

그러나 아주 낮은 온도(온도가 감소함에 따라 부피가 줄어들어 섭씨 -273도에서는 부피가 0이 됨)와 아주 높은 압력에서는 기체를 이루는 분자들이 더 밀집되어 분자력이 크게 작용하므로 완전 기체로 간주할 수 없다. 이러한 조건의 기체를 실제 기체(real gas)로 정의하며, 판데르발스 방정식을 사용해야 한다. 네덜란드의 물리학자이며 열역학자 요하네스

네덜란드 판데르발스 우표

디데릭 판데르 발스(Johannes Diderik van der Waals, 1837~1923년)는 1873년 박사 학위 논문에서 판데르발스 방정식을 유도한 업적으로 1910년에 노벨 물리학상을 수상했다.

　반면에 기체의 온도가 아주 높은 경우에는 기체 상수가 압력과 온도의 함수가 되어 변하게 되지만, 분자력이 관성력에 비해 작아 완전 기체로 간주할 수 있다. 기체는 아주 높은 온도에서 빨리 움직이기 때문이다.

　밀도가 상수가 아니고 변수(미지수)인 경우 밀도에 따른 온도도 변하며, 이에 따른 에너지 방정식을 도입해야 한다. 따라서 '에너지의 과학(science of energy)'이 필요하므로 열역학적 개념이 중요하다. 압축성 유체 역학 관련 서적을 보면 도입 부분에 열역학을 다루는 이유도 에너지 방정식과 관련된 지식이 필요하기 때문이다.

27

엔트로피 증가 법칙과 비행기

열역학 제1법칙인 에너지 보존 법칙을 차가운 물속에 들어 있는 뜨거운의 쇳덩어리에 적용해 보자. 여기에 에너지가 보존된다는 법칙만을 적용하면 물이 열을 잃어 더 차가워지고, 쇳덩어리가 그 열을 흡수해 더 뜨거워질 수도 있다는 과정도 성립될 수 있다. 그러나 경험적으로 그런 현상이 발생하지 않고 오직 한 방향(쇳덩어리는 열을 잃어 차가워지고 물은 열을 얻어 따뜻해짐)으로만 과정이 진행된다. 따라서 일반적인 일과 열의 출입에 대해 정의된 에너지 보존 법칙 이외에 과정의 방향을 알려주는 또 하나의 법칙을 찾아야 한다. 이것이 바로 "엔트로피(entropy)는 항상 증가한다."라는 열역학 제2법칙이다. 엔트로피에는 기초 과정에서 많이 다루는 거시적(온도, 압력)인 루돌프 클라우지우스(Rudolf Clausius, 1822~1888년)의 고전적 정의뿐만 아니라, 미시적(입자)인 루트비히 볼츠만(Ludwig Eduard Boltzmann, 1844~1906년)의 통계역학적 정의가 있다.

1850년에 독일의 물리학자인 클라우지우스가 처음으로 엔트로 피라는 개념을 도입했다. 그는 열이 높은 온도에서 낮은 온도로만 흐르는 사실을 새로운 법칙(열역학 제2법칙)으로 제안했다. 엔트로피는 계(system)의 에너지가 일로 바뀔 수 있는 정도를 알려 주는 기준으로 "사용할 수 없는 형태로 바뀌어 있는 총 에너지"를 뜻한다. 그러므로 엔트로피는 더 이상 일(work)로 바꿀 수 없는 에너지의 양에 대한 척도를 의미한다. 즉 열역학 제2법칙인 "엔트로피가 증가한다."라는 것은 사용할 수 있는 에너지가 감소했다는 것을 말한다.

　클라우지우스는 논문 「열의 역학적 이론에 관해(On the Mechanical Theory of Heat)」에서 열역학의 제2법칙에 관한 기본 아이디어를 기술했다. 열역학 제2법칙에 대한 수학적 표현을 찾으려는 연구 끝에 마침내 1865년에 그는 $dS = dQ/T$라는 식(엔트로피 변화는 물질계가 흡수하는 열량을 절대 온도로 나눈 것, S는 엔트로피, Q는 열의 양, T는 온도)을 사용하면서 처음으로 에너지와 동등한 의미인 엔트로피 개념을 도입했다. 그러므로 엔트로피는 에너지와 같이 물질 시스템의 성질로 경계를 넘나드는 열량의 크기와 온도에 의해서만 결정되는 양이다. 그는 "우주의 에너지는 항상 일정하고, 우주의 엔트로피는 항상 증가한다."라고 열역학적 현상을 지배하는 법칙을 처음으로 언급했다. 이것은 1840년대에 몇몇 사람들이 동시에 발견한 열역학의 제1법칙과 1865년 수학적으로 표현된 열역학 제2법칙을 의미한다.

　클라우지우스는 수학적인 논증을 거쳐 새로운 거시적인 열역학적 상태함수를 구하고 비가역 과정(점성과 열전도의 소산으로 인해 초기의 상태로 되돌아갈 수 없는 한쪽 방향으로만 진행되는 과정)에 대한 열역학 제2법칙을 알아냈다. 엔트로피 개념은 자연 현상의 진행 방향은 질서는 감소하며 무질서는 증대한다는 것이다. 자연은 점점 더 무질서해지려는 경향이 있는데 이는 무질서한 평형 상태로 가는 것이 '안정'하기 때문이다. 즉 엔트로피가 크면 계의 무질서 정도가 크며, 최대 무질서 상태에 있을 때 입자들이 형성하는 계는 평형 상태에 도달한다는 것이다.

물질계가 열을 흡수하는 동안의 엔트로피 변화는 클라우지우스가 정의한 바와 같이 $dS=dQ/T$다. 즉 에너지의 상태 변화는 열의 이동을 동반하므로 두 평형 상태의 열의 변화량을 절대 온도로 나눴으며, 이를 엔트로피의 변화(dS)로 정의한 것이다. 수식에서와 같이 엔트로피 변화는 온도에 따라 달라지는 것을 알 수 있다. 예를 들어 높은 온도에 있던 열이 낮은 온도로 변하게 되면 분자의 열량은 변하지 않는다 하더라도 분모의 온도가 작아지므로 엔트로피는 증가하는 것이다. 어떤 현상이 가역 과정(물질에 어떠한 변화 없이 원래의 상태로 돌아갈 수 있는 과정)인 경우 엔트로피 변화는 없지만, 자연 현상과 같이 비가역 과정인 경우에는 엔트로피는 증가하고 자연 현상에 역행하는 경우에는 엔트로피는 감소한다. 그러나 엔트로피는 계에서 외부로 열을 방출하거나 질량 이동이 있는 경우 감소할 수 있다. 물질이 계 밖으로 빠져나가면 엔트로피도 같이 빠져나가기 때문이다. 어쨌든 엔트로피는 자연 현상이 자연적 방향을 따라 발생하는지를 나타내는 척도라 할 수 있다.

엔트로피 변화 dS는 실세 경계면에 가해진 열에 의한 엔드로피 변화 dQ/T와 기체의 점성과 열전도의 소산(dissipation, 흩어지고 사라지는 것을 의미함) 현상에 의한 엔트로피 변화 dS_{irr}의 합으로 표현된다. 기체의 점성과 열전도의 소산 현상에 의한 엔트로피 변화 dS_{irr}을 유도해 보면 각각 속도구배의 제곱과 온도구배의 제곱의 합에 비례하므로 항상 0보다 크거나 같을 수밖에 없다. 따라서 엔트로피 변화는 $dS \geq dQ/T$

로 표현할 수 있으며, 열의 유출입이
없는 단열 과정일 때 $dQ=0$이므로
$dS \geq 0$과 같이 엔트로피 변화는 항
상 0보다 크거나 같아야 한다. 따라
서 단열 과정에서는 내부 엔트로피
가 증가할 뿐 감소하지 않는다는 의
미다.

루트비히 볼츠만

지금까지 엔트로피를 고전 열역
학적인 측면에서 설명했지만, 이제
는 엔트로피를 통계학적인 측면에
서 고찰해 보자. 1877년에 오스트리아의 물리학자 볼츠만은 엔트로
피를 확률(미시적인 상태의 수)의 로그에 비례한다고 하며 통계역학적으로
표현했다. 엔트로피 개념을 이미 열역학에서 발견했지만, 엔트로피가
특정한 상태에 있을 확률에 비례하는 값임을 통계적·확률론적 의미
로 새롭게 발견한 것이다. 질서 있는 상태는 발생할 확률이 작은데 비
해 무질서한 상태는 확률이 크다는 것이다. 따라서 엔트로피란 물리
학적으로는 "열역학적 상태에 대응하는 동역학적 상태의 수"를 뜻한
다며 1877년에 $S=k \log W$와 같은 수식으로 새롭게 표현했다. 여기서
k는 볼츠만이란 이름을 딴 볼츠만 상수이며, W는 계가 가질 수 있는
상태의 수(열역학적 확률) 또는 분자들의 배열 방법 수라고 한다. 여기서
W에 로그를 취하면 확률을 나타낸 곱셈을 덧셈으로 바꿔줄 수 있다.
그러면 전체 엔트로피는 각 계의 엔트로피를 더한 값으로 단순하게
계산할 수 있는 장점이 있다.

이렇게 엔트로피를 정의하면 확률이 최대인 상태(무질서한 상태)와 모

든 부분의 온도가 같아진 상태를 동시에 표현할 수 있다. 열이 높은 온도에서 낮은 온도로 흐르지만 온도가 같아지면 열이 흐르지 않고 확률이 최대가 되는 상태이기 때문이다. 따라서 거시적인 열역학적 물리량(온도, 부피, 압력)으로 정의한 엔트로피($dS=dQ/T$)뿐만 아니라 통계적으로 처리한 미시적인 물질의 상태를 모두 설명할 수 있다.

볼츠만이 정의한 엔트로피와 원래의 엔트로피의 단위를 일치시키기 위해 일반기체 상수 R를 아보가드로수(1몰의 물질에 들어 있는 입자의 수)로 나눈 값 k가 볼츠만 상수다. 정의된 엔트로피는 확률에 비례하는 거시적인(열역학적) 상태에 대응되는 미시적인(동력학적) 상태의 수라고 할 수 있으며, 열량을 온도로 나눈 고전적 정의의 엔트로피를 포함하므로 거시적 관찰도 가능하다. 따라서 엔트로피(S)는 어떤 상태의 열역학적 확률과 관계되므로 계의 무질서 정도(기체분자들은 멋대로 흩어져 있는 무질서한 상태로 될 확률이 큼)를 나타내는 물리적 개념이라 할 수 있다.

예를 들어 동전 4개에 1, 2, 3, 4라는 번호를 지정하고 전체를 던져 앞면이 나온 동전의 숫자를 세는 경우를 생각해 보자. 그러면 동전 앞면이 1개 나온 경우, 2개 나온 경우, 3개 나온 경우, 4개 나온 경우 등 총 4개의 상태가 가능하다. 4개의 상태를 '열역학적 상태'라 부른다. 여기서 동전의 앞면이 1개 나올 수 있는 경우는 4가지이며, 동전의 앞면이 2개 나올 수 있는 경우는 6가지나 된다. 4, 6을 '동력학적 상태의 수'라고 부른다. 따라서 각 열역학적 상태(4개의 상태)에 대응하는 동력학적 상태의 수(4, 6, …)가 다르다는 것을 알 수 있다.

볼츠만이 통계적으로 표현한 $S=k \log W$라는 식에 동역학적 상태의 수 4 또는 6에 로그를 취하고 볼츠만 상수 k를 곱한 값이 그 계의 엔트로피가 된다. 볼츠만은 확률 이론을 통해 엔트로피가 무질서 정도라는 해석을 한 것이다. 볼츠만은 엔트로피가 낮은 상태는 확률이 작은 상태이지만, 엔트로피가 높은 상태는 확률이 가장 높은 상태라고 해석을 했다. 확률적인 방법으로 수학적인 관계식이 새롭게 유도되면서 엔트로피의 물리적인 의미(physical meaning)가 더욱 분명해졌다. 모든 현상은 열역학적 상태에 대응하는 동역학적 상태의 수가 많은 방향으로, 즉 확률이 더 높은 열역학적 상태로 가려는 경향을 갖는데 이 경우를 엔트로피가 증가했다고 한다.

또 다른 예를 들면 작은 용기에 고압의 기체가 들어 있는 경우 고압 상태에 있는 기체 분자들은 용기에 많은 공기가 밀집되어 비교적 정돈되어 있다고 볼 수 있다. 그러나 작은 용기가 열려 부피가 증가한 경우 압력은 평형을 이뤄 감소하고, 분자 간의 거리도 서로 멀리 떨어진다. 분자들이 제멋대로 움직여 위치를 파악하기가 어렵게 되며, 더 큰 무질서 상태인 평형 상태에 놓인다. 따라서 열역학 제2법칙은 "한 고립계가 갖게 되는 열역학적 상태는 이것을 허용하는 모든 열역학적 상태들 중에서 엔트로피가 가장 큰 열역학적 상태, 즉 확률이 큰 상태로 바뀌려는 경향을 가진다."라고 설명할 수 있다.

결론적으로 열역학 제2법칙은 자연 현상의 진행 방향과 관계없이 단지 정량적인 크기만을 결정해 주는 열역학 제1 법칙(에너지 보존 법칙)에서 설명할 수 없는 자연 현상이 발생하는 방향을 의미하는 법칙이다. 또한 엔트로피는 자연 현상을 이해하고 판단할 수 있는 중요한 지침으로 활용되며, 비행기 주위의 공기 흐름이나 엔진 사이클을 해석하는 데 중요한 역할을 하고 있다.

28

항공기 날개에서 춤추는 과학

날개가 없는 돌멩이는 던지면 잘 날아가지만 얼마 안 가 떨어진다. 돌멩이도 던진 힘을 지속적으로 유지시키면 항력을 이기고 얼마든지 날아갈 수 있다. 나로호도 발사할 때 힘차게 수직으로 솟구치지만 날개가 없다. 추력만 충분하다면 나는 데는 지장이 없다. 그런데 비행기는 왜 날개가 있을까? 한마디로 말해 연료를 적게 들이고 작은 추력으로 효율적으로 날아가기 위한 것이다. 이러한 날개의 역할과 작용하는 법칙은 무엇일까?

날개만큼 중요한 추력

비행기는 저항을 줄이도록 동체를 유선형으로 만들고, 날개로 양력을 받아 무게를 지탱하며, 꼬리 날개로 안정성을 유지할 수 있도록 제작된다. 발사체는 날개가 없지만 추력 대 중량비(T/W, Thrust-to-weight ratio)가 1.0보다 크기 때문에 수직으로 상승할 수 있다. 전투기도 추력 대 중량 비가 1.0보다 작더라도 1.0에 가까워질수록 거의 수직 상승이 가능하다.

추력 대 중량비는 엔진에 의해 추진되는 항공기 또는 로켓에서 추력 대 무게의 비를 나타낸다. 로켓은 중력이 광범위하게 작용하는 곳에서 작동하기 때문에 추력 대 중량비는 보통 지구상에서 표준 대기에서의 초기 중량으로 계산한다. 비행체의 추력 대 중량비는 속도와 온도, 고도에 따라 추력도 증감하고 연료를 소모해 무게가 줄어들기 때문에 지속적으로 변한다. 따라서 해면에서의 최대 정추력을 최대 이륙 중량으로 나눈 추력 대 중량비를 성능 지수(figure of merit)로 사용한다. 특히 전투기에 있어서 추력 대 중량비는 전투기 성능을 결정하는 가장 중요한 요인 가운데 하나다. 이것은 전투기의 기동성을 말해 주는 지시계나 다름없다. 그래서 전투기는 중량을 줄이기 위해 가벼운 기체로 제작하지만 전투 능력을 고려해 무장과 연료를 가능한 많이

록히드 마틴 사의 F-35 라이트닝 II

탑재하고 강력한 추진력을 보유해야 한다.

전투기 중에서 엔진 2기를 장착한 F-22와 유로파이터 타이푼 (Eurofighter Typhoon), F-15의 추력 대 중량비는 각각 1.09, 1.15, 1.07에 이른다. 그러나 엔진 1기를 장착한 F-35와 F-16은 각각 0.87과 1.08 정도다. 5세대 스텔스 전투기 중에서 F-22의 추력 대 중량비는 F-35 보다 크다. F-35 전투기는 스텔스 기능으로 인한 내부 무장창(internal weapon bay, 동체 내부에 미사일, 폭탄을 장착할 수 있는 격실) 때문에 동체가 큰데다 엔진 1기만을 장착했기 때문이다. 원래 F-35는 다목적 소형 전투기인 F-16을 대체하려고 개발되었다.

전투기의 추력 대 중량비가 발사체와 같이 1.0 이상이면 수직으로 상승할 수 있다. 탑재량에 따라 달라지지만 전투기 자체의 무게를 가볍게 설계해야 이러한 상승력을 발휘할 수 있다. 또 무장을 하거나 연료를 많이 탑재하기 위해서도 추력 대 중량비가 커야 한다. F-15E 전투기는 F-4E 팬텀기보다 더 크지만 항공 재료 기술의 발달로 인해 무게는 거의 비슷하다.

여객기의 추력 대 중량비는 전투기처럼 기동력이 필요하지 않기 때문에 약 0.3정도로 작으며 날개의 양력을 최대한 이용해 효율적으로 비행한다. 항공기가 순항 비행 중일 때의 추력 대 중량비는 양항비의 역수가 된다. 왜냐하면 추력은 항력과 같고 무게는 양력과 같기 때문이다.

에어포일 및 날개의 역할

에어포일과 같이 유선형으로 잘 설계된 형태의 물체에서는 그 운동을 방해하는 방향의 힘인 항력은 아주 작고, 운동 방향에 수직 방향의 힘

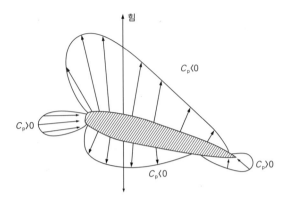

에어포일의 압력 분포

에어포일의 압력 계수 C_p는 앞전과 뒷전 부근에서 정압이 작용하고, 날개 윗면과 아랫면에서는 부압(-)이 작용된다.

인 양력은 크게 유발된다. 에어포일은 날개의 앞전(leading edge)에 수직한 방향으로 날개를 자른 단면을 말한다. 에어포일은 2차원 평면에 수직인 축으로는 무한대까지 항상 같은 모양을 갖기 때문에 무한 날개(infinite wing)라 한다. 에어포일은 날개의 양력 및 항력, 모멘트를 발생시키는 기본 요소이며, 날개는 항공기를 효율적으로 공중에 뜨게 하는 힘을 발생시키는 장치다.

이에 비해 항공기에 부착된 날개(wing)는 날개 끝이 있어 3차원 유동이 형성된다. 3차원 날개는 날개 끝이 존재하게 되어 길이가 유한하므로 유한 날개(finite wing)라 부른다. 유한 날개에서는 에어포일에서 찾아볼 수 없는 날개 끝 와류(wing tip vortex)가 발생하고, 이로 인해 유도 항력(induced drag)도 유발된다. 전체 항력 계수는 유해 항력(어떤 경우에는 형상 항력)과 유도 항력을 더한 것인데 유도 항력은 3차원 날개에서만 발

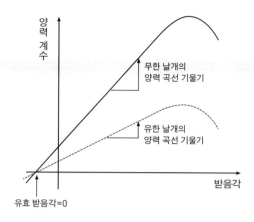

2차원 에어포일과 3차원 날개의 양력 계수
동일한 받음각에서 에어포일(무한 날개)인 경우의 양력 계수가 날개(유한 날개)에서의 양력 계수보다 크다는 것을 알 수 있다.

생하며 2차원 에어포일에서는 사라진다.

받음각에 따른 에어포일과 날개의 양력 계수를 나타낸 그래프에서 유한 날개의 받음각(기하학적 받음각)은 날개 끝에서 발생한 날개 끝 와류로 인한 내리흐름(downwash)으로 인해 더 작은 받음각(유효받음각)을 갖는다. 따라서 유한 날개의 효과는 양력 곡선 기울기를 감소시키는 결과를 유발한다.

실제 비행기가 날아갈 때 발생하는 양력은 날개와 동체의 양력을 단순히 더해서 얻을 수는 없다. 왜냐하면 날개와 동체 상호 간 유동장에 영향을 미치는 날개-동체 상호 작용 때문이다. 동체와 날개가 연결된 부분에서 경계층이 겹치게 되면서 유동이 상호 작용으로 인해 복잡해진다. 다행히도 아음속으로 비행하는 항공기의 경우 날개-동체의 양력은 동체에 가려진 날개 면적을 포함한 양력과 거의 비슷하다.

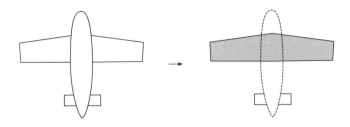

날개-동체 조합의 양력

날개-동체를 조합한 아음속 비행기 날개의 양력은 동체에 가려진 날개 면적을 포함한 양력과
동일하다.

따라서 날개-동체 조합의 양력은 단순히 동체 부분을 날개로 간주한
날개 전체만의 양력으로 취급할 수 있다.

양력의 발생 및 표현

비행기의 양력은 속도의 제곱에 비례하므로 이륙 중량 569톤의 A380
대형 여객기도 속도만 빠르다면 뜨는 데는 전혀 문제없다. 비행기가 뜨
는 힘인 양력은 주로 뉴턴의 물리학에 기초한 공기 질량의 가속과 반
작용력(뉴턴 제3법칙인 작용 반작용의 법칙) 때문에 발생한다. 뉴턴은 양력이
경사된 평판(일종의 날개로 간주할 수 있음)에 수평으로 공기가 부딪치면서
아래쪽 방향의 모멘텀 변화율과 같은 크기로 위쪽으로 발생한다고 생
각했다. 그렇지만 뉴턴은 양력을 계산하면서 앙리 코안다(Henri Coandă
1886~1972년)가 알아 낸 '코안다 효과(공기나 물이 날개와 같이 휘어진 물체 표면을
통과할 때 그 표면에 부착해 흐르는 경향을 말함)'를 생각하지 못했다. 코안다 효과
로 인해 평판 표면의 공기 질량은 뉴턴이 생각했던 것보다 훨씬 많아

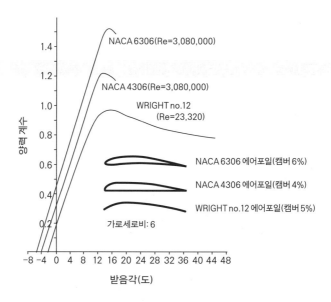

에어포일 형태에 따른 양력 곡선 비교

라이트 형제는, $L=kSV^2C_L$, $D=kSV^2C_D$과 같은 식(k는 스미턴 계수)을 사용했다. 1917년에 밀도 ρ가 양력 및 항력 계수 식에 따로 표시되기 시작했으며 NACA 보고서 (No. 20)에서는 $F=C\rho SV^2$와 같이 표현(F는 물체에 작용하는 힘, C는 힘 계수이고 ρ는 밀도)하기 시작했다.

제1차 세계 대전 말기에 프란틀은 오늘날 사용하고 있는 공기력 계수의 정의를 정립했다. 그는 동압(dynamic pressure, $\frac{1}{2}\rho_\infty V_\infty^2$, 유체가 흐르는 속도로 인해 생기는 압력)으로 공기 역학적인 힘을 표현하는 것이 매우 편리하다는 것을 알았다. 따라서 양력은 프란틀이 표현한 바와 같이 양력 계수 C_L로 정의되는 식 $L=\frac{1}{2}C_L\rho V^2S$로 사용하게 되었다.

이 그래프는 라이트 형제의 에어포일 테이블을 평가하기 위해 라이트 형제가 실험한 에어포일 데이터와 1933년 NACA 랭글리의 가변 밀도 풍동에서 측정한 데이터를 비교한 것이다. 캠버가 5퍼센트인 라이트 에어포일 데이터는 캠버가 각각 6퍼센트, 4퍼센트인 NACA 에어포일 데이터와 양력 곡선 기울기가 같으므로 잘 맞는 데이터임을 알 수 있다. 라이트 에어포일의 최대 양력 계수가 캠버 4퍼센트 에어포일보다 작은 것은 레이놀즈 수 Re(유체의 흐름에서 관성력을 점성력으로 나눈 값을 나타내는 무차원 수)가 다르기 때문이다.

져 평판에 작용하는 양력을 크게 증가시킨다.

비행기에 작용하는 양력은 날개로 차단된 공기가 밑으로 흘러가고 그 반작용력으로 발생하며, 이로 인해 비행기가 자체 무게를 이겨내고 일정한 고도를 유지한다. 날개 주위에 발생하는 공기의 재순환은 아래쪽으로 움직이는 공기로 인해 유발되는 날개 위쪽의 빈 공간을 메우기 위해 반복 이동되는 과정이다. 따라서 양력은 날개가 공기 질량을 아래로 가속시키므로 그 반작용력으로 발생한다고 할 수 있다.

프란틀이 표현한 공력 계수(양력 계수와 항력 계수)는 1920년대부터 사용되기 시작했으며, 양력과 항력은 항공기 기본 설계 및 성능 해석에 있어 아주 중요한 기본적인 물리량이다. 19세기 말 릴리엔탈이 처음으로 공력 계수를 사용했으며, 『항공의 기초로서의 새의 비행(Bird flight as the Basis of Aviation)』에서 양항 극선도(drag polar, 항력 계수 대 양력 계수)로 표시했다. 또 그는 수직력 N과 수평력 T에 대해 스미턴 계수를 도입해 공력 계수 형태로 표시했다. 릴리엔탈이 표현한 식은 현재의 공기력 계수의 원조인 셈이다.

이러한 공력 계수는 차원해석법으로 비교적 쉽게 유도된다. 차원해석법이란 모든 자연법칙을 기술하는 방정식이 양변의 차원은 같다는 것을 이용해 물리량들 사이에 존재하는 함수 관계를 찾아내는 해석법을 말한다.

29

첨단 비행기와 팽이의 회전 원리

팽이는 역사가 오래된 장난감으로 고대 이집트에서 나무와 돌로 제작된 것이 발견되었고, 당나라(618~907년) 때 유행한 팽이가 삼국시대에 전파된 것으로 알려져 있다. 팽이는 회전하지 않으면 똑바로 서지 못하고 한쪽으로 넘어진다. 그러나 팽이가 회전하면 넘어지지 않고 철심을 기준으로 똑바로 세워지는 이유는 무엇일까?

팽이가 회전하기 시작할 때 중력으로 인한 토크(torque)는 팽이가 상단 평면상에서 한쪽으로 넘어지게 작용한다. 팽이는 빠르게 회전하면서 점점 더 똑바로 세워지게 되고 나중에 팽이는 똑바로 서 있게 된다. 세차 운동(precession, 회전하는 자이로에서 힘을 가한 축에 반응하지 않고 90도 회전한 축에 가한 힘이 나타나는 현상으로 자이로의 두 가지 기본 특성 중 하나임)으로 인해 팽이 상단 평면상에서 90도 회전한 축에 팽이를 세우는 토크를 유발하기 때문이다. 따라서 중력으로 인한 토크는 사라지고 세차 운동에 따른

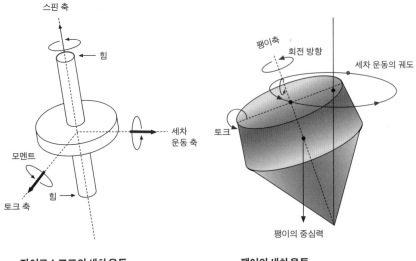

자이로스코프의 세차 운동　　　　　**팽이의 세차 운동**

토크만 남아 쓰러지지 않고 회전하게 된다. 또 자전거가 넘어지지 않고 계속 진행할 수 있는 것도 마찬가지로 세차 운동에 의한 것이다.

세차 운동으로 인해 계속 회전하는 것은 뉴턴의 제3법칙에 의한 토크의 반작용 결과다. 회전동역학에서 크기가 같고 방향이 반대인 토크가 작용한다는 토크의 반작용은, 가한 힘이 같고 방향이 반대인 힘이 작용한다는 뉴턴의 제3법칙을 따르기 때문이다.

자이로스코프(gyroscope)는 팽이를 둥근 바퀴로 지지해 어느 방향으로나 회전하도록 한 장치로 고속으로 회전하는 로터(rotor)를 말한다. 팽이와 같이 회전하는 로터는 최첨단 비행기 내부에 장착되어 조종사가 항공기의 자세, 회전각속도, 방위 등을 파악하는 데 도움을 준다. 예를 들어 선회계(Turn indicator)는 팽이의 세차 운동을 응용한 자이로계기다. 이와 같이 최첨단 항공기에 전통 놀이인 팽이의 회전하는 원

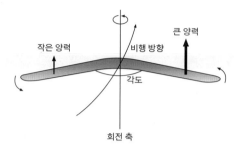

부메랑의 세차 운동

리가 적용된 것은 상당히 흥미로운 사실이다.

세차 운동을 이용한 예로 부메랑(boomerang)을 들 수 있다. 일반적으로 부메랑은 표적물에 명중하지 않으면 원을 그리면서 제자리로 돌아온다. 부메랑은 약 340그램 정도로 가벼우면서 얇고 균형이 잘 잡혀있으며, 길이는 30~75센티미터다. 세계 기록상 부메랑의 최대 체공시간은 무려 17분에 이르며, 최근에 개발된 부메랑은 최대 400미터까지 비행이 가능하다고 한다.

거울 면에 대칭인 V자 형태의 부메랑의 날개는 비행기의 날개와 마찬가지로 윗면이 약간 둥글고 아랫면이 편평한 구조를 갖고 있다. 부메랑도 항공기가 양력을 발생시키는 원리와 마찬가지로 날개를 위쪽으로 뜨게 하는 힘을 발생시킨다. 부메랑이 거의 수직으로 던져졌을 때 회전하는 동안 마치 전진 비행하는 헬리콥터 로터와 같이 앞선 깃(advancing blade, 부메랑이 날아가는 방향으로 이동하는 위쪽 날개를 말함)과 후퇴 깃(retreating blade, 아래쪽 날개) 사이에 회전 속도만큼의 속도 차이가 발생한다. 앞선 깃에서는 회전 방향과 부메랑의 전진 방향이 같아서 빠르지만, 후퇴 깃에서는 전진 방향과 회전 방향이 반대여서 느리다. 부메랑

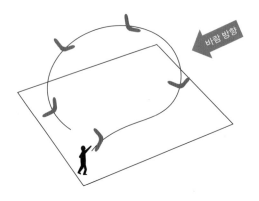

부메랑의 비행 궤적

부메랑은 날개 중심을 기준으로 양쪽 날개의 양력이 다르므로 롤링 모멘트가 작용되지만 실제로는 세차 운동 때문에 90도 틀어진 피칭 모멘트가 발생된다. 따라서 부메랑을 던져 정점에 도달하면 초기에 주어진 회전 에너지를 대부분 소진하고, 세차 운동에 의한 피칭 모멘트로 방향을 바꾸고 위치 에너지에 의한 무동력 회전으로 인해 점점 강하해 제자리로 돌아온다. 이러한 부메랑은 비행기의 양력 원리뿐만 아니라 팽이의 회전 원리도 숨어 있는 과학적 도구다.

을 던지면 부메랑은 회전 날개의 양력 차이로 롤링 모멘트가 발생하고 이를 상쇄시키기 위한 세차 운동으로 인해 피칭 모멘트가 유발되어 던진 사람을 향해 돌아온다.

　V자 형태의 부메랑은 날개의 각도에 따라 비행 궤적이 달라진다. V자형 날개는 대략 70~140도로, 각도가 작을수록 비행 궤적의 반경은 줄어든다. 부메랑은 날개 바깥쪽으로 갈수록 무겁게 제작할 때 멀리 날아갈 수 있다. 그러나 양력을 높이기 위해 날개 윗면의 곡률을 지나치게 크게 제작하면 공기 저항이 커져 제대로 날지 못한다.

30

비행기 성능을 어떻게 예측할까?

오늘날의 비행기는 현대 과학의 최고의 걸작으로 예술과 공학의 만남이라 말할 수 있다. 그래서 비행기 성능에 대한 예측은 비교적 현대적인 학문으로 여겨지지만 비행기 성능의 기초적 개념은 깊은 역사 속에 뿌리를 두고 있다.

비행기의 진정한 발명자이기도 한 케일리(128쪽 참조)는 비행기 성능으로서 요구동력(required power)을 처음으로 해석했다. 그는 비행기가 정상 수평 비행을 유지하기 위해서는 엔진에 의해 공급되는 동력이 반드시 있어야 한다고 생각했다. 정상 활공 비행을 하는 비행기는 중력 및 항력 등으로 손실되는 에너지만큼 동력이 있어야 수평 비행이 가능하다는 것이다.

간단히 양력 계수와 항력 계수의 그래프로 표현되는 양항 극곡선(drag polar)은 비행기 성능을 계산할 때 반드시 알아야 할 데이터로

1889년에 릴리엔탈이 발표했을 때에는 극곡선(polar)이라고 부르지 않았다. 극곡선이라는 용어는 1909년에 구스타브 에펠(Alexandre Gustave Eiffel, 1832~1923년)이 처음 썼다. 1889년 파리 만국 박람회를 위해 에펠탑을 설계한 에펠은 2대의 풍동을 제작하고, 1909년부터 공기력을 측정하는 풍동 시험을 수행한 공기 역학자이기도 하다.

20세기 전까지만 해도 비행기 성능에 대해 예측이 이루어지거나 이에 관한 수식이 발표된 적은 없었다. 옥타브 샤누트(Octave Chanute, 1832~1910년)는 몇 년 동안 수집한 항공 자료들을 정리해『비행 기계의 진전(Progress in Flying Machine)』(1894년)을 출간했다. 당시까지 양력 및 항력이 면적과 '속도의 제곱'에 따라 변한다는 것 정도만 알려졌고, 비행기 성능을 계산하거나 예측하는 데 직접적으로 도움을 주지 못했다.

영국의 엔지니어 그랜빌 브래드쇼(Granville Bradshaw, 1887~1969년)는 비행기의 상승률에 대한 공식이 정식으로 유도되어 일반화되기 전에 부분적으로나마 설명했다. 항공 엔진과 오토바이 엔진을 설계한 그는 ABC 모터스의 최고 설계자였다. 1913년 12월에 그는 영국 글래스고 스코틀랜드 항공학회(Scottish Aeronautical Society)의 강연에서 다음과 같이 말했다. "성공적으로 개발한 비행체의 특징 중의 하나는 그것이 매우 빨리 상승한다는 것이다. 이것은 전적으로 엔진의 무게 효율(weight efficiency)에 의존한다. 상승률은 개발된 동력에 따라 직접적으로 변하며, 부양시켜야 할 무게에 따라 간접적으로 변한다."

이런 상황은 1910년대 초반 프랑스의 엔지니어 뒤셴(Captain Duchene, 1869~1946년) 덕에 급진적으로 발전한다. 에콜 폴리테크닉에서 교육받고 프랑스 로렌 지방 툴 요새에서 근무하던 그는『비행기 역학: 비행의 원리 연구(The Mechanics of The Aeroplane: A Study of the Principles of Flight)』라는 책을

프랑스의 항공 기술자 브레게

집필해 파리 과학아카데미 몽티옹 (Monthyon) 상을 수상했다. 그는 이 책에서 비행기 성능의 기본 항목인 필요 마력과 이용 마력 곡선을 처음으로 기술하고, 비행기의 최대 속도에 대해서도 언급했다. 오늘날 비행기 성능에 대한 계산의 일부는 라이트 형제가 첫 동력 비행에 성공한 지 7년 후인 1910~1911년 무렵에 수행된 것이다. 이외에도 1918~1920년에 레너드 배스토(Leonard Bairstow)가 쓴 유명한 『응용 공기 역학(*Applied Aerodynamics*)』을 비롯한 몇 권의 책들에서도 언급했다.

한편 프랑스의 유명한 조종사이자 비행기 설계 및 제작자 겸 사업가인 루이-찰스 브레게(Louis-Charles Breguet, 1880~1955년)는 1909년에 자신의 첫 비행기 작품으로 복엽기를 제작했으며, 1911년에는 10킬로미터 거리를 비행하면서 최고 속도 기록을 수립했다. 제1차 세계 대전 중 알루미늄으로 만들어진 브레게 14 폭격기는 가장 유명한 프랑스 군용기로 8,000대 이상 대량 생산되었다. 1919년에 그가 설립한 항공사는 훗날 에어 프랑스로 성장한다. 브레게 비행기는 1927년에 남부 대서양을 처음으로 논스톱으로 횡단했다. 브레게는 1955년 5월 4일에 파리에서 심장마비로 사망할 때까지 비행기에 일생을 다 바쳤다고 해도 과언이 아니다.

프로펠러 비행기의 항속 거리 및 항속 시간을 표현하는 식을 브레게 공식이라 부른다. 항속 거리 및 항속 시간 공식에 브레게의 이름을 붙였지만 역사적으로 어떻게 해서 명명하게 되었는지 애매하다. 브레게가 1922년에 런던의 왕립 항공학회에서 발표할 때까지 상기 비행기 성능 공식과 브레게와의 관련 내용을 어디서도 찾을 수 없다. 또 1919년 이전 브레게의 모든 자료를 포함한 비행기 성능에 대한 어떤 자료에서도 항속 거리나 항속 시간에 관한 공식을 찾을 수 없다.

커티스 엔지니어링 사의 연구 관리자인 카핀(J. G. Coffin)은 1919년에 「비행기의 항속 거리와 유용 중량에 대한 연구」(NACA 보고서 69)에서 항속 거리 및 항속 시간 방정식에 대해 완벽하게 유도했다. 그의 연구는 원본으로 본인에게 저작권이 있었으며, 항속 거리와 항속 시간에 대해 문헌으로는 제일 먼저 발표했다. 그러나 디엘(Walter S. Diehl)은 1923년에 「중량, 날개 면적 또는 동력의 변화에 따른 효과 및 비행기 성능 추정에 대한 신뢰성 있는 공식」(NACA 보고서 173)에서 소유권을 혼란시키는 "보통 브레게가 만든 항속 거리에 대한 일반적인 공식은 쉽게 유도된다."라고 언급한다. 디엘은 브레게의 문헌을 인용하지 않은 상태에서 브레게의 항속 거리 공식을 계속 사용했다.

『비행의 기초(Introduction to Flight)』의 저자인 앤더슨(J. D. Anderson, Jr, 1937년~)은 브레게의 이름으로 명명된 항속 거리 및 항속 시간 공식의 소유권은 분명하지 않다고 주장한다. 또 미국에는 카핀-브레게 항속 거리 방정식(Coffin-Breguet range equation)이라 부르는 여러 문서들이 있다고 한다. 브레게 방정식(Breguet's Equation)은 공식적으로 문서화된 내용을 찾을 수는 없지만 지금까지 우리에게 역사를 통해 전해 내려온 것만은 명백한 사실이다.

만약 B777 여객기가 이륙하기 위해 공항 활주로를 힘차게 이륙 속도로 활주하고 있다고 가정하자. 이륙 당시 무게 및 기상 조건에 따라

토론토 공항을 이륙 중인 A321

항공기는 이륙할 때 무거운 기체를 빨리 부양시키기 위해 플랩을 이용하며, 이륙 성능은 항공기 무게, 고도, 바람, 온도 등에 따라 달라진다. 이륙한 후에는 안전하고 효율적인 비행을 위해 고도를 높이는 상승 단계로 이어진다.

다르겠지만, B777 여객기는 시속 260~315킬로미터(140~170노트) 범위의 속도에 도달하면 부양해 기수가 들리고 상승하기 시작한다. 그리고 비행 허가된 순항 고도인 10.4킬로미터(3만 4000피트)에 도달할 때까지 상승할 것이다. 여객기가 얼마나 빨리 상승하고 원하는 고도에 도달하는지를 나타내는 성능은 상승률(rate of climb, R/C)로 설명된다.

비행기의 상승률은 수직 속도 성분으로 이용 동력에서 필요 동력을 뺀 잉여 동력을 무게로 나눈 값이다.

상승률

$$R/C = \frac{\text{이용 동력} - \text{필요 동력}}{W} = \frac{\text{잉여 동력}}{W}$$

상승률 식에서 이용 동력은 비행기에 장착한 동력 장치로부터 공급되어 유효하게 이용할 수 있는 동력이며, 필요 동력은 비행기가 항력을 이겨내고 속도 V를 유지하기 위해 필요한 동력을 말한다. 그러므로 상승률은 추력이 큰 엔진을 장착해 잉여 동력이 클수록 커지고 항공기 무게가 무거울수록 작아진다.

이제는 비행기의 이륙뿐만 아니라 상승, 순항, 기동, 강하, 그리고 착륙에 이르기까지 여러 비행 형태에 대한 비행 성능을 얼마든지 예측할 수 있다.

31

압축성 흐름과 고속 항공기의 발달

항공기가 시속 367킬로미터(마하수 M = 0.3, 마하수는 비행기의 속도를 음파의 속도로 나눈 값)보다 느리게 '저속의 아음속(low speed subsonic)'으로 비행하는 경우 밀도 변화가 작아 비압축성 흐름(incompressible flow, 밀도를 상수로 취급할 수 있는 유동)으로 가정할 수 있다. 그러나 항공기가 '고속의 아음속(high speed subsonic)' 또는 초음속으로 비행하는 경우 밀도가 크게 변화하므로 압축성 흐름(compressible flow, 밀도의 변화가 커서 밀도를 변수로 취급해야 하는 유동)으로 간주된다. 그러면 유체 유동에서 밀도가 어떻게 변하고 비압축성과 압축성 흐름의 차이가 무엇인지 알아보자. 또 비행기가 고속의 아음속 또는 초음속으로 비행하면 저속의 아음속일 때와 다른 비행 현상이 생기는데 이와 관련된 고속 항공기가 어떻게 발달했는지 궁금증을 풀어 보자.

고속 압축성 유동

유체에 압축 응력이 작용할 때 후크(Hooke)의 법칙(응력 = 계수 × 변형도)을 이용해 밀도 변화율 식을 구하면 $\dfrac{d\rho}{\rho} = k_T dp$와 같다. 유체에 임의의 압력 p를 가했을 때 밀도 변화율은 등온압축성 계수 k_T와 압력 변화 dp의 곱으로 표현된다.

기체가 액체보다 압축이 잘 된다는 것은 상식적으로 알 수 있다. 예를 들어 1기압에서 기체의 등온압축성 계수 k_T는 물보다 10^4배 이상 크다. 따라서 기체의 밀도 변화율은 액체보다 상당히 크다. 한편 저속

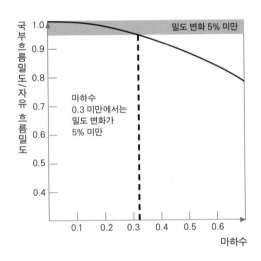

마하수에 따른 밀도의 변화율

마하수에 따른 밀도의 변화율을 나타낸 것으로 마하수가 커질수록 밀도 변화율이 증가한다. 일반적으로 실제 문제에서 고속유동의 기체는 밀도 변화율($\frac{d\rho}{\rho}$)이 5퍼센트 이상일 때 압축성 유동으로 간주된다. 그렇지만 공기 흐름 마하수가 0.3 이내에 있어 밀도의 변화율이 5퍼센트 이내인 경우, 밀도가 일정하다고 가정하고 풀어도 그 결과가 무난하다.

흐름인 경우에 두 지점 간의 압력 변화는 아주 작지만, 고속 흐름인 경우의 압력 변화는 아주 크다. 압력 변화 dp는 베르누이 방정식에서 알 수 있듯이 속도를 제곱해서 빼는 값으로 나타나기 때문이다. 비행기가 저속으로 비행하는 경우 압축성 계수가 크다 하더라도 압력 변화가 작아 압축성 계수와 압력 변화의 곱으로 표현되는 밀도 변화율은 그리 크지 않다. 그렇지만 비행기가 고속으로 비행하는 경우 공기의 압축성 계수뿐만 아니라 압력 변화가 커서 밀도 변화율이 아주 크다. 그래서 마하수 0.3 이상으로 빠르게 비행하는 비행기에서 밀도 변화를 무시할 수 없으며, 밀도를 변수로 놓고 변화량을 계산해야 한다. 그러므로 밀도가 일정하지 않고 변하는 유체 유동을 압축성 흐름이라 한다.

음파의 속도는 상온 15도에서 초속 약 340미터이므로 마하수 M =0.3은 속도로 환산하면 초속 102미터(시속 367킬로미터)가 된다. 따라서 KTX, 자동차, 소형 항공기 등에서의 공기 흐름은 시속 367킬로미터를 넘지 않으므로 비압축성 흐름으로 간주해도 된다.

물속에서의 음파의 속도(초속 1,493미터)는 공기에서보다 4.4배 빠르므로 마하수 0.3을 속도로 환산하면 초속 448미터(시속 1,612킬로미터)가 된다. 물속에서 시속 1,612킬로미터를 넘는 고속 잠수함이나 함정은 없으므로 모두 비압축성 흐름으로 간주해도 좋다. 설사 고속으로 이동해 큰 압력 변화를 유발하더라도 액체의 경우 압축성 계수가 작은 값을 가지기 때문에 결국은 작은 밀도 변화를 가져온다. 따라서 액체는 밀도가 변하지 않는 비압축성 흐름으로 간주해도 큰 오차가 생기지 않는다. 실제의 유체 유동에 있어서 모든 유체가 어느 정도의 압축성은 다 갖고 있으므로 엄밀한 의미에서의 비압축성 흐름은 존재하지 않는다. 그렇지만 비압축성 흐름으로 가정해도 그 오차가 크지 않는 경우 복잡한 압축성 흐름으로 풀지 않아도 된다.

고속 항공기의 발달 과정

공기 역학 관점에서 본다면 제1차 세계 대전과 제2차 세계 대전 사이는 비압축성 이론을 개척한 시기로 볼 수 있다. 1930년대 비행기는 유선형 형태를 갖추었으며, 이 시기에 공기 역학적으로 상당히 발전했다고 볼 수 있다. 실제 비행을 통해 얻은 항력이 이론적으로 구한 항력과 크게 달라 항공 분야 엔지니어들에게 궁금증을 유발하고 자극을 주어 비행기에 대한 연구 개발에 더욱 집중하게 되었다.

당시 비행기는 돌출부가 제거되고 유선형으로 매끈하게 제작되었다. 항력을 유발하는 비행기의 착륙 장치는 날개나 동체에 접어 넣을 수 있도록 하고, 날개는 더욱 더 얇게 제작해 공기 저항을 감소시켰다. 또 비행기의 접합 부분은 플러쉬 리벳(flush rivet, 입구를 넓힌 구멍에 리벳의 머리 부분이 함몰되게 해 표면을 매끈하게 해서 공기 저항을 줄인 리벳)을 사용해 매끄럽게 제작되었다. 동체와 날개의 이음매 부분은 간섭 항력을 줄이기 위해 볼록한 곡면으로 연결했으며, 플랩은 순항 속도에서 날개 속에 넣어서 저항을 감소시켰고 날개 하중은 크게 증가되었다. 1930년대 말 무렵에 비행기의 순항 속도는 음속보다 훨씬 느렸지만 프로펠러 구동 비행기가 종전보다 빠르게 비행하면서 프로펠러에서 압축성 효과가 발생했다. 아음속 항공기의 동체나 날개에서 압축성 효과가 발생한 것이 아니라 프로펠러 블레이드 끝부분에서 음속에 가까워져 공기의 압축성 효과가 발생한 것이다.

1940년대 초기에 고속의 전투기가 급강하해 음속에 가까운 속도로 접근함에 따라 압축성 효과에 따른 문제점이 드러나게 되었다. 제2차 세계 대전 말기에 독일의 메서슈미트 Me 262, 영국의 글로스터 미티어(Gloster Meteor) 등 제트 기관을 장착한 전투기가 출현했다. 제2차 세계 대전 이후에는 제트 엔진을 장착한 항공기가 보편화됨에 따라 비행 속도가 더욱 빨라졌고, 공기 역학 분야는 압축성 공기 역학(고속 공기 역학)이라는 새로운 분야에 관심을 두기 시작했다.

1940년대 전투기들은 직선 수평 비행할 때 압축성 효과가 발생하지 않을 정도로 느렸지만 점점 빨라져 이에 따른 연구가 필요했다. 고속 전투기 설계 연구는 주로 풍동 실험을 통해 이뤄졌으며, 제한적이지만 이론적인 해석도 함께 진행되었다. 특히 에어포일 데이터가 마하수에 따라 어떻게 변하는지를 추정하는 데 집중적으로 수행되었다. 당시 항공기가 대략 $M = 0.65 \sim 0.7$정도의 임계 마하수(critical Mach number, 날개 윗면의 공기 흐름 마하수가 1.0에 도달하는 경우 날개 앞의 자유 흐름 마하수)를 초과함에 따라 항공기에 어떤 현상이 일어날지 알 수 없었다. 음속($M = 1.0$) 근처에서의 풍동 실험은 초킹(choking, 압력비를 증가시키면 최소 단면에서의 흐름 속도는 증가하되, 음속에 도달하면 그 이상 증가하지 않는 현상) 현상과 충격파와 경계층의 간섭 때문에 흐름 현상을 파악하기 곤란했다.

1903년 라이트 형제가 동력 비행에 성공한 이후 음속은 비행기의 속도를 빠르게 하는 데 커다란 장애물로 여겨졌다. 1930~1940년대에는 일반적으로 비행기는 소리보다 더 빨리 날 수 없을 것으로 생각했다. 그렇지만 드디어 1947년 10월 14일 예거 대위가 벨 사의 X-1 글래머러스 글레니스를 탑승하고 세계 최초로 음속 장벽을 돌파하는 데 성공했다. 이것을 계기로 고속 공기 역학에 대한 연구는 꾸준히 수

록히드 컨스텔레이션

행되어 고속 항공기는 급속도로 발전한다.

　이제 고속 여객기가 발전한 과정을 알아보자. 미국의 트랜스 월드 항공사(TWA, Trans World Airlines, 세계적인 미국의 민간 항공 회사로 한때 하워드 휴즈가 운영했으며 2001년 아메리칸 항공사에 합병됨)는 프로펠러 구동 4발 여객기인 록히드 컨스텔레이션(Lockheed Constellation, 순항 속도 시속 547킬로미터)을 도입해 1945년 12월부터 워싱턴 D. C.에서 파리까지 정기적으로 운항했다.

　또 프로펠러 구동 4발 여객기인 DC-7(순항 속도 시속 578킬로미터)은 1953년 11월에 미국 대륙을 횡단하는 노선에 투입되었다. 1950년대 중반에 프로펠러 구동 수송기가 낼 수 있는 순항 속도는 기껏해야 마하수 M＝0.5(온도 -46도에서 시속 약 546킬로미터)로 충격파가 발생하지 않아 충격파 및 경계층의 간섭이 비행기에 영향을 미치지 않았다.

　프로펠러 구동 여객기에 이어 고속의 제트 여객기가 개발되었으며, 제트 여객기의 취항과 함께 고속 비행의 시대에 진입했다. 영국 해외 항공사는 1958년 10월에 코멧 4형(Comet 4, 순항 속도 시속 846킬로미터) 제트 여객기를 런던에서 뉴욕까지의 노선에 투입했다.

한편 미국의 팬암 사는 1958년 10월 26일에 제트 여객기인 보잉 707(순항 속도 시속 1,000킬로미터)을 처음 상업적으로 운항하기 시작했다. 또 델타 항공과 유나이티드 에어라인은 1959년 9월 18일에 보잉 707의 라이벌 여객기인 더글러스 사의 DC-8을 처음으로 정기 노선에 투입했다. 이 당시 제트 수송기는 프로펠러 구동 수송기보다 거의 2배 정도 빠른 순항 속도를 보유했다. 그동안 항공우주공학자들이 압축성을 고려한 고속 공기 역학을 꾸준히 연구한 결과다.

1958년에 제트 여객기가 도입된 이후 현재까지 대부분 제트 여객기의 순항 속도는 콩코드와 같이 초음속기가 아닌 이상 마하수 $M = 0.7 \sim 0.85$ 범위를 벗어나지 않고 있다. 제트 여객기의 순항 속도가 항력 발산 마하수(drag divergence Mach number, 임계 마하수보다 크고 $M = 1.0$보다 작은 마하수로 항력이 급격히 증가하는 마하수)보다 느린 속도에서 가장 경제적이고 실용적이기 때문이다. 초음속 여객기는 아음속기보다 날렵해야 하므로 탑승객이 적고 초음속으로 인해 소음이 크며 항속 거리가 짧다는 문제점이 있다. 그래서 초음속 여객기 콩코드는 1976년부터 2003년까지 상업 비행을 하고 지금은 운항하지 않는다.

32

항공기 속도 범위에 따른 속도 측정 원리와 방법

항공기 속도를 알기 위해서는 기본적으로 2개의 다른 압력을 측정해 속도 범위에 따라 다르게 계산해야 한다. 피토-정압관(Pitot-static tube) 장치는 전압(total pressure, 정체점에서의 압력)과 정압(static pressure, 흐름 면에 수직으로 작용하는 유체 자체의 압력)을 모두 측정하는 것이다. 저속의 아음속(low speed subsonic)인 경우 측정한 전압(P_0)과 정압(P)의 차이는 유속의 결과이며 베르누이 방정식으로 표현된다.

$$P_0 - P = \frac{1}{2}\rho V^2$$

전압   정압   동압

여기에서 정압은 유체의 운동 에너지와 무관한 압력으로 유체의 흐름을 고려하지 않은 압력이라 할 수 있다. 정압은 관찰자가 유체와 함께 이동하면서 감지한 압력을 의미한다. 따라서 정압은 물체가 움직일 때 흐름 방향에 수직으로 구멍을 뚫어 측정한 압력이다. 동압(dynamic pressure, 운동 에너지에 의해 나타나는 압력)은 유체의 흐름이 있을 때 운동 에너지를 유체의 위치 에너지로 이송할 수 있는 힘이라 생각할 수 있다. 전압 또는 정체압력(stagnation pressure)은 정압력과 동압력을 더한 것으로 동압인 운동 에너지를 속도가 0인 정체 상태로 만들었을 때의 압력이다. 정체 압력과 정압력과의 차이를 구하면, 동압력 또는 속도 압력으로 불리는 유체의 운동에 기인한 압력을 얻는다. 즉 동압은 정압이 있을 때 가해진 압력으로 유체의 흐름을 가능하게 하는 힘으로 볼 수 있다.

비압축성 흐름에서는 두 위치에서 측정한 압력이 베르누이 방정식의 속도와 관계가 있다. 그러나 앙리 피토(Henri Pitot, 1695~1771년)가 발명한 장치(피토관, Pitot tube, 1728년 프랑스의 피토가 만든 유속계로 흐름 속에 넣어 유속이 0인 정체 압력 측정이 가능함)가 소개된 이후 여러 엔지니어들은 150년 이상 K를 경험상 상수로 놓고 $P_1 - P = \frac{1}{2} K \rho V^2$(동압)으로 표현했다. 여기에서 K 상수에 대한 논쟁은 미국 미시간 대학교 기계공학과 존 에어리(John Airey) 교수가 실험 결과를 발표한 1913년까지 계속되었다. 물탱크에서 6개의 다른 모양을 가진 피토관으로 수행한 실험 결과는 1913년 4월 17일자 《엔지니어링 뉴스(Engineering News)》에 「피토관에 관한 노트(Notes on the Pitot tube)」라는 2쪽짜리 기사로 발표되었다. 이 기사에서 에어리는 그의 모든 측정치가 (k=10, 약 1퍼센트의 오차 한계) 피토관의 모양과 아무런 영향이 없음을 밝혀냈다. 더욱이 그는 베르누이 방정식을 바탕으로 한 이론을 합리적으로 제시했다.

미국 피츠버그 펌프 회사의 수석 엔지니어인 가이(A. E. Guy)는 1913년 4월 17일자 《엔지니어링 뉴스》에 「피토관의 유래와 이론(Origin and Theory of the Pitot Tube)」이란 제목으로 피토관에 관한 해석을 썼다. 이 기

사는 피토관의 기술적 바탕을 확립하는 데 크게 기여했다. 한 가지 주목할 것은 이 두 기사 중에서 어느 것도 피토관을 가장 많이 사용하는 측정 기법인 풍동 시험부와 비행기에서의 공기 속도 측정에 대해서는 아무런 언급이 없었다는 것이다.

라이트 형제가 1903년에 세계 최초로 동력 비행에 성공한 이후 7년 동안 비행체에 사용된 공기 속도 측정기는 벤투리관(Venturi tube, 관로 상에 단면적이 작은 병목 부분을 둔 관을 말하며 2지점의 압력을 측정해 유량을 측정함)이었다. 그러나 드디어 영국 판버러(Farnborough)의 왕립 항공사(RAE, Royal Aircraft Establishment) 엔지니어들은 1911년에 처음으로 항공기에 피토관을 설치했다. 이후 피토관은 항공기 속도 측정 장비로 두드러지게 발전했다.

피토관에 대한 신뢰성 논쟁은 1915년 NACA의 피토관에 관한 보고서에서 "오래 견디고 신뢰할 수 있는 공기 속도 측정기를 명확하게 확립하는 것은 비행에 있어서 아주 중요한 문제다."라는 발표가 있을 때에도 계속되었다. 허셜(W. H. Herschel)과 버킹엄(E. Buckingham)은 피토관을 집중적으로 조사해 1917년에 NACA TR-2 보고서 「피토관의 조사(Investigation of Pitot tubes)」를 작성했다. 항공기가 저속(비압축성 아음속 유동)뿐만 아니라 고속(압축성 아음속 유동)으로 비행할 때, 두 가지 경우 모두 측정하도록 고안된 피토관의 특성과 작동 원리에 대해 기술했다. 또 항공기의 속도계로서 피토관은 영국과 미국에서 가장 보편적으로 사용되는 장비이기 때문에 다른 장비보다 우선적으로 취급되어야 한다며 중요성도 언급했다.

허셜과 버킹엄은 1915년에 압축성 아음속 흐름의 이론을 처음으로 연구했다. 버킹엄은 비압축성 상태에서 0.5퍼센트의 오차를 갖는

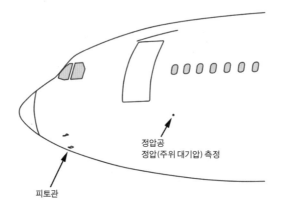

정압공
정압(주위 대기압) 측정

피토관

여객기에 장착된 피토관과 정압공

속도를 얻기 위해서는 자유류의 속도가 시속 238.2킬로미터(시속 148마일, 초속 66.1미터)를 초과해서 안 된다는 것을 보였다. 당시의 모든 항공기는 속도가 빠르지 않아 압축성을 고려해 수정하지 않아도 되었다.

피토관은 280여 년 전에 발명되었으나 라이트 형제가 동력 비행을 성공한지 한참 후에서야, 정확하지 못해 논의의 여지가 있다는 것을 알았다. 피토관은 1911년과 1915년 사이에 기술적으로 획기적인 발전을 이룩해 항공기에서 중요한 역할을 하게 되었다. 대부분 항공기에서의 속도 측정 결과는 1930년대까지 아주 정확했다. 이제는 피토관을 올바르고 정확하게 사용해 적절한 이론이 마침내 확립되었다.

항공기에서 전압과 정압을 측정해 속도를 구하는 방법은 1) 저아음속(M<0.3)으로 비행할 때, 2) 고아음속(M>0.3)으로 비행할 때, 3) 초음속(M>1.0)으로 비행할 때 등으로 구분해 계산해야 한다.

소형 항공기인 세스나의 피토관

저아음속(M＜0.3)으로 비행할 때의 속도 계산

우선 소형 항공기와 같이 마하수 M＝0.3(200노트 또는 시속 367킬로미터)보다 작은 속도로 비행하는 경우에 속도를 어떻게 측정하는지 알아보자. 이러한 경우의 소형 항공기 속도는 '저속의 아음속 흐름(low speed subsonic flow)'으로 밀도를 상수로 볼 수 있는 비압축성 유동에 해당된다. 또 항공기 표면이나 벽 근처에서는 표면 마찰이 있지만 전혀 교란이 없는 부분의 피토관에서는 마찰이 없으므로 비점성이라 가정해 비점성유동에만 적용되는 베르누이 방정식을 사용할 수 있다.

피토관은 오늘날 항공기의 비행 속도 측정에 가장 보편적으로 사용되고 있다. 베르누이 방정식은 유선을 따라 흐르는 다른 두 점에 관한 유동 성질을 나타낸다.

베르누이 방정식

$$P_1+\frac{1}{2}\rho V_1^2=P_2+\frac{1}{2}\rho V_2^2$$

공기 입자가 피토관 입구인 위치 2를 통해서 몰려 들어가 쌓이게 되면 피토관 입구에서 정체되므로 공기 입자의 속도는 0이 된다. 피토관이 있는 선을 따라 움직이는 공기 입자를 생각하면 위치 1에서 속도가 V_1이었다가, 점점 감속해 위치 2에서 속도 0이 된다. 베르누이 방정식에 의해 위치 2의 압력은 위치 1에서의 압력 P_1보다 큰 값을 가지게 된다. 속도가 0이 되는 점을 정체점이라 하며, 정체점에서의 압력을 정체압력 P_0 또는 전압 P_t 등으로 표시한다.

위치 1과 위치 2에 대해 베르누이 방정식을 적용하고 위치 1에 관한 아래첨자를 제거하면 속도에 관한 식을 구할 수 있다.

베르누이 방정식에 의한 속도식

$$V=\sqrt{\frac{2(P_0-P)}{\rho}}$$

따라서 전압 P_0와 정압 P를 동시에 측정할 수 있도록 관(tube)이 긴 장치를 피토-정압관이라 한다. 그러므로 P_0와 P의 차이를 알면 베르누이 방정식으로부터 비행기가 날아가는 속도 V를 알 수 있다.

고아음속(M>0.3)으로 비행할 때의 속도 계산

천음속은 사전에 '유체의 속도가 아음속에서 초음속으로 전환되는 단계의 속도'라 정의되어 있다. 실제로 항공 우주 공학에서는 항공기

천음속으로 순항 비행하는 대한항공 B747 여객기

가 아음속으로 비행하더라도 날개 윗면에서는 속도가 빨라져 초음속
에 도달하는 경우가 있다. 항공기 날개 주위의 흐름에서 아음속과 초음
속이 함께 발생해 공존하는 속도 영역을 천음속(0.8<M<1.2)이라 한다.

　항공기가 천음속 영역에서 비행할 때 항공기 속도를 전압과 정압을
측정해 베르누이 방정식으로 계산하면 오차가 크게 발생한다. 또 비행
기의 속도가 천음속보다 속도는 느리지만 마하수가 M＝0.3(200노트 또
는 시속 367킬로미터)보다 큰 고속의 아음속 흐름인 경우도 비행기의 속도
를 베르누이 방정식으로 계산할 수 없다. 이것은 베르누이 방정식에서
는 밀도가 일정하다고 가정한 식인데 실제로 마하수 M＝0.3보다 크
면 밀도가 무시하기 곤란할 정도로 변하기 때문이다.

　'고속의 아음속 흐름' 영역에서의 흐름 속도는 에너지 관계식으로
부터 유도한 압축성, 등엔트로피에 대한 관계식을 이용해 측정할 수
있다. 마하수 M＝0.3보다 큰 경우의 정체 압력은 흐름을 등엔트로피
상태(가역 및 단열 과정)로 정지시킬 때 계기에 의해 측정된 압력이다. 항공

기 표면 경계층 근처에서는 마찰이 있지만 피토관이 장착된 곳에서는 마찰에 의한 영향이 없으므로 점성 효과가 거의 없다고 봐도 되기 때문이다. 따라서 피토-정압관에서 정체 압력을 P_0라 하고 정압을 P_1이라 하면 압축성, 등엔트로피에 대한 관계식을 구할 수 있다.

등엔트로피 관계식

$$\frac{P_0}{P_1} = \left(1 + \frac{\gamma-1}{2}M_1{}^2\right)^{\frac{\gamma}{\gamma-1}}$$

등엔트로피 관계식에서 M_1은 공기 흐름의 마하수이므로 항공기의 마하수 M_1을 계산할 수 있으며, 마하수를 통해 항공기의 속도 V_1을 계산할 수 있다. 이것은 고속의 아음속 흐름에서 밀도가 변하므로 이를 고려해 속도를 계산해야 한 것이다.

초음속(M>1.0)으로 비행할 때의 속도 계산

항공기가 초음속으로 비행하면 항공기에 장착된 피토-정압관은 초음속 흐름에 놓이게 된다. 초음속 압축성 흐름(supersonic compressible flow)에 놓인 피토-정압관은 근본적으로 앞 끝이 뭉뚝한 물체이므로 프로브의 전면에 분리된 충격파(detached shock wave)가 발생한다.

충격파는 충격파 전·후의 흐름 성질이 매우 다르며 압력은 급격히 증가하고 속도는 아주 크게 감소한다. 따라서 충격파 전·후에 베르누이 방정식이나 등엔트로피 관계식을 적용하면 안 된다. 피토-정압관(혹은 피토관) 앞에서의 분리 충격파는 피토관 구멍의 정면 앞에는 수직 충격파로 간주할 수 있다.

초음속 콩코드기의 기수에 장착된 피토-정압관

    수직 충격파 전·후에서는 등엔트로피 과정이 아니므로 충격파 전의 정체압력이 충격파 후의 정체 압력보다 크다. 따라서 액주계나 계기에 지시된 정체압력은 흐름 방향에 수직한 충격파 후면의 정체 압력이 된다. 따라서 수직 충격파 전·후의 마하수와 압력 관계식을 통해 비행기의 마하수(충격파 전의 마하수)를 구할 수 있다. 피토관에 의해 지시되는 정체압력은 자유 흐름 마하수에서 발생하는 수직 충격파 뒤의 정체 압력이므로, 이에 관한 랄리 피토관 공식(Rayleigh Pitot tube formula)을 이용한다. 공식에서 수직 충격파 전의 정압 P_1을 측정하고 충격파 이후의 정체압력 P_{02}를 측정한다면 충격파 전의 마하수 M_1을 구하고 음속을 구해 비행기 속도도 계산할 수 있다.

랄리 피토관 공식

$$\frac{P_{02}}{P_1} = \left[\frac{(\gamma+1)^2 M_1^2}{4rM_1^2 - 2(\gamma-1)}\right]^{\frac{\gamma}{\gamma-1}} \frac{1-\gamma+2\gamma M_1^2}{\gamma+1}$$

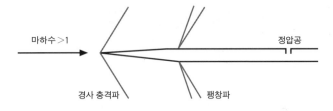

마하수＞1

정압공

경사 충격파

팽창파

정압(P) 프로브

초음속 흐름에서는 정압 프로브 앞 끝에 부착된 경사 충격파가 발생한다. 그러나 앞 끝 부분과
원통형 단면 부분이 만나는 점에서는 팽창파(expansion wave)가 발생해 정압공에서 측정한
압력은 적어도 약한 충격파의 경우 자유 흐름의 정압력(P_∞, 즉 P_1)에 근사한 값이 된다.

    정압력(static pressure)은 흐름에 어떠한 교란도 주지 않고 흐름 속도에
변화를 발생하지 않는 장치에 의해 지시되는 압력을 말한다. 일반적
으로 벽을 따라 흐르는 공기의 정압력은 벽 표면에 수직으로 구멍을
뚫고, 이 구멍을 액주계(manometer), 압력 변환계 등에 연결해 측정한다.
그 정압공은 경계층 두께에 비해 작아야 하고 흐름을 교란시키는 거
친 표면이 있거나 구멍 주위에 금속붙이들이 있어서는 안 된다. 경계
층 내에서 벽에 수직한 방향으로는 압력 변화가 없으므로 지시된 압
력은 순수한 자유 흐름의 정압력을 나타낸다.

    공기가 흘러갈 때 벽이 없으면 정압 프로브를 삽입하고 이 프로브
가 흐름에 대해 벽의 역할을 하므로, 수직으로 구멍을 뚫어 정압력을
측정한다. 일반적으로 초음속 흐름에서의 정압 프로브는 대단히 가늘
고 끝이 날카로운 원추형 앞 끝을 갖는다. 정압 측정용 구멍(정압공)은
프로브의 앞 끝이 발생시키는 교란의 영향을 받지 않도록 하기 위해
서 프로브 뒷부분에 둔다. 다시 말하면 피토-정압관에서 정압공은 피
토관 입구에서 피토관 지름의 10~20배 이상 후방에 뚫는다.

정압 프로브가 흐름 방향과 일치하지 않을수록 흐름에 더 큰 교란을 일으킨다. 흐름 방향에 대한 감도(sensitivity)는 주어진 프로브 점 P 주위에 여러 개의 압력 구멍을 뚫어 줄일 수 있다. 이렇게 해 측정한 압력이 평균압력이다. 그러나 구멍을 많이 뚫더라도 1퍼센트 이내의 정밀도가 요구되는 경우에는 흐름 방향에 대해 아주 민감하므로 정렬 오차가 5도를 초과해서는 안 된다.

비행기가 초음속으로 비행해 충격파가 발생할 때의 진대기 속도는 단지 압축성 유동에 적용할 수 있는 등엔트로피 관계식을 사용하면 틀리게 된다. 따라서 항공기가 마하수 1.0(표준대기온도에서 시속 1,220킬로미터) 이상의 속도로 비행을 하게 되면 충격파를 고려한 랄리 피토관 공식으로 속도를 계산해야 한다. 이때 랄리 피토관 공식에서의 P_{02}와 P_1은 피토-정압관으로부터 측정한 값을 사용하면 된다.

33

입체적이고 복잡한 도로, 하늘 길

지상 도로와 같이 하늘에도 공항과 공항을 연결하는 도로가 있는데 하늘의 길을 '항로(Airway)'라 한다. 항로는 항공로라고도 하며 도로와 마찬가지로 고유 명칭이 있고 양방향 통행 항로뿐만 아니라 일방 통행 항로도 있다. 그리고 항로는 고속도로 통행료를 내듯이 영공 통과료를 내야 한다. 항로는 ICAO가 설정한 원칙에 따라 명칭이 부여되는데 국제 항로는 "A", "B", "G", "R" 중의 한 문자에 세 자리의 번호를 붙이고 있다. 국내 항로는 "H", "J", "V", "W" 중 한 문자에 두 자리 또는 세 자리 번호를 붙여 사용한다. 항공로는 항공법 2조 21항에 "항공로란 국토 교통부 장관이 항공기의 항행에 적합하다고 지정한 지구의 표면상에 표시한 공간의 길을 말한다."라 정의되며 국제 민간 항공 기구 부속서(annex)에서는 "항행 안전 시설로 구성되는 회랑 형태의 관제 구역 또는 이의 한 부분"이라 정의된다. 여기서 회랑이란 폭이 좁고 길이가 긴 통로를 의미한다.

항로에는 가장 고도가 높은 장애물로부터의 최저 항공로 고도(MEA, Minimum En-route Altitude)가 지정되어 있으며, 산악 지역에서는 2,000피트(600미터), 그 밖의 지역에서는 1,000피트(300미터)로 제한된다. 항공로는 고도 2만 9000피트(8.8킬로미터)를 기준으로 저고도와 고고도 항공로로 구분되며, 폭은 대략 14.8킬로미터다. 일반적으로 2만 9000피트 미만의 저고도 항로에서는 1,000피트의 수직 간격을 유지하고, 고고도 항로에서는 2,000피트 수직 간격을 유지한다. 또 정밀 항법을 위한 항로의 폭은 국가 및 지역별로 다양하게 운영되며, '항행 성능 기준(RNP, Required Navigation performance)'에 의거 접근 항로인 경우 최소 좌우 1NM(전체 폭 2해리, 3.7킬로미터)부터 대양 상공인 경우 좌우 12.5NM(전체 폭 25해리, 46.3킬로미터)까지 항로 폭을 유지하고 있다. 한편 항공로 공역 설정 기준(국토 교통부령)에 따르면 지상 중요 장애물을 회피하기 위한 검토 기준으로의 항공로 폭은 50NM(93킬로미터)다.

국내 주요 항로는 관악산에 있는 안양 보르탁(VORTAC, 방향과 거리를 동시에 측정하기 위해 초단파를 사용하는 전방향식 무선 표지 VOR과 전술 항법 시스템 TACAN을 합친 항법 원조 체계로 한국공항공사에서 관리함)을 기준으로 동쪽으로는 강원 보르탁, 남동쪽은 포항 보르탁 및 부산 보르탁, 남쪽으로는 제주 보르탁 등의 방향으로 설정된다.

모든 여객기는 이륙 후 항로로 진입하고, 항로를 비행한 후 활주로에 접근해 착륙하는 과정을 거친다. 출발지와 목적지 사이의 왕복 항공로는 같을 수도 있고 다를 수도 있다. 다른 경우는 제트 기류와 같은 바람을 이용하거나 안전한 교통 소통을 위해서 일방통행으로 설정한 경우다. 여객기가 인천에서 LA를 향해 비행하는 경우 제트 기류를

아시아나 B747 여객기

이용하기 위해 하와이 제도 가까이에 존재하는 제트 기류 항로를 이용하고, LA에서 인천 공항으로 갈 때는 알래스카 가까이에 있는 대권 항로(구형의 지구에서 직선으로 최단 거리를 연결한 항로)를 이용한다. 또 많은 항공기들을 수용하기 위해 항로를 반으로 나누어 복선화하는 경우도 있다. 이럴 경우 항로를 통과하는 항공기는 반드시 지역 항법(RNAV, Area Navigation, 지상의 항행 안전 무선 시설, 항공기 자체 항법 장비 또는 이들을 동시 이용해 항공기가 요구하는 방향으로 비행을 가능하게 하는 항행 방법) 장비를 보유해야만 한다.

출발지와 목적지가 같더라도 계절에 따라 항로가 다를 수 있으며 항공기의 종류와 성능(일반 항공기와 군용기, 개인 비행기)에 따라 항로가 다를 수도 있다. 항로에서는 반드시 계기 비행을 해야 하며, 그렇지 못한 항공기는 항로 비행을 할 수 없다. 만약 항로상에서 항법 관련 장비가 고장 났다면 타 항공기와의 간격 분리가 조정되어 비행하거나, 항로에서 완전 이탈 후 레이다 관제 또는 보조 항법 장치에 따라 비행하게 된다. 항공기가 목적지로 가기 위해 항로를 선정할 때는 항공기의 성능에 따라 크게 좌우한다. 예를 든다면 17시간 이상의 직선 거리를 비행할 수 있는 B747 여객기는 인천에서 북쪽 또는 서쪽 항로를 통과해 유럽으로 갈 수 있다. 그러나 약 3시간 비행할 수 있는 소형 항공기는 인천, 제주, 대만, 홍콩, 방콕 등 여러 중간 기착지를 거쳐야 하기 때문에 항로가 다를 수밖에 없다.

항로를 급히 변경시키는 경우는 위급한 상황이 발생했을 때다. 즉시 항로를 변경하고 항공 교통 센터에 보고하거나 사전에 항공 교통 센터에 승인을 얻어 변경하는 경우도 있다. 비상 활주로가 없는 지역인 경우 적절한 평야에 비상 착륙을 하거나 수면 위에 불시착하는 디칭(ditching)을 할 수 있다. 이를 대비하기 위해 쌍발 항공기는 항로를 선정할 경우 항공기 성능별로 60분에서 180분 이내에 도달하는 교체 공항(비상 착륙 공항)을 항로상에 포함시키도록 규정하고 있다. 쌍발기 운항 경로 제한 규정(ETOPS, ExTended range OPerationS by with two-engine airplanes)은 엔진이 1대 고장 날 경우에 대비해 엔진의 성능이나 고장율을 고려해 교체 공항 도달 시간을 정한다. 최근 B777과 B787은 각각 207분과 330분까지 승인을 받았으며, 교체 공항으로 갈 수 있는 충분한 시간을 확보해 어느 위치에서나 직선적으로 비행할 수 있게 되었다. 최근 FAA와 ICAO등은 ETOPS와 비슷한 맥락으로 3발 및 4발 항공기에도 확대하여 적용하면서 회항 시간 연장 운항(EDTO, Extended Diversion Time Operations)으로 용어를 변경했다. 이것은 쌍발 이상의 3발 및 4발 터빈엔진 비행기를 운항할 때, 항로상 교체 공항까지의 회항 시간이 운영 국가가 정한 기준 시간(threshold time)보다 긴 경우에 적용된다. 따

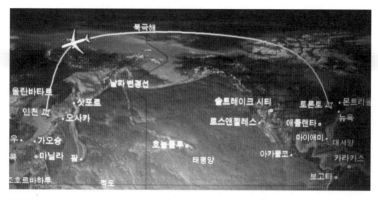

북극 항로

라서 기준 시간을 초과해 운항하고자 할 경우 EDTO 승인을 반드시 받아야 한다.

　일반적으로 2만 9000피트(8.8킬로미터) 이상의 고고도에서는 2,000 피트(610미터)의 수직 간격을 유지하지만, 교통량의 증가로 인해 2만 9000피트에서 4만 1000피트(12.5킬로미터)까지 경제고도에서는 수직 분리 기준 축소(RVSM, Reduced Vertical Separation Minimum)를 적용해 1,000 피트(304.8미터) 간격을 유지한다. 여객기가 항로상에서 미국을 갈 때(동 쪽 방향)는 3만 3000피트(10.67킬로미터), 3만 5000피트 등 홀수 고도, 미 국에서 한국으로 돌아올 때(서쪽 방향)에는 3만 4000피트(10.36킬로미터), 3만 6000피트(10.97킬로미터) 등 짝수 고도로 수직 분리해 비행한다. 따 라서 같은 비행 방향인 경우 수직으로 2,000피트 차이가 나며 마주 오는 항공기인 경우는 고도가 1,000피트 차이가 난다. 그렇지만 항공 기들은 정밀한 항법 장비를 갖춰 서로 충돌할 염려는 없다. 또 복선화 된 항로에서는 같은 고도라 할지라도 좌측 항로와 우측 항로로 어느 정도 거리를 두고 구분해 충돌 위험이 없다. 이외에도 같은 고도를 같은 방향으로 가는 항공기는 항공기의 종류와 규모에 따라 속도와 후류의 크기가 다르므로 앞뒤로 적절한 시간과 거리를 떨어져 비행해 운항에 지장을 초래하지 않는다.

미주 지역을 오갈 때 북극 항로(Polar route), 캄차카 항로(Kamchatka route), 북태평양 항로(NOPAC) 등을 이용할 수 있다. 또한 아시아와 미주 지역 사이 태평양 횡단 항로인 패콧(PACOTS, Pacific Organized Track System)을 이용하기도 한다. 이것은 경제적인 운영을 위해 좌표 형식으로 발행되는 가변적인 항공로를 말한다. 일반적으로 제트 루트(Jet route)는 1만 8000피트(5.5킬로미터)에서 4만 5000피트(13.7킬로미터)를 말하며 고고도 항공로를 말한다.

북극 항로는 북위 78도보다 높은 지역에 설정된 항로로 미주 지역에서 러시아 동북 지역을 통과하고 북한 영공을 피해 중국 하얼빈과 대련을 지나 서해 쪽으로 인천 공항에 도착하는 항로다. 북극 항로는 그 아래의 캄차카 항로보다 편도 30분 정도 비행 시간을 단축시킬 수 있다. 이 북극 항로는 주로 미국이나 캐나다의 동부 및 중부 지역에 위치한 뉴욕, 시카고, 워싱턴, 애틀랜타, 토론토 등의 노선에 종종 이용된다. 이 노선의 항공편은 비행 시간을 단축할 뿐만 아니라 연료 비용도 절감하는 효과가 있다.

캄차카 항로는 인천 공항을 이륙한 여객기가 캄차카 반도와 앵커리지를 지나 미주 지역에서 들어가는 항로다. 이 항로는 북한 비행 정보 구역(평양 FIR) 관할 영공을 피해 일본 상공으로 돌아서 비행해야 하므로 연료 비용이 추가되는 단점이 있다. 캄차카 항로는 미주 지역에서 인천 공항으로 돌아올 때만 사용되고, 인천 공항에서 미주 지역에 갈

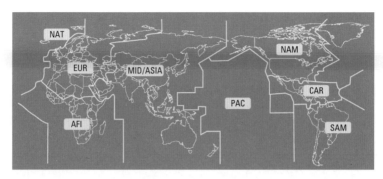

국제 민간 항공 기구(ICAO) 8개 권역

국제 민간 항공 기구(ICAO)에서는 전 세계를 8개 권역으로 구분해 놓았으며, ICAO에서 설정한 EN-ROUTE 차트(젭슨 또는 리도 차트 등 출간)에 전 세계의 모든 항로를 상세히 표시한다.

때는 NOPAC이나 PACOTS이 사용된다.

NOPAC은 캄차카 항로의 아래에 위치한 항로로 북태평양 지역을 통과하는 항로다. 이 항로는 북한 영공을 통과하지 못할 때 주로 이용하는 항로로 캄차카 항로나 북극 항로에 비해 길다. 북태평양 항로에서 일부 일방 통행 구간이 있으므로 1,000피트 수직 분리 간격을 취하기도 한다. 인천 공항에서 미주 지역을 갈 때 제트 기류를 타기 위해 NOPAC 항로를 이용하지만 미주 서부 지역에서 인천 공항으로 귀국할 때는 제트 기류의 영향을 줄이기 위해 캄차카 항로나 북극 항로를 이용한다. NOPAC은 여객기 간격을 15분(약 220킬로미터)에서 6~7분(약 90킬로미터) 간격으로 운영하고 있을 정도로 초만원이다.

항공기는 최단 거리로 운항하기 위해 대권 항로(great circle route)를 이용해야 하며, 이 항로는 북극권을 중심으로 많이 개발되었다. 대권은 지구의 중심을 통하는 원의 호를 말하며 구형의 지구에서 직선으로 최단 거리를 연결한다. 이것을 대권 항로라 하며 두 지점 간의 가장 큰 원에 해당된다. 대권 항로는 평면 지도상에서 보면 직선이 아니고 C곡선 형태인데 지구가 구형이기 때문이다. 그러나 여객기는 반드시 대권 항로를 택하는 것은 아니고 제트 기류, 항공 관제, 영공권 등의 이유로 다른 항로를 택한다. 두 도시 간 반드시 직선으로 비행할 수 없다는 것이다. 또 항공기는 항로상에 걸친 국가 간의 협정이 있어야 타국가의 영공을 통과할 수 있다.

각 국가와 소속 항공사들은 새로운 항로를 찾기 위해 어떤 노력을 하고 있을까? 국내 항로는 필요에 따라 국가별 정부 기관(우리나라인 경우 국토 교통부)이 측량 및 시험을 통해 설정하고 있다. 국토 교통부 항공 교통 센터장은 항공로 설계 및 변경 검토, 항공로 설계에 따른 공역 영향성 검토, 항공로의 공고(항공 정보 간행물 등) 등을 책임지고 있다. 또 입체 항공로를 디자인하는 항공로 설계자를 지정하고 관리해야 한다. 우선 지정된 항공로 설계 전문가가 항공로 명칭을 정하고 항공로 방향, 구간별 거리, 항공로 최저고도 등을 설계하며 CAD 도면까지 작성해 비행 검사를 의뢰한다. 항공로는 국토 교통부 공역 위원회(위원장: 항공정책 실장)의 최종 심의를 거쳐 항공로 설정을 하며, ICAO 아태 지역 사무소(태국 방콕 소재)와 협의를 거쳐 항공로를 설정한다. 최종적으로 항공법에 따라 항공 정보 간행물(AIP)로 고시되어야 정식으로 사용하게 된다. 국제 항로인 경우 항로를 비행하는 항공사 소속 국가 및 모든 인접 국가의 동의를 받아 ICAO의 항공 항행 계획(Air navigation plan)에 수록한 후 해당 국가와 협의해 설정된다.

최근에는 항공기의 3차원적 현재 위치는 물론 일정한 시간 뒤의 예상 위치까지 파악해 효율적으로 통제하는 4차원적 항공 교통 관리 개념을 도입하고 있다. 실제 항로를 디자인하는 절차 및 방법은 국제 민간 항공 기구에서 발행한 항공기 운항 절차(Aircraft Operations, Doc 8168)에 잘 나와 있다. 이 문서는 항공로 설정의 바이블로 알려져 있으며, 항로의 설정 방법, 지상 항로 시설의 설치, 각종 선회 기준 등 모든 기준이 포함되어 있다.

4

아무도
가르쳐 주지 않는
항공 과학
11대 비밀

34

—

비행기 조종사가 되려면?

우리나라에서는 공군사관학교가 가장 많은 조종사를 양성했으며, 이어서 한국항공대학교가 두 번째로 많은 조종사를 배출했다. 아무리 천부적인 조종 능력이 있다 하더라도 기초적인 소양이 부족하면 조종사가 될 수 없다. 교육 과정에 입학하기 위해 소정의 시험을 통과해야 하기 때문이다.

공군 조종사는 공군사관학교에 들어가거나 공군 ROTC, 공군 사관후보생 조종 장교 등으로 입대해 공군에서 비행 훈련을 받은 후 조종 특기로 복무한다. 한국 공군의 비행 훈련 과정은 총 2년 4개월로 입문 비행 훈련 과정, 기본 비행 훈련 과정, 고등 비행 훈련, 전투기 입문 과정 등 4단계로 구분된다.

입문 비행 훈련 과정은 대략 3개월간 이론 교육과 비행 실습을 받고 혼자서 이·착륙을 하는 단독 비행을 할 수 있는 능력을 갖춰야 수

공군 입문 비행 훈련 과정의 KC-100   KC-100의 글래스 콕핏

료할 수 있다. 이 과정에서는 2004년부터 미그(MIG) 산하 루코비치 제
작 시험 공단에서 제작한 T-103 항공기를 운용했지만, 2016년까지
한국항공우주산업㈜이 개발한 KC-100(나라온)으로 대체된다. KC-
100은 4인승 피스톤 왕복 엔진을 장착한 소형 항공기로 첨단 복합 재
료로 동체를 제작해 무게를 줄이고 디지털 엔진 제어 장치(FADEC)를
통해 연료 소모를 절감시켰다. 또 디지털 전자 항법 장비를 적용해 비
행 자동화 및 비행 안전성을 확보했으며, 착륙 장치는 고정식이다. 이
항공기의 최대 속도는 시속 389킬로미터이며 최대 항속 거리는 1,850
킬로미터다.

기본 비행 훈련 과정에서는 공군 훈련 비행단에서 약 8개월 동안 이
론 교육과 비행 실습을 받는다. 2001년부터 터보프롭 엔진을 장착한
국산 기본 훈련기 KT-1을 사용하고 있다. KT-1은 최대 이륙 중량이
2.5톤이고 최대 속도는 시속 648킬로미터로 국방과학연구소(ADD)가
설계하고 한국항공우주산업㈜이 제작한 토종 훈련기다.

고등 비행 훈련 과정 또한 공군 전투 비행단에서 약 8개월 동안
T-50 골든 이글로 훈련을 받는다. 이 과정에서는 2005년부터 국내

공군 기본 비행 훈련 과정 KT-1 공군 고등 비행 훈련 과정 T-50

에서 개발한 초음속 고등 훈련기인 T-50을 사용한다. 이 훈련기는 최대 이륙 중량이 13.5톤이고 최대 속도는 마하수 1.5이며, 기체 수명은 8,334비행 시간이다. T-50은 국내 엔지니어 주도로 약 2조 원이 투입되어 개발되었으며, 한국항공우주산업(㈜)이 미국 록히드 마틴 사의 기술 지원 하에 제작했다.

고등 비행 교육을 마치면 최종 단계로 전투기 입문 과정(LIFT, Lead-In Fighter Training)에 입과해 TA-50으로 작전 훈련을 받는다. TA-50은 최신예 전투기를 탑승하기 전에 가교 역할을 하는 전술 입문기로 기총, 공대공 미사일(AIM-9) 및 공대지 미사일(TGM-65) 등이 탑재된다. 따라서 공군의 모든 비행 훈련 과정은 한국항공우주산업(㈜)이 국내에서 개발한 항공기를 사용하고 있다.

민간 여객기 조종사는 어떤 과정을 거쳐야 될 수 있는지 알아보자. 공군(일부 해군 포함)의 전투기 또는 수송기 조종사로 근무하다가 의무 복무를 마치고 경력 조종사로 민간 항공사에 들어가는 방법이 있다. 또 대학의 항공운항학과에 입학해 사병으로 군 복무를 마친 후 선발 기준을 갖춰 조종사로 입사하는 방법도 있다. 항공운항학과에 진학한 학생이 민간 항공 조종사 과정에 합격하는 경우 어렵지 않게 민간 항공사 선발 기준을 갖춰 조종사가 된다. 일반 대학을 졸업한 학생이 조종사가 되기 위해서는 울진 비행 훈련원 민간 항공 조종사 양성 과정 등 각종 국내외 비행 훈련 과정에 입학해 소정의 자격을 취득한 후 민간 항공사에 취직해야 한다. 민간 항공사에서는 조종사를 모집할 때 충분한 비행 시간과 기량을 갖춘 인재를 선발한다.(선발 기준을 충족시키는 방법은 최재승 현직 아시아나항공 기장의 『파일럿의 진로탐색 비행』(누벨끌레, 2014년)이나 청소년행복연구실의 『나의 직업 항공기 조종사』(동천출판, 2014년) 참조)

민간 항공사의 조종사가 된 후 여객기 (또는 화물기) 부기장에서 기장으로 어떻게 승급하는지 알아보자. 여객기 조종사는 항공사에 취직한 후 조종사 자격을 취득하게 되면 수습 조종사로서 B737, A320과 같은 중소형 여객기의 운항 경험을 약 12개월 동안 쌓아야 한다. 이후 수습 조종사는 국토 해양부 항공 안전 본부의 운항 자격 심사관에게 심사를 받아 자격을 획득해야 해당 기종의 정식 조종사인 부기장(first officer)으로 근무할 수 있다. 소형기(여객기의 규모에 따른 분류, 『하늘에 도전하다』 22~23쪽 참조) 부기장은 2~2.5년간 국내선 및 단거리 국제선 경험을 쌓은 후 소정의 심사를 거쳐 B747과 B777 등 장거리 국제선을 운항하는 대형기 부기장으로 승급한다.

대형기 부기장은 부기장으로 일정 기간 근무하고 이·착륙 횟수, 비행 시간 등 자격 요건을 갖추면 소형기 기장(Captain) 승급 자격이 주어진다. 이때 대형기 부기장으로서 항공사 입사 당시의 경력에 따라 10~11년 혹은 12.5~13년을 근무해야 기장이 될 수 있는 자격이 생긴다. 민항기 조종사는 대형기(B747, B777) 부기장에서 다시 중소형기 (B737, A300-600, A330)로 내려와 기장으로 승급한다. 물론 이때 대형기 부기장은 중소형기 기장 승격 훈련에 들어가서 6개월에 걸친 소정의 훈련을 마친 후 심사에 합격해야 중소형기 기장이 된다. 이후 2.5~3년 동안 근무한 후 대형기 기장으로 기종을 전환해 승급한다. 최근 도입 된 A380 여객기의 기장은 대형기 기장 중에서 선발했으며, 이 초대형 여객기는 화물기가 없어 심야 시간대에 이·착륙하지 않는다는 장점 이 있다. 한편 중소형기 조종사들은 주로 동남아를 비행하므로 시차 증후군에 시달리지 않는다.

여객기는 비행 거리에 따라 단거리, 중거리, 장거리 비행 등으로 구 분된다. 비행 거리는 비행 중에 체공(항공기가 공중에 머물러 있음)한 비행 시 간으로 정의되며, 여객기 순항 속도가 비슷하기 때문에 비행 거리 대 신에 비행 시간을 기준으로 삼을 수 있다. 그러므로 단거리와 중거리,

대한항공 B777

장거리 여객기는 비행 시간을 기준으로 분류된다.

　단거리 비행은 여러 문헌에서 3시간 미만을 비행하는 것으로 정의되며 2,000마일(3218.7킬로미터) 이내 비행을 의미한다. 예를 들어 인천에서 홍콩까지 비행하거나 미국 뉴욕에서 캐나다 밴쿠버까지 비행하는 B737, A320계열 여객기 등을 들 수 있다. 물론 B737 여객기가 7시간 비행 시간이 소요되는 자카르타까지 비행할 수 있지만, 여기서는 일반적인 기준으로 분류해 적용한 것이다. 중거리 비행은 3~6시간 비행으로 영국 런던에서 이집트까지의 비행을 들 수 있다. 중거리 여객기는 B757, A330-300 등을 꼽을 수 있다. 장거리 비행은 6시간을 초과하는 비행으로 정의되며, A380, B747, B777, B787 등의 대형기가 장거리 여객기에 해당된다. A330-200 여객기는 항공사에서 중형기로 분류하지만 인천에서 로스앤젤레스, 라스베이거스, 시애틀 등을 비행할 수 있으므로 장거리 여객기에 포함된다.

35

여객기의 지연과 결항에 숨겨진 비밀

지연·결항 여부를 결정하는 세 가지 요소는 기상에 의한 바람 강도, 시정(가시거리), 활주로의 마찰 계수 등이다. 항공기 제작사인 미국 보잉 사 및 프랑스 에어버스 사는 연간 비행 횟수가 5,000회 이상인 전 세 계 항공사를 대상으로 2005년부터 항공기 정비로 인한 15분 이상 지 연 및 결항률에 대한 분석 자료를 정기적으로 발표한다. 이에 따르면 국적 항공사인 대한항공, 아시아나항공, 진에어, 에어부산 등이 고장 으로 인한 지연·결항률이 거의 없어 세계 최고의 항공사로 자리매김 하고 있다.

2010년만 하더라도 대한항공은 B777, A300-600 등 두 기종에서 지연·결항률은 최저로 세계 1위이며 A330 기종은 세계 2위를 기록했 다. 아시아나항공에서도 B777, B767 지연·결항률은 세계 2위를 기 록했다. 국내 저비용 항공사인 진에어는 B737-800 기종에서 세계 1

위, 에어부산의 경우 B737-400/500 세계 1위를 기록했다. 그 외의 국내 항공사들도 아주 낮은 지연·결항률을 기록하고 있어 외국의 항공사에 비해 월등한 최고의 운영체제를 갖추고 있다.

국내선의 경우 2009년 1월부터 2010년 2월까지 14개월간 17만 465편을 비행했고, 132편을 고장으로 결항했다. 이에 비해 국제선은 12만 7793편 비행에 9편을 결항했다. 고장으로 인한 국내선 결항 편수가 국제선에 비해 15배 정도 많은 것은 여객기에 문제가 생기면 승객 규모 및 대체 교통수단 등을 판단해 대체 여객기를 국제선에 우선 투입하기 때문이다.

대체 여객기는 항속 거리 및 산소 보유량 등과 같은 성능에 따라 일부 노선에는 투입하지 못한다. 3만~4만 피트의 순항 고도를 비행 중 여압 장치가 정상 작동할 경우 특별히 산소를 공급할 필요는 없다. 그렇지만 여객기는 여압 장치 고장을 대비해 최소 산소 요구량을 보유해야 한다. 승객이 여압 장치 없이도 호흡할 수 있는 3.05킬로미터(1만 피트) 고도로 비행하기 위해 급강하하는 동안 산소를 공급해야 하기 때문이다. 특히 히말라야 산맥이나 안데스 산맥 등 고산 지대를 비행할 때는 산소가 떨어지기 전에 최저 항공로 고도(MEA, Minimum En-route Altitude)로 비행한 후 1만 피트까지 강하해야 하므로 더 많은 산소를 보유해야 한다.

비상 탈출 루트(emergency escape route) 또는 산소 탈출 루트(oxygen escape route)란 여압 장치가 고장났을 때 1만 피트의 최저 직항로 고도(MORA, Minimum Off-Route Altitude)로 비행하기 위해 산악 지역의 높은 장애물을 피하는 과정을 의미한다. 산소 탈출 루트는 1만 피트보다 높은 상승 최대 고도를 지난 후부터 강하 최대 고도까지 잡으며, 이 루트가 길수록 더 많은 산소를 보유해야 한다. 인천 공항에서 우즈베키스탄의 타슈켄트를 가는 여객기는 티베트 고원과 고비 사막 사이를 거쳐 텐산 산맥의 높은 장애물을 통과해야 한다. 또 인천에서 오스트레일리아 시드니나 브리즈번, 또 뉴질랜드 오클랜드 등을 향해 비행할 때도 파푸아 뉴기니의 해발 4,000미터가 넘는 여러 봉우리를 보유한 서쪽 비스마르크 산맥과 동쪽 오웬 스탠리 산맥의 고산 지대를 통과해야 한다. 이러한 고산 지대를 비행하는 동안 비상 시 충분한 산소를 공급할 수 없는 여객기를 투입할 수 없다. 또 기상 레이다가 작동하지 않는 여객기는 야간 비행을 해야 하는 노선에 투입할 수 없다. 그러니 멀쩡한 여객기가 있는데도 불구하고 높은 산악 지역을 통과하는 노선에 투입하지 못하는 것은 나름대로 속사정이 있는 것이다.

다른 기상 변수로 항공편이 취소되는 경우가 있다. 2010년 4월 아이슬란드의 에이야프얄라요쿨(Eyjafjallajokull) 화산 폭발로 화산재가 확산되면서 북유럽이 항공 대란을 맞았다. 항공기 엔진이 화산재에 함유된 작은 암석 조각과 모래 때문에 꺼질 수 있으므로 화산이 폭발하면 관련 항공편을 취소하는 것은 당연하다.

1989년 12월 15일에는 KLM 867편 B747-400 여객기가 네덜란드 암스테르담을 이륙해 알래스카 앵커리지를 향해 비행하던 중에 4개의 엔진이 모두 꺼져 버렸다. 앵커리지 남서쪽 리다우트 산(Mount Redoubt)의 화산재로 인해 엔진 압축기 실속(compressor stall, 압축기 블레이드에서 과도한 받음각으로 인해 분리가 발생해 충분한 압축 공기를 배출하지 못하는 현상)이 발생했기 때문이다. 그렇지만 엔진을 재점화해 앵커리지 국제 공항에 무사히 비상 착륙할 수 있었다.

1982년 6월 24일에 브리티시 에어웨이즈 소속 B747-200 여객기가 말레이시아 쿠알라룸푸르를 이륙해 오스트레일리아 퍼스로 비행하는 중에 엔진 4개가 꺼졌다. 인도네시아 자카르타에서 남동쪽으로 280킬로미터 떨어진 갈룽궁(Galunggung) 화산이 대규모 폭발을 하면서 화산재가 유입된 것이다. 여객기는 15:1의 활공비(glide ratio)로 활공하기 시작했지만, 자바 섬 남쪽 해안의 높은 산악 지역을 비행하기 때문에 적어도 3.5킬로미터(1만 1500피트)를 유지해야 했다. 조종사는 인도양에 디칭(ditching, 수면 위 불시착)하려고 했으나 다행히 엔진을 재시동해 3대의 엔진을 살려 자카르타에 무사히 비상 착륙할 수 있었다.

항공편이 취소되는 이유는 항공기 화산 폭발 이외에도 강풍, 뇌우, 안개, 폭우, 폭설 등이 있다. 강풍은 항공기 규모와 활주로 상태에 따라 다르지만, 옆바람(cross wind, 측풍)일 경우 대략 30노트(knots, 시속 55.6킬로미터) 이상이면 착륙이 제한된다. 또 옆바람이 25노트인 경우는 자동 조종 장치에 의한 착륙이 제한된다. 물론 관제탑의 관제사가 여객기 조종사에게 옆바람이 심하게 불어 착륙 금지를 권고하지만 최종 결정은 기장이 판단한다.

조종사가 착륙을 하는 데 크게 문제가 되는 것은 안개나 해무다. 시정은 가시 거리로 대기의 혼탁한 정도를 의미한다. 시정은 조종사 자격, 비행기 및 공항 등급에 따라 다르게 적용된다. 시정이 김포 공항은 200미터, 인천 공항은 100미터 이상이면 항공기 이륙 및 착륙이 가능하다. 특히 봄철은 안개가 심해 시정이 안 좋아 결항이 상당히 많아진다. 일단 조종사는 활주로가 잘 보여야 안전하게 접근하고 착륙을 시도할 수 있기 때문이다. 2010년 4월에 폴란드 카친스키(Kaczynski) 대통령 부부가 탑승한 투폴레프 Tu-154 폴란드 공군기가 추락해 탑승자 97명 전원이 사망했다. 사고기는 러시아 스폴렌스키 공항에 착륙하는 과정에서 짙은 안개에도 불구하고 무리하게 착륙을 시도하다가 고도가 너무 낮아 공항 부근의 나무에 부딪쳤다.

여객기가 장거리 비행을 한 후 착륙 공항에 거의 도착했을 때 기상이 나빠 비가 내리거나 눈이 올 수 있다. 사실 비는 폭우가 아니면 그리 큰 문제가 되지 않는다. 왜냐하면 활주로를 물이 잘 빠지게 설계해 활주로의 마찰 계수(미끄러움 정도)를 0.4 이상(마찰 계수가 1.0에 가까울수록 마찰력이 커져 활주 거리가 짧아지며, 추정 제동 상태는 0.4 이상이면 양호, 0.35~0.30이면 보통, 0.25 이하면 부족으로 분류됨)으로 유지하기 때문이다. 물론 공항 당국의 운항 정보관은 뮤-미터(Mu-meter), 활주로 마찰 테스트기(Runway Friction Tester), 스키도미터(Skiddometer), 표면 마찰 테스트기(Surface Friction Tester) 등과 같은 마찰력 측정 장치를 이용해 마찰 계수를 측정해 공표한다. 특히 비나 눈이 오는 경우 마찰 계수 측정값을 각 항공사, 관제탑 등에 미리

이륙 전에 날개 결빙을 제거하는 장면
2013년 1월 미국 디트로이트 공항에서 이륙 전 제빙 작업을 하는 장면이다. 인천공항공사는 겨울에 눈이 오면 국내외 여객기 1대당 대략 50만 원(2014년 현재)의 작업 비용을 받고 제빙 작업을 해 준다.

전달해 항공기가 안전하게 이·착륙할 수 있도록 한다.

여객기의 결항 요인으로 비보다는 눈이 더 심각하다. 조종사의 시야를 가려 활주로가 안 보이고 활주로에 눈이 쌓여 미끄러질 수 있기 때문이다. 눈이 쌓이거나 얼음이 언 상태의 여객기는 비행기 자체의 형상 변화로 인해 공기 역학적 성능을 충분히 발휘하지 못해 이륙조차 불가능할 수도 있다. 적설량에 따라 다르겠지만 여객기는 눈과 얼음을 제거하는 제빙 작업을 반드시 받아야 한다. 눈이 오는 날에는 여객기가 공항의 일정한 장소에서 대기 순서대로 제빙 작업을 받아야 하므로 많은 시간이 소요되어 연착될 가능성이 높다.

36

항공기 날개는 어떻게 진화했나?

항공기 개발 역사가 시작된 1804년(케일리가 현대식 비행기 형상의 글라이더를 설계·제작한 연도)부터 100여 년 동안 개별적으로 에어포일과 날개를 연구해 왔다. 그렇지만 라이트 형제가 최초의 동력 비행을 성공한 이후부터 에어포일과 날개를 집중적으로 연구하기 시작했다.

미국 NACA는 1917년 보스턴에 있는 매사추세츠 공과 대학(MIT) 풍동에서 양력 및 항력 계수를 측정해 세계 최초로 체계적으로 에어포일 시리즈를 연구했다. 1923년에 미국 NACA는 버지니아 주 랭글리에 가변 밀도 풍동(VDT, Variable Density Tunnel, 시험부를 표준 대기 상태에서 20 기압까지 가압시킬 수 있는 풍동)을 건설하고 에어포일 연구에 박차를 가했다. 또 1940년대에는 체계적이고 논리적으로 NACA 4자리 계열 에어포일 시리즈를 만들었다. 그리고 1940년에 높은 레이놀즈수(Reynolds number, 유체의 흐름에서 관성력을 점성력으로 나눈 무차원수로 두 종류의 힘이 상대적으로 중

요함을 정량적으로 나타내는 값. 레이놀즈수는 바람 속도와 모형의 크기의 곱에 비례하므로 실

제 비행기 크기인 경우 높은 레이놀즈수를 가짐.)에서 실험을 수행할 수 있는 2차원

저난류 가압 풍동도 설치했다.

 2차원 에어포일 연구뿐 아니라 항공기에 부착된 3차원 날개에 대

한 연구도 활발했다. 항공기 날개는 날개 끝이 존재하고 유한한 길이

를 갖는다. 그래서 날개 끝에서 와류가 생겨 3차원 유동이 형성돼 2차

원 에어포일 주위 흐름과 다르고 더 복잡하다. 항공기를 공중에 뜨게

하는 양력을 발생시키는 장치인 날개가 어떻게 발달했는지 알아보자.

초기 에어포일 연구

19세기 전환기에 케일리가 글라이더를 설계한 때부터 항공의 역사가

시작된 것으로 간주된다. 이 글라이더는 날개 단면이 아주 얇았는데

이는 저항을 작게 하기 위해서였다. 또 영국의 호라시오 필립스(Horatio

Phillips, 1845~1924년)는 1884년과 1891년에 표면이 이중으로 된 아주

얇은 에어포일들을 특허 출원했다.

 릴리엔탈과 랭글리, 라이트 형제 등 항공계의 초기 연구자들은 얇

은 에어포일 전통을 이어 왔다. 두꺼운 에어포일은 저항이 크기 때문

이라는 인식 때문이며, 단순히 새의 날개를 모방하면서 전통을 이어

왔을 수도 있다. 얇은 에어포일은 뾰족한 에어포일 앞전 때문에 흐름

분리(flow separation) 현상이 낮은 받음각에서도 발생해 최대 양력 계수

가 작다.

 라이트 형제가 동력 비행을 성공한 이후 항공기의 발달은 지지부

진했으며, 속도도 시속 80킬로미터를 넘지 못했다. 초기 비행기의 속

도는 현재 고속도로를 주행하는 자동차 속도보다 느렸다. 《뉴욕 해럴드》의 소유주 제임스 고든 베닛(James Gordon Bennett Jr., 1841~1918년)이 설립한 고든 베닛 항공 트로피 대회(1920년까지 열린 국제 항공기 속도 대회)가 1909년부터 개최되면서 속도 경쟁이 가열되었으며, 1913년이 되어서야 겨우 시속 161킬로미터를 초과할 수 있었다. 그러므로 1910년대 에어포일은 체계적으로 설계를 하거나 연구하지 못하고, 주문 설계되었다. 그렇지만 영국은 좀 더 일찍이 정부 주도로 NPL(National Physical Laboratory)에서 제1차 세계 대전 당시의 항공기에 사용된 RAF(Royal Aircraft Factory) 에어포일 시리즈를 연구했다.

1915년 이전의 에어포일 데이터는 실제 크기의 에어포일보다 훨씬 작은 에어포일 모형으로 풍동 실험을 수행한 결과다. 따라서 에어포일의 풍동 실험 데이터는 실제 비행에 대한 레이놀즈수보다 훨씬 낮은 레이놀즈수에서 얻은 값이었다. 낮은 레이놀즈수의 에어포일은 에어포일 모형이 작아 날개의 앞전 반경이 감소되고, 에어포일 두께가 얇아짐에 따라 최대 양력과 양항비(L/D)는 증가하므로 얇은 에어포일이 두꺼운 에어포일보다 항력이 작다는 것(사실상 오류로 어느정도 두꺼운 에어포일의 항력이 더 작음)이다. 따라서 1919년 이전의 거의 모든 항공기는 상대적으로 날카로운 앞전을 가진 얇은 날개(두께/시위 길이 < 6퍼센트)를 사용했다.

이와 같이 1915년 이전 작은 시험부의 저속 풍동에서 얻을 수 있는 낮은 레이놀즈수에서, 경계층 천이(transition, 경계층에서의 흐름이 층류에서 난류로 옮겨가는 부분)는 날개 모델 윗면에서 훨씬 뒤까지 지연될 수 있다. 그러므로 날개 모델에서 흐름 전체를 층류 경계층(흩어짐 없이 층을 이루면서 질서 정연하게 흐르는 경계층)이 지배하는 것으로 착각하게 만들었다.

독일의 공기 역학자 프란틀은 1915년이 되어서 괴팅겐 대학교에 지

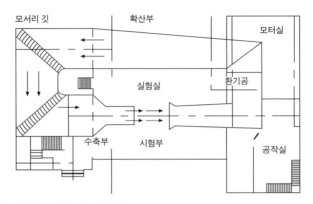

1915년 프란틀이 제작한 아음속 풍동

모서리 깃 · 확산부 · 모터실 · 실험실 · 환기공 · 수축부 · 시험부 · 공작실

름 2미터의 원형 시험부를 갖는 폐쇄회로식 아음속 풍동을 만들었다. 아음속 풍동 시험부의 공기 흐름 속도는 초속 40미터(시속 144킬로미터)로 당시 실제 비행기의 속도에 해당했다. 따라서 프란틀은 실제 크기의 비행기에서와 동일한 높은 레이놀즈수에서 풍동 시험을 수행할 수 있었다. 실제 크기의 비행기에서 날개 주위의 흐름은 작은 모형 날개와 달리 날개의 앞전에서만 층류를 유지한다. 얇은 날개에서의 층류 경계층은 훨씬 더 분리되기 쉬우며, 낮은 받음각 조차에서도 날개 앞부분에서 흐름이 분리되므로 조기 실속(premature stall, 비행기 날개 윗면에 흐름 분리가 발생하면서 급격히 양력을 잃는 실속 현상이 일찍 발생하는 것)을 유발한다.

프란틀은 1917년에 괴팅겐 298 에어포일과 같이 13퍼센트 두께의 두꺼운 에어포일 단면을 실제 비행기 크기에 해당하는 높은 레이놀즈수에서 풍동 실험을 수행했다. 그 결과 뭉뚝한 앞전을 갖는 두꺼운 에어포일은 더 높은 받음각까지 실속을 지연시켜 양력이 크다는 획기적인 연구 결과를 도출했다. 종전 낮은 레이놀즈수에서 얇은 에어포일이 두꺼운 에어포일보다 항력이 작다는 풍동 실험 결과는 실제 비행기에 적용할 수 없는 오류였다.

두꺼운 날개는 외부 와이어를 제거할 수 있으므로 항력을 크게 감소시킬 수 있었다. 두꺼운 날개 속에 외부 와이어 구조물을 넣을 수 있는 공간을 충분히 확보할 수 있기 때문이다. 또 두꺼운 날개는 얇은 날개에 비해 높은 받음각에서 흐름 분리 현상이 발생하므로 더 큰 최대 양력 계수를 제공한다. 독일의 에어포일 시리즈는 지금까지 사용해 오던 것과 달리 더 두꺼운 단면의 새로운 에어포일 형태를 포함했다. 혁신적인 에어포일은 '붉은 남작'으로 불리는 만프레트 폰 리히트호펜 (Manfred von Richthofen, 1892~1918년)이 조종했던 포커 Dr-1 삼엽기에 적용되었다. 포커 Dr-1은 다른 전투기에 비해 높은 상승률과 기동성을

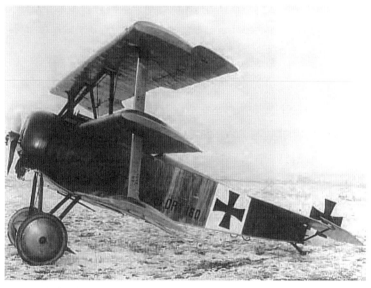

두꺼운 에어포일을 처음 적용한 포커 Dr-1 삼엽기

갖는다. 독일은 포커 D-VII 전투기에도 두꺼운 에어포일을 적용했으며, 영국의 숍위드 카멜과 프랑스의 스패드 VIII 전투기보다 훨씬 높은 상승률을 발휘했다. 프란틀의 에어포일에 대한 혁신적인 연구 결과로 인해 1919년부터는 본격적으로 저속에서 공력 특성이 우수한 두꺼운 에어포일을 날개로 사용하게 되었다.

NACA의 에어포일 연구

미국은 1915년까지 거의 모든 항공기에 RAF 에어포일을 사용하거나 에펠이 새(bird)를 해석해 설계한 얇은 에어포일을 사용했다. NACA의 첫 번째 에어포일 연구는 1917년 MIT 풍동에서 양력 및 항력 계수를 측정한 연구다. 이 연구 결과는 NACA 보고서(Report No. 18)로 발간되었으며, 이것이 최초로 에어포일 시리즈를 체계적으로 연구한 것이다.

공기 역학 연구자들은 1917년에 발간된 NACA 보고서를 통해 에어포일이 약간만 변화해도 공기 역학적 성능을 크게 변화시킨다는 것을 알았다. 이것은 1920년대 에어포일 연구에 지대한 영향을 끼치고 수많은 에어포일 모양을 연구하게 만들었다. 또 1923년에는 NACA 랭글리에 가변 밀도 풍동을 건설했다.

미국의 NACA는 1933년에 고전 역학에서의 체계와 논리를 바탕으로 마침내 날개의 여러 형태를 고안해 발표했다. 날개 형태는 제이콥(E. N. Jacobs), 워드(K. E. Ward), 핀커튼(R. M. Pinkerton) 등이 1933년에 발간한 NACA 보고서(Report No. 460), 「가변 밀도 풍동 시험을 통한 78개 에어포일 단면의 특성(The Characteristics of 78 Related Airfoil Sections from Tests in the Variable-Density Wind Tunnel)」에 잘 나타나 있다. 그들은 1923년에 설치

된 가변 밀도 풍동에서 2개의 기본 변수를 바꿔 실험했다. 항공기 날개의 형태를 변화시키는 가장 의미 있는 기본 변수를 날개 두께와 평균 캠버선(mean camber line, 날개 두께의 2등분점을 연결한 선)으로 정해 날개 모양을 변화시켰다. 특히 날개의 두께는 구조적인 관점에서 상당히 중요하며, 평균 캠버선은 에어포일 단면의 공기 역학적 특성 및 방정식 등 여러 특징을 결정한다. 그들은 2개의 기본 변수를 변화시킨 연구를 통해 에어포일 시리즈를 체계적으로 이끌어 냈다.

제이콥과 그의 동료들은 역사상 처음으로 NACA 4자리 에어포일 계열(NACA Four-Digit Airfoils)을 정의하고 연구를 계속해 나갔다. NACA 2412의 첫 번째 자리수 2는 에어포일이 최대로 휘는 형태(최대 캠버)가 전체 시위의 2퍼센트임을 나타낸다. 두 번째 자리수 4는 에어포일의 최대 캠버 위치가 40퍼센트에서 발생하며, 마지막 두 자리수 12는 최대 두께가 12퍼센트임을 나타낸다. 시위 길이 12.7센티미터와 날개 스팬(wing span, 날개 길이) 76.2센티미터인 유한 날개(가로세로비 AR을 6으로 크게 하고 날개 끝에 수직판을 가까이 부착해 날개 끝에서의 3차원 효과를 최대한 줄였음)로 가변 밀도 풍동에서 NACA 2412 에어포일 시험을 수행해 무한 날개(2차원 에어포일을 의미함)에서의 양력 계수, 항력 계수, 양항비 곡선 등을 NACA 보고서(Report No. 460)에 발표했다. 결과가 발표된 후에 표준 NACA 4자리 에어포일 계열은 널리 사용되어왔으며 지금도 NACA 2412 에어포일은 일부 소형 항공기에 날개로 채택된다.

1930년대 후반에는 NACA는 새로운 캠버선이 있는 5자리 계열 에어포일을 개발했다. NACA는 날개의 최대 양력을 증가시키기 위해 가장 호평 받는 230개의 평균 캠버선을 이용해 새로운 에어포일 계열로 발전시킨 것이다. 이것은 표준 NACA 두께 분포와 결합되어 제시되었으며, 현재도 NACA 23012와 같은 다섯 자리 에어포일 계열을 비즈니스 제트 항공기인 세스나(1927년 미국 캔자스 주 위치토에 설립된 세계 3대 소형 비행기 제조업체) 사이테이션과 쌍발 엔진의 터보프롭 비즈니스 항공기인 비치 킹 에어(Beech King Air) 등에서 사용한다.

1940년대까지 고속 에어포일과 층류 에어포일을 개발하는 연구가 이어졌다. 1940년대 에어포일 외형에 관한 연구는 고속 날개 계열과 층류 날개에 집중되었다. 1940년에 NACA는 에어포일 개발에 박차를 가하기 위해 랭글리에 오로지 에어포일 시험만을 위한 2차원 저난류 가압 풍동(LTPT, Low Turbulence Pressure Tunnel)을 건설했다. 이 풍동은 1941년 5월부터 가동하기 시작했으며, 시험부는 최대 유속을 시속 612킬로미터(마하수 0.5)까지 낼 수 있다. 시험부 크기가 높이 2.3미터, 폭 0.91미터인 직사각형 풍동으로 시험부 압력을 최고 10기압까지 올릴 수 있다. 따라서 높은 레이놀즈수에서의 2차원 에어포일 자료를 직접 획득할 수 있었다.

1940년대 초반에 2차원 저난류 가압 풍동을 이용해 레이놀즈수가 300만~900만이고 M＝0.17보다 작은 마하수 범위(비압축성 흐름)에서 다양한 에어포일들에 대한 공력 특성 시험을 집중적으로 수행했다. 여기서 주목할 만한 것은 양력과 항력 데이터들이 풍동 저울(wind tunnel balance)로부터 획득되지 않는다는 점이다. 오히려 양력은 풍동의 상층부와 하층부에서 측정된 압력을 적분함으로써 계산되었다. 항력은 항공기 날개의 뒷전에서의 하류에 형성된 후류(wake)를 피토관으로 측정된 압력 분포로 계산되었다. 그러나 에어포일의 피칭 모멘트는 풍동 저울을 이용해 직접 측정되었다. 2대의 풍동에서 획득된 방대한 양의 NACA 에어포일 자료는『날개 단면의 이론(*Theory of Wing Sections*)』(1949년)

으로 출간되었다. 이 책에는 간단한 공기 역학 이론, 에어포일의 기하학적 모양 및 공력 특성 실험 데이터가 수록되어 있다.

1950년 당시 NACA 에어포일 개발은 초음속과 극초음속 공기 역학 연구에 밀려 멈췄으며, 그 후 15년 동안 에어포일 시험을 위한 전문적 장비들이 철거되었다. 그러나 1965년에 리처드 휘트콤(Richard Whitcomb, 1921~2009년)은 NASA(1958년 NACA를 해체하고 공군 및 해군 등 여러 조직을 통합하여 창설함)에서 초임계 에어포일(Supercritical airfoil)을 개발했다. 초임계 에어포일의 개발로 높은 천음속 마하수(M=1.0에 근접한 마하수)에서 날개의 설계가 가능해졌고, NASA내에 새로운 모양의 에어포일이 알려지면서 에어포일 연구가 활기를 되찾았다. 최신 에어포일 개발에 유익한 프로그램들이 만들어지고, NASA 랭글리에 있는 2차원 저난류 가압 풍동이 재가동되었다.

고성능 컴퓨터가 개발됨에 따라 이를 이용해 에어포일에 관한 전

한국항공대학교 응용공기역학 연구실 아음속 풍동들

산 연구가 시작되었다. 사실 전산 유체 역학은 에어포일 주위 아음속 유동장(flow field)을 계산하는 데 상당히 신뢰할 만한 데이터를 제공해 풍동으로 수행했던 일부 시험을 대체했다. 특히 주목해야 할 것은 NASA에서 일반 소형 항공기에 사용하기 위해 개발한 저속 에어포일이다. 저속 에어포일 LS(1) 시리즈는 양력을 크게 증가시켜 더 작은 면적의 날개를 소형 항공기에 장착할 수 있게 했다. 그러므로 소형 항공기의 날개 크기가 줄어들어 무게뿐만 아니라 항력도 상당히 감소했다.

개별적으로 연구를 해 오던 에어포일 설계 및 개발이 지난 100여 년 동안 매우 조직적으로 짜임새 있게 진행된 셈이다. 미국은 1930년대에 이미 NACA 4자리 계열 에어포일 시리즈를 만들었으며, 1940년에는 높은 레이놀즈수에서 실험을 수행할 수 있는 2차원 저난류 가압 풍동을 설치했다. 에어포일 개발 과정을 통해 미국이 항공 우주 기술 개발에 얼마나 체계적이고 논리적이었는지 알 수 있으며, 우리가 본받아야 할 부분이기도 하다.

3차원 날개의 발달

3차원 유한 날개는 프랜시스 웬햄(Francis Wenham, 1824~1908년)이 처음으로 저속 비행에서 유한 날개의 공력에 가로세로비 값이 미치는 영향을 평가한 것부터 시작된다. 영국 항공 학회 학술 위원으로 1871년에 세계 최초의 풍동을 설계·제작한 항공 선구자인 그는 1866년 6월 27일에 영국 런던에서 개최된 항공 학회 학술 회의에서 고전 논문「공중 운동(Aerial Locomotion)」을 발표했다. 새가 강력한 양력을 얻기 위해 날개가 좁고 길어진 것을 설명해 큰 가로세로비 값을 평가했다. 또 그는 날

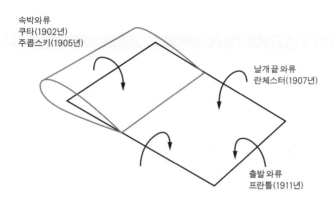

속박와류
쿠타(1902년)
주콥스키(1905년)

날개 끝 와류
란체스터(1907년)

출발 와류
프란틀(1911년)

날개에 작용하는 와류

개 면적이 동일하다 하더라도 날개 시위보다 날개 스팬이 큰 날개가
양력을 더 발생한다는 것을 보였다.

3차원 유한 날개에서 발생하는 날개 끝 와류에 대해 언급하자면 프
레더릭 란체스터(Frederick Lanchester, 1868~1946년)를 빼놓을 수 없다. 그는
새의 압력 중심과 무게 중심이 어떻게 변하는지 알기 위해 다양한 새
들의 비행을 조사해 현대 에어포일 이론의 근간이 되는 순환 이론을
공식으로 이끌어 냈다. 란체스터는 1897년에 「새의 상승 비행 및 기
계적 비행의 가능성(The soaring of birds and the possibilities of mechanical flight)」
을 물리학회에 발표하려고 했지만 거부당했다. 낙담한 그는 10년 동
안 자동차 개발에만 집중하다가 1907년에 동력 비행 문제를 다룬 『항
공 비행(Aerial Flight)』을 발간해 양력과 항력을 처음으로 완벽하게 묘사
했고, 비행 중 날개 뒤에 발생하는 와류에 대한 모델을 제시했다. 그는
독일의 쿠타, 러시아의 주콥스키와 같은 시기에 각자 독자적으로 양력

의 순환 이론을 기술했다. 중요한 것은 란체스터는 유한 날개에 대한 공기 역학에서 날개 끝 와류 효과를 처음으로 논의했다는 것이다.

란체스터는 날개 이론에 대해 논의하기 위해 1908년에 독일 괴팅겐 대학교를 방문해 경계층 이론을 창시한 프란틀 교수와 그의 제자 폰 카르만을 만났다. 언어가 달라 당시 두 사람이 충분히 토론해 서로의 생각을 잘 이해했는지 알 수는 없다. 그러나 그동안 란체스터의 와류 이론에 관심을 갖고 수학적으로 수정한 프란틀은 1914년에 3차원 날개의 날개 끝 와류 효과를 계산하는 간단하고 명백한 공기 역학적 이론을 발표했다.

1902~1907년 날개 이론은 란체스터가 앞서고 있었지만, 프란틀은 날개의 양력을 수학적으로 조사하고자 알베르트 베츠(Albert Betz)와 막스 뭉크(Max Munk)와 같이 연구해 란체스터의 학문적 성과를 추월한다. 이전에 전혀 언급이 없던 유도 항력은 1918년에 처음으로 뭉크에 의해 형상 항력과 유도 항력이 결합되어 표현되었다. 프란틀의 유한 날개 연구 결과는 1922년에 NACA 기술 보고서(TR 116)에 「현대 유체 역학의 항공학 응용(Application of Modern Hydrodynmics to Aeronautics)」으로 발표되었는데 란체스터-프란틀 날개 이론(Lanchester-Prandtl wing theory) 또는 양력선 이론(lifting-line theory)으로 잘 알려져 있다. 또 그는 당시 항공기에 사용된 캠버가 있는 에어포일에 대해 연구해 얇은 에어포일 이론을 발표했다. 이 이론은 3차원 날개의 특성과 성능에서 아주 중요한 유한 길이의 날개와 날개 끝 효과, 유도항력을 다룬다. 프란틀과 란체스터는 각각 1930년과 1931년에 항공학에 탁월한 업적을 남긴 개인에게 수여되는 다니엘 구겐하임 메달(Daniel Guggenheim Medal)을 수상했다.

37

비행기 조종석의 이모저모

최신 항공기는 첨단 LCD형 통합 전자 장비를 갖춘 '글래스 콕핏' 개념의 디지털 시스템을 사용하고 있다. 글래스 콕핏은 조종석 계기판의 자세계, 고도계 및 속도계 등과 같은 비행 계기를 그래픽 처리해 각종 정보를 조종사들이 보기 편리하도록 컬러 스크린으로 표시한다. 또 여객기 조종석에는 화재가 발생하거나 연기가 스며들 때 연기를 배출할 수 있는 창문이나 연기 배출 구멍이 있다. 글래스 콕핏의 개발 과정과 조종석 창문과 연기 배출 장치를 알아보자.

글래스 콕핏

글래스 콕핏에 대한 아이디어는 처음으로 1970년대 음극선관(CRT) 화면이 기계식 아날로그 계기를 대신하기 시작할 때 얻었다. 1970년

세스나 C-172R의 아날로그 방식 조종석

대 이전에 항공사들은 전자 디스플레이 시스템과 같은 고급 장비를 요구하지 않았다. 그렇지만 수송 항공기의 디지털 시스템이 출현하고 공항 주위 항공 교통 체증 증가로 인해 복잡해지자 고급 전자 장비를 요구하기 시작했다. 1970년대 중반에 수송기들은 조종석이 100개 이상의 계기와 조절 스위치로 구성되어 아주 복잡해지기 시작했다. 이때에는 기장과 부기장 이외에 엔진 계기들을 담당한 항공 기관사(flight engineer, 직접 비행기를 조종하지 않지만 조종사를 도와 기계, 전자, 전기계통의 정상 작동 여부를 확인하여 비행기가 원활하게 비행할 수 있도록 도움을 주는 엔지니어)까지 조종석에 탑승했다.

NASA 랭글리 연구 센터는 글래스 콕핏 개념을 처음으로 도입해 조종석 혁명의 개척자적인 역할을 했다. 랭글리 센터의 엔지니어들은 전자 디스플레이 개념을 주요 파트너 업체와 함께 개발해 시스템을 완성했다. 보잉 사는 랭글리 센터의 연구를 근거로 항공기 구매 고객의 요구에 부응해 여객기용 글래스 콕핏을 처음으로 개발했다. 보잉 사는 낙후된 전기 기계식 조종 계기를 11가지색 평면 패널 스크린으로 바꿨다. 시스템은 중요한 비행 계기를 그래픽으로 표현해 구식 시스템에 비해 조종사가 읽기 편하도록 개선했으며, 유지 비용도 절감했다.

새로운 글래스 콕핏은 백업 기능을 갖추었으며, 구식의 계기판보다 무게도 가볍고 전력을 덜 사용한다. 전통적인 조종석에서는 정보를 제공하는 여러 기계식 계기들에 의존했지만, 글래스 콕핏은 필요에 따라 비행 정보를 조정할 수 있는 몇 개의 스크린을 이용한다. 이것은 항공기 작동 및 항법을 간단하게 하고 조종사가 가장 관련 있는 정보에만 집중할 수 있도록 해 준다. 이제 여객기 조종사들은 컴퓨터에 목적지와 비행 경로를 입력해 놓고 컴퓨터의 조작을 감시하기만 하면 된다.

새로운 기술은 여객기뿐만 아니라 우주 왕복선도 더 편하고 안전하게 만들었다. 1985년에 첫 비행을 한 우주 왕복선 아틀란티스(Atlantis)의 조종석에 최첨단 기술인 글래스 콕핏을 적용했다. 2000년 5월에 아틀란티스 호는 국제 우주 정거장에 물자를 제공하기 위해 다기능 전자 디스플레이 시스템(Multifunction Electronic Display System)을 갖추고 처음으로 비행했다. 오늘날 글래스 콕핏은 점점 확산되어 아틀란티스 호뿐만 아니라 디스커버리 호, 인데버 호, 러시아의 소유스 TMA(Transport Modified Anthropometric, 2002년부터 비행하기 시작한 소유스 TMA 버전은 인체 조건에 보다 최적화한 우주선이라는 의미로 기존 TM에 A가 추가됨) 우주선에도 장착되었다.

이와 같이 NASA의 주도로 개발된 글래스 콕핏은 계기를 대폭 간소화시켰으며, 컴퓨터로 제어해 사람의 실수를 줄이고 기관사 없이 조종사 두 사람만으로도 조종할 수 있게 되었다. 또 대부분의 항공기가 정확한 예정 시간에 맞춰 목적 공항에 도착할 수 있게 되었다. 미국 국방부는 글래스 콕핏 기술을 F-117 나이트호크 전폭기(록히드 사가 개발한 스텔스기로 1983년 실전 배치되어 걸프 전쟁 보스니아 전쟁 등에 참전한 후 2008년 퇴역했음) 뿐만 아니라 전투기, 요격기에서부터 장거리 폭격기까지 항공기의 성능을 높이기 위해 채택했다.

1990년대 말경 액정 패널(LCD panel)은 효율이 좋고 신뢰할 수 있으며, 읽기도 편하기 때문에 항공기 제조업체들이 점점 더 선호하게 되었다. 비교적 최근에 제작된 여객기인 B767-400ER, B777, B787, A320, A330, A340-300, A340-500/ 600, A350, A380 등의 조종석은 액정 패널로 구성된 글래스 콕핏이다. 오늘날에는 심지어 세스나 172와 파이퍼 체로키(Piper Cherokee) 같은 기본 훈련기조차도 글래스 콕핏은 선택사양이다. 또 캐나다 온타리오 주 런던에 있는 다이아몬드 항공(Diamond Aircraft)의 쌍발 항공기인 DA42뿐만 아니라 비즈니스 제트들도 글래스 콕핏을 채택하고 있다. 글래스 콕핏의 스크린은 약간 뒤로 눕혀져 있어 조종사의 피로감을 줄여 준다.

초기 747 여객기의 아날로그 방식 조종석

A380의 글래스 콕핏

그러나 항공기가 컴퓨터로 자동 착륙까지 한다고 해서 종전의 아날로그 방식 비행 계기가 전혀 필요 없다는 것은 아니다. 최신 항공기에도 아날로그 방식은 만약을 위해 백업으로 장착되어 있다. 그것이 조종석 중앙 부분에 있는 스탠바이 인스트루먼트(stand-by instrument)다.

한편 글래스 콕핏 내의 제어 장치는 조종 시스템의 하나이며, 조종 시스템은 조종면, 연결 장치, 비행 방향을 제어하기 위한 작동 메커니즘, 조종석 제어 장치 등으로 구성된다. 항공기 엔진 제어도 속도 변화에 따른 비행 제어로 간주된다.

플라이 바이 와이어(fly-by-wire) 시스템은 종전에 조종면과 조종간에 연결된 기계적인 연결 장치로 제어하던 것을 전기적 신호로 제어하는

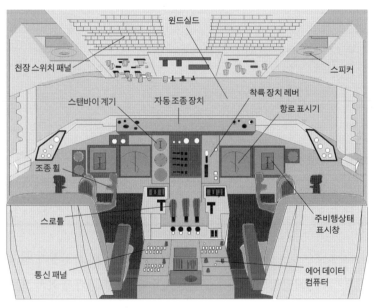

B737 글래스 콕핏의 각종 모듈 명칭

장치를 말한다. 그러니까 조종사와 조종면 사이에 직접 연결된 유압 장치나 기계적인 연결 장치를 없애고 전선으로 연결한 것이다. 플라이 바이 와이어는 유압 피스톤으로 작동하는 에일러론, 러더, 엘리베이터뿐만 아니라 플랩에도 전기적 신호를 보내 작동시킨다.

상용 여객기로는 처음으로 에어버스 사의 A320이 플라이 바이 와이어 방식을 채택했으며 기존의 비행기 조종 휠(control wheel) 대신에 조종석 좌측(기장석)과 우측(부기장석)에 사이드 스틱 컨트롤러(side stick controller)를 장착했다. 조종사가 컴퓨터로 전기 신호를 보내 조종면과 보조 장치를 조작하므로 자동으로 조종할 수 있는 장점이 있다. 예를 들어 조종사가 스틱을 과도하게 당겨 받음각이 급격하게 증가하면 위험하므로 제어 컴퓨터는 이를 판단해 정상적으로 비행할 수 있도록 받음각을 조절한다.

조종석 연기 배출 장치

비행 중 조종석에 연기가 스며 들어오면 조종사의 시야를 가려 심각한 위험을 초래할 수 있다. 항공기 제작사는 조종사가 조종실(flight deck)의 연기를 배출하기 위한 방법과 그 절차를 제시하고 있다.

비행 중에 발생한 연기와 화재는 비상 착륙 원인 중 하나다. 비행 중 연기 발생 시 진압하기 힘든 화재는 아주 드물다. 그러나 1987년 11월 28일에 남아프리카 항공의 B747 콤비(전방 쪽 승객 전용 객실과 후미 쪽 화물 전용실을 겸비한 기종)가 화재로 추락해 탑승자 159명 전원이 사망했다. 사고 여객기는 중화민국 타이베이 공항을 이륙해 남아프리카 공화국 요하네스버그를 향하던 중 화물칸에서 원인모를 화재가 발생해 인도양 모

B747 여객기의 조종석 실내 천장

B747 조종석의 연기 배출 포트

리셔스 섬 동쪽에 추락했다.

국제 항공 운송 협회(IATA, International Air Transport Association)는 2002년부터 2004년까지 3년 동안 50개의 항공사의 데이터를 분석해 연평균 567건의 연기 발생 사건이 일어났다는 것을 밝혔다. 대부분 순항 비행 중에 발생했으며, 결국 회항하거나 대체 공항에 비상 착륙했다.

B747 여객기의 조종실 내에는 계기뿐만 아니라 출입구 바로 위 천장에 작은 구멍이 있다. 조종석 연기 배출 포트(cockpit smoke evacuation port) 또는 스모크 리무버(smoke remover)라는 테니스공만 한 크기의 이 구멍은 여객기 외부와 직접 연결되어 조종석의 오염된 공기를 외부로 배출시킨다. B747 여객기에만 있는 기능으로 조종실 내부에 연기가 발생했을 때만 사용되는 이 구멍에는 다른 물품이 빠져 나가지 못하도록 스크린도 있다. 연기 배출 구멍 작동 핸들을 잡아당기면 구멍이 열리며 공기가 빠져나가는 소음이 발생한다.

B747 여객기는 연기 배출 포트가 있지만 조종석 창문을 열지 못한

다. 그렇지만 에어버스 사의 A300, A320, A330, A380 등과 보잉 사의 B737, B757, B767, B777 등 대부분의 여객기는 연기 배출 포트가 없지만 열 수 있는 창문이 있다. 조종사는 비상시 조종석 바로 옆 측면 슬라이딩 창문(sliding window)의 로킹 핀(locking pin)을 풀어 창문을 열 수 있다.

그러나 비행 중에 조종석 창문을 여는 것은 조종실의 연기 문제를 해결하는 데 도움을 주지 않는다. 창문을 열기 전에 항공기의 속도를 줄여야 하므로 오히려 착륙을 지연시킨다. 또 조종석 창문을 열었을 때 소음이 아주 심해 조종사 간 대화조차 힘들어 비상 상황에 대처하기 곤란하다. 여객기가 시속 418킬로미터로 비교적 저속 비행하는 경우에도 조종실에 지름 12.7센티미터의 구멍에서 나오는 소음조차도 일반 사람들이 참기 힘들 정도다. 비행 중 조종실 내에 화재 등 비상 상황에서 최후 수단으로 여객기의 조종석 해치(조종석 천장 부분에 있는 출입구)를 열 수 있는데 조종석 내 여압이 풀리고 비행 속도가 지시 대기 속도(피토-정압관으로 측정한 속도)로 시속 367킬로미터보다 느려야 한다.

여객기는 아주 높은 고도에서 비행하므로 여객기 외부 압력은 아주 낮으며, 내부 압력은 여압 장치로 풍선에 공기를 주입하듯이 가압해 외부에 비해 높다. 또 순항 고도의 외부 온도는 대략 영하 56도로 아주 낮다. 따라서 여객기 조종사는 저속으로 비행하는 소형 비행기와 달리 비행 중에 조종석 창문을 열 수 없다. 여객기 조종석 창문은 반드시 지상에서만 열어야 하며, 이것은 조종사 탈출 비상구로 사용된다. 그러나 세스나와 같은 소형 항공기는 비행 중 창문을 열 수 있다. 이런 항공기는 높지 않은 고도에서 비행하고, 조종석 내에 여압 장치가 없으며 빠르지도 않기 때문이다.

여객기 객실에 있는 창문은 열 수 있는 장치가 아예 없다. 객실의 공기 순환은 냉방 혹은 난방이 가능한 공기 조화 시스템이 담당한다. 객실 천장에 설치된 환기구에서 기내 공기를 빨아들여서 객실 전체의 공기를 순환시킨다. 엔진의 뜨거운 압축 공기 일부를 적정 온도로 냉각시켜 운항 중에 필요한 공기를 객실에 충분히 공급하므로 비상용 산소 탱크 이외의 산소가 필요없다. 대형 여객기의 경우 1분에 약 2,400리터(6리터씩 400인분)의 신선한 공기를 제공한다. 항공기 객실 공기량의 약 40퍼센트는 객실에서 배출된 공기를 여과해 다시 활용한다.

38

—

비밀스러운 비행 장치

비행기에는 비행 중에 발생하는 현상을 효율적으로 이용하기 위해 많은 과학이 스며들어 있다. 일반 승객들은 쉽게 발견할 수는 없지만 여

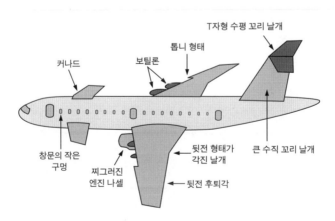

비밀스러운 비행 장치를 모두 보여 주는 독특한 비행기

객기 탑승 후 자세히 보면, 창문 아랫부분에 아주 작은 구멍이 있고 날개의 뒷부분 끝이 꺾어져 있는 것을 볼 수 있다. 또 날개 앞부분이 톱니 모양을 하고 있고, 날개 아랫면에 보틸론이란 와류 생성판이 있다. 이외에도 비행기를 보면 수직 꼬리 날개가 생각보다 아주 크고, B737 엔진을 보면 입구 부분이 찌그러져 있다. 이러한 비밀스러운 비행 장치에 대해 알아보자.

비행기 창문의 작은 구멍

여객기 객실 창문은 보통 아크릴과 같은 합성 소재로 삼중 구조이며, 모서리는 둥글다. 모서리가 사각형 형태인 창문은 응력이 집중해 쉽게 균열이 갈 수 있기 때문이다. 또 삼중 창문 중 중간 창의 중앙 아랫부분에 작은 구멍이 있다.

10.4킬로미터(3만 4000피트) 상공을 비행하는 B747 여객기 외부 온도

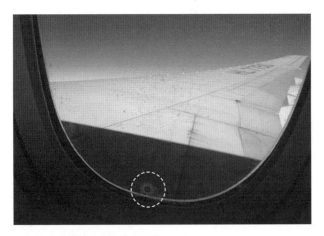

B747 객실 창문의 아래 중앙 부분에 난 구멍

는 영하 52.2도에 이른다. 여객기 내부 온도는 조종사가 조절하기에 달려 있지만 섭씨 18~30도 범위이므로 외부 온도와 실내 온도가 대략 76도 차이가 난다. 큰 온도 차이로 인해 객실 창에 성에(사물에 수증기가 하얗게 얼어붙은 것을 말함)가 끼어 시야를 가릴 수 있다. 이를 방지하기 위해 삼중 구조의 창문의 중간 창 아랫 부분에 작은 공기 순환 구멍을 만든 것이다. 이것은 비행기 내부 창 쪽의 따뜻한 공기와 외부 창 쪽의 차가운 공기를 순환시켜 내부와 외부 창문 사이의 온도 차이를 줄여 김이 서리거나 성에가 끼는 것을 억제한다.

한편 여객기 객실 창문에는 위아래로 움직이는 가리개(shade)가 있어 강한 햇빛과 자외선을 차단할 수 있다. 승무원은 이륙 후 순항 비행중 취침 시간에는 모든 창문을 닫고 객실 조명을 어둡게 해 쉽게 수면을 취할 수 있는 환경을 조성한다. 또 이·착륙 시 모든 창문 가리개를 열어 승객이 긴박한 사고를 대비해 비행기 외부 상황을 파악할 수 있게 한다. 최신 B787 여객기는 객실 창문에 가리개 대신 전자 커튼을 설치해 창문의 햇빛 투과량을 자동으로 조절한다.

뒷전 형태가 각진 비행기 날개

날개는 비행기를 효율적으로 날게 하기 위해 양력을 제공하는 기본적인 역할뿐만 아니라 추가적으로 연료통으로서의 기능과 착륙 장치를 보관하기 위한 기능이 있다. 날개는 연료통을 날개 전체에 고루 분포시켜 연료 무게를 분산시킨다. 따라서 날개는 연료를 포함한 날개 자체의 무게가 있어 양력으로 인한 휨모멘트(bending moment)를 줄인다. 날개의 연료는 무게 중심 근방에 있으므로 비행 중 연료를 소모하더라도 무게 중심 위치를 크게 변화시키지 않는다.

한편 비행기의 앞바퀴는 무게 중심의 앞부분 동체에 위치하고, 주착륙 장치는 무게 중심의 뒷부분에 위치해 비행기가 정지했을 때 앞또는 뒤로 넘어지지 않도록 한다. 여객기의 주착륙 장치는 보통 날개부분에 위치시켜 바퀴의 양쪽 간격을 적당히 유지하고 동체의 공간을 객실이나 화물실로 활용할 수 있도록 비워 준다. 속도가 느린 비행기의 날개는 후퇴각이 없으므로 주착륙 장치를 날개 속에 넣을 수 있는 공간이 있다. 그러나 후퇴각을 가진 날개는 뒷전 부분의 후퇴각이 앞전 부분의 후퇴각보다 작다 하더라도 비행기 무게 중심이 뒷전 근방에 위치하므로 날개 속에 주착륙 장치를 넣을 마땅한 공간이 없다. 주착

A320 날개의 각진 뒷전의 평면 모양

류 장치를 무게 중심 후방 위치보다 더 후방 위치에 장착해야 하는데 날개 뒷전 부분은 날개가 얇고 약하기 때문이다. 따라서 착륙 장치를 날개 속에 넣을 수 있는 공간을 확보하기 위해서는 날개 뿌리 근방의 뒷전 부분을 확장하는 것이다. 그래서 날개 뒷전 뿌리 근처에서의 후퇴각을 거의 0으로 만들어 뒷전 후퇴각이 2번 꺾이도록 제작한다.

날개 뿌리 부분의 뒷전을 확장시킨 날개 평면 모양은 여러 가지 장점이 있다. 첫째, 날개의 뿌리 부분에서 시위선(chord line)을 늘려 주었기 때문에 두꺼운 날개 단면을 갖게 해 주착륙 장치를 항공기의 무게 중심보다 더 뒤에 둘 수 있다. 둘째, 날개의 뒷전을 늘려 날개 형태로 제작했으므로 동체로 인해 흐름 속도가 증가되는 날개의 뿌리 부분에서의 국부 마하수(local Mach number)를 낮춰 주므로 순항 속도를 증가시킬 수 있다. 셋째, 동체 부근의 직선형 날개 뒷전(후퇴각 거의 0)은 날개의 최대 두께 부분을 뒤로 이동시켜 바람직한 압력 분포를 유지하게 한다. 넷째, 넓은 날개 평면은 뒷전 플랩을 장착하기에 편리한 장점이 있다. 다섯째, 뒷전을 확장시킨 날개는 동체 중앙 부분에서 가까운 거리에 엔진 파일론을 장착할 수 있는 공간을 제공한다. 엔진은 비행기 동체 중앙 부분에서 너무 멀게 장착되면 엔진이 고장 났을 때 요잉 모멘트가 너무 크게 작용해 직선으로 비행하기 곤란하기 때문이다.

미국 연방 항공국(FAA)은 엔진이 2기인 항공기가 인증을 받기 위해 엔진 1기가 고장 난 경우, 방향타로 조종해 직선 수평 비행을 가능하게 해야 한다고 규정하고 있다. 그러므로 항공기는 동체 중앙 부분에서 너무 멀지 않은 거리에 엔진을 장착해야 엔진 1기가 추력을 상실해도 직선 비행을 할 수 있다. 그래서 여객기의 엔진은 날개 뿌리의 뒷전 후퇴각이 없는 부분과 날개 끝 부분의 뒷전 후퇴각이 있는 부분이 만

나는 각진 위치에 장착된다.

이와 같이 날개를 설계할 때에는 연료 탱크나 주 착륙 장치 등 비공기 역학적인 기능도 고려해 설계해야 한다. 또 날개의 구조적인 강도와 복잡한 날개를 제작하는 공정도 고려해야 한다.

초음속 항공기 날개의 뒷전 후퇴각

후퇴각이 있는 초음속 항공기에서 일반적으로 날개의 뒷전 후퇴각은 앞전(leading edge, 항공기 날개의 앞 가장자리를 말함) 후퇴각보다 작게 설계한다. 이것은 날개 평면 형상을 테이퍼(taper)지게 함으로써 동체 연결 부분을 구조적으로 넓고 튼튼하게 제작하게 할 뿐만 아니라 공기 역학적 성능을 향상시키기 때문이다. 뒷전 후퇴각이 앞전 후퇴각보다 크면 날

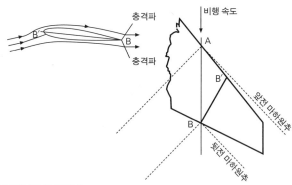

아음속 앞전과 초음속 뒷전

앞전에 수직으로 자른 단면 BB′인 경우 앞전에서는 M=1.0인 경우의 국부 마하각보다 후퇴각이 커서 아음속 에어포일 주위 유동(앞전에 수직한 단면인 에어포일이 느끼는 속도는 앞전에 수직한 속도이므로 후퇴각에 따라 에어포일 단면에 와 닿는 속도는 달라진다. 장조원,『하늘에 도전하다』(중앙북스, 2012년)109쪽 참조)이고, 뒷전에서는 후퇴각이 작아서 초음속 에어포일 주위의 유동이 된다.(바나드,『항공기 어떻게 나는가』(경문사, 1993년) 272쪽 참조)

개 평면 형상을 역테이퍼(inverse taper)로 제작해야 하는 단점이 있다.

앞전은 아음속 앞전(앞전 후퇴각이 M=1.0일 경우의 국부 마하각보다 커서 날개 앞전에 수직한 속도 성분이 아음속인 경우를 의미함)을 갖는 후퇴익이 되고, 뒷전은 초음속 뒷전(뒷전 후퇴각이 국부 마하각보다 작아서 날개 뒷전에 수직한 속도 성분이 초음속인 경우를 의미함)을 갖는 후퇴익이 된다. 이런 경우 앞전의 A점은 아음속이므로 우측 흐름에 영향을 주지만, B점은 날개의 어떠한 위치에도 영향을 주지 못한다. 또 이런 날개가 초음속을 날아가는 경우 앞전 부분의 에어포일(앞전에 수직하게 자른 단면)은 후퇴각으로 인해 아음속 흐름이 된다. 또 뒷전에서는 후퇴각이 없는 초음속 에어포일과 유사하게 초음속흐름이 되어 뒷전에서 충격파가 발생한다.

아음속 앞전인 경우 큰 후퇴각으로 인해 초음속에 돌입해도 항력이 그리 크지 않고, 공력 성능 변화가 크지 않은 장점이 있다. 초음속 뒷전을 갖는 경우 날개 윗면의 압력 분포가 뒷전 부근에서도 크게 되어 양력 중심이 후방으로 이동한다. 초음속 뒷전의 작은 후퇴각은 초음속 비행 문제를 해결하기 위한 방안 중 하나다.

톱니 형태의 비행기 날개

F-4 팬텀과 F/A-18 슈퍼 호넷 등과 같은 전투기의 날개를 보면 앞전 부분에 날카로운 지그재그형의 톱니가 있어 안쪽과 바깥쪽 날개를 구분할 수 있다. 이것은 날개 앞전 부분에서 바깥쪽 날개 부분을 확장해 제작하며, 이를 톱니(sawtooth) 또는 송곳니(dogtooth)라 부른다. 이러한 톱니 형태(saw cut)의 앞전은 기동성을 향상시키기 위해 대부분 고성능 전투기의 날개에 장착된다.

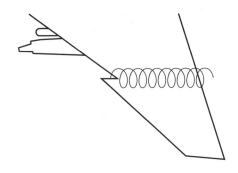

톱니형 앞전에서 발생한 와류

앞전 톱니를 장착한 전투기는 높은 받음각으로 기동할 때 톱니처럼 날카로운 부분에서 강한 와류를 발생시킨다. 강한 와류는 높은 받음각에서 분리 유동(separated flow)이 날개 끝 방향으로 흐르는 것을 방지한다. 따라서 앞전 톱니는 날개 바깥 방향으로 대략 날개 스팬 3분의 2 위치에 장착된 경계층 판(후퇴날개에서 경계층이 스팬 방향으로 흐르는 것을 방지하기 위한 수직 판)과 같은 역할을 하기도 한다. 또 앞전 톱니는 날개 윗면에 빠른 회전 후류를 유발하며, 이로 인해 날개 주위 흐름에 더 강한 에너지가 공급되어 날개 윗면에 부착하게 만들어 경계층 분리(boundary layer separation)를 지연시킨다. 실속(stall)을 지연시켜 양력을 증가시키기 위해 만든 일종의 경계층 제어 장치라 할 수 있다.

영국의 호커 헌터(Hawker Hunter, 영국 호커 시들리 사가 제작해 1951년에 첫 비행을 한 아음속 전투기)는 앞전 톱니를 적용한 항공기 중 하나다. 이 전투기는 모든 속도에서 기동성을 향상시키기 위해 앞전 톱니를 덧붙이는 방식으로 추가했다. 앞전 톱니는 처음으로 라이트 형제의 플라이어 호 IV(Flyer IV)에 장착되었으며, F-4 팬텀, F/A-18 슈퍼호넷, 캐나다의 초음속 전투기 CF-105 애로우(Arrow) 날개 등에도 장착되었다. 또 F-15

F-4 팬텀의 톱니형 앞전 부분

이글의 수평 꼬리 날개뿐만 아니라 일류신 Il-62 여객기의 날개에도 앞전 톱니를 적용했다.

델타익 미라지 III(프랑스 다소 사가 제작해 1956년에 첫 비행을 한 경전투기)에서 도 앞전 톱니와 같은 방식으로 작용하는 톱니 형태를 추가해 유사한 효과를 얻었다. 이외에도 공기 역학적 성능을 향상시키기 위해 날개에 앞전 노치(leading edge notches), 와류 발생기(vortex generator), 앞전 뿌리 확장 장치(leading edge root extension), 보틸론(vortilon) 등을 설치하기도 한다.

보틸론

보틸론(와류 생성판)은 날개의 정체점 근처의 아랫면에 부착한 하나 또는 여러 개의 평판으로 제작된 공기 역학적 장치를 말한다. 주로 높은

호커 850XP의 날개 앞전 아랫부분에 장착된 보틸론

보틸론을 장착한 항공기는 브리티시 에어로스페이스 사의 BAe 125-1000 시리즈, 미국 레이시온 사의 호커 800XP와 850XP, 브라질 엠브라에르 사의 ERJ 145 패밀리, 캐나다 봄바디어 사의 리어젯 45(Learjet 45) 등이 있다. 호커 850XP는 터보팬 엔진을 2기 장착한 8인승 비즈니스 제트 항공기로 호커 비치크래프트에서 생산한다.

받음각 자세에서 날개 윗면에 와류를 발생시키며 와류 발생기와 같은 역할을 한다. 발생한 와류는 공기 흐름이 날개 스팬 방향으로 흐르지 않도록 한다. 또 저속에서 실속을 방지해 에일러론의 성능을 향상시키는 역할을 한다. 즉 보틸론은 저속의 높은 받음각에서 실속을 방지해 양력을 증가시키는 공기 역학적 장치다. 날개 아래에 엔진을 장착하기 위한 파일론도 보틸론과 같은 효과를 갖는다. 보틸론은 수평 자세인 순항 비행 중 그 기능이 필요하지 않더라도 항력이 크게 증가하지 않는 장점이 있다.

B737 NG 여객기는 날개 스팬 방향으로 공기가 흐르는 것을 방지하기 위해 앞전 아래쪽에 3개의 작은 보틸론을 장착했다. 또 DC-9과 같이 T자형 꼬리 날개가 있는 항공기가 깊은 실속(deep stall)에 들어가면 수평 꼬리 날개가 날개의 후류에 잠기므로 이를 방지하기 위해 주 날개 밑에 보틸론을 장착했다.

날개가 위쪽으로 꺾여 올라가 있는 이유

비행기를 정면에서 바라볼 때 날개 끝부분이 수평선을 기준으로 날개 뿌리 부분보다 위쪽으로 치올라가 보인다. 여기서 수평선과 날개 사이의 각도를 상반각(dihedral angle)이라 하며 날개 끝 시위선이 날개 뿌리

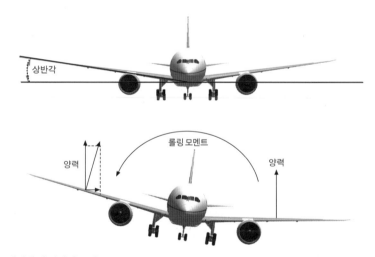

상반각 및 상반각 효과
상반각을 갖는 비행기에서 내려간 날개는 수평면과 각도가 작아 양력이 크고, 올라간 날개는 수평면과 각도가 커서 양력이 작다. 그러므로 내려간 날개가 다시 원상태로 복원하려는 롤링 모멘트가 발생해 안정성을 유지한다.

시위선보다 위에 있다. 반대로 날개 끝 시위선이 날개 뿌리 시위선보다 아래에 위치하면 하반각(anhedral angle)이라 말한다. 날개가 동체 아랫부분에 장착된 저익기는 상반각을 주어 가로 안정성을 도모하고, 날개가 동체 윗부분에 장착된 고익기는 가로 안정성이 너무 좋아 오히려 하반각을 준다.

항공기가 측풍을 받아 옆미끄럼에 의해 롤링 운동이 발생해 기울어졌을 때 공기력은 날개에 수직으로 발생한다. 그래서 상반각이 있는 비행기의 경우 내려간 날개는 올라간 날개의 양력보다 더 커서 다시 올라가는 롤링 모멘트가 작용해 안정성을 유지한다.

저속 여객기의 수직 꼬리 날개가 큰 이유

비행기의 수직 꼬리 날개는 비행기 속도가 충분히 클 때 좀 작아도 되지만, 느릴 때는 수직 꼬리 날개와 러더의 크기는 어느 정도 커야 한다. 비행기의 무게 중심과의 거리를 멀게 하면 이에 따른 요잉 모멘트가 커져 수직 꼬리 날개를 작게 제작할 수 있다. 그러나 동체의 길이가 너무 길면 이륙할 때 상승 자세에서 꼬리 부분이 지면에 닿는 문제점이 발생한다. 따라서 저속으로 비행하는 여객기는 아무런 문제없이 정상 비행할 때에도 수직 꼬리 날개가 어느 정도 커야 한다. 게다가 미국 연방 항공국(FAA)은 쌍발 엔진 중 1기가 고장 난 경우에도 직선 수평 비행이 가능해야 한다고 규정하고 있다. 그래서 실제 비행기를 제작할 때는 엔진이 하나 고장 났을 경우에 항공기 기수가 틀어지는 것을 막기 위해서 러더의 크기는 정상 비행할 때보다 훨씬 더 커야 한다.

항공기가 이륙할 때 결정 속도 V_1에 도달하기 전에 엔진 고장이 발

봄바디어 Dash-8 시리즈 300의 대형 수직 꼬리 날개

생한 경우 이륙을 포기하더라도 남은 활주로 상에서 안전하게 정지할 수 있다. V_1 이후에는 엔진이 고장 났더라도 이륙을 포기할 수 없으며 그대로 이륙해야 한다. 남은 활주로 상에서 안전하게 정지하지 못하고 활주로 끝을 넘어가 사고가 발생할 수 있기 때문이다. 쌍발 여객기에 엔진이 하나 고장 난 경우 '회전 현상'이 발생하면 안 되며, 기수가 틀어지지 않은 상태로 이륙해야 한다. 저속의 쌍발 여객기는 엔진이 하나 고장 났을 때 발생하는 요잉 모멘트를 러더로 상쇄시켜야 한다. 이를 위해 러더가 커야 하므로 러더가 장착된 수직 꼬리 날개도 기형적으로 아주 크다. 이것이 바로 저속 여객기의 수직 꼬리 날개가 유난히 큰 이유다.

주날개보다 위에 장착된 T자형 수평 꼬리 날개

B717, DC-9, B727 등의 여객기 형상을 보면 수평 꼬리 날개가 T자

형으로 주날개 위치보다 더 위쪽에 부착되어 있다. 이러한 형상은 주날개에서 발생한 후류가 수평 꼬리 날개에 영향을 미치지 않을 뿐만 아니라 양 날개에 엔진 2기와 꼬리 날개 부분에 추가로 엔진 1기를 장착하는 데 유리한 형상이다. 그러나 T자형 꼬리 날개의 경우는 높은 받음각 자세인 깊은 실속에서 수평 꼬리 날개가 후류 속에 잠기게 되면 수평 꼬리 날개의 효과가 줄어들고 받음각이 더 증가해 불안정하다.

꼬리 날개가 T자형인 경우 지면 효과(ground effect)가 주날개와 꼬리 날개가 동시에 나타나 조종이 편리한 장점도 있다. 지면 효과는 이·착륙할 때와 같이 지면과 가까운 고도에서 비행하는 경우 지면의 영향을 받아 나타나는 비행 특성을 말한다. 착륙 과정에서의 지면 효과는 항공기가 공중에서 비행하다가 지면에 가깝게 접근하는 경우에 발생된다. 이 경우 날개 주위의 흐름 모양을 변화시켜 올려흐름(upwash, 위를

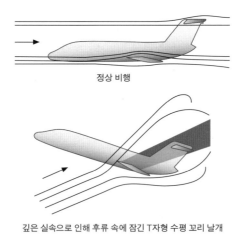

정상 비행

깊은 실속으로 인해 후류 속에 잠긴 T자형 수평 꼬리 날개

T자형 수평 꼬리 날개에서의 현상

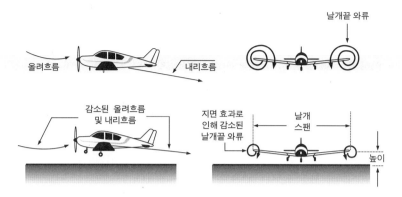

지면의 영향을 받아 나타난 비행 특성

향하는 공기 흐름), 내리흐름(downwash, 아래를 향하는 공기 흐름), 날개 끝 와류 등
이 감소한다. 따라서 일정한 피치 자세를 유지하면서 착륙하는 경우
양력 계수가 증가하고 유도 받음각, 유도 항력이 감소한다. 또 수평 꼬
리 날개에서 내리흐름을 감소시켜 기수 내림의 피칭 모멘트를 유발하
므로 세로 정안정성을 향상시킨다.

만약 T자형 꼬리 날개가 아닌 경우 항공기가 착륙할 때 비행기 기
수를 올리므로 꼬리 날개부터 지면 효과가 나타나기 시작한다. 이 경
우 수평 꼬리 날개 양력이 증가해 비행기 기수가 내려가는 현상이 발
생한다. 그래서 조종사는 꼬리 날개의 지면 효과를 막아 주기 위해 기
수를 올려야 한다. 착륙 중 지면과 더 가까워져 주날개가 지면 효과를
받기 시작하면 오히려 기수가 들리는 현상이 발생한다. T자형 꼬리 날
개가 아닌 경우 조종사는 착륙할 때 지면 효과로 인해 기수가 들리거
나 내려가므로 적절하게 대응해야 한다.

커나드를 장착한 비행기

비행기의 날개 앞쪽이나 동체 앞부분에 장착된 작은 날개인 커나드 (canard)는 귀처럼 기수 앞부분에 장착되어 있다고 해서 귀날개, 또는 앞쪽에 수평 꼬리 날개가 있다고 해 선미익이라고도 한다. 라이트 형제의 플라이어 호나 뒤몽의 14-bis 같은 초기의 비행기도 동체 앞부분에 작은 날개를 장착했는데 '날아가는 오리'처럼 생겼다고 해서 커나드라고 불렀다. 그렇지만 수직 꼬리 날개와 함께 수평 꼬리 날개를 뒤에 장착한 형상이 커나드처럼 예민하지 않고 공기 역학적으로 유리한 점이 많아 비행기의 일반적인 형태가 되었다.

하지만 고속 비행기는 저항을 줄이기 위해 전방 부분을 원추형으로 뾰족하게 제작해야 하므로 엔진을 앞에 장착하지 못하고 후방으로 이동해야 했다. 엔진이 후방으로 이동하면서 주날개도 후방으로 이동하게 되었고, 수평 꼬리 날개는 전방으로 이동하는 형태의 비행기가 다시 출현하게 되었다. 무게 중심이 공력 중심보다 앞에 있는 비행기의 경우 속도가 증가해 양력이 증가함에 따라 기수가 내려간다. 이런 경우 커나드를 장착한 비행기는 커나드에서 발생한 양력이 기수가 내려가는 것을 방지하는 역할을 한다. 또 초음속 전투기가 증속되어 천음속에 도달하면 공력 중심이 후방으로 이동하게 되면서 기수가 아래로 내려간다. 그러므로 주날개 앞에 커나드를 장착해 기수가 내려가는 것을 방지할 수 있다. 이외에도 커나드를 장착한 비행기는 주날개보다 커나드가 먼저 실속에 들어가 기수를 아래로 향하게 해 실속에서 벗어나게 하므로 실속 특성이 좋다.

커나드의 종류는 양력 발생을 위한 커나드, 제어를 위한 커나드, 양력 및 제어 두 가지 역할을 하는 복합 커나드 등이 있다. 양력 발생 커나드의 좋은 예인 라이트 플라이어 호는 주날개와 커나드 날개 모두 양력을 발생시켜 자체 무게를 이겨냈다. 노스 아메리칸 사의 X-10, 루탄 보이저(Rutan Voyager), 루탄 바리즈(Rutan VariEze), 벨로시티 XL(Velocity XL) 등도 양력 발생 커나드를 사용한다.

제어 커나드를 장착한 비행기에서 대부분 무게는 주날개의 양력으로 떠받치고, 커나드는 기동하는 동안에 양력을 조절해 피칭 운동을 제어한다. 일반적으로 커나드를 장착한 전투기는 제어를 위한 커나드로 컴퓨터 비행 제어 시스템에 의해 구동된다. 전투기가 급강하 비행에서 당김을 하는 경우 기수가 예측보다 더 올라가며, 수평 비행에서 가속하는 경우도 점차 기수올림의 자세가 된다. 이것을 피치업(pitch up)이라 하며 회복하기 어려운 상태가 될 수도 있어 위험하다. 전투기에 장착된 제어 커나드는 피치업 현상을 방지하는 역할을 한다.

또 커나드 장착 항공기는 주날개 앞에 작은 날개를 갖고 있으므로 스텔스 특성이 아주 나쁘다. 그래서 유로파이터 타이푼(Typhoon) 전투기는 소프트웨어로 커나드를 제어해 레이다 반사 면적(RCS, Radar Cross Section)을 효율적으로 줄인다. 맥도넬 더글러스 사의 F-15, 그러먼 사의 X-29A, 수호이 Su-37 등은 제어 커나드를 사용한다.

주날개의 바로 앞부분 위쪽에 위치해 있는 커나드를 주날개 근접 커나드(close-coupled canard)라 하는데, 높은 받음각에서 주날개 방향으로 와류를 유발해 양력을 증가시키고 항력을 감소시킨다. 프랑스 다소 사의 라팔(Rafale) 전투기의 주날개 근접 커나드는 정상 비행 동안 제어 커나드로 활용되지만, 착륙하는 동안에는 양력을 증가시키기 위한 착륙 플랩으로 활용된다. 따라서 커나드를 갖는 비행기는 착륙할

제어 커나드를 장착한 유로파이터 타이푼

때 활주 거리를 줄일 수 있다. 이외에도 남아프리카의 아틀라스 치타 (Atlas Cheetah) 전투기, 스웨덴의 사브 37 비겐(Saab 37 Viggen) 전투기, 투폴 레프 Tu-144 초음속 수송기((구)소련이 개발한 초음속기로 1968년 12월 첫 비행을 했으며, 1973년 파리 에어쇼에서 추락하는 바람에 개발이 늦어졌다. 1977년 11월 민간 여객기 로 도입되었지만, 1978년 5월 추락 사고가 발생하자 수송기와 연구기, 우주 조종사 훈련기로 사 용되었다.) 등도 주날개 근접 커나드를 장착했다.

전진익기

일반적으로 비행기의 날개는 뒤로 젖혀진 후퇴각이 있는 후퇴익기인 데 비해 전진익기의 날개는 오히려 앞쪽으로 뻗어 있다. 전진익기의 원 조는 1936년에 독일 항공기 설계자 한스 보케(Hans Wocke)가 처음 제 안한 융커스 사의 Ju 287이다. Ju 287은 나치 독일이 4발 엔진 제트 중 폭격기를 개발하는 데 필요한 기술을 시험하기 위해 제작된 비행기다.

이 폭격기는 획기적인 전진익 형태를 띠고 있으며, 다른 항공기의 동체, 꼬리 날개, 착륙 장치 같은 부속품들을 끼워 맞추는 방식으로 제작되었다. 첫 완성품은 1944년 8월에 첫 비행을 했으며, 전쟁이 끝나면서 (ㄱ)소련에 노획되어 연구·분석되었다. 그러나 기존 형태의 후퇴익 제트기가 발달하면서 관심에서 멀어졌다.

전진익기는 비행기의 공력 중심을 고려한다면 후퇴익기보다 날개를 더 동체의 후방에 장착할 수 있어 날개의 동체 내부의 연결 지지대는 더 후방으로 이동된다. 따라서 전진익 비행기는 승무원실이나 폭탄 투하실을 만들 수 있는 장애물이 없는 공간을 제공해 준다. 후퇴익기는 경계층(boundary layer, 물체 표면에 마찰 영향을 받는 공기의 얇은 층)이 날개 뿌리에서 날개 끝으로 스팬 방향으로 이동해 날개 끝부분 실속을 유발한다. 그러나 전진익기는 공기가 날개 끝에서 날개 뿌리로 흐르기 때문에 날개 뿌리에서부터 실속이 발생한다. 특히 날개 끝 부분에 있는 에일러론이 실속 상태에 들어가지 않아 기동성을 향상시킬 수 있다.

융커스 사의 Ju 287 전진익기

전진익기는 날개에 양력이 발생하면 날개 끝이 앞쪽으로 이동해 있으므로 후퇴익과는 달리 날개 끝에서의 받음각이 증가한다. 그래서 날개 끝단 받음각이 증가하는 방향으로 굽힘 변형이 발생하는 단점이 있다. 또 날개 끝단의 윗방향 굽힘 변형으로 받음각은 더욱 증가하면서 양력이 증가해 결국은 더 큰 굽힘 변형을 유발한다. 전진익기가 후퇴익과 강성도가 같은 금속 구조물을 사용하는 경우 발산 속도(divergence speed, 날개의 진동이 증폭되는 플러터 현상이 발생하는 속도)가 감소한다. 그만큼 전진익기는 날개에 심한 하중이 발생하고 위험하다는 이야기다. 따라서 전진익기는 날개 구조물의 강성도를 높여 기체 구조를 튼튼히 보강해야 하므로 날개의 무게는 증가하게 된다.

　1980년대 초반 NASA는 그러면 사와 미국 국방부 고등 연구 계획국(DARPA, Defence Advanced Research Project Agency), 미국 공군 등과 함께 전진익기에 대해 연구했다. 높은 받음각에서 기동 능력에 관해 연구하기 위해 전진날개와 커나드가 있는 X-29 시험기 2대를 제작했다. X-29

그러면 사의 X-29 전진익기

의 1호기와 2호기는 각각 1984년과 1989년에 첫 비행을 했으며, 높은 받음각에서 기동이 가능하고 최대 67도 받음각까지 조종할 수 있다는 것을 입증했다. 그러나 초음속 영역에서 기존 후퇴익보다 성능이 좋지 않아 대량 생산되지 않았다.

1997년 러시아는 최신형 전진익기인 수호이 Su-47 전투기를 개발했다. 수호이 Su-47은 1997년 9월에 모스크바 근교의 주콥스키의 비행 시험 기지에서 첫 비행에 성공했다. 그러나 전진익기는 날개의 구조적인 문제로 인해 위험성이 있으며 이것을 보강하면 무겁고 비싸지는 등의 문제점이 드러났다. 그래서 전진익기는 후퇴익기에 밀려 상업화되지 못하고 역사의 무대에서 사라졌다.

비대칭 항공기

미국의 항공 우주 공학 엔지니어인 버트 루탄(Elbert Burt Rutan, 1943년~)은 지구를 일주할 수 있는 보이저(Voyager), 커나드 날개가 있는 홈빌트 항공기인 바리즈(VariEze), 푸셔형의 커나드 날개가 있는 6~8인승의 스타십(Starship), 준궤도 우주선인 스페이스십 투 등과 같은 획기적이고 독특한 항공기들을 설계했다. 또 그는 종전과 달리 좌우 비대칭형 구조를 갖는 독특한 실험 항공기를 설계하고 제작했다. 그가 비대칭 항공기로 설계한 루탄 모델 202 부메랑(Boomerang)은 전진익기로 1996년에 첫 비행에 성공했다. 날개 길이는 11.1미터, 탑재 중량은 453.6킬로그램으로 1명의 조종사와 4명의 승객이 탑승할 수 있다. 부메랑은 조종석에 앉아서 볼 때 동체 정면 앞쪽에 엔진 1기가 있으며 왼쪽 날개에 엔진 1기가 더 장착되었다. 동체에 장착된 엔진은 추력 157킬로와트이며, 왼쪽 날개의 엔진보다 8킬로와트 더 큰 추력을 갖는다. 또 비대칭을 대칭으로 비행하기 위해 엔진이 있는 왼쪽 날개 길이는 엔진이 없는 오른쪽 날개 길이보다 1.52미터 더 길다.

부메랑은 단일 엔진의 추력이 상실되면 위험하므로 이를 보완하기 위한 의도로 쌍발 엔진으로 제작되었다. 그래서 항공기 모양이 좌우 비대칭으로 설계된 것이다. 이 항공기는 동일한 엔진을 사용한 쌍발 비치크래프트 바론 58(Beechcraft Baron 58)보다 더 빠르고 멀리 갈 수 있다. 부메랑은 매력적인 외형과 쌍발 엔진의 신뢰성을 결합한 프로펠러 추진 소형기인 바론의 성능과 유사하다. 부메랑의 순항 속도는 시속 402킬로미터이고 가로세로비는 13.2다.

비대칭 항공기인 루탄 모델 202 부메랑

비대칭 항공기는 부메랑이 처음이 아니라 제2차 세계 대전 당시 독일 블롬 & 보스 사(Blohm & Voss)가 개발한 BV 141이 있다. 이 항공기는 독일의 전술 정찰기로 개발되었으며, 항공 역사상 최초의 비대칭 좌우 형상의 기체로 유명하다.

독일 공군성은 1937년 최적의 시야를 갖는 단일 엔진 정찰기 사양을 제기했다. 공군성은 아라도 항공기 제작사(Arado Flugzeugwerke, 제1차 세계 대전 후인 1921년 하인리히 뤼베가 설립한 독일의 항공기 제조업체)의 아라도 Ar 198 정찰기를 초기 주계약자로 선택했지만 최종적으로 프로토타입에서는 선택하지 않았다. 블롬 & 보스 BV 141은 리처드 보트(Richard Vogt, 1984~1979년, 독일의 항공기 설계자)가 설계한 비대칭 형상으로 단일 엔진 요구 조건을 충족했으나 계약에는 탈락했다. 2개의 붐에 쌍발 엔진을 장착한 정찰기인 포케불프 FW 189 라마(Focke-Wulf FW 189 Rama)는 단일 엔진 조건을 만족시키지 못했으나 나중에 최종 선정되었다.

BV 141은 당시 전 방위 시야가 양호해야 한다는 최우선 조건을 만족시키기 위해 비대칭 형상으로 독특하게 제작했다. 이 정찰기는 비상식적인 형상으로 인해 불안정한 조종성 문제가 발생했다. BV 141은 우측 날개에 방풍용 투명 아크릴의 곤돌라식 형태를 만들어 조종사, 관측자, 후미 기관총 사수 등이 탑승할 수 있도록 제작했다. 동체는 정면에 BMW 132N 방사형 엔진을 1기 장착하고 꼬리 부분까지 매끄럽게 제작했다.

BV 141은 추력과 항력의 비대칭으로 인해 유도된 요우(yaw)를 상쇄시키기 위해 아주 복잡하게 제작되었다. 저속에서는 P-팩터(P-factor, 프로펠러의 좌우 비대칭 출력에 의해 유발되는 요우 현상)로 알려진 현상도 경감시켜야 했다. 비대칭 무게가 롤 운동을 유발해 기울어질 것처럼 보이지만 무게

독일 블롬 & 보스 사의 비대칭 항공기 BV 141

는 양력 때문에 똑같이 지지되어 기울어지지 않았다. 순항 속도에서
는 트리밍(trimming)으로 쉽게 제어되어 정상적으로 비행하는 것을 증
명했다. 초기 형상의 수평 꼬리 날개는 대칭이었지만 후방 기관총 사
수의 시야와 기총 발사를 향상시키기 위해 우측의 수평 꼬리 날개조
차도 비대칭 형태로 제작되었다.

　독일 공군성은 1940년 4월에 BV 141이 공군의 요구 사양을 충족
하지만 동력이 부족하다는 판정을 내렸다. 그래서 블롬 & 보스 사는
BV 141B에 좀 더 강력한 BMW 801 엔진을 장착하고자 했으나 그
기회를 놓치고 말았다. FW 190 전투기를 생산하기 위해 BMW 801
엔진을 급작스럽게 많이 사용해 엔진을 구할 수 없었기 때문이다. 그
사이에 독일 공군성은 포케불프 FW 189 정찰기를 대량 생산하기로
결정했다. 당시 파손된 BV 141가 여러 대 발견되었지만 지금은 한 대
도 남아 있지 않다.

찌그러진 B737의 엔진 나셀

보잉 사는 1979년부터 B737 여객기의 수송 능력 및 항속 거리를 증가시키고 향상된 성능을 갖는 B737-300/-400/-500 여객기(클래식 시리즈)를 개발하기 시작했다. 그리고 보잉 사 및 엔진 공급사는 소음이 적고 연비가 좋은 경제적인 고바이패스비 터보팬 엔진을 장착하기로 했다. 그래서 장착한 터보팬 엔진이 CFM 인터내셔널 사의 CFM56 엔진이다. CFM 인터내셔널 사는 미국 제너럴 일렉트릭 사와 프랑스의 국영 기업인 스넥마 사(Snecma)가 합작한 벤처 회사다.

고바이패스비 터보팬 엔진은 연료의 연소로 인한 배기가스뿐만 아니라 공기가 엔진을 통과하면서 추진력을 발생시키므로 연료 소모가 줄어들지만 엔진 흡입구 부분이 상당히 커진다. 고바이패스비 터보팬 엔진의 흡입구는 너무 커서 나셀 엔진 마운트 방식으로 주날개 밑에 장착할 수 없으므로 파일론 형태로 날개 앞부분으로 이동해야 했다. 또 엔진과 지면과의 거리가 가까워지는 문제가 발생하자 보잉 사는 원형 아닌 엔진 흡입구(non-circular air intake)로 나셀을 찌그러뜨리는 방법을 택했다. 왜냐하면 지면과 엔진 사이의 거리를 늘리기 위해 착륙 바퀴의 높이를 증가시키면 협폭 동체(narrow body)의 단거리용 여객기에 착륙 장치를 넣을 수 없을 뿐만 아니라 무게가 증가하기 때문이다.

이와 같이 B737의 터보팬 엔진 자체는 원형이지만 지면과의 거리를 늘이기 위해 엔진 나셀만을 찌그러뜨렸다. 그래도 지면과의 거리가 짧아 FOD(Foreign Object Damage, 작은 돌멩이·나사 등 이물질이 엔진에 흡입되어 항공기에 손상을 입히는 것을 말함)의 문제점이 있다. 또 비행기가 착륙 중에 강풍으로 인해 뱅크(bank, 선회 중의 좌우 경사각)가 큰 경우 엔진이 지면에 닿는

찌그러진 B737의 엔진 나셀

문제점을 갖는다. 이외에도 터보팬 엔진을 장착한 B737은 높은 받음 각에서 나셀 후류가 발생하고, 나셀 파일론이 장착된 곳에 앞전 슬랫 이 없기 때문에 실속이 조기에 발생하는 문제가 생긴다. 따라서 엔진 나셀 윗부분에 스트레이크(strake, 이 책 421쪽 엔진 나셀 스트레이크의 역할 참조) 를 부착해 조기 실속 문제를 어느 정도 해결했다.

최신 버전인 B737 NG는 B737 클래식 시리즈에 이어 개발된 B737-600/-700/-800/-900 시리즈이다. 1998년 이후 개발된 B737 NG는 글래스 콕핏과 신소재로 최첨단 현대 항공 기술을 적용 해 대폭 개량했다. B737 NG의 후속 기종으로 2017년 생산을 목표 로 개발 중인 B737 MAX는 동일 크기의 기존 기종보다 10~12퍼센 트 연료 절감 효과가 있으며, 아메리칸 항공사를 비롯해 많은 항공사 로부터 1,000대 이상 주문을 받았다.

승무원들만의 은밀한 공간

A380, B747, B777 등의 장거리 여객기는 이륙 후 30분 정도 지나면 안정적인 고도(지상에서 약 10킬로미터 고도)에 도달하고 대략 마하수 M=0.85(시속 약 912킬로미터)정도의 순항 속도를 유지한다. 객실에서는 안전벨트 신호가 꺼지고 기장이 안내 방송을 하며 객실 승무원은 승객들에게 음료 등을 제공하며 성심성의껏 봉사한다. 스칸디나비아 항공사(Scandinavian Airline)의 경영자였던 얀 칼슨(Jan Carlzon, 1941년~)은 "고객과 접하는 최초 15초 동안의 짧은 순간에 100-1=0이 될 수 있다."라고 주장했다. 여기서 100-1=0 이론은 고객 만족도에 대한 이론으로, 99번을 잘해도 1번 잘못해 불만을 가지면 고객은 떠난다는 뜻이다.

여객기 현지 이륙 시간에 따라 차이가 나겠지만 대체적으로 이륙 후 2시간 전후에 순항 고도에서 안정적으로 비행할 때 식사를 제공한다. 식사 및 음료 제공 시간과 횟수는 좌석에 비치된 기내지(《모닝캄》,《아시아나 엔터테인먼트》등)에 노선별로 기내 서비스 순서가 나와 있다. 장거리 비행을 하는 경우 보통 두 번의 식사가 이륙 2시간 후와 착륙 2시간 전에 이루어진다. 객실 승무원들은 식사를 제공하고 식판을 수거한 후 면세품 기내 판매를 한다.

면세품 판매 후에는 승부원들은 대부분이 사라지고 낭번 승무원 몇 명만 여객기 객실에 남아서 음료와 간식을 제공한다. 객실 승무원들은 승객들이 전혀 알지 못하는 장소인 벙크(bunk, 침상)에서 잠을 자거나 휴식을 취한다.

벙크는 대부분 여객기의 이코노미 클래스 좌석의 맨 뒷부분에 이층 침실로 마련되어 있다. A380 여객기는 1층 객실 중간에 벙크가 있다. 주로 단거리 여객기에 많이 사용하는 보잉 사의 B737, 에어버스 사의 A320, A321 등과 같은 소형 기종들은 벙크가 아예 없다. 벙크가 있는 대형 여객기가 단거리를 비행하는 경우에는 벙크를 사용할 시간 조차 없다.

장거리 여객기인 경우 수면 시간이 지나고 나면 목적 공항에 도착 하기 전에 어디서 나타났는지 많은 승무원들이 보인다. 장거리 비행에 서 두 번째 식사 시간에 식사 서비스를 제공하고 착륙을 준비하기 위 해서다. 객실 승무원은 비행기가 공항에 접근하기 위해 6.1킬로미터 (2만 피트) 고도를 내려갈 때 대략 착륙 20분 전에 "우리 비행기는 잠시 후 ○○공항에 착륙하겠습니다."라는 방송을 한다. 또 비행기가 정상 적인 착륙하기 위해 3.05킬로미터(1만 피트) 고도를 통과하는 대략 착륙 10분 전에는 "우리 비행기는 곧 착륙하겠습니다."라는 방송을 한 후 안전벨트와 좌석 등받이 등을 점검한다.

한편 장거리 여객기의 조종사는 조종석에 휴식을 취할 수 있는 벙 크가 있는 경우도 있어 이곳을 이용하기도 한다. B747의 모든 여객기

B747 여객기 객실 승무원 벙크

B747 여객기 조종석 내에 있는 벙크

는 조종석에 벙크가 있지만, B767 여객기는 조종석에 벙크가 아예 없다. 이런 경우 조종사들은 당번 조종사가 아닐 때 직급에 따라 일등석 또는 비즈니스석에서 휴식을 취하고 있다가 교대하는데, 교대한 조종사가 어디에 있는지 누가 조종사인지는 알 수 없다. 조종사는 조종석에서 객실로 나올 때 보안상 조종복을 입고 있지 않기 때문이다.

민간 항공사에서는 고객의 서비스 중의 최고의 서비스를 비행 안전이라 생각하고 다양한 노력을 하고 있다. 혹시 조종사에게 문제가 생겨 비행 안전에 문제가 생길까 봐 음식까지 신경을 쓴다. 여객기 기장과 부기장은 동시에 식중독에 걸리거나 탈이 나지 않도록 서로 다른 종류의 음식을 다른 시간대에 먹는다.

39

압축 공기를 주입하지 않는 항공기 타이어

소형 항공기인 세스나의 착륙 장치는 동체 안으로 접을 수 없고, 항상 외부에 노출되어 있다. 항공기 속도가 느리면 착륙 장치를 외부에 노출시킬 수 있지만, 속도가 빨라지면 착륙 장치에 무리가 가고 항력이 크게 증가한다. 그러므로 속도가 제법 빠른 항공기는 항력을 감소시키기 위해 착륙 장치를 항공기 동체 안으로 넣을 수 있도록 제작한다. 조종사는 속도가 느린 세스나 항공기를 조종하다가 속도가 빠른 항공기를 조종하는 경우 이륙하는 순간에 양력 증가로 인해 붕 뜨는 기분을 느낄 수 있다. 양력은 속도의 제곱에 비례해 증가하기 때문이다. 또 조종사는 이륙하고 나서 착륙 장치를 올리면 동체 안으로 들어가면서 항력이 감소하고 양력이 증가하므로 붕 뜨는 기분을 느낄 수 있다.

조종사는 공항에 접근할 때 착륙 장치를 내리고 활주로에 접지한 후 항공기의 속도를 줄이기 위해 날개 윗면 스피드 브레이크(여객기의 날개 부분에 부착된 공기 역학적 장치로, 지상과 공중에서 펴지는 각도가 다르기 때문에 비행 중에는 스포일러, 착륙 단계에서는 스피드 브레이크라고 불린다.), 엔진의 역추력 장치를 먼저 사용한 후 브레이크를 밟는다. 항공기의 바퀴가 활주로 상에서 접촉하면서 운동하고 있을 때, 바퀴와 활주로 바닥 사이에 작용하는 마찰력을 운동 마찰력이라 하는데 그 힘은 $F = \mu N$으로 주어진다. 여기서 F는 운동 마찰력이고, μ(그리스 문자 뮤)는 운동 마찰 계수, N은 항공기 운동 방향과 수직으로 작용하는 힘으로 항공기의 무게에 해당한다. 항공기에 작용하는 운동 마찰 계수 μ가 변하지 않고 일정한 이상적인 상태에서 마찰력의 크기는 접촉 면적에 관계없이 항공기 무게 N에 따라 결정된다. 그렇지만 광폭 타이어는 기존 폭이 좁은 타이어에 비해 면적이 커서 방출되는 열량이 많으므로 덜 녹아 운동 마찰 계수가 덜 감소하게 된다. 운동 마찰 계수 μ는 두 물체의 재질, 표면의 매끄러운 정도, 윤활제의 유무 및 종류에 따라 달라지기 때문이다.

콩코드기의 타이어 사진에서 볼 수 있듯이 항공기의 착륙 바퀴에는 물이 빠져 나가 수막 현상을 방지해 마찰력을 크게 하기 위해서 여러 가지 모양의 홈들이 파여 있다. 이 홈의 모양 및 크기에 따라 항공기 바퀴와 활주로 사이에 마찰 계수가 달라져 브레이크

초음속 여객기 콩코드기 타이어

B777의 착륙 장치

를 밟았을 때 제동력이 달라진다. 또 항공기 바퀴의 면적이 커진 광폭 타이어를 사용하면 운동 마찰 계수 μ의 감소 효과가 더 작기 때문에 빨리 정지할 수 있다.

항공기 타이어는 항공기가 착륙하기 위해 활주로에 접지하는 짧은 순간에 걸리는 큰 하중을 견딜 수 있도록 설계된다. 항공기 무게를 분산해 타이어 하나에 걸리는 하중이 증가하지 않도록 항공기 무게가 증가함에 따라 타이어 수도 증가한다. 에어버스 사 A300은 타이어 2개로 구성된 앞바퀴(nose gear)와 타이어 4개로 구성된 2개의 메인 기어(main gear)로 구성되어 타이어 개수가 총 10개다. B747은 타이어 2개로 구성된 앞바퀴와 타이어 4개로 구성된 4개의 메인 기어로 구성되어 총 18개다. 승객 400여 명이 탑승한 B747-400 항공기의 이륙 중량은 약 380톤이며 어림 잡아 타이어 당 약 21톤의 하중이 걸린다.

항공기 타이어에는 비행 중 압력과 외부 온도의 극한 변화로 인한 팽창과 수축을 방지하기 위해 압축 공기를 주입하지 않고 불활성기체인 순수 질소(pure nitrogen)를 주입한다. 건조된 질소는 다른 건조된 대기 기체와 마찬가지로 온도에 따른 팽창률이 거의 일정해 타이어 압력 변화가 없다. 그렇지만 일반 압축 공기는 수분을 포함할 수 있으며, 온도에 따라 팽창률이 달라 수축과 팽창을 반복한다. 따라서 타이어에 주입된 질소는 압축 공기에 함유된 산소와 수분으로 인한 자연 발화 폭발 가능성을 제거하고, 화학적 산화 현상을 방지해 타이어의 수명을 연장시킨다.

일반적으로 사용하는 승용차 타이어는 지름이 대략 0.7미터인데 비해 항공기 타이어의 지름은 1.2미터 정도로 상당히 크다. 또 일반 승용차 타이어의 공기압은 보통 30psi(2.1 kg$_f$/cm^2)인데 비해 항공기 타이어의 질소압력은 여객기인 경우 약 200psi(14.1 kg$_f$/cm^2)의 높은 압력을 유지한다. 여객기 타이어를 시험한 결과 타이어는 파괴되기 전까지 최대 800psi(56.2 kg$_f$/cm^2)까지 견딜 수 있다고 한다. 타이어 파괴 시험은 일반적으로 주입하는 질소와 헬륨 대신에 물로 채워 시험하는데 타이어가 파괴될 때 피해를 줄이기 위해서이다.

항공기 타이어는 이륙을 위해 지상 활주를 하게 되면 최고 시속 420킬로미터의 속도에 도달한다. 항공기가 이륙 중 포기하거나 비상 착륙을 할 때 최대로 브레이크를 밟으면 타이어는 과열되어 폭발하거나 화재로 연결될 수 있다. 그러므로 항공기 타이어는 매끈하고 안전한 착륙을 위해 높은 온도에서 녹도록 설계된 열 퓨즈(heat fuses)를 포함하고 있다. 열 퓨즈는 타이어의 급격한 폭발을 방지하고 타이어의 질소가 제어된 상태에서 천천히 빠져나갈 수 있도록 한다.

타이어 바퀴 하나당 가격은 일반적으로 1,000~1,500달러인데, 함께 조립되는 알루미늄 휠 가격이 2만 달러 정도이기 때문에 승용차 한 대 값에 해당한다. 항공기 타이어가 특별한 손상 없이 정상적인 마모를 기준으로 하는 경우 타이어 골격이 방사 방향인 레디알(Radial) 타이어는 평균 약 350회 착륙횟수까지 사용된다. 여러 층으로 골격을 유지하는 바이어스(Bias) 타이어인 경우에는 평균 약 250회 착륙횟수까지 사용된다. 항공기 타이어는 장거리 및 단거리 기종에 따라 이·착륙 횟수가 달라지므로 B737과 같이 단거리 여객기 경우는 대략 2~3개월 사용하고 B747과 같이 장거리 노선에 투입되는 대형 여객기는 4~5개월 사용한 후 교체한다.

40

한눈에 보는 항공기 엔진의 발달사

엔진은 국어사전에 "화력, 수력, 전력 따위의 에너지를 기계 에너지로 바꾸어 일을 시키는 장치를 통틀어 이르는 말"로 정의되며 보통 엔진은 열에너지를 이용하는 열기관을 의미한다. 엔진은 1232년에 중국 금나라에서 고체 로켓을 고안해 고속의 불화살을 추진하는 데 사용한 게 최초라 할 수 있다. 그렇지만 고체 로켓을 이용한 내연 기관은 아주 간단해서 추진력을 지속적으로 유지할 수 없었다.

첫 실용적인 증기 기관은 1712년에 영국의 발명가 토머스 뉴커먼 (Thomas Newcomen, 1664~1729년)이 발명했다. 뉴커먼 기관은 피스톤이 석탄으로 가열한 수증기의 팽창과 물에 의한 수축으로 왕복 운동하는 방식으로 수증기 수축을 위해 물이 분사될 때마다 실린더 전체가 냉각되므로 열 손실이 상당히 컸다. 스코틀랜드의 제임스 와트(James Watt, 1736~1819년)는 1765년에 수증기에 의해 피스톤 왕복 운동이 가능한 증기 기관의 모형을 완성했다. 와트의 증기 기관은 실린더와 응축기를 분리시켜 응축시키므로 실린더에 찬물을 분사할 필요가 없었는데, 뉴커먼 증기 기관의 단점을 보완해 획기적으로 향상시킨 것이다.

내연 기관은 1807년에 프랑스에서 시험되었으며 1824년에 프랑스의 물리학자 사디 카르노(Sadi Carnot, 1796~1832년)가 이론적으로 발전시켰다. 그가 고안한 카르노 기관은 최대의 열효율을 갖도록 만들어진 이상적인 열기관을 말한다. 열기관의 일에는 온도 차를 유발하는 압축 과정이 필요하다는 것이 밝혀졌다. 등유를 이용한 첫 내연 기관은 독일의 발명가 니콜라우스 오토(Nikolaus August Otto, 1832~1891년)가 1862년에 발명했다. 오토가 1877년에 발명한 4행정기관으로 증기 기관에 비해 큰 추력을 얻었고 자동차와 항공기에 적용하게 되었다.

항공기에 사용하는 엔진은 왕복 엔진이든 제트 엔진이든 공기를 흡입해 압축한 후 압축 공기에 연료를 분사하고 폭발시켜 추력을 얻는 과정은 거의 유사하다. 왕복 엔진은 피스톤을 이용해 압축을 시키고 폭발하는 순간의 피스톤을 미는 힘으로 동력을 얻는다. 반면 제트 엔진은 압축을 피스톤 대신 압축기를 이용하며, 폭발시켜 얻는 동력으로 터빈을 돌리고 추력을 얻는다. 제트 엔진은 영국의 프랭크 휘틀(Frank Whitttle, 1907~1996년)이 발명해 1932년에 특허를 얻었다. 한편 독일의 한스 폰 오하인(Hans Von Ohain, 1911~1998년)은 휘틀보다 4년 늦은 1936년에 터보제트에 대한 특허를 받았지만, 1939년 8월 27일 휘틀보다 2년 먼저 세계 최초로 제트 엔진 비행에 성공했다. 휘틀과 폰 오하인은 정보를 공유하지 않고 독자적으로 제트 엔진을 개발했으며, 그 업적은 공동 개발로 간주된다.

요즈음 항공기에 가장 많이 사용되는 엔진은 터보팬 엔진으로 바

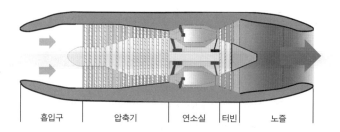

| 흡입구 | 압축기 | 연소실 | 터빈 | 노즐 |

터보제트 엔진

가스 터빈 엔진은 터보제트, 터보팬, 터보프롭, 터보샤프트 엔진 등이 있다. 그중 가장 기본적인 형식의 엔진인 터보제트 엔진은 엔진 흡입구에 공기를 흡입하고 압축한 후 연소시켜 배기가스를 고속으로 분출시킴으로써 추력을 얻는다. 배기가스가 고속으로 분출되므로 배출가스의 속도가 느린 터보팬이나 터보프롭 엔진에 비해 소음이 아주 큰데 고온·고속의 분출 가스에 의한 충격과 가스와 주위의 공기와의 혼합으로 발생한다. 충격성 소음은 주파수 특성이 약 1,600Hz에서 가장 큰 음향 에너지를 가지고 있어 음의 강도는 높지만 멀리까지 전파되지 않는다. 그러나 혼합 소음은 항공기 소음의 주원인으로 주파수 특성이 800 Hz에서 넓은 범위에 걸쳐 분포하므로 멀리까지 전파된다.

이패스 엔진(bypass engine) 또는 덕티드 팬(ducted fan)이라 한다. 터보팬 엔진은 대량의 공기를 흡입하고 비교적 느린 속도로 배출해 추력을 발생시킨다. 터보팬 엔진은 공기량을 늘려 일부는 터보팬 엔진의 압축기로 들어가고 일부는 대기 중에 그대로 배출된다. 터보팬 엔진이 개발되면서 터보제트 엔진은 거의 사용하지 않게 되었다. 이것은 터보팬 엔진이 터보제트 엔진에 비해 배기소음이 작고 추진 효율이 높으며 연료 소모율이 작기 때문이다.

터보팬 엔진은 공기 질량 유동율로 엔진 추력을 2배로 증가시키기 위해 2배의 동력이 필요하다. 반면에 배기 속도로 엔진 추력을 2배로 증가시키기 위해 4배의 동력이 필요하다. 그러므로 엔진 추력 증대 방법은 엔진 입구의 팬을 지나는 공기량을 증가시키는 방법이 배기 노즐

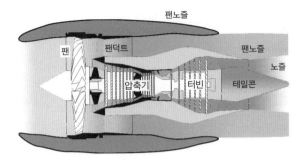

일반적인 터보팬 엔진의 개략도

터보팬 엔진의 기본적인 원리는 터보제트와 마찬가지이며, 대형 팬 안에 있는 내부의 엔진은 터보제트 엔진과 거의 유사하다. 가장 기본적인 형식의 터보제트 엔진에 대형 팬이나 프로펠러를 장착해 그 효율을 높이고 있다. 터보팬 엔진은 적은 양의 공기를 빠르게 가속시키는 터보 제트 엔진과 많은 양의 공기를 느리게 가속시키는 터보프롭 엔진의 중간적인 특징이 있다.

의 출구 속도를 증가시키는 것보다 훨씬 효율적이다. 따라서 터보팬 엔진은 추력을 증가시키기 위해 흡입구 지름을 점점 크게 제작하고 있다. 터보프롭 엔진도 터보제트 엔진이라 볼 수 있는 기본적인 가스 터빈 엔진에 프로펠러를 장착해 공기 질량 유동율을 증가시키고 배출 속도를 작게 해 추력을 얻고 있다. 터보프롭 엔진은 터보팬 엔진과 달리 덕트가 없이 프로펠러만을 장착했지만 공기 질량율을 증가시켜 추력을 증가시킨다는 점에서는 유사하다.

터보팬 엔진의 팬은 엔진 압축기의 첫 단이나 저압 압축기의 길이를 증가시킨 블레이드(blade)라 할 수 있다. 팬을 지난 공기는 엔진 중심부 외곽을 그대로 지나게 되는데 팬으로부터 얻는 추력이 전체 추력의 30~75퍼센트이며 추력은 바이패스비(bypass ratio)에 따라 차이가 난다.

바이패스비는 엔진 중심부 주위 팬으로 흘러나가는 공기의 질량을 엔진의 중심(core)으로 들어가는 공기 질량으로 나눈 것을 말한다. 터보팬 엔진에서 공기 질량 유동율을 크게 하기 위해 바이패스비를 증가 시키면 추력은 증가하겠지만 엔진 입구가 커지면서 항력이 증가하는 단점이 있다. 그러므로 전투기는 엔진 입구를 크게 할 수 없어 F-14, F-15, F-16 등과 같은 전투기에서는 바이패스비가 1.0 이하인 저바이 패스비 터보팬 엔진을 채택하고 있다. 대부분의 여객기는 엔진 입구가 아주 큰 고바이패스비(5~6) 터보팬 엔진을 사용하고 있는 추세다.

터보팬 엔진의 가스 배출 속도는 터보제트 엔진에 비해 느리지만 배 출되는 유량이 커서 추력을 크게 할 수 있다. 터보팬 엔진은 이륙 추력 이 40퍼센트 정도 증가하고 상승 추력 및 순항 추력이 개선되며, 주어 진 압력에서 연료량이 증가하지 않는 장점도 있다. 또 터보팬 엔진의

초고바이패스비를 갖는 대한항공 A380의 터보팬 엔진
A380 여객기가 고도 9.2킬로미터(3만 3000피트)에서 순항 속도 시속 918킬로미터(초속 255미터)로 순항 비행 중일 때 마하수를 계산하면 외부 온도가 섭씨 영하 50도에서 음속은 $a=\sqrt{1.4\times287\times223}=300m/s$. 마하수는 $M=V/a=255/300=0.85$다. A380 여객기와 같 이 터보팬 엔진을 장착한 여객기 중에는 마하수 $M=0.85$로 순항하는 경우가 많은데, 같은 양 의 연료로 멀리 갈 수 있는 경제적인 속도이기 때문이다.

대한항공 A380

팬 지름을 더욱 크게 해 고바이패스비와 초고바이패스비(8~9) 터보팬 엔진을 개발했다. 그래서 추진 효율을 향상시켜 연료비를 절감했을 뿐만 아니라 배기가스의 분출 속도를 감소시켜 제트 소음도 대폭적으로 줄였다. 또 A380은 롤스로이스 사의 트렌트 900 터보팬 엔진을 장착하기도 하는데, 이 엔진은 8.7의 초고바이패스비를 채용하고 있으며 추력이 커지면서 팬지름도 2.8미터로 커졌다.

터보팬 엔진은 엔진의 성능과 신뢰성을 향상시키기 위해 엔진의 설계 및 제조 기술, 새로운 재료의 개발과 디지털 전자식 제어 기술의 도입 등을 통해 눈부시게 발전해 왔다. 또 엔진은 초내열합금 및 터빈의 블레이드의 냉각 기술의 발달로 터빈 입구 온도를 1,700도K 이상 높일 수 있다. 연소실과 직접 맞닿는 터빈 입구에서의 온도를 높이면 고압력비를 적용할 수 있게 되어 열효율을 향상시킬 수 있다. 그러면 터보팬 엔진의 비연료 소모율을 줄이고 추력을 증가시킬 수 있다. 터빈을 냉각시키기 위해 1960~1970년대에는 저압 냉각 공기를 블레이드 내부 및 외부에 통과시키거나 분출시켰다. 1980~1990년대에는 냉각 효과를 증대하고 열응력에 견디기 위해 블레이드 내부에 여러 개의 유동 통로를 만들거나 세라믹 코팅을 했다. 2000년대에는 터빈을 냉각하기 위해 고온 내열 재료를 개발하고 열 차폐 코팅을 해, 터빈 입구 최대 작동 온도를 더 높일 수 있었다. 많은 재료공학자들은 터보팬 엔진의 성능을 향상시키기 위해서는 고온에서 견디면서도 가벼운 재료를 개발하기 위해 줄기차게 노력하고 있다.

한편 유럽 항공 방위 우주 산업(EADS)은 일본과 공동 개발 작업을 통해 50~100명 정도의 승객을 탑승시킬 수 있는 차세대 이산화탄소 배출량 제로인 극초음속 여객기 제스트(ZEHST, Zero Emission Hypersonic Transportation)를 개발한다고 발표했다. 유럽 항공 방위 우주 산업은 파리와 도쿄를 마하수 4.0으로 비행해 2시간 30분 만에 주파할 수 있는 제스트의 청사진을 2011년 6월 파리 에어쇼에서 공개했다.

제스트의 엔진은 제트 엔진-로켓 엔진-램제트(ramjet) 등 3개의 다른 특성을 갖는 추진 엔진으로 구성된다. 제스트는 이·착륙할 때에는 터보제트 엔진을 사용하며, 대류권 밖 32킬로미터 성층권까지 올라가기 위해서는 로켓 엔진을 가동한다. 제스트는 순항 고도에서 로켓 부스터로 마하수 2.5까지 가속한 후 수소 연료 램제트를 가동해 마하수 4.0으로 비행한다. 이때 사용되는 연료는 산소와 수소이므로 물(수증기)만 배출된다. 따라서 지구 온난화의 원인인 이산화탄소는 전혀 나오지 않으며, 지구에서 32킬로미터나 벗어나기에 음속 폭음 문제도 해결했다. 제스트는 착륙을 위해 엔진을 정지시킨 상태에서 활공해 내려오며, 특정 고도에 도달하면 바이오 연료를 사용하는 터보제트 엔진을 재점화해 착륙한다.

보잉 사에서도 NASA 등과 함께 2030~2035년에 상업 비행을 목표로 차세대 초음속 여객기를 개발하고 있다. 초음속 여객기는 100~200명을 탑승시켜 아음속 흡입구와 완전히 다른 초음속 흡입구를 갖는 제트 엔진을 장착해 마하수 1.3~2.0으로 비행할 것으로 알려져 있다. 록히드 마틴 사도 승객 35~70명 정도를 탑승시키고 마하수 1.6~1.8 속도의 초음속 여객기를 2020년에 상용화를 목표로 개발하고 있다.

41

자동 조종 장치의 비밀

자동 조종 장치(autopilot)는 비행기가 자동으로 일정한 경로와 속도, 고도를 유지시키도록 에일러론, 러더, 엘리베이터를 조작하는 장치를 말한다. 오늘날 모든 비행기에 자동 조종 장치가 있는 것은 아니다. 구식 소형 비행기는 아직도 자동 조종 장치가 없고 수동으로 조종된다. 그렇지만 20석 이상의 항공기에는 자동 조종 장치를 반드시 장착해야 한다. 자동 조종 장치는 항공기를 제어하기 위해 컴퓨터 소프트웨어를 이용하며, 비행 관리 시스템(FMS, Flight Management System, 조종사가 항공기 성능에 따라 안전하고 효율적으로 비행하도록 도와주는 컴퓨터 시스템)의 일부분이기도 하다. 한편 전혀 경험이 없는 일반인이 자동이나 수동으로 착륙할 수 있는지 여부는 비행 시뮬레이터를 통해 검증할 수 있겠지만 착륙에 실패할 가능성이 아주 높다.

자동 조종 장치

자동 비행(autoflight)은 통합 전자 프로세싱 시스템(integrated avionics processing system), 자동 비행 통제 장치(auto flight control system), 비행 통제 컴퓨터 진단 장치(flight control computer diagnostics) 등으로 구성된다. 이중에서 자동 비행 통제 장치는 조종사의 업무를 경감시켜 항공기를 안전하게 운항하는 역할을 하며, 자동으로 순항 및 착륙을 수행할 뿐만 아니라 비행 속도를 조절해 연료를 절감해 주는데 플라이트 디렉터(flight director), 자동 조종 장치(autopilot), 요우 댐퍼(yaw damper) 등으로 구성된다.

플라이트 디렉터는 조종실에 설치된 종합 계기의 일종으로 항행 지시기를 의미하며, 비행기의 위치, 원하는 방향, 예상 소요 시간, 목적지까지의 거리 등 항공기를 유도하기 위한 계기를 말한다. 자동 조종 장치는 항공기의 자세와 방위, 고도 등을 자동으로 제어하기 위해 조종

캐나다 라이어슨 대학교 항공우주공학과 비행 시뮬레이터

면을 구동 장치로 움직이는 시스템을 말하며 오토트림을 포함하고 있다. 요우 댐퍼는 항공기가 요잉을 하는 경우 자이로가 검출해 더치 롤(Dutch roll, 네덜란드 스케이팅 폼과 비슷하게 요잉 운동과 롤링 운동의 진동을 되풀이하면서 시행하는 현상)에 들어가지 않도록 조절하는 자동 안전 증가 장치의 하나다.

자동 조종 장치가 없는 초기 항공 시대에는 조종사는 안전하게 비행하기 위해 끊임없이 조종에 집중해야만 했다. 비행 시간이 항속 거리가 증가와 함께 늘어남에 따라 조종사는 심한 피로에 시달려야 했다. 따라서 자동 조종 장치는 조종사의 업무의 일부를 수행해 조종사의 피로를 경감시켜 준다.

엘머 스페리(Elmer Sperry, 1860~1930년)는 다재다능한 미국의 발명가이자 실업가로 헤르만 안슈츠 카엠페(Hermann Anschütz-Kaempfe, 1872~1931년)에 이어 자이로컴퍼스를 고안했으며, 8개의 스페리 기업을 설립했다. 그는 자이로컴퍼스를 제작하기 위해 1910년에 뉴욕 브루클린에 스페리 자이로스코프 회사(Sperry Gyroscope Company)를 창립해 항공기와 군함에 적용할 수 있는 자이로스코프 컴퍼스와 안정 유지 장치를 제작했다. 스페리의 자이로컴퍼스 첫 모델은 1911년에 전함 USS 델라웨어(United states Ship Delaware, 1910년 4월 취역한 미국 해군의 전함으로 제1차 세계 대전에서 활약하다 1924년 폐기됨)에 장착되었다. 이것은 원래 독일의 발명가 카엠페가 1905~1908년에 개발한 것으로 미국 해군에서 채택해 양차 세계 대전에 모두 사용되었다.

스페리 자이로스코프 회사는 1912년에 처음으로 항공기 자동 조종 장치 개발에 성공했다. 스페리는 비행기의 제어 장치에 연결한 4개의 자이로스코프를 사용해 그 특성을 비행에 적용했으며, 2년 뒤인 1914년에는 항공기에 조종석의 계기로 자이로스코프를 추가했다. 이

자이로컴퍼스

것은 조종사가 직진 수평 비행을 유지하는 데 도움을 주었으며, 자동 비행 장치의 원형이 되었다. 자동 조종 장치는 엘리베이터와 러더를 유압으로 작동하기 위해 자이로 방향계(gyroscopic heading indicator)와 자세계(attitude indicator)에 연결되었다. 조종사가 직접 조종하지 않고 컴퍼스 진로상에서 직선 수평 비행을 할 수 있어 조종사의 부담을 상당히 줄여 주었다. 최초의 자동 조종 장치의 기본적인 장치는 아직도 정해진 항로를 운항할 때 조종사를 대신해 사용된다.

스페리는 1915년에 해군 컨설팅 위원회의 창립 멤버가 되었으며, 휴이트-스페리 자동 비행기(Hewitt-Sperry Automatic Airplane)를 개발하기 위해 1916년에 피터 휴이트(Peter Cooper Hewitt, 1861~1921년)와 합류했다. 이것은 무인기(UAV)의 첫 성공적인 모델이 되었다.

엘머 스페리의 아들인 발명가 로런스 스페리(Lawrence Burst Sperry, 1892~1923년)는 1914년에 파리에서 개최된 항공 안전 대회에서 첫 자동 조종 장치 시범을 보여 사람들을 깜짝 놀라게 했다. 그 이후에도 로런스 스페리는 자동 조종 장치에 대한 연구를 지속해 1920년에는 미국 육군 항공단에서 3시간 동안 방향과 자세를 유지할 수 있는 신뢰성 있는 자동 조종 장치를 개발했다. 또 그는 항공기의 경사를 측정하는 인공 수평의(artificial horizon) 개발에 공헌했으며, 이것은 대부분 항공기에 아직도 사용된다.

1947년에 미국 공군은 C-54를 자동 조종 장치로 제어해 대서양 횡단 비행을 했으며, 본격적으로 자동 조종 장치를 사용하기 시작했다. 자이로스코프와 파생품은 비행 기술에 있어 핵심 부분에 해당되며, 컴퓨터와 결합해 자율 비행이 가능했다.

자동 조종 장치는 4개의 주요 부품으로 구성된다. 구성품은 자이로스코프, 가속도계, 속도계, 고도계 등의 감지 센서, 유도 프로그램, 무선 수신기 등의 제어 장치, 유도 프로그램에 입력된 매개 변수와 항공기의 실제 위치 및 운동을 비교하는 컴퓨터, 비행을 변경하는 조종면과 이를 작동시키는 서보 모터 등이다. 소프트웨어는 항공기의 현재의 위치를 파악하고 항공기를 제어하기 위해 자동 비행 통제 장치를 제어한다. 자동 조종 장치는 종래의 비행 제어 방식 이외에도 최적의 속도로 조절하기 위해 추력 조절 능력을 대부분 갖추고 있다. 또한 최적의 자세에서 항공기의 균형을 맞추기 위해 연료 탱크의 연료 사용도 조절한다. 자동 조종 장치는 조종사가 비행 전에 미리 입력한 데이터에 따라 자동으로 비행 경로 및 고도를 유지해 주므로 조종사의 조작 없이 자동으로 상승하고 선회하며, 목적지까지 최적의 속도로 비행한다.

최신 대형 항공기의 자동 조종 장치는 관성 항법 장치(INS, Inertial Navigation System, 가속도를 측정하고 시간에 대해 적분해 위치와 속도를 계산하는 자립 항법 장치)로부터 위치와 자세를 파악한다. 관성 항법 장치는 시간이 지남에 따라 위치 오차가 누적되므로 위성 항법 장치(GPS, Global Positioning System)나 거리 측정 장치(DME, Distance Measuring Equipment)와 같은 무선 지원 장치를 이용해 항공기 위치를 교정한다. 자동 조종 장치는 이중 또는 삼중의 안전 장치가 포함된 신뢰성 있는 장치로, 인적 요소로 인한 실수에 대해서도 경고하는 장치다. 자동 조종 장치는 고장에 대비해 안전 장치도 구비하고 있으며, 충돌하는 상황에서도 안전하게 조치를 취할 수 있도록 설계된다.

오늘날 대부분의 여객기는 주요 공항 활주로에서 자동 착륙이 가능하다. 자동으로 착륙하기 위해서는 항공기의 자동 조종 장치뿐만 아니라 활주로에서 항공기에 송신할 수 있는 공항의 계기 착륙 시설이 필요하다. 자동 착륙 장치는 활주로 주변에 설치된 글라이드 슬롭 (glide slope, glide path, 착륙 각도를 기준으로 상하 위치를 알려 주는 활공각 시설), 로컬라이저(localizer, 착륙로에 대한 좌우 위치 정보를 알려 주는 방위각 시설), 마커 비콘 (marker beacon, 공항 착륙 지점까지의 거리를 알려 주는 3개 지점의 시설) 등 지상의 계기 착륙 장치(ILS, Instrument Landing System, 공항 부근의 지상 시설로부터 전파를 발사해

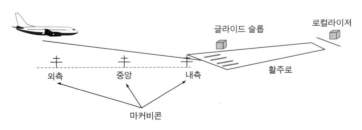

계기 착륙 장치의 구성 및 설치 위치
계기 착륙 장치(ILS)는 활주로 근처의 지상 시설로부터 전파를 받아 목표 경로와 현재 위치와의 차이를 없애 올바른 경로로 안전하게 착륙하도록 유도하는 시스템이다.

_{안전하게 유도하는 계기 착륙 시스템)}의 전파를 수신해 자동 조종 장치에 입력시켜 자동으로 착륙한다. 그렇지만 항공기의 이륙은 착륙과 같이 자동으로 하지 않고, 조종사가 직접 수행한다.

최근에는 다양한 상황을 실시간으로 판단해 비행하는 장치를 개발하기 위해 인공 지능을 가미한 자동 조종 장치를 개발하고 있다. 이제 무인기 시대가 왔다고 해도 과언이 아닐 정도로 자율 비행이 가능한 무인기 기술이 유인기에도 적용될 추세다. 미국과 유럽 등 항공 선진국은 무인기 상용화를 위해 공역과 인증 제도를 갖추기 위한 작업을 활발히 진행하고 있다.

비상시 일반인의 착륙 가능 여부

조종사가 심장 마비로 의식불명인 상태에서 일반인이 소형 항공기를 착륙시킨 사례가 있다. 2012년 4월 3일에 존 콜린스(John Collins, 당시 81세)는 부인과 함께 플로리다 마르코 섬의 별장에서 지내다 쌍발 엔진의 8인승 경비행기 세스나 414A를 조종해 위스콘신 주 고향으로 돌아오고 있었다. 부인 헬렌 콜린스(Helen Collins, 당시 80세)는 공항에 도착하기 7분 전에 갑자기 심장 마비를 일으켜 사망한 남편 대신 비행기를 조종해서, 위스콘신 주 밀워키 북쪽 240킬로미터에 위치한 체리랜드 비행장에 크게 다치지 않고 착륙했다.

헬렌은 조종사 자격증도 없고 비행 경험이라고는 30년 전쯤 만일의 경우에 대비해 이·착륙 기술을 연습해 본 경험이 고작이었다. 더군다나 세스나는 엔진 2기 가운데 1기가 꺼진 상황이었다. 그렇다면 이제는 평범한 일반인이 조종사가 없는 비상 상황에서 여객기를 착륙시킬

사고기와 동일한 세스나 414A

수 있는지 알아보자.

우선 여객기에서는 이런 상황 설정부터 불가능하다. 일반인이 조종실에 들어갈 수 없기 때문이다. 2001년 911 테러 이후 보안이 강화되어 외부인이 조종실에 들어갈 수 없도록 잠금 장치가 되어 있다. 그럼에도 불구하고 조종석에 조종 경험이 없는 일반인이 앉아 있었다고 가정하자. 조종석에서 일반인이 관제탑과 교신하면서 조종한다고 하더라도 자동 조종 장치가 없는 경우는 착륙 절차는 너무 어려워 안전한 착륙은 거의 불가능하다. 여객기를 너무 느리거나 너무 낮게 비행하는 실수를 저질러 실속에 돌입하거나 저고도의 지상물에 충돌할 가능성이 높다.

자동 조종 장치는 항공기의 속도, 고도, 방향 등을 제대로 입력한다면 조종사의 조작 없이 스스로 엔진 스로틀을 제어하면서 자동으로 착륙하는 장치다. 비상 상황에서 어쩔 수 없이 교체 공항 관제탑의 도움을 받는다 하더라도, 비행 경험이 없는 일반인이 고속으로 비행하는 여객기 안에서 제한 시간 내에 교체 공항 데이터를 자동 착륙 장치에 입력하는 것은 너무 복잡해 불가능하다고 봐야 한다. 일반적으로 8시간 이상 장거리 비행을 하는 여객기에서는 교대 조종사가 있기 때문에 일반인이 조종해야 하는 상황이 일어날 가능성은 아주 희박하다.

42

현대판 창과 방패, 레이다와 스텔스 장치

모순(矛盾)은 중국 초나라의 상인이 창(矛)과 방패(盾)를 팔면서 창은 어떤 방패로도 막지 못하고, 방패는 어떤 창으로도 뚫지 못한다고 해서 유래된 말이다. 즉 어떤 사실의 앞과 뒤가 서로 맞지 않아 어긋나는 경우를 말한다. 레이다는 전파의 직진성과 재반사 특성을 이용해 되돌아오는 전파를 통해 물체를 탐지하는 것으로 현대판 창이라 할 수 있다. 또한 스텔스 기술은 상대방의 레이다, 적외선 추적기, 음파 탐지기 등으로부터 숨을 수 있는 것으로 현대판 방패라 말할 수 있다.

현대판 창, 레이다

레이다(Radar, RAdio Detection And Ranging, 무선 탐지와 거리 측정)는 전자파를 대상물에 발사한 후 반사해 되돌아오는 전자파를 분석하는 것으로서,

대상물과의 거리를 파악하거나 형상을 측정하는 장치로 비행기의 위치를 파악할 수 있다. 기상 레이다는 전파를 발사해 구름의 물방울에 부딪혀 되돌아오는 반사파 강도의 양(밀도)을 파악해 강우량을 검출할 수 있는 장비로 악기상을 조기에 탐지한다.

레이다는 1930년에 영국과 독일 등 유럽에서 실용화되어, 1940년대에 공군 공습을 대비해 항공기 요격에 사용되었다. 파장의 긴 저주파를 사용하면 전파의 감쇠가 적어 먼 곳까지 탐지할 수 있지만, 정밀하게 측정되지 않아 해상도는 좋지 않다. 그러나 파장의 짧은 고주파를 이용하면 저주파를 이용하는 레이다보다 높은 해상도를 얻을 수 있다. 그렇지만 공기 중에 포함되는 수증기, 비, 눈 등에 흡수되거나 반사되기 쉬워서, 감쇠가 크고 먼 곳까지 탐지할 수 없다. 따라서 저주파 레이다는 원거리의 물체를 발견할 필요가 있는 경우에, 고주파 레이다는 대상 물체의 형태나 크기 등을 정밀하게 측정할 때 사용한다.

레이다에서 발사되어 돌아오는 전파는 상대방 항공기의 크기, 형

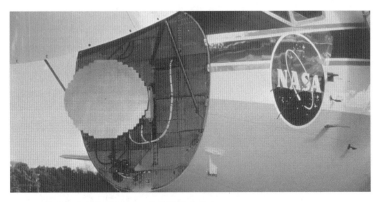

NASA 랭글리 연구 센터의 B737에 장착된 레이다

태, 표면 재질, 진행 방향 등에 따라 반사되는 신호가 다르다. 예를 들어 A380과 같은 대형 여객기는 반사되는 전파의 양이 많지만, 세스나와 같이 소형 경비행기는 반사되는 전파의 양이 적어 서로 구분된다. 또 F-117과 F-22와 같은 스텔스 전투기는 레이다에 잡히지 않도록 비행체의 형태와 재질을 특수하게 설계했기 때문에 잘 포착되지 않는다. 따라서 스텔스기는 상대방보다 먼저 적기를 발견해 공대공 미사일을 발사함으로써 적기를 격추할 수 있다.

레이다는 항공기와 같은 특정 물체만 감지하는 것이 아니라 전파를 반사하는 모든 물체를 감지하지만 그중에서 특정 물체만 스크린에 표시할 수 있도록 설계된다. 특히 영상 레이다(SAR, Synthetic Aperture Radar)는 일반적인 광학 센서와 달리 전자파를 이용하는 능동 센서이므로 카메라로 사진을 찍은 것과 같은 고해상도 영상을 획득할 수 있으며, 악천후나 주야간에 관계없이 목표물 탐지가 가능하다. 또 좁은 특정 지역에 전파를 집중 조사해 정밀 영상을 형성하는 스포트라이트(spotlight) 모드를 사용해 특정 목표물이나 물체를 식별할 수 있다. 따라서 레이다는 전파를 발사해 물체에서 반사되는 전파를 수신해 물체와의 거리, 고도, 방향 등을 파악할 수 있는 무선 감시 장치라 할 수 있다.

현대판 방패, 스텔스 기술

레이다에 대응한 방패는 스텔스 기술(stealth technology, 『하늘에 도전하다』 68쪽 참조)이다. 레이다, 적외선, 소음 등 센서의 탐지 능력을 줄이거나 아군 무기 체계의 각종 신호를 통제하기 위한 모든 기술을 의미한다.

현대판 방패인 스텔스 기술은 제2차 세계 대전 당시 현대판 창인 레이다 감시를 피하기 위해 잠수함 잠망경에 특수 코팅을 한 것부터 시작되었다. 1944년 독일은 세계 최초의 스텔스기 호르텐 Ho 229(호르텐 형제가 전진익 형태로 제작한 제트기로 1944년 3월 첫 비행을 한 스텔스 전폭기)를 개발했다. 제2차 세계 대전 후 군사 전문가들은 전쟁 초기에 방공망을 무력화시키기 위해 레이다 반사 면적을 줄인 스텔스 항공기를 제작해야 한다고 생각했다. 그렇지만 레이다파가 항공기에서 어떻게 반사되는지를 몰라 스텔스 항공기의 개발이 상당히 늦어졌다.

1970년대 초반에 미국의 록히드 마틴 사의 연구원들은 레이다 반사 면적을 줄인 폭격기를 개발하기 위해 스컹크 웍스(Skunk Works) 프로젝트를 수행한다. 스컹크 웍스는 록히드 마틴 사의 고등 개발 프로그램(Advanced Development Programs)에 대한 공식적인 별칭으로 U-2, SR-71 블랙버드, F-117 나이트호크, F-22 랩터 같은 최신 항공기 설계를 담당했다. 스컹크 웍스 팀은 비행체의 레이다 반사 면적을 우여곡절 끝에 알아내면서, 1981년에 세계 최초의 스텔스 전폭기 F-117을 개발했다. F-117 전폭기는 1991년에 최초로 실전에 투입되었으며, 1999년에 코소보 전쟁에서 1대 격추되었다. 이 전폭기는 2008년에 F-22로 대체되면서 모두 퇴역했으며, 미국 데이턴에 위치한 국립 공군 박물관에 유일하게 1대 전시되어 있다.

스텔스기를 설계할 때 기체의 반사 각도를 정밀하게 조정해 전파가 반사되어 되돌아가는 것을 줄여야 한다. 스텔스기는 레이다파가 되돌아가기 쉬운 동체 옆면과 수직 꼬리 날개를 경사지도록 하고, 날개와 흡입구 모서리들에 각도를 주어 탐지가 어려운 특정 방향으로만 반사되도록 제작한다. 전파 흡수 재료들 자체를 사용하거나 표면에 전파 흡수 재료를 코팅해 레이다 반사 강도를 줄이고, 엔진의 배기가스 온

스텔스 전폭기 F-117 나이트 호크

도와 배출량을 줄인다.

스텔스기는 레이다 상에 투명인간처럼 완전히 사라지는 것이 아니라 스텔스 성능에 따라 다르겠지만 아주 작은 크기로 포착된다. 그러므로 스텔스기는 단독으로 작전을 수행하면 작은 점으로라도 탐지될 가능성이 높아진다. 항공기의 레이다 반사 면적을 10퍼센트 정도 줄인다면 레이다의 탐지를 거리로 환산했을 때 44퍼센트 정도 줄어든다. 스텔스기로는 SR-71 블랙버드, F-117 나이트호크, B-2 스피릿, F-22 랩터, F-35 라이트닝II 등이 있다. 또한 국내에서 개발될 한국형 전투기(KF-X)도 스텔스 기능을 갖추도록 업그레이드할 예정이다.

목표물 탐지 기술이 레이저를 이용한 레이다와 적외선 영역 밖의 탐지 기술 개발을 통해 아주 미미한 신호까지 감지할 수 있을 정도로 향상되었다. 즉 방패(스텔스 기술)를 뚫기 위해 또 다른 창(레이다)이 개발된 셈이다. 어떤 방패라도 꿰뚫을 수 있는 창과 어떤 창으로도 꿰뚫지 못하는 방패의 개발이 반복될 것이다.

　이제 기존 형상화 기술이나 전자파 흡수 재료 등은 제대로 기능을 발휘할 수 없게 되었다. 그러므로 스텔스 기술은 어떠한 신호에도 능동적으로 적응할 수 있는 스마트 재료나 초미세 센서들로 이에 대응하고 있다. 미래의 6세대 스텔스 전투기는 5세대 스텔스기를 포착할 수 있을 뿐만 아니라 미미한 신호를 탐지하는 레이다에도 발각되지 않을 것이다.

43

항공기의 무덤이 있다고?

미국 애리조나 주 투손에는 비행기들의 무덤(Aircraft Boneyards)이 있다. 축구장 1,400여 개를 합한 넓이의 이곳에 보관된 전투기 및 수송기, 폭격기 들이 인터넷 구글 지도에서도 보인다. 이 시설은 공군 물자 사령부(Air Force Materiel Command) 산하 309 항공 우주 정비 및 재생 센터 (AMARC, 309th Aerospace Maintenance and Regeneration Center)가 관리하며 대부분 현역 군인이 아닌 민간인 550여 명이 근무한다.

제2차 세계 대전 직후인 1946년에 육군 텍사스 주 샌안토니오의 공중 기술 서비스 사령부(Air Technical Service Command)는 애리조나 주 투손에 위치한 데이비스 만샌 공군 기지(Davis-Monthan AFB)에 B-29 및 C-47 저장 시설을 설립했다. 투손은 고도가 780~880미터로 높고 토양이 알카리성이며, 1년 내내 비가 거의 오지 않아 습기가 없는 지역으로 항공기가 녹슬지 않아 항공기를 보관하는 장소로 적격이다. 또

미국 애리조나 주 투손에 있는 비행기들의 무덤

포장이 필요가 없을 정도로 토양이 단단하기 때문에 항공기 이동과
보관에 적합하다.

　항공 우주 정비 및 재생 센터(AMARC)는 2007년에 항공 우주 정비
및 재생 그룹(AMARG)으로 변경되었다. AMARG는 공군, 해군, 해병
대, 육군, NASA를 포함한 여러 연방 정부 기관의 항공기 4,400대 이
상과 우주 비행체 13대를 유지 관리하고 있다. 이 시설은 보관된 항공
기가 바로 비행할 수 있도록 유지하는 영역, 장기간 보관 후에 항공기
가 사용될 수 있도록 유지하는 영역, 항공기를 해체해 부속품을 활용
할 수 있는 영역, 항공기 부분 또는 전체를 판매하는 영역 등으로 구분
된다. 이곳은 항공기의 무덤이라기보다는 실제로는 일종의 항공기 천

연 저장 시설이라 할 수 있다.

한편 피마 항공 우주 박물관(Pima Air & Space Museum)은 데이비스 만 샌 공군 기지 공항 활주로 남쪽 끝에 있다. 이 박물관은 애리조나 항 공 우주 재단이 독립 200주년 기념의 일환으로 1976년에 개관했다. 이곳은 전 세계에서 규모가 큰 항공 우주 박물관 중의 하나로 정부 지 원이 없이 운영되는 항공 우주 박물관이다. 스미스소니언 국립 항공 우주 박물관에 이어 두 번째로 규모가 크며, 비행의 역사에서 중요한 300대 이상의 항공기를 전시하고 있다. B-52G 스트라토 포트리스, F-86L 세이버, C-47 스카이트레인, B-29 슈퍼포트리스, SR-71 블 랙버드, 제2차 세계 대전의 독일 V-1 폭탄을 비롯해 12만 5000점 이 상의 항공 관련 유물들을 전시하고 있다. 방문객들은 전시물을 직접 만질 수도 있다. 매년 미국을 비롯한 전 세계에서 관람객 15만 명이 방 문한다. AMARG는 군사 시설이기 때문에 16세 이상의 모든 관광객 들에게 사진이 부착된 신분증을 요구한다.

44

헬리콥터가 시끄러운 이유

헬리콥터는 엔진으로 로터를 회전시켜 얻는 추진력과 양력으로 비행하는 항공기를 말한다. 헬리콥터는 기체 평면에 수직으로 한축에 대해 2~8매의 로터를 장착한 후, 여기서 발생하는 양력을 증감하거나 로터의 회전면을 경사시켜 비행하는 항공기다. 로터를 기울게 하는 방향으로 힘을 얻기 때문에 전·후진은 물론 좌우 비행과 공중 정지 비행이 가능하다. 따라서 헬리콥터는 주로터가 회전해 공기를 아랫방향으로 가속시켜 양력을 얻는다. 프로펠러 고정익 항공기가 뒷방향으로 공기를 가속시켜 추력을 얻는 방법과 방향이 다를 뿐이다.

이고르 시코르스키(Igor Sikorsky, 1889~1972년)가 개발한 VS-300은 1941년 5월 6일에 체공 시간 1시간 32분 26초를 기록했다. 그는 헬리콥터의 이륙과 비행의 안정화를 이뤄 기술상의 획기적 발전을 도모했다. 수평 주로터뿐만 아니라 꼬리 로터도 장착해 비행의 방향을 통제

하고 안정성을 이루게 했다. 헬리콥터는 연락이나 물자 수송 외에도 지상 공격 등 군사용으로 사용되거나, 산불 진화 및 인명 구조 등 민간용으로도 사용된다.

헬리콥터 소음은 회전하는 로터 블레이드로 인한 것이 대부분이며, 특히 주로터의 소음이 아주 크다. 헬리콥터의 로터 블레이드는 회전하면서 공기를 교란시키고 날개 끝 와류를 유발한다. 시끄러운 소음은 블레이드가 앞 블레이드에서 형성된 와류와 충돌해 발생한다. 따라서 헬리콥터 소음은 엔진 소음보다는 주로터와 꼬리 로터의 소음이 대부분이다.

꼬리 로터는 주회전 날개보다 8~10배 더 빠른 속도로 회전해 기체가 주로터의 회전 방향과 반대로 돌게 되는 토크를 상쇄시킨다. 꼬

1941년 시코르스키 VS-300 헬리콥터

한국항공우주산업(주)의 수리온 헬리콥터
2013년 5월 실전 배치된 한국형 기동 헬기 수리온은 T-700 터보 축 엔진 2기를 장착해 완전무장 병력 9명을 태우고 450킬로미터 거리를 비행한다. 수리온은 최대 이륙 중량 8.7톤, 순항 속도 시속 235킬로미터, 항속 시간 2시간 30분, 인양 능력 2.7톤 등의 성능을 보유하고 있다.

리 로터의 소음은 고속 회전으로 인해 높은 주파수에 해당하며, 헬리콥터 소음의 주된 원인 중 하나다. 주로터보다 주파수가 높은 꼬리 로터의 소음은 사람들에게 가장 민감한 대역이어서 듣기 상당히 거북하다. 따라서 꼬리 로터를 덮개(shroud) 안에 갇혀 있도록 설치해 날개 끝 와류의 형성을 방지하면 소음을 상당히 줄일 수 있다. 유로콥터(Eurocopter) 컨소시엄의 EC-135 헬리콥터는 꼬리 로터를 덮개 안에 넣어 소음을 줄였지만 그만큼 무게가 증가해 제작 비용은 늘어났다.

5

알수록 재밌는
비행 시
발생 현상
11개

45

항공기에 나타난 흰색 구름과 충격파 현상

블랙 이글스(대한민국 공군 곡예 비행 팀)의 에어쇼에서 곡예기가 초음속 비행이 아닌 아음속 비행에서 급격히 가속할 때 동체나 날개 끝부분에서 흰색 구름과 같은 물방울이 발생하는 것을 볼 수 있다. 수증기(물이 증발해 기체 상태로 된 것을 말함)가 액체-기체 상태로 존재해 흰색 구름과 같이 보이는 것을 응축 현상(condensation, 공기를 일정 온도 이하로 떨어뜨릴 때 발생하는 액화 현상)이라 한다. 좋은 예로 맑고 서늘한 아침에 나뭇잎 위에 이슬이 맺혀 있는 것을 종종 볼 수 있다. 이것은 밤사이 냉각된 나뭇잎이 주위 공기를 이슬점 이하로 냉각시키면서 대기 중의 수증기가 응축했기 때문이다.

초음속 비행을 위해 전투기가 급격히 가속하면 전투기 주위에 흰색 구름이 형성되었다 사라지며, 초음속을 돌파하면서 충격파(shock wave) 현상이 나타난다. 비행체가 마하수 $M=1.0$ 이상의 속도로 움직이면 물체 앞에 파동이 형성된다. 물체의 크기가 아주 작아 파동이 약하면 공기의 성질이 약간 변하는 마하파가 발생한다. 그렇지만 대부분의 비행체에는 수많은 마하파가 겹쳐 공기의 성질이 크게 변하는 파동이 발생하는데 이를 충격파라 한다. 이와 같은 응축 현상과 충격파 현상은 알수록 재미있는 비행 현상 중 하나다.

항공기에 나타난 응축 현상

전투기가 고속으로 가속할 때 자체적으로 흰색 구름을 형성해 마치 하늘에 있는 흰색 구름 속을 뚫고 비행하는 것처럼 착각하게 만든다. 이때 나타난 전투기 주위의 흰색 구름은 수증기가 액체-기체 상태로 존재해 응축된 물방울들이 빛을 반사한 것이다. 이와 같이 액체-기체

F/A-18C 호넷의 응축 현상으로 인한 베이퍼콘
1999년 7월 항해 중인 미국 해군 항공모함 선상에서 약 183미터 떨어진 곳의 해면 22.9미터 상공을 시속 1,207킬로미터까지 증속하고 있는 F/A-18C 호넷 전투기를 촬영한 장면이다. 세계보도 사진전 1999에서 과학 기술 분야 1위를 수상했다.(U.S. Navy photo by John Gay)

상태로 존재하는 것을 응축 현상이라고 한다.

흰색 구름은 수증기가 액체와 기체 상태로 있으며 구름이 사라진 부분은 수증기가 기체 상태에 있다. 수증기는 기체 상태로만 존재하는 영역과 액체-기체의 상태로 존재하는 영역으로 구분할 수 있으며, 이를 구분하는 곡선을 포화곡선이라 한다. 포화곡선은 100퍼센트 상대 습도를 나타내는 점들을 연결한 선이다. 이 선의 온도는 이슬점(dew-point)을 의미한다. 포화곡선에서 수증기가 기체로만 존재하는 영역은 공기는 100퍼센트 습도보다 낮고, 온도는 이슬점보다 높은 영역에 해당된다. 이 영역에서 수증기의 응축 현상은 발생하지 않는다. 그러나 온도가 이슬점보다 떨어지면 포화곡선 상에서 액체-기체 상태로 존재하는 영역에 해당되며 응축 현상이 발생한다.

F/A-18C 호넷 전투기가 약간의 받음각을 갖고 고속으로 가속 비행을 할 때 전투기 주위 일부 구간만 흰색 구름을 형성하는 베이퍼콘(vapor cone, 또는 shock collar)이 생긴다. 특히 항공기가 고습 지역에서 고속 비행을 하면, 날개와 동체 윗면에서는 공기 흐름이 팽창되면서 가속되어 응축 현상이 발생한다. 날개 뒷전 부근에서는 공기가 압축되면서 감속되어 발생한 응축 현상이 사라진다. 그래서 항공기가 마치 하늘에 있는 흰색 구름 속을 뚫고 비행하는 것처럼 보인다.

전투기가 고속 비행할 때 발생하는 응축 현상을 자세히 설명하기 위해 약간의 받음각이 있는 평판(flat plate, 일종의 날개 또는 비행체로 가정할 수 있음)이 순간적으로 초음속 비행(응축 현상은 초음속에 도달하기 전에 발생함)을 한다고 가정해 보자. 평판 윗면의 앞부분에서는 팽창파가 발생하고, 윗면 뒷부분에서는 충격파가 발생한다. 공기 흐름이 팽창하게 되면 압력과 온도가 감소하며, 온도가 이슬점보다 낮아져 공기 속에 있던 수분이

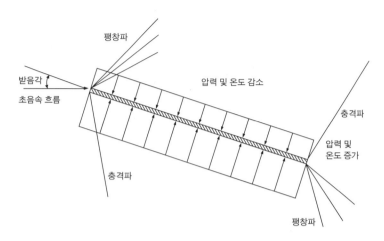

받음각을 갖는 평판에서의 팽창파 및 충격파
만약 공기가 열 교환 없이 갑자기 부피가 늘어나는 단열 팽창을 하면 압력뿐만 아니라 온도도 떨어진다. 그러면 대기 중의 수증기가 갑자기 떨어진 온도로 인해 미세한 물방울이 되어 흰색 구름처럼 보인다.

응축된다. 공기 입자가 팽창파를 지나면서 포화 곡선의 순수 기체 영역에서 액체-기체 영역으로 이동한 것이다. 한편 응축이 발생한 공기 입자가 평판 뒷부분의 충격파를 지나면서 온도와 압력이 증가한다. 그래서 응축된 수증기는 온도가 증가함에 따라 액체-기체의 혼합물 상태에서 순수 기체 상태로 변하게 되어 사라진다.

전투기의 응축 현상은 비행기 속도가 음속을 돌파하지 않아 팽창파와 충격파가 발생하지 않아도 비행기 단면에서의 급작스러운 속도 증가로 인해 심한 팽창이 일어나면 발생한다. 특히 습도가 높아 구름을 형성하기 쉬운 바다나 강 주위 상공을 저고도로 고속 비행할 때 자주 발생한다.

충격파 현상

충격파 현상을 설명하기 위해 아주 미소한 교란을 유도하는 아주 작은 물체가 날아간다고 생각해 보자. 물체가 정지해 있으면서 음파를

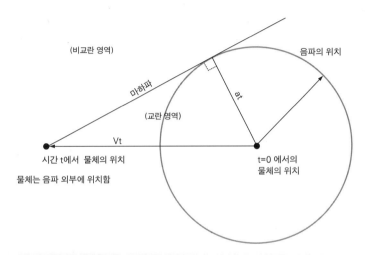

초음속 흐름에서 작은 물체의 교란 전파

아주 약한 교란을 발생시키는 작은 물체의 초음속의 이동 속도와 음파의 전파 속도를 나타낸 것이다. 물체의 이동 속도가 음속보다 빠른 경우, 즉 M>1.0인 경우 물체는 음파가 그린 동심원보다 항상 앞에 있다. 시간 t 후에는 음파는 중심(t=0에서의 물체의 위치)에서 at(음파속도×시간)거리만큼 전파되며, 물체는 Vt(물체 속도×시간) 거리만큼 이동한 위치에 있다. 초음속에서 물체는 아음속과 다르게 원형 음파의 외부에 있는데 물체가 음파의 속도보다 빠르기 때문이다. 음파는 맨 앞에 있는 물체를 꼭짓점으로 하는 원추 형태를 띈다.

음파가 전달된 모든 원들의 접선을 연결한 선은 교란 영역(zone of action, 음파가 전달된 영역)과 비교란 영역(zone of silence, 원추의 외부로 음파가 전달되지 않아 소리가 들리지 않는 영역)을 구분하는 원추 모양을 한다. 원추 모양의 압축파를 마하파(Mach wave)라고 한다. 이는 아주 약한 파이며, 매우 약한 경사 충격파의 하나로 간주할 수도 있다. 만약 물체가 크게 되면 물체의 각 점에서 발생한 음파가 겹치게 되면서 경사 충격파를 발생시킨다. 따라서 아주 약한 마하파들이 계속 겹쳐서 충격파를 이룬다.

전파시키면 공기에 교란을 주어 사방으로 퍼져 나간다. 시간 t=0에서 물체는 원점에 있으며, 이 점에서 모든 방향으로 음속 a로 퍼져 나가는 음파를 발생시킨다. 예를 들어 정지한 상태에서 소리를 내면 공기를 교란(압력 변화)시켜 음파의 속도로 전달되는 것과 같다. 아주 작은 물체가 초음속으로 날아갈 때 약한 교란을 발생시켜 마하파가 발생되는 과정은 앞쪽 그림에서 설명한 바와 같다.

마하파가 겹쳐서 충격파를 이루는 형성 과정을 알아보자. 관(pipe) 안의 피스톤을 짧은 순간에 속도 증가 dv로 움직이면 음파(제1파)가 발생해 공기 속을 나아간다. 피스톤을 다시 dv만큼 증속해 움직이면 음파(제2파)가 발생해 제1파를 뒤따라 움직인다. 음파는 아주 약한 파로 음속으로 전달되며 이를 마하파라고도 한다. 제2파는 제1파보다 더 빠르고, 제3파는 제2파보다 더 빨라 파가 진행될수록 제1파에 접근해 겹쳐 충격파를 형성한다. 이것은 제2파가 제1파에 의해 교란되어 온도가 증가된 공기 속에서 진행되며, 음파의 속도($a=\sqrt{\gamma RT}$)는 온도의 제곱근에 비례하기 때문이다.

공기를 팽창시킨 경우 발생하는 팽창파는 압축 충격파와 달리 냉각된 기체 속을 진행하기 때문에 제2파는 제1파보다 느린 속도로 전파된다. 따라서 팽창파는 시간이 지남에 따라 파 간격이 점점 멀어지므로 서로 겹쳐지지 않는다. 그래서 팽창하는 경우는 두꺼운 충격파가 생성되지 않는다.

모서리 그림은 초음속 흐름이 아주 작은 교란을 유도하도록 여러 번 꺾어 만든 모서리를 지날 때 발생하는 현상을 나타낸 것이다. 이것은 압축에 의해 발생하는 마하파와 그 상단에 마하파들이 겹쳐 발생한 충격파를 보여 준다. 초음속 흐름이 모서리에 다가올 때 오목한 모

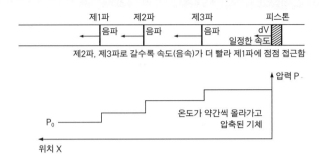

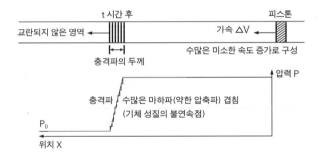

제2파, 제3파로 갈수록 속도(음속)가 더 빨라 제1파에 점점 접근함

초기, 관 내부에서 파의 위치와 압력 분포(마하파)

t시간 후, 관 내부에서 파의 위치와 압력 분포(충격파)

관 안의 피스톤을 속도 ΔV만큼 압축시켰다면 유한한 속도 증가 ΔV는 아주 작은 속도증분 dv 들로 나눌 수가 있다. 아주 작은 속도 증가 dv로 인해 발생한 제1파, 제2파, 제3파 등은 시간이 지남에 따라 처음 출발한 제1파 쪽으로 점점 가까이 접근한다. 그래서 작은 압력 차이들이 합쳐 져 큰 압력 차이를 유발하고 온도, 밀도, 속도 등 유동 성질이 다른 흐름이 된다. 수많은 약한 마 하파들이 겹쳐서 유동 성질이 전혀 다른 일종의 불연속 막과 같은 충격파가 형성된다. 충격파 는 피스톤 앞쪽의 전혀 교란되지 않은 공기를 향해 전파된다.

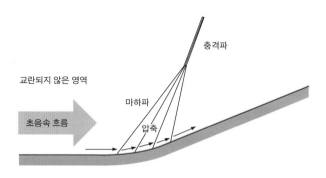

마하파와 충격파의 형성을 설명해 주는 모서리

서리의 작은 꺾임각만큼 위쪽으로 휘어질 것이다. 오목한 모서리가 초음속 흐름을 약하게 압축시키므로 마하파가 발생한다. 그 다음 꺾임각에 의한 마하파는 흐름의 방향이 바뀌고 속도도 감소하므로, 마하파의 각도가 달라진다. 뒤이어서 발생하는 마하파는 최초의 흐름 방향에 대해 더 큰 각도의 마하파를 발생시킨다.

따라서 여러 번 꺾임각에 의한 마하파들은 흐름 윗부분에 하나의 두꺼운 충격파를 이룬다. 그러니까 충격파는 여러 번 꺾인 모서리에서 발생한 아주 약한 마하파들이 겹쳐서 형성된다는 것을 알 수 있다. 만약 오목한 모서리를 여러 번 꺾지 않고 한 번에 크게 꺾인다면 마하파는 발생하지 않고 바로 수많은 마하파가 겹친 충격파가 발생한다.

초음속의 공기가 충격파를 통과하면 공기의 성질은 급격히 변한다. 충격파 후의 속도는 급격히 감소하고 압력, 온도, 밀도 등은 급격히 증가한다. 또 충격파 전·후 과정은 비가역 과정으로 엔트로피는 증가하므로 충격파 전후 과정을 등엔트로피 과정(가역이면서 단열인 과정)으로 가정할 수 없다.

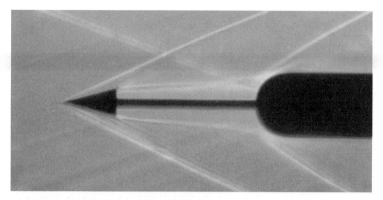

전방 원추체가 장착된 무딘 물체에서의 충격파 현상

서울대학교 항공우주공학과 초음속 풍동에서 전방원추체가 장착된 무딘 물체가 초음속으로 비행할 때 발생하는 충격파 현상을 슐리렌 광학 장치(Schlieren optical system, 빛의 굴절 원리를 이용해 흐름 형태의 가시화를 가능하게 하는 광학 장치)로 촬영했다. 원추 형태의 전방 원추체는 경사 충격파를 유발하고, 전방 원추체에서 발생한 후류가 무딘 물체의 앞면에 영향을 주어 무딘 물체의 압력 저항을 크게 감소시킨다. 그러므로 전방 원추체는 분리 충격파로 인해 항력이 크게 증가하는 무딘 형상의 단점을 보완할 수 있다.(장조원, 노오현,《한국항공우주학회지》(1987년) 논문 참조)

초음속 항공기에서 발생한 충격파는 여러 위치에 발생해 아주 복잡하다. 그러나 항공기에서 멀리 떨어진 위치에서는 여러 충격파들은 합쳐져 크게 항공기 전면 및 꼬리 부분에 형성된다. 충격파 때문에 발생하는 강한 폭발음을 소닉붐(sonic boom, 음속 폭음, 『하늘에 도전하다』 245쪽 참조)이라고 한다.

초음속 비행 중에 발생한 충격파는 전·후의 압력 차이로 인해 큰 소리를 발생시킨다. 따라서 지상에서는 순간적인 압력 상승으로 인해 발생한 강한 폭발음을 들을 수 있다. 그러면 초음속을 돌파한 전투기 조종사가 음속 폭음을 들을 수 있을까?

일반적으로 여객기는 고고도에서 8,000피트에 해당하는 여압을 객실에 제공하고, 전투기에서는 2만 3000피트 이상의 고고도에서 충분하지는 않지만 나름대로 여압을 제공하고 있다. 따라서 여객기 조종사는 산소 마스크를 착용하지 않고 전투기 조종사는 저산소증을 피하기 위해 산소 마스크를 착용한다. 또 전투기 조종사는 초음속을 돌파할 때 음속 폭음을 들을 수 없다. 이것은 조종사가 음속 이상의 속도로 전투기와 같이 움직이고 있기 때문이다.

저고도에서 초음속을 돌파해 음속 폭음이 발생하면 사람뿐만 아니라 가축에게 심각한 피해를 줄 수 있다. 그래서 한국 공군은 비행교범에 항공기 운영과 관련해 초음속을 돌파할 수 있는 지역과 고도를 엄격하게 제한하고 있다. 공군은 평시에 초음속 비행을 육상에서는 전면 금지하고 있고, 해상에서는 육지 및 섬(무인도 제외)으로부터 적어도 20해리(37킬로미터) 이상 떨어진 지역의 1만 피트(약 3킬로미터) 이상 고도에서 허용하고 있다.

최근 소음 및 배기가스 등 환경 문제가 크게 대두되자 미국의 항공기 제작사에서는 음속 폭음을 경감시키기 위해 음속 폭음과 관련된 연구를 수행했다. 기존의 항공기 형상을 변경시켜 음속 폭음을 측정하는 연구를 수행한 것이다.

46

여객기는 난기류와 벼락을 어떻게 피할까?

여객기가 평온한 상태로 순항하다가 갑자기 수직으로 툭 떨어질 수 있다. 맑은 날씨에 순항 중이던 여객기에 왜 이런 청천벽력 같은 일이 발생했을까?(《월간중앙》 2013년 2월호 244~249쪽 참조) 바로 청천 난류(CAT, clear air turbulence, 또는 청천 난기류) 때문이다. 청천 난류는 조종사도 발생 여부를 몰라 예고 없이 갑자기 항공기가 심하게 흔들리고 고도가 급작스레 떨어진다. 따라서 여객기가 흔들림 없이 평화롭게 순항 중일 때에도 승객들은 항상 좌석에서 생명벨트나 다름없는 안전벨트를 착용해야 한다. 또 여객기가 비행하면서 뇌우를 동반한 구름을 만나면 예기치 못하게 벼락(공중에서의 전기와 지상에서의 물체에 흐르는 전기 사이에 방전 작용으로 발생하는 자연 현상)을 맞을 수 있다. 천둥과 번개를 동반한 뇌우는 항공기에 치명적인 위험을 초래할 수 있다. 모든 여객기에 닥칠 수 있는 청천 난류와 벼락에 대해 알아보자.

마른하늘에 날벼락 같은 청천 난류

일반적으로 바람은 수평 방향으로 움직이는 공기를 말하며, 바람이 거센 파도처럼 요동치는 경우가 난기류다. 공기가 수직으로 움직이는 수직기류는 항공기에 급격한 고도 변화를 유발하기 때문에 난기류에 속한다. 2012년 6월에 B747 여객기가 인도네시아 자카르타 수카르노 하타 국제 공항을 이륙한 지 1시간쯤 지나 평온한 상태에서 식사를 하는 도중에 갑자기 수직으로 40~45미터 툭 떨어졌다. 비행기는 곧 안정을 찾았지만 여기저기서 비명소리가 나오고 식판이 쏟아지거나 음식이 천장에 달라붙는 등 난장판이 되었다. 이 여객기는 바로 청천 난류 때문에 곤욕을 치렀다. 청천 난류는 난기류중의 하나로 말 그대로 구름 한 점 없는 맑은 하늘에 발생한다. 비행 중인 여객기가 난기류를 만나면 기체 앞쪽보다는 뒤쪽이 더 흔들려 조종사보다 승객에게 더 위험하다.

지구를 크게 보면 적도 지방과 극지방 사이의 온도 차이 때문에 제트 기류, 무역풍, 극동풍 등의 바람이 형성되어 지구 전체의 대기 순환을 담당한다. 또 해안 지역의 해륙풍, 산악 지역의 계곡풍과 같이 규모가 작은 국지풍 등도 있다. 난기류의 종류에는 지표면의 온도 불균형으로 발생하는 대류성 난기류, 산을 통과한 강한 바람이 만들어 내는 산악파 난기류, 항공기 날개 끝에 발생하는 소용돌이 현상에 따른 항적 난기류(wake turbulence), 바람의 세기와 방향이 고도에 따라 급격히 바뀌는 전단풍(wind shear), 그리고 구름이 없는 맑은 하늘에서 발생하는 청천 난류 등이 있다.

대류성 난기류의 주된 원인은 공기가 수직으로 이동하는 대류 현상이다. 여름철 일조량이 많아 강한 상승 기류가 조성되는 적도 지역에서 난기류 발생 빈도가 높다. 가장 심한 대류성 난기류는 적란운(번개를 수반한 소낙비구름) 내부에서 발생한다. 상승 기류와 하강 기류가 뒤섞인 대표적인 악성 난기류이므로 구름에서 10~20킬로미터 거리를 두고 비행해야 한다. 난기류에는 초속 수십 미터의 수직으로 부는 바람뿐만 아니라 우박, 결빙, 벼락 등이 따른다.

제주발 김포행 국내 항공사 소속 A321 여객기가 2006년 6월에 기체 앞부분의 뾰족한 레이돔(radome, 레이다 안테나를 보호하는 덮개)이 떨어지고 조종석 앞 유리창이 깨지는 사건이 발생했다. 당시 오산 상공에는 소낙비구름이 높이 10킬로미터, 너비 70~80킬로미터 규모로 퍼져 있었다. 모든 항공기들은 이 소낙비구름을 피하려고 왼쪽으로 우회 비행했으나, 유독 사고 여객기는 기체의 요동을 일으키는 비구름을 통과하다 우박을 맞아 사고를 당했다.

산악파 난기류는 바람이 산맥을 통과할 때 발생하는 난기류로 고립된 산보다 규모가 큰 산맥에서 잘 발생하며, 산맥에 도달하는 바람성분에 따라 달라진다. 산맥 정상에서 온도가 크게 달라 강한 수직 바람이 부는 경우 청천 난류가 발생하기도 한다. 따라서 산 높이의 1.5배 이상 고도로 날아 난기류를 피해야 한다.

항적 난기류는 항공기의 날개 끝에서 발생한 소용돌이로 날개 아랫면에서 윗면으로 휘감아 올리는 흐름이다. 비행기는 날개의 아랫면에서의 높은 압력과 윗면에서의 낮은 압력으로 인해 발생한 양력으로 떠서 날아간다. 날개의 윗면과 아랫면의 압력 차이 때문에 날개 끝에서 아랫면에서 윗면으로 회전하는 흐름이 발생한다.

국내 항공사 소속 B777 여객기가 2012년 11월에 미국 시카고를

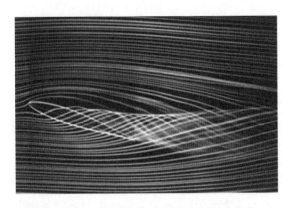

연선기법으로 촬영한 날개 끝 소용돌이(항적 난기류 유발) 가시화 사진

(손명환, 장조원,《*Journal of Aerospace Science and Technology*》(2012년) 논문 참조)

향해 북태평양 항로 캄차카 반도 상공 10.1킬로미터(3만 3000피트) 고도를 통과하면서, 앞선 중국 국제 항공사의 B777 여객기의 후류와 시속 30킬로미터의 뒷바람(tailwind)으로 형성된 난기류를 만나 곤욕을 치른 적이 있다. 그 당시 후류를 유발한 여객기는 0.305킬로미터(1,000피트) 더 높은 고도(일부 일방 통행 항로에서는 같은 비행 방향에서도 1,000피트 수직분리 간격을 취함)에서 30킬로미터 앞서 비행했다. 두 여객기의 고도 차이가 크지 않았으며, 마침 주변의 수직 하강 기류 탓에 만들어진 항적 난기류를 만났다. 조종사가 바로 우측으로 3.7킬로미터 정도 피했지만, 다시 난기류를 만나 좌측으로 5.6킬로미터를 피했다. 다행히 승객이 다치는 사고로 연결되지는 않았다.

전단풍은 고도에 따라 바람 속도와 방향이 급격히 바뀌는 바람이다. 전단풍은 난기류가 아니더라도 이·착륙 때 치명적인 영향을 미쳐 난기류로 취급된다. 전단풍은 주로 지표면 위 100~150미터에도 존재

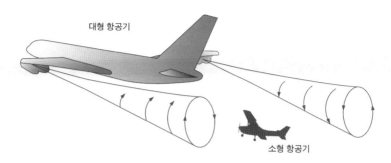

대형 항공기

소형 항공기

항적 난기류에 휘말린 소형 항공기

에어버스 380과 같은 대형 여객기는 아주 강한 날개 끝 와류(소용돌이)를 유발한다. 뒤따르는
비행기는 항적 난기류에 휘말려 조종사가 제어할 수 없는 위험한 상황에 처할 수 있다. 대형 비
행기가 이륙한 후 소형 비행기가 바로 이륙하면 앞에 날아간 비행기의 소용돌이에 휘말리게 되
어 추락한 경우도 있다. 그러므로 앞의 비행기가 이륙한 후 항적 난기류가 잠잠해질 때까지 기
다렸다가 이륙하거나 활주로 상에 이륙 지점을 다르게 해 항적 난기류를 피해야 한다.

하는 하강 기류뿐만 아니라 급격한 상승 기류나 수평 바람의 급격한
변화 때문에 발생한다. 전단풍 중에 마이크로버스트(microburst)는 적란
운의 하강 기류가 지표면에 부딪혀 산지사방으로 분산되는 돌풍을 말
한다.

마이크로버스트는 항공기가 이륙 또는 착륙할 때 맞바람(headwind)
이 뒷바람으로 바뀌거나 뒷바람을 맞바람으로 바꿔 버린다. 항공기는
맞바람을 받으면 항공기 체감 속도 증가로 양력이 증가하지만, 뒷바람
을 맞으면 체감 속도가 감소해 급격히 양력을 잃어 추락할 수도 있다.
따라서 여객기가 활주로 근처에서 마이크로버스트를 만나는 경우 아
주 위험해진다. 왜냐하면 여객기 속도가 뒷바람으로 인해 실속 속도(항
공기 무게를 지탱할 수 없을 정도로 양력을 잃어 항공기가 추락하는 속도)보다 느려 추락
하는 경우, 고도가 낮아 이를 회복할 시간이 없기 때문이다. 그러므로

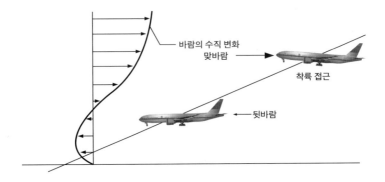

비행기의 대기 속도의 변화를 유발하는 전단풍

공항에서는 저고도 전단풍 경고 시스템을 운용하며 관제사는 전단풍이 발생할 때 조종사에게 알려 준다.

청천 난류는 에어포켓(air pockets) 또는 악기류(rough air)라 부르기도 했다. 구름 속에 숨어 있는 난기류는 구름을 통해 예측하지만, 청천 난류는 구름이나 미리 알려 줄 만한 표지가 없다. 그래서 청천 난류는 육안으로 탐지가 불가능하고 물방울이 없어 현재의 기상 레이다에도 잡히지 않는다. 따라서 조종사는 청천 난류를 미리 피할 수 없고 경고등을 켤 수도 없다. 항공사들이 승객들에게 화장실 갈 때를 제외하고 항상 안전벨트를 착용하라고 당부하는 이유다.

청천 난류는 수평 방향으로 수십 미터에서 수 킬로미터의 규모로 존재한다. 청천 난류는 3분의 2 이상이 제트 기류 주변에서 발생한다. 이곳은 대류권계면 근처의 고도 7~12킬로미터의 대류권으로 장거리 여객기의 순항 고도이기도 하다.

제트 기류는 서쪽에서 동쪽으로 부는 바람으로 대류권(고도에 따라 온도 감소)과 하부 성층권(고도에 따라 온도 일정)과의 경계면인 대류권계면 부근에서 주로 발견된다. 제트 기류는 태양 에너지에 따른 공기의 대류 현상과 동쪽으로 도는 지구의 자전 때문에 발생한다. 극지방에서 형성된 차가운 공기 덩어리는 적도 지방을 향해 내려오며, 적도 지방의 따뜻한 공기 덩어리는 상승해 극지방으로 향한다. 대규모 대류 현상은 지구 자전 때문에 일정 부분 이상 진행되지 못한다. 따라서 저위도와 고위도 지역 사이에 온도 차이가 심해져 중위도 지역에 대기 대순환인 제트 기류가 발생한다. 요약하자면 제트 기류는 온도 차이가 큰 공기의 경계면에서의 압력 차이 때문에 생성되어 어느 정도 수평으로 부는 바람이다.

같은 고도에서도 위치에 따라 온도와 밀도가 변하기 때문에 제트 기류의 속도는 항상 일정하지 않다. 또 같은 위치에서도 고도에 따라 빠른 속도와 느린 속도의 제트 기류가 존재하기도 한다. 제트 기류는 계절에 따라 남북으로 이동하며 겨울철에는 우리나라 상공에 위치한다. 바람은 심한 온도차에 따른 압력 차이로 방향을 바꾸기 때문에 제트 기류는 항상 일정한 방향으로 바람이 불지는 않는다. 제트 기류는 하천이나 뱀처럼 아래위로 꼬불꼬불 움직이며 흐른다. 따라서 제트 기류의 진로는 여객기의 항로와 반드시 일치하지 않는다.

청천 난류는 제트 기류, 수직 또는 수평 방향의 온도 구배(gradient, 기울기)와 전단풍 등 여러 요인으로 발생한다. 한 덩어리의 제트 기류라도 고도에 따라 온도가 달라져 속도에 차이가 있고 때로는 방향이 바뀌기도 한다. 청천 난류는 그림처럼 빠른 속도의 제트 기류와 느린 속도의 제트 기류 사이의 공간에서 종종 발생한다. 바람의 수직 변화가 크면 상하 방향으로 충돌하면서 파도치듯이 난기류를 형성한다. 종합

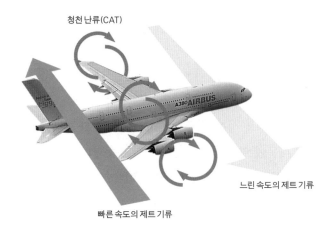

청천 난류(CAT)

느린 속도의 제트 기류

빠른 속도의 제트 기류

탐지하기 곤란한 청천 난류의 발생

하자면 청천 난류는 높은 고도의 대류권에서 밀도와 온도가 다른 공기층에서 발생한다는 이야기다. 밀도와 온도가 다르면 바람의 속도가 달라지기 때문이다.

또 청천 난류는 얇은 권운(cirrus, 5~13킬로미터 고도에 분포하는 하얀 섬유 모양의 새털구름으로 미세한 얼음의 결정으로 이루어진 구름)에서 발생할 가능성이 높다. 고고도에서의 얇은 권운은 제트 기류와 결합해 공기 속도의 급격한 변화를 유발할 수 있기 때문이다.

청천 난류는 계절과 관계없이 발생하지만 유독 제트 기류 방향이 100도 이상 심하게 꺾이는 부분에서 자주 발생한다. 제트 기류는 북반구에서나 남반구에서나 편서풍이지만 흐름의 방향이 급격히 변하는 일부 영역에서 편동풍이 되기도 한다. 제트 기류의 경로가 일직선이 아니라 좌우로 굽이치며 흐르기 때문이다. 편서풍에서 편동풍이 되는 경우 여객기는 고도를 변경해 맞바람을 어느 정도 피해 연료를 절감한다. 때로는 제트 기류를 가로질러 비행하기도 한다. 여객기가 청천 난류의 발생이 가능한 공기층(밀도와 온도가 서로 다른 공기층)을 통과하는 이유다.

청천 난류는 1940년대 처음으로 발견되었으나, 각종 피해가 발생한 1960년대부터 널리 알려졌다. 난기류의 세기는 약함(light, 기내식 제공 가능), 중간(moderate, 기내식과 보행 불가능), 심함(severe, 물건이 튕겨나감), 아주 심함(extreme, 조종불능) 등으로 구분된다.

기상학자들도 청천 난류를 예견하거나 탐지하기는 힘들다. 그러나 장거리 여객기에 직접적으로 피해를 주는 경우가 많아 집중적으로 연구해 왔다. 최근 기상학자들은 신틸로미터(scintillometer, 섬광 계측기)나 도플러 라이다(Doppler LIDAR, Light Detection and Ranging)와 같은 광학 기술 장비를 연구에 도입했다. 신틸로미터는 여객기가 비행하는 전방 지역의 온도를 적외선으로 측정해 청천 난류를 감지하는 방식이다. 청천 난류는 온도 변화가 큰 곳에서 발생할 확률이 높기 때문이다. 한편 라이다는 여객기 전방 지역 공기의 속도 변화를 레이저 광선으로 감지하는 아주 고가의 장비다. 이 장비는 도플러 효과(1842년 오스트리아의 물리학자인 도플러가 처음 발견한 것으로 기차역에 서 있을 때 기차가 올 때와 갈 때 진동수가 달라지는 현상)를 이용해 작은 공기 입자의 움직임을 측정해 조종사에게 난기류를 경고한다. 그러나 여객기에 탑재되는 신틸로미터와 라이다는 실용화 단계까지 이르지 못했다. 그동안 미국이나 유럽 등 항공 선진국에서 활발히 연구했으나 레이저 광선의 출력 부족과 장비의 소형화 문제로 아직 여객기에 적용되지 못했다. 대부분의 여객기에 탑재된 기상 레이다는 구름의 물방울 분포나 탐지할 뿐이다.

조종사가 청천 난류를 만났을 때 반드시 지켜야 하는 몇 가지 규칙이 있다. 우선 난기류를 빨리 빠져 나오려고 속도를 증가하면 안 된다. 항공기 제작 회사에서 추천하는 속도를 유지해야 한다. 고도나 방향을 이리저리 바꾸어 난기류를 피해야 하며, 항공 교통 관제소에 위치, 고도, 속도 등을 보고해야 한다. 만약 제트 기류의 방향이 급격히 변하는 위치에서 청천 난류를 만난다면 항공기는 반드시 낮은 압력 지역으로 피해야 한다. 바람이 부는 방향으로 피해 다른 속도의 공기 흐름

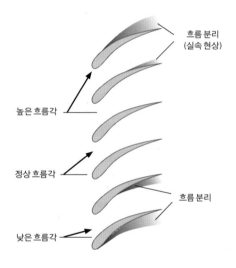

압축기 블레이드의 흐름각에 따른 분리 현상

정상 흐름각보다 높은 흐름각이 되면 블레이드 윗면에 부착된 흐름이 떨어져 실속(stall, 흐름 분리 때문에 작용하던 힘이 급격히 감소해 블레이드 역할을 못하는 현상)이 발생한다. 만약 정상 흐름각보다 낮은 흐름각이 되면 블레이드 아랫면에 부착된 흐름은 떨어져 나간다. 흐름 분리(flow separation, 공기 흐름이 블레이드 표면을 따라 흐르지 못하고 표면에서 떨어지는 현상)는 공기를 제대로 압축시키지 못하고, 주기적인 진동 현상을 유발한다.

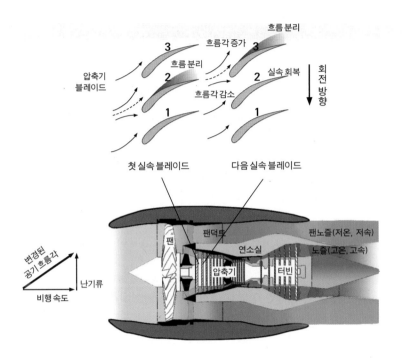

터보팬 엔진의 압축기 회전 실속

엔진 입구의 공기 흐름각이 난기류 때문에 변하면 압축기의 블레이드에서 첫 실속이 발생한다. 실속 현상은 압축기가 회전하면서 다음 단의 블레이드에, 또 다음 단의 블레이드에 계속 전파된다. 터보팬 엔진 압축기의 첫 실속 블레이드와 두 번째 실속 블레이드를 확대한 그림에서와 같이 압축기 블레이드 2에서 첫 실속이 발생한 후 흐트러진 공기 흐름은 다음 단의 블레이드로 이동된다. 공기 흐름은 다음 단의 블레이드 3의 흐름각을 증가시키고, 블레이드 2의 흐름각을 감소시킨다. 따라서 흐름각이 증가한 블레이드 3은 실속이 발생하고, 흐름각이 감소한 블레이드 2는 실속이 회복된다. 이런 실속은 압축기 블레이드의 회전 방향과는 반대 방향으로 계속 이동한다. 원주 방향으로 회전 이동하는 실속을 압축기의 회전 실속(rotating stall)이라 하며 서징(surging)과 다른 불안정한 압축기 작동 상태를 말한다. 따라서 압축기 실속은 압축기 블레이드 일부에서 발생되어 전체로 확산되는 현상이다.

과 만나지 않도록 해야 한다.

여객기가 뜨려면 양력이 필요하며, 양력은 날개를 전진시켜야 발생된다. 날개가 전진할 때는 저항이 생기는데 이를 이겨 내려면 추력이 필요하며, 추력은 엔진을 통해 얻는다. 자동차의 왕복 엔진이든 항공기의 가스 터빈 엔진(고온 고속의 가스로 구동시킨 터빈의 힘을 이용하는 엔진)이든 공기를 높은 압력으로 압축시켜 폭발시킨 힘으로 추력을 얻는다. 대부분의 여객기는 추력을 발생시키려고 터보팬 엔진을 장착한다. 터보팬 엔진은 압축기로 공기를 압축시키고 연소실에서 연소시켜 그 힘으로 터빈을 돌리고, 나머지는 고속의 배기가스로 분출시켜 추력의 일부를 얻는다. 그리고 터빈 힘으로 압축기 전방에 설치된 대형 팬(fan)을 돌려 대량의 저속 공기를 엔진 뒤쪽으로 분사시켜 대부분의 추력을 얻는다.

청천 난류를 만나면 어떻게 엔진이 추력을 상실하게 될까? 갑작스러운 난기류로 가스 터빈 엔진 입구의 공기 흐름각이 변하면 엔진 압축기(compressor, 둥근 원판에 여러 단의 블레이드가 장착되어 공기를 압축함)의 블레이드는 실속이 발생되어 제대로 압축을 하지 못하기 때문이다.

항공기의 압축기 실속은 심한 돌풍을 만나거나 격렬하게 방향을 바꾸는 기동 비행, 과도한 연료 흐름으로 인한 엔진의 급가속, 과도하게 높거나 낮은 압축기 회전 속도 등으로 인해 발생한다. 조종사는 압축기 실속을 폭음과 진동 소음, 배기가스의 온도 증가와 회전계기(RPM)의 떨림 등을 통해 알 수 있다. 실속이 심하면 압축기의 압력비가 급격히 떨어지고 엔진은 출력이 급감해 엔진이 손상되는 원인이 된다. 그러나 여객기가 심한 청천 난류를 만나 압축기 회전 실속이 발생하더라도 엔진이 꺼지는 일은 아주 드물다. 또 주기적인 진동을 유발하는 불안정한 엔진 작동 상태가 되는 것을 서징이라고 한다. 이것은 압축기와 연소기, 터빈, 노즐 사이에서 지속적인 공기 흐름을 유지하지 못하고 격렬한 파동성 흐름이 유발되는 현상이다. 서징 현상은 진동과 소음을 발생시키며 심지어 블레이드를 파손시키기도 한다.

1985년 2월 19일에 타이베이 공항을 이륙해 로스앤젤레스로 가던 중화 항공사 여객기도 비록 청천 난류 때문에 엔진이 회전 실속에 들어가 추력은 손실되었지만 완전히 꺼지지는 않았다. 조종사는 No. 4

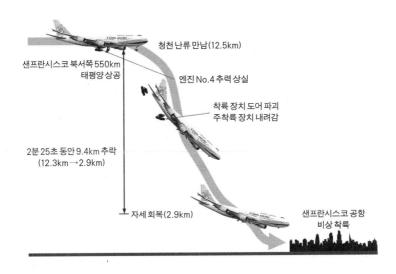

B747 여객기가 9.4킬로미터 추락한 과정

중화 항공사의 B747 여객기가 고도 12.5킬로미터(4만 1000피트)에서 청천 난류를 만나 고도 12.3킬로미터(4만 442피트)에서 2분 25초 동안 9.4킬로미터나 떨어진 다음 2.9킬로미터(9,600피트) 상공에서 겨우 안정을 찾았다. 승객과 승무원 모두가 사망할 뻔한 아주 위험천만한 일이었다. 엔진 4기 중에서 1기가 추력을 상실한데다가 조종사가 대응 조작을 잘못했기 때문이었다.

엔진(조종석에 앉아서 볼 때 오른쪽 날개 끝에 장착된 엔진)의 추력이 상실된 후 적절한 시기에 자동 조종 장치를 풀지 않았고, 청천 난류 탓에 오작동하는 비행 계기판을 제대로 보지 않고 방치해 여객기가 자동으로 속도를 줄이는 바람에 급격하게 추락하기 시작했다. 조종사는 뒤늦게 자동 조종 장치를 풀었고 고도 2.9킬로미터에서 자세를 회복했으며, No. 4 엔진도 되살아나 추력이 증가하기 시작했다. 이 여객기는 비상 상황을 선포하고 샌프란시스코 국제 공항에 안전하게 착륙했다. 251명의 승객과 23명의 승무원이 탑승했지만 대부분 안전벨트를 맸기 때문에 중상자는 불과 2명이었다.

한반도 지역에서 여객기는 중간 등급 이상 청천 난류를 연간 48번 정도 만난다. 중간 등급의 난기류는 보행과 기내 식사가 불가능하고 고정되지 않은 물품이 흐트러지는 정도다. 미국에서는 중간 등급 이상의 각종 난기류를 연간 6만 3000번이나 만난다. 모든 난기류를 포함했을 뿐만 아니라 영역이 넓고 비행 횟수도 많기 때문이다.

마른하늘의 날벼락인 청천 난류를 비롯한 다양한 난기류들은 여객기에 치명적인 사고를 유발한다. 보통 난기류는 예측이 가능해 좌석벨트를 착용하라는 경고등을 켜고, 승무원들이 승객들에게 통로를 배회하지 못하도록 통제한다. 이때 승무원들이 승객들보다 부상당할 확률이 높다. 가급적이면 통로와 화장실 근처를 배회하는 시간을 줄이고, 안전벨트를 매고 보내는 시간을 최대한 늘려야 한다. 탑승한 여객기가 언제 '마른하늘의 날벼락'을 맞을지 아무도 모르기 때문이다.

비행기가 벼락을 맞으면?

여객기가 비행할 때 뇌우를 동반한 적란운(수직으로 발달한 웅대하고 짙은 구름으로 많은 비와 난기류, 착빙, 우박, 번개, 천둥 등을 동반함)을 만나면 예기치 못하게 낙뢰(벼락이 떨어짐)를 맞을 수 있다. 뇌우는 천둥과 번개를 동반한 폭풍우로 적란운 구름에 의해 발생한다. 뇌우는 항공기에 치명적인 위험을 초래하므로 조종사들은 뇌우 지역을 회피하는 비행 절차를 준수해야 한다. 기상 레이다로 발견된 뇌우를 최소한 20마일(32.18킬로미터) 이상 회피해야 한다. 만약 뇌우를 통과하는 경우에는 일정한 자세를 유지하고, 비행 매뉴얼에 권장된 뇌우 통과 속도를 지켜야 항공기에 걸리는 하중을 증가시키지 않는다. 또 뇌우 속에 이미 진입했다면 선회해서 회항하지 말아야 하며 직선 항로를 유지하는 비행을 해야 한다. 왜

번개를 맞는 순간의 A380 여객기
아랍 에미레이트 항공사의 A380 여객기가 2011년 5월에 영국 런던의 히드로 공항에 접근할 때 벼락을 맞는 순간이다. 승객이 다치거나 비행기에 아무런 손상이 없었다고 발표되었다.(크리스 도슨 촬영)

냐하면 난기류를 동반한 뇌우 속에서의 선회 기동은 항공기에 걸리는 하중을 증가시키기 때문이다.

적란운은 구름 상부에는 가벼운 입자인 양(+)전하가 모이고 구름 하부에는 무거운 입자인 음(-)전하가 모여 전하가 분리된다. 구름 하부에 모인 음(-)전하가 전압이 높아지면 방전 현상(전기를 띤 물체가 전기를 잃는 현상)이 발생한다. 방전 현상은 같은 구름 속의 양과 음전하 사이에 발생거나, 구름과 다른 구름 사이 또는 땅에 있는 반대전하 사이에 발생한다. 이것이 바로 벼락이 떨어진다는 낙뢰 현상이며, 천둥과 번개를 동반한 급격한 방전 작용으로 인한 자연 현상이다. 낙뢰는 보통 전압이 10억 볼트 정도이며, 전류는 2만~3만 암페어로 최고 수십만 암페어까지도 올라간다. 낙뢰는 우리나라에서는 6~8월 여름철에 집중 발생하며, 1년에 13만여 건이나 발생한다. 벼락은 최고 온도가 약 3만 도에 달하기 때문에 인명 피해뿐만 아니라 산림 화재를 유발할 수 있다.

항공기가 악기상 지역을 비행하면서 벼락을 맞는 경우 항공기가 추락하거나 인명 피해를 입는 등 치명적인 사고로 연결되지는 않는다. 이것은 항공기가 번개의 충격에 견딜 만큼 강한 구조물로 제작된 것이 아니라 번개로 인한 충격을 대비해 방전 시스템을 잘 갖추었기 때문이다. 그러니까 비행 중인 항공기는 기체를 강타한 번개가 기내에 영향을 미치지 않고 표면으로 흘러 날개 끝에 장착된 방전 시스템을 통해 공기 속으로 다시 흩어지도록 제작되었다.

항공기에서는 외부 표피의 모든 접합 부분은 굵은 도체(전기나 열을 잘 전달하는 물체)로 연결된다. 덕분에 항공기가 벼락을 맞더라고 강한 전기 에너지가 외부 표피를 따라 흐르는 '패러데이의 새장(Faraday cage) 또는 패러데이 실드(Faraday shield) 효과'가 나타난다. 패러데이의 새장 효과

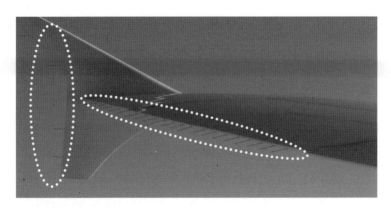

A380 여객기의 방전 시스템

는 새장에 전류가 흐르더라도 새장 속의 새가 안전하다는 뜻이다. 마찬가지로 자동차나 항공기가 벼락을 맞더라도 탑승한 사람은 안전하다. 즉 도체로 둘러싸인 구조는 외부의 정전기장을 차단한다. 패러데이 새장은 1836년에 그 원리를 실험한 영국의 마이클 패러데이(Michael Faraday, 1791~1867년)의 이름을 딴 것이다. 그래서 항공기 구조물로 전기 전도성이 없는 복합 소재를 사용하는 경우에는 일부러 표면에 전도성 띠를 설치해 번개로 인한 피해를 제거한다.

47

엔진 나셀 스트레이크의 역할

왜 B737, A380 여객기 엔진 나셀(engine nacelle, 항공기의 엔진 덮개)에 얇은
판이 있을까?(*SKY SAFETY 21* 2013년 여름호 29~41쪽 참조) A321에는 내·외
측 스트레이크를 부착했을 뿐만 아니라 슬랫혼(slat horn, 앞전 슬랫의 동체
쪽 끝에 와류를 발생하도록 볼록하게 튀어나온 부분)을 확대했다. 에어버스 사는
A321의 높은 받음각에서 초기에 나타나는 실속 현상을 개선해 실속
을 지연하고 최대 양력 계수도 증가시켰다. 스트레이크를 장착한 여객
기는 측풍이 심하게 부는 날 착륙 중 스트레이크에 의해 발생한 와류
로 인해 급격히 떨어지거나 경착륙이 유발될 수 있다. 왜 그럴까?

엔진 나셀 스트레이크 장치

단거리 여객기인 B737 여객기에 탑승해 창문을 통해 엔진을 보면 얇

고 커다란 판이 엔진 나셀에 부착되어 있는 것을 볼 수 있다. 최근 제작된 B737 NG(Next Generation, B737-600, -700, -800, -900) 여객기에서는 엔진 나셀 양쪽에 있다. A320, A380 등 에어버스 항공사에서 제작한 여객기에도 장착되어 있다.

보통 여객기는 바이패스비가 큰 터보팬 엔진을 날개 밑에 장착하고 있다. 여객기가 고바이패스비의 터보팬 엔진을 사용하는 이유는 다른 가스 터빈 엔진에 비해 연료 소모율이 낮고 소음도 줄여 주기 때문이다. 터보팬 엔진을 감싼 엔진 나셀은 날개 아랫면의 파일론에 부착된다. 터보팬 엔진은 흡입구 지름이 커서 활주로 바닥과 간격이 좁아지므로 엔진과 날개를 연결한 파일론의 높이는 짧아야 한다.

이와 같이 여객기 날개 밑에 바로 엔진을 부착한 경우에도 여객기가 순항 비행을 할 때는 나셀의 후류가 날개에 거의 영향을 끼치지 않는다. 그러나 높은 받음각 자세에서 엔진 나셀에서 발생한 후류는 날개 윗면으로 흘러가 흐름 분리를 발생시킨다. 따라서 높은 받음각 자

엔진 나셀 스트레이크

B737 여객기에 탑승해 창문을 통해 본 엔진 부분

세의 여객기는 엔진 나셀 후류의 영향을 심하게 받아 최대 양력 계수가 감소하고 실속 속도가 증가된다. 그러므로 이·착륙하는 여객기는 엔진 나셀 후류로 날개 윗면에서 조기 실속이 유발되어 여객기의 성능이 저하된다. 더군다나 여객기에 엔진이 장착된 부분은 날개 앞전 부분에 앞전 슬랫(leading-edge slat, 날개 앞쪽에 붙는 고양력 장치로 날개 아래로 흐르는 공기의 일부를 슬롯을 통해 날개 위쪽으로 흐르게 해 공기의 흐름을 제어하는 장치)을 장착할 공간도 없다. 엔진을 날개 아래에 장착하기 위한 파일론이 있기 때문이다. 높은 받음각 자세에서 발생하는 엔진 나셀의 후류가 날개의 실속 특성을 악화시키므로 이를 개선하기 위한 엔진 나셀 스트레이크(engine nacelle strake)라는 공기 역학적 장치가 탄생하게 된다.

조종사는 여객기를 활주로에 착륙하기 위해 지면과는 3도 정도의 각도를 유지하며, 항공기 자세는 보통 1.5도의 받음각으로 활주로에 접근한다. 또 여객기를 활주로에 접지시키기 위해 당김 조작을 해 받음각(보통 3.5도의 받음각 자세)을 높인 상태로 뒷바퀴가 먼저 지면에 닿도록 한다. 그러므로 항공기 자세는 높은 받음각이 아니더라도 강하로 인해 밑에서 불어오는 바람과 당김 조작 때문에 높은 받음각 상태가 된다. 이때 그림에서와 같이 엔진 흡입면(engine inlet lip)에서 발생한 후류는 날개 윗면에 실속 현상을 유발한다. 그렇지만 엔진 나셀에 부착된 스트레이크는 높은 받음각 자세에서 와류를 생성해 날개 윗면으로 흘려보내 실속을 지연시킨다. 그래서 엔진 나셀 스트레이크를 대형 와류 발생기(large vortex generator)라 부르기도 한다.

스트레이크 와류는 엔진 나셀의 후류와의 상호 작용으로 흐름 분리 현상을 지연시킨다. 공기 흐름이 날개 윗면으로 넘어간 후에도 자유류와 후류와의 혼합 과정은 지속된다. 즉 스트레이크에서 발생한

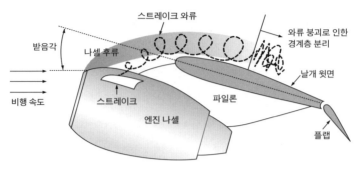

엔진 나셀 스트레이크의 효과

와류들은 나셀 후류와 전혀 교란되지 않은 날개 위의 자유류를 혼합시켜 운동량 손실을 줄이는 것이다. 또 엔진 나셀 양쪽의 스트레이크에서 발생한 엇회전 와류들(counter-rotating vortices)은 파일론으로 인해 슬랫을 장착하지 못한 날개 영역에 내리흐름을 유발해, 흐름이 날개에서 떨어져 나가는 것을 방지한다. 따라서 스트레이크는 엔진 후방의 날개 윗면에서 발생하는 조기 실속 현상을 지연시키는 역할을 한다.

유로리프트(EUROLIFT) 프로젝트는 유럽의 고양력 연구 프로그램으로 우수한 성능의 여객기를 설계하는 데 소요되는 시간을 줄이기 위한 새로운 도구를 개발하는 것이다. 유로리프트 I은 2000년부터 2003년까지, 유로리프트 II는 2004년부터 2006년까지 각각 3년 동안 수행되었다. 유로리프트 II 프로젝트 중에서 높은 받음각에서 엔진 나셀 스트레이크 효과에 관한 전산 연구 결과를 나타낸 그림에서 엔진 나셀과 날개 주변에서의 표면 마찰선(skin friction lines)은 레이놀즈수 2.5×10^7과 받음각 17.5도에서 엔진 나셀 스트레이크의 유무에 따라 제시된 것이다. 그림 (a)는 엔진 나셀 스트레이크가 없는 경우로 슬랫이 없는 파일론 부분의 날개 윗면에서 흐름 분리(빨간색 부분)가 발생한

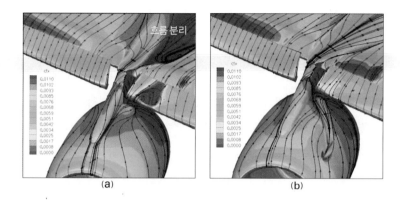

(a) (b)

쌍발 광폭 동체 에어버스 여객기 모형의 전산 연구 결과
(a) 엔진 나셀 스트레이크가 없을 때의 흐름 (b) 엔진 나셀 스트레이크가 있을 때의 흐름
(미국 항공 우주학회 AIAA paper 2007-4299 참조)

것을 명확히 보여 준다. 또 엔진 우측의 앞전 슬랫 부분조차도 흐름 분리가 발생했다는 것을 알 수 있다. 17.5도라는 높은 받음각 자세에서 강한 나셀 와류가 작용했기 때문이다. 그러나 그림 (b)는 엔진 나셀 스트레이크를 동체 쪽에 하나만 부착한 경우로 날개 윗면의 어디에서도 흐름 분리가 발생하지 않은 것을 보여 준다. 이것은 스트레이크 와류가 나셀의 후류와 상호 작용을 통해 날개 윗면에서의 흐름 분리 현상을 지연시킨 결과다.

그러므로 엔진 나셀 스트레이크를 부착하지 않으면 파일론 부착 부분의 날개 후방에서 흐름 분리가 발생해 항공기가 이·착륙할 때 급격히 떨어지는 현상을 초래한다. 그렇지만 엔진 나셀 스트레이크를 부착하면 강한 나셀 와류가 거의 사라지고 스트레이크 와류가 나셀 와류와 같이 회전하게 된다. 와류 구조의 변화는 슬랫에서의 흐름뿐만 아니라 날개 윗면에서의 흐름을 표면에 부착시켜 흐름 분리를 방지한다.

맥도넬 더글러스 사는 DC-8을 기본형으로 광폭 동체 여객기(여객기 객실에 복도가 2개 존재할 수 있는 폭을 갖는 대형 여객기)인 DC-10을 개발했다. DC-10은 양쪽 날개 파일론에 2기의 터보팬 엔진과 수직 꼬리 날개의 아랫부분에 1기의 엔진이 더 있는 3발 중·장거리 여객기다. 맥도넬 더글러스 사는 1938년에 제임스 맥도넬(James Smith McDonnell, 1899~1980년)이 세운 맥도넬 항공사와 1921년에 도널드 더글러스(Donald Wills Douglas, Jr., 1892~1981년)가 세운 더글러스 항공사가 1967년에 합병해 탄생했다. 그러나 1997년 보잉 사에 합병되어 현재 맥도넬 더글러스 사는 존재하지 않는다.

DC-10은 맥도넬 더글러스 사가 합병 후 제작한 첫 여객기로 1970년 8월 29일 첫 비행 후 929번(1,551시간) 비행 시험을 수행했다. 아메리칸 에어라인은 DC-10을 처음으로 도입해 1971년 8월에 LA-시카고 노선에 투입했다. DC-10 여객기는 1971년에 첫 생산된 후 1989년까지 파생형인 KC-10 급유기 60대를 포함해 총 446대가 생산되었다.

맥도넬 더글러스 사는 DC-10 여객기를 개발하기 위해 풍동 시험을 수행하는 중에 플랩을 내리고 앞전 슬랫을 확장시켰을 때 최대 양력 계수가 예상보다 급격히 떨어지는 것을 발견했다. 이것은 착륙할 때 높은 받음각 상태에서 실속 속도를 시속 약 9.3킬로미터(5노트) 증가시켜야 하는 결과를 초래했다. 따라서 DC-10은 착륙할 때 활주로 접근 및 당김 조작 단계에서 급격히 떨어지거나 경착륙을 유발할 수 있다. DC-10의 날개 흐름 분리 현상은 처음 엔진 나셀의 뒷부분인 내측에 일러론의 바로 앞부분에서 발생한다. 문제는 높은 받음각에서 엔진 나셀 후류뿐만 아니라 나셀 파일론 부분에 앞전 슬랫이 없기 때문에 발생한다. 엔진 뒷부분에서의 초기 날개 실속(initial wing stall)을 공기 역학적으로 해결해야만 했다.

이러한 현상을 해결하기 위한 풍동 시험이 NASA 에임스 연구 센터의 3.7미터(12피트) 가압 풍동(pressure wind tunnel)에서 수행되었다. 엔진 장착 부분 날개에서의 조기 실속을 제거하기 위해 일부러 와류를 발생시켜 엔진 나셀 장착으로 인해 유발된 영향을 줄이고자 했다. 따라서 대규모의 와류를 발생시키는 스트레이크를 엔진 나셀에 부착했으며, 그 위치와 크기 등을 결정하기 위한 연구를 수행한 것이다.

DC-10 스트레이크의 최종 형상과 위치는 비행 시험을 통해 마지막으로 결정되었다. 그런 후 엔진 나셀의 각 측면 앞부분에 수평으로부터 약 45도 평면에 한 쌍의 엔진 나셀 스트레이크를 부착했다. 이것은 DC-10 여객기의 실속 속도를 감소시켜 이륙 및 착륙 거리를 6퍼센트 정도 단축시킨다. DC-10은 종전보다 더 느린 속도에서 이륙하거나 착륙할 수 있게 된 것이다.

엔진 나셀 스트레이크는 MD-11, A319, A320, A321, B737,

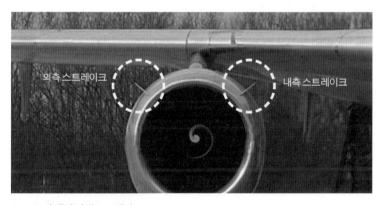

DC-10의 엔진 나셀 스트레이크

B767 등과 같은 여객기에서도 아주 인기 있는 공기 역학적 장치로 증명되었다. 그렇지만 A300 여객기에는 엔진 나셀 스트레이크가 없다. A300 여객기는 엔진을 장착한 파일론 위치에도 슬랫이 있기 때문이다. 또 A320, A340, A380은 엔진 나셀의 내측(동체쪽)에 스트레이크만 있지만 DC10, A321, A319, A318 등은 내·외측 양쪽에 스트레이크가 있다. 이것은 날개 스팬의 방향과 엔진 파일론의 높이 등에 따라 스트레이크에서 발생한 와류의 공간 특성이 다르기 때문이다.

한편 보잉 사는 B737-300, -400, -500과 B767-200, -300, B777 등에 엔진 나셀의 내측에 스트레이크 하나만 장착했으며, 엔진 나셀 스트레이크를 나셀 차인(chine)이라 불렀다. 그러나 최근에 개발한 B747-8과 B737 NG 등에는 나셀 차인(또는 스트레이크)을 엔진 외측에 추가해 엔진 나셀의 양쪽에 부착했다. 보잉 사는 2010년 2월에 '접을 수 있는 나셀 차인(retractable nacelle chine)'에 관한 특허를 등록했다. 특허 내용은 차인이 필요 없는 수평 비행 자세일 때에는 수동 또는 자동으로 접어서 차인의 항력 증가와 엔진 소음 유발을 차단한다는 것이다. 엔진 나셀 스트레이크는 공력 성능을 향상시키기 때문에 상용 여객기에서 대부분 채택하고 있는 범용의 공기 역학적 장치다.

A321의 엔진 나셀 스트레이크

에어버스 사는 A300의 성공에 이어서 보잉 사의 B737, B757 등 경쟁하기 위해 단·중거리용 항공기로 A320 패밀리(A320은 1988년, A321은 1994년, A319는 1996년, A318은 2003년에 취항함)를 개발했다. A320 패밀리의 각 기종은 동체의 길이 차이를 제외하면 나머지는 대동소이해 A320

조종사는 추가적인 훈련 없이 A320 패밀리 여객기를 조종할 수 있다.

A321 여객기는 기본형인 A320의 첫 번째 파생형으로 1988년 A320이 취항했을 때부터 개발되기 시작했다. A321은 A320의 동체 길이(37.57미터)보다 6.93미터 연장해 A320 패밀리 중에서 가장 크다. A321은 1994에 취항한 단일 복도의 소형기로 항속 거리 5,600킬로미터인 단거리 여객기다. 아시아나항공사는 A321 여객기(171~200석 규모) 24대를 운영하고 있지만, 대한항공에서는 A321을 운영하지 않고 A330(218~276석) 중·장거리 여객기 23대를 운영하고 있다.

에어버스 사는 A321의 무게 증가에 따른 문제를 해결하기 위해 날개 뒷전에 이중 슬롯 플랩(double-slotted flap)을 장착함으로써 이·착륙할 때의 날개 면적을 늘렸다. 에어버스 사는 1993년 3월에 첫 비행을 수행한 A321을 비행 시험을 통해 공력 성능을 개선하기 시작했다. 당시

아시아나 A321

만 해도 앞전 장치(leading-edge devices)는 A320에서의 앞전 장치와 유사하고, A320과 마찬가지로 나셀 스트레이크가 엔진의 동체 쪽(inboard)에 하나만 있었다. 그러나 A321 여객기의 풍동 실험을 수행한 결과 새로 장착한 이중 슬롯 플랩으로 인해 A320의 실속 특성과 차이가 있다는 것을 발견했다. 이를 해결하기 위해 A321의 엔진 나셀에 외측 스트레이크를 추가했다.

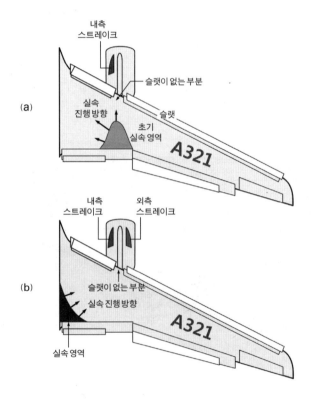

A321 외측 스트레이크의 추가에 따른 효과

(a) 내측 스트레이크만 있을 때 (b) 양쪽 스트레이크가 있을 때

A321의 내측 스트레이크, 내측 및 외측 스트레이크가 있을 때 날개 윗면에서의 초기 실속 및 실속 진행 방향을 나타낸 그림을 보자. 그림 (a)는 A321의 초기 형상으로 내측 스트레이크만을 부착한 경우에 초기 실속이 발생하기 시작하는 날개 윗면의 위치를 보여 준다. A321은 내측 스트레이크만 부착된 A320의 실속 현상과 달리 이중 슬롯 플랩의 장착으로 인해 슬랫이 없는 위치의 날개 윗면 하류에서 실속이 발생한다. 초기 실속 현상을 제거하기 위해 에어버스 사는 외측 스트레이크를 추가했다. 그랬더니 초기 실속 현상은 그림 (b)에서와 같이 날개 뿌리 쪽으로 이동했다.

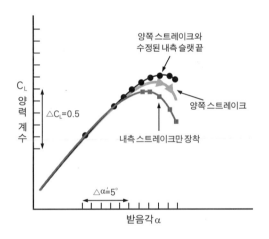

A321의 스트레이크와 슬랫혼의 확대에 따른 양력 계수

A321의 외측 스트레이크를 추가하거나 슬랫혼을 확대한 후 풍동 실험을 수행해 얻은 양력 계수 값을 나타낸 것이다. 내·외측 양쪽에 스트레이크를 모두 부착한 경우의 최대 양력 계수는 내측 스트레이크만을 장착한 경우보다 실속 받음각 근처에서 크게 증가해 공력 성능을 향상시킨다. 그러나 날개와 동체의 연결 부분인 날개 뿌리에서 조기 흐름 분리가 발생하는 문제가 유발되었다. 날개 뿌리 근처에서의 흐름을 제어하기 위해 내측 슬랫 끝부분을 수정해야만 했다.(*Evolution of the Airliner* 참조)

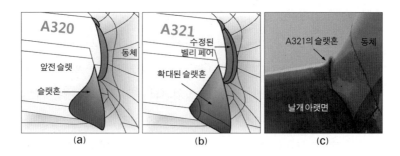

A320과 A321의 슬랫혼

(a) A320의 수정되기 전의 슬랫혼, (b) A321의 확대된 슬랫혼, (c) A321의 실제 슬랫혼.
사진 (c)는앞전 슬랫이 작동하지 않았을 때 날개 아래에서 실제 슬랫혼을 촬영한 것이다.

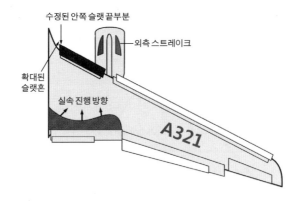

A321 내측 슬랫 끝부분을 확대한 효과

A321에 내·외측 스트레이크를 부착할 뿐만 아니라 슬랫혼을 확대하고 벨리 페어링을 수정
했을 때의 초기 실속 및 실속 진행 방향을 나타낸 것이다. 확대된 슬랫혼에 의해 유발된 와류는
날개 뿌리 부분의 동체 연결 페어링 부분의 흐름 분리를 제어해 실속 특성을 변화시킨다. 그 효
과는 실속 영역을 날개 끝 쪽으로 이동시켜 날개 뿌리 부분의 실속을 지연시킨다. 이러한 경우
A321 여객기의 최대 양력 계수는 양쪽 스트레이크를 장착한 경우보다 더 증가된다. 에어버스
사는 높은 받음각에서의 초기에 나타나는 A321의 실속 현상을 개선해 실속을 지연할 뿐만 아
니라 최대 양력 계수도 증가시켜 공력 성능을 향상시켰다.

A320은 동체측 스트레이크만 부착하고 슬랫혼이 작더라도 실속 특성에 큰 문제가 없었지만, A321은 높은 받음각에서 최대 양력 계수가 작게 나타났다. 따라서 에어버스 사는 날개 뿌리 부분의 흐름을 최적화하기 위해 A321의 슬랫혼을 A320보다 더 크게 확대하고 벨리 페어링(belly fairing, 이·착륙할 때 외부 물질에 손상받기 쉬운 항공기의 주날개와 동체 사이의 아랫부분인 벨리를 보호하기 위해 사용된 유선형 보호 덮개) 부분을 수정했다.

착륙 접근 중 여객기가 급격히 떨어지는 이유

엔진 나셀 스트레이크는 이·착륙 과정에서의 조기 실속 현상을 제어하는 인기 있는 공기 역학적 장치다. 이것은 엔진 나셀 후류로 인한 흐름 분리 현상을 지연시켜 양력을 회복시키기 때문이다. 엔진 나셀 스트레이크의 크기와 위치는 와류 생성과 그 역할에 직접적인 영향을 끼치기 때문에, 엔진 나셀의 지름과 파일론 높이에 따라 다르다. 또 스트레이크의 받음각도 와류 강도를 결정짓는 아주 중요한 요소다.

예를 들어 DC-10 여객기는 지름 2.19미터인 제너럴 일렉트릭 사의 CF6-50 터보팬 엔진을 장착하며, 엔진 중심 수평선에서 45도 위치에 내·외측 스트레이크를 부착했다. B737 초기 기종과 A320 여객기는 동체쪽 스트레이크 1개만을 부착하지만, 최근 기종인 B737 NG와 A318 여객기는 2개의 스트레이크를 부착한다. A321은 내·외측 양쪽에 스트레이크를 모두 부착한 경우에도 날개 뿌리에서 조기 흐름 분리가 발생하는 문제가 유발된다. 그래서 에어버스 사는 내측 슬랫 끝부분을 수정해 날개 뿌리 근처에서의 흐름을 제어했다.

스트레이크를 장착한 여객기는 측풍이 심하게 부는 날 착륙 중에

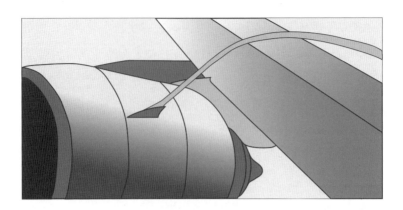

나셀 스트레이크에서 발생한 와류가 날개 윗면으로 넘어가는 장면

스트레이크에 의해 발생한 와류로 인해 급격히 떨어지거나 경착륙이 유발될 수 있다. 이것은 엔진 나셀 스트레이크에서 유발된 와류가 측풍으로 이동되어 실속을 지연해 주는 역할을 제대로 못하기 때문이다. 따라서 여객기 조종사들은 바람이 심하게 불안정하게 부는 경우 착륙 단계에서 양력이 갑자기 줄어들어 경착륙(hard landing)이 될 수 있기 때문에 평소 접근 속도보다 더 빠른 속도로 활주로에 접근해야 한다.

내가 탑승한 여객기가 어떤 기종이며, 엔진 나셀에 부착된 스트레이크가 어떻게 부착되어 있는지를 유심히 살펴보자. 특히 습도가 높고 흐린 날씨에 이륙하거나 착륙할 때 나셀 스트레이크에서 형성된 와류가 날개 윗면으로 넘어가는 모습을 명확하게 볼 수 있다. 이런 멋진 광경을 볼 수 있는 행운이 오기를 기대하면서 여객기를 탑승해 보자.

48

항공기 중량과 균형의 중요성

모든 비행기는 안정성을 갖고 안전하게 비행할 수 있지만 기종에 따라 조종 및 안정 특성이 다르다. 예를 들어 전투기는 공중전에서의 우세를 확보하기 위해 조종사가 조작하는 대로 움직여야 한다. 그러므로 전투기는 조종성이 좋지만, 이에 반해 안정성은 여객기에 비해 떨어진다. 여객기는 주로 순항 직선 비행만을 하고 기동을 할 필요가 없으므로 안정성이 좋지만 조종성은 전투기에 비해 떨어진다. 항공기의 안정성과 조종성에 크게 영향을 미치는 요소는 바로 항공기의 중량과 균형(weight and balance)이다. 그러므로 항공기는 안정성을 유지하기 위해 무게 중심 이동의 허용 범위가 제한된다. 따라서 항공기에 화물을 아무렇게나 탑재하는 것이 아니고, 비행기의 무게 중심을 고려해 위치를 조절한다. 항공기의 안정성과 조종성을 통해 그 이유를 이해하고 중량과 균형 문제로 인한 각종 사례를 알아보자.

항공기의 안정성과 조종성

항공기의 안정성(stability)이란 항공기에 어떤 교란(disturbance)이 발생했을 때 교란을 감소시켜 원래의 평형 비행 상태로 돌아오려는 성질을 말한다. 예를 들어 돌풍으로 인해 항공기 자세가 기울어졌다하더라도, 조종사의 특별한 조작 없이 원래의 자세로 다시 돌아오는 성질을 의미한다. 반면에 조종성(controllability)은 항공기에 교란을 주어 항공기를 원 평형 상태에서 교란된 상태로 만들어 주는 조작이다.

안정성 및 조종성은 서로 상반된 특성을 갖고 있으므로 항공기 설계자들은 항공기(전투기, 여객기 등)의 설계 요구에 맞도록 세로 안정성과 가로 및 방향 안정성이 각각 어느 정도의 수준으로 설계되어야 하는지 고려해야 한다. 항공기의 안정성과 조종성은 항공기의 설계 요구에 따라 안정성과 조종성이 적정 수준을 이루는 타협점을 찾아야 하는 것이다.

조종사는 조종간이나 조종 휠을 이용해 인위적으로 조종면을 움직여 한 평형 상태에서 다른 평형 상태로 비행기를 조종한다. 조종사가 특별히 다른 조작을 하지 않는 경우 항공기에 작용하는 모든 힘과 모멘트의 합이 0이며, 항공기는 평형 상태에 있다고 한다. 항공기는 일정한 속도로 비행하는 정상 비행(steady flight) 상태에 있는 것이다. 그러나 돌풍이나 잘못된 조종으로 인해 평형 상태가 깨지게 되면 힘과 모멘트의 불균형으로 인해 항공기의 자세는 흐트러지게 된다. 이런 경우에 발생할 수 있는 항공기의 정안정성과 동안정성에 대해 알아보자.

항공기에서 정안정성(static stability)이란 평형 상태를 벗어났을 때 원래의 평형 상태로 회복하려는 초기 경향성을 말한다. 예를 들어 공이

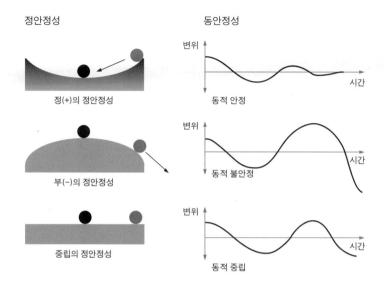

정안정성과 동안정성의 정의

곡면 아랫부분에 있다가 우측으로 이동했다면 공은 원래의 위치로 돌아가려고 하는데 이것을 정(+)의 정안정성을 갖는다고 한다. 그러나 공이 곡면의 윗부분에 있는 경우 우측으로 이동했을 경우 공은 원래의 위치로 돌아가지 못하고 이동 변위가 더 커지게 되는데 이것을 부(-)의 정안정성이라 한다. 그리고 평편한 평면 위에서 공이 움직였을 때 원래의 상태로 돌아오지도 않고 교란 방향으로 움직이지도 않으며 새로운 평형 상태에 도달하는 것을 중립의 정안정성이라 한다.

항공기의 동안정성(dynamic stability)이란 시간에 대한 변위(displacement)의 결과를 나타낸 것으로 정안정성의 운동을 시간의 경과로 정의한 것을 말한다. 원래의 상태로 돌아가려는 초기 경향성을 의미하는 정안정성에 비해 동안정성은 변위가 시간에 따라 증가하는지 감소하는

지 판단하는 것이다. 비행 중에 교란에 의해서 발생한 힘 또는 모멘트는 항공기에 진동을 발생시키며, 이때 시간이 지나감에 따라 항공기의 진동이 차츰 원 평형 상태로 되돌아가려고 하는 경우 항공기는 동적 안정(dynamically stable)하다고 한다. 그러나 항공기의 진동이 시간이 지나감에 따라 점점 커져서 발산하고, 원 평형 상태로 되돌아가지 않으려는 경우 항공기는 동적 불안정(dynamically unstable)하다고 한다. 항공기의 진동이 시간이 지나감에 따라 커지지도 않고 감소하지도 않으며, 계속 일정한 진동을 유발할 때 항공기는 동적 중립(dynamically neutral)이라고 한다.

항공기의 중량과 균형

항공기의 안정성과 조종성에 크게 영향을 미치는 요소는 바로 항공기 전체 중량과 무게 중심의 위치다. 이것은 조종사가 항공기의 안전을 위해 고려해야 할 아주 중요한 내용이다. 항공기 무게가 너무 무겁거나 균형이 부적절한 항공기는 더 큰 추력이 필요하고 더 많은 연료가 소비되며, 안정성 및 조종성에 심각한 영향을 미친다. 항공기 성능은 낮은 고도, 날개에서의 착빙(icing), 부족한 엔진 추력, 불균형 기동, 비상 상황 등과 같은 여러 가지 요소에 의해 떨어진다. 이러한 요소가 중량과 균형에 주는 영향을 제대로 인식하지 못해 비행 사고가 유발되기도 한다.

항공기가 자체 무게를 이겨 내고 뜨기 위해서는 양력이 필요하며, 양력은 날개의 에어포일 형상 설계와 공기의 밀도, 항공기의 속도에 따라 다르다. 특히 항공기가 이용할 수 있는 양력의 크기는 날개의 형상

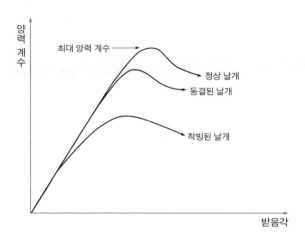

날개의 착빙으로 인한 양력 감소

착빙은 일반적으로 공기 중에 노출된 항공기 표면에 얼어붙는 것을 말한다. 착빙이 되면 날개
모양이 변해 양력이 떨어지거나 항력이 증가해 정상적인 속도를 유지할 수 없는 경우가 발생하
므로 항공 사고를 초래할 수 있다.

설계에 의존하며, 날개의 속도는 엔진으로부터 사용할 수 있는 추력에
의존한다. 날개와 엔진을 조합한 경우, 효율성은 공기의 밀도가 작아
질수록 떨어진다. 그러므로 모든 조종사는 비행 준비를 하는 동안 항
공기의 성능을 고려해 항공기의 무게가 예정된 비행에 대해 안전한 비
행 제한 범위 내에 있는지 확인해야 한다. 또 수하물, 화물, 연료 무게,
탑승객 등 총 무게 중심 위치가 이동 허용 범위 내에 있도록 조절해야
한다. 대부분의 항공기는 승객들과 화물들을 최대한 탑재하고 연료를
가득 채운 경우에 항공기의 중량과 균형을 맞추기 힘들다. 여객기가
갖는 최대 항속 거리를 비행하기 위해 연료를 완전히 가득 채우는 경
우에는 탑승객의 인원을 줄이거나 화물의 무게를 줄여야 한다.

항공기는 무게를 초과하는 경우에 이륙 속도, 이륙 활주로 길이, 상승률, 최대 고도 상승 능력, 기동성, 조종성, 실속 속도, 접근 속도, 착륙거리 등과 같은 항공기 성능에 영향을 끼친다. 또 높은 고도, 무더운 날씨 등도 항공기 중량과 균형에 영향을 미친다.

항공기 전후방을 연결한 세로축에서 무게 중심 위치는 비행 안전에 있어 고려해야 할 중요하고 필수적인 요소다. 항공기의 중량과 균형의 한계는 항공기 설계자들에 의해 정해지며, 각 항공기의 비행 매뉴얼에 잘 명시되어 있다. 항공기의 무게 중심 위치는 탑승객, 수하물, 화물, 연료 무게 등에 따라 변하며 항공기가 세로 안정성을 유지하기 위해 허용 범위 내에서 무게 중심의 변화가 이뤄져야 한다. 무게 중심의 전방 및 후방 한계는 항공기가 미국 연방 항공국(FAA)의 요구 사항에 따른 항공기 성능과 비행 특성을 갖춘 경우의 무게 중심 위치를 말한다. 무게 중심 위치의 한계점은 평균 공력 시위(MAC, Mean Aerodynamic Chord, 날개 앞부분과 뒷부분을 연결하는 직선을 의미하는 시위가 날개 각 위치마다 다르므로 평균치로 나타내는데, 평균 공력 시위는 날개에 작용하는 공기력을 대표하는 부분의 시위를 말함)의 백분율이나 항공기의 기준점에서 거리로 나타낸다. 따라서 세스나와 같은 소형 비행기인 경우 승객이 몇 명 안 되므로 승객의 체중을 고려해 자리를 배분해야 한다.

항공기를 수리하거나 변경할 때 공허 중량과 무게 중심 위치의 변화에 따른 중량과 균형의 새로운 정보는 미국 연방 항공 규정(FAR, Fedral Aviation Regulation)에 의거, 반드시 기록되어야 하는 사항이다. 항공기가 비행할 때는 조종성을 보증받기 위해 반드시 설계 중량 한도를 초과하지 않아야 하며, 무게 중심도 이동 한계 범위 내에서 운용되어야 한다. 무게 중심의 전방 한계는 착륙을 위해 최소 속도에서 엘리베이터로 피치 자세 조작이 가능하다는 것을 보증해야 한다. 무게 중심의 후방 한계는 항공기를 운항하거나 기동 비행 중일 때 아주 중요하며, 항공기 세로 안정성은 무게 중심이 후방으로 이동함에 따라 감소한다. 또 항공기가 돌풍으로 인해 자세가 변경된 이후 다시 원래의 자세로 돌아가는 능력도 떨어진다.

여객기가 승객, 화물, 수화물, 연료 등을 모두 탑재한 후 무게가 초과하거나 무게 중심이 허용 범위 내에 있지 않으면 이륙 전에 반드시 수정해야 한다. 무게 중심의 위치는 조종사의 통제 하에서 화물 및 수하물의 탑재 위치, 승객들의 무게 위치, 연료 무게 등 여러 요소들로 결정된다. 여객기의 중량과 균형 작업은 탑재 관리사(또는 화물 운송 직원)가 맡고 있으며, 최종적으로 기장이 확인하게 되어 있다. 만약 조종사가 데이터 링크 시스템을 통해 받은 무게 중심 정보를 여객기에 잘못 입력

비행 중 연료 소모로 인한 무게 중심 이동을 고려한 연료 탱크 위치

하면 비행 사고로 연결될 수 있다. 무게 중심을 잘못 입력한 경우 당장 이륙할 때부터 문제가 발생한다. 실제 무게 중심이 너무 뒤에 있는 경우 이륙할 때 여객기가 너무 들려 꼬리 부분이 활주로에 닿아 여압 장치 부분을 손상시킬 수도 있다.

여객기 승객의 위치조차도 임의로 정하는 것이 아니라 무게 중심을 고려해 배치한다. 항공기 운영자는 여객기의 무게 중심의 위치가 허용 범위 내에 있도록 승객의 무게를 고려한다(무게 기준은 계절 및 성인과 어린이, 남녀에 따라 다름). 그리고 승객이 여객기 전방이나 후방 등 한쪽으로 몰리지 않도록 배정한다. 만약 승객을 전부 여객기 뒷부분에만 탑승시킨다면 무게 중심이 후방으로 이동해 문제가 될 수도 있다. 그러므로 많은 승객들이 임의대로 자리를 이동하는 것은 무게 중심 이동을 보상해준다 하더라도 중량과 균형에 있어 바람직하지는 않다. A380과 같은 여객기는 비행 중 다양한 위치의 연료 탱크를 자동으로 선택하고 사용해 항공기의 중량과 균형을 유지한다.

중량과 균형으로 인해 유발된 각종 사례

2008년 1월 17일 오후 8시 50분에 대구 국제 공항에서 중국 하이난성(해남성)을 향해 출발하려던 하이난 항공 HU 7904편 전세기가 중량 초과로 인해 이륙을 못하고 다음날 떠나는 일이 벌어졌다. 항공기는 164석 규모로 승객 114명이 탔는데도 여행 가방과 골프채를 실은 비행기의 전체 중량이 이륙 허용 중량 75톤에서 2톤 초과해서 발생한 일이다. 항공사는 자체 점검을 하다가 대구 공항의 항공기 야간 운항 통제 시간(오후 9시부터 다음날 오전 7시)을 넘겨 이륙을 못하고, 승객들은 하루

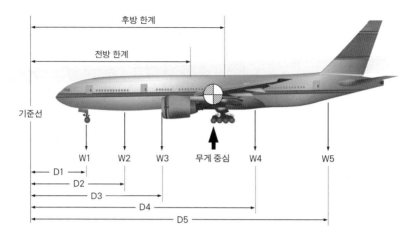

항공기의 중량과 균형

항공기 내의 위치를 측정하기 위한 기준선(datum line)은 각 위치의 숫자를 양수(+)로 치환하기 위해 항공기 기수 전방의 일정 거리에 위치한다. D1, D2, D3, D4, D5 등은 기준선부터 항공기의 해당 부분 위치까지의 거리를 나타낸다. 무게 중심(C.G, Center of Gravity)이라고 하는 중심 위치는 비행기를 매달았을 때 균형을 유지할 수 있는 위치다. 무게 중심 위치가 항공기의 중량 및 중심에 대해 정해진 허용 중심 위치 내에 있게끔 승객(수하물 포함) 및 화물을 탑재해야 한다. 항공기 전체의 무게 중심은 각 모멘트의 합을 무게의 합으로 나눈 위치에 있다.

$$무게\ 중심 = \frac{W_1D_1+W_2D_2+W_3D_3+W_4D_4+W_5D_5}{W_1+W_2+W_3+W_4+W_5}$$

항공기 무게 중심은 전방 한계와 후방 한계를 벗어나지 않고 일정한 범위 안에 있어야 한다. 만약 무게 중심이 전방 한계를 벗어나는 경우 1) 기수가 숙여지는 현상, 2) 조종에 큰 힘이 필요함, 3) 실속 속도의 증가, 4) 성능 저하 유발, 5) 앞바퀴에 과도한 하중 등과 같은 위험이 발생할 수 있다. 만약 무게 중심이 후방 한계를 벗어나는 경우 1) 정적 및 동적 세로 안정성 감소, 2) 심한 경우 항공기 조종 불능 상태, 3) 실속 특성의 악화, 4) 기수 들림 현상, 5) 조종에 필요한 힘의 감소(무의식적으로 조종 조작을 크게 해 기체에 큰 무리를 줄 수 있음) 등과 같은 위험을 초래할 수 있다.

를 묵은 뒤 18일 오전 9시경에야 출발했다.

　항공기는 중량을 이겨 낼 수 있는 양력이 있어야 뜰 수 있으며, 양력은 항공기 속도의 제곱에 비례해 증가한다. 그러므로 항공기가 자체 중량을 이기고 공중에 부양하기 위해서는 활주로 상에서 가속을 해 이륙 속도를 내야 한다. 그러나 만약 항공기가 과도한 화물을 실어 규정중량을 초과하게 되면 원래의 이륙 속도에 도달했다 하더라도 이륙을 하지 못한다. 중량을 초과하게 되면 더 빠른 속도를 내야 뜰 수 있으므로 이륙 활주 거리가 길어진다. 또 최대 속도를 낸다하더라도 항공기가 너무 무겁다면 이륙조차 못하고 활주로 길이를 초과해 이탈하는 대형 사고로 이어질 수 있다.

　또 항공기는 안정성을 유지하기 위해 무게 중심의 위치가 전·후방 한계를 벗어나지 않고 그 사이에 있어야 한다. 각 항공사에서는 운항 관리사가 여객기 중량과 무게 중심을 계산하고 통제한다.

　모든 항공사는 항공 안전을 위해 여객기 탑승객 개인당 수화물로 실을 수 있는 무게를 클래스별로 제한하고 있다. 항공사와 목적지마다 좀 다르지만 일반적으로 탑승객 1인당 이코노미 클래스에서는 20킬로그램, 비즈니스 클래스는 30킬로그램의 수화물 1개만 허용한다. 해당 항공사는 승객이 탑승 수속(check-in)을 하면서 짐을 부칠 때 여객기의 허용 중량을 초과하지 않도록 수화물의 무게를 일일이 측정해 확인한다. 사실 300명의 승객이 개인당 4킬로그램씩만 초과해도 1.2톤이 된다. 그러나 승객은 수화물의 전체 중량이 얼마인지 알 수도 없거니와 이륙할 수 있는 허용 중량조차 알지도 못하고 관심도 없다. 이 정도쯤이야 괜찮겠지 하는 설마가 여객기를 이륙하지 못하게 했다. 물론 초과 중량으로 인한 비행 사고로 연결되지 않은 것은 다행이다.

한편 항공기는 이·착륙 속도뿐만 아니라 착륙 장치 충격이 다르므로 이륙과 착륙할 때의 최대 중량이 다르다. 만약 여객기가 이륙하자마자 착륙해야 하면 어떻게 될까?

이륙하자마자 높지 않은 고도에서 항공기가 추락할 정도로 아주 위급한 상황이라면 조종사는 초과 중량으로 인한 위험을 무릅쓰고 착륙을 시도할 것이다. 그런데 2005년 8월 25일 오후 3시 18분에 인천 국제 공항을 이륙한 대한항공 소속 미국 로스앤젤레스 행 KE017편 여객기가 항로에 접어든 지 10분 만에 긴급 환자가 발생해 기장은 회항을 결정했다. B747 기종은 최대 이륙 중량이 388.7톤이지만 최대 착륙 중량은 이륙 중량보다 가벼운 285.7톤이다. 그래서 해당 여객기는 중량을 줄이기 위해 73톤의 항공유(4,000만 원 상당)를 쏟아 버려야 했다. 동해 상공에 버린 항공유는 미세 입자 상태로 공중에서 넓게 뿌려지기 때문에 모두 증발해 해양 오염을 우려하지 않아도 된다.

항공기가 이륙할 때는 착륙 장치가 접지하는 충격을 받지 않고 바

A380의 연료 방출구

로 이륙하므로 이륙 최대 중량을 크게 할 수 있다. 그러나 착륙할 때 접지하는 순간 속도를 줄이고 충격을 작게 받기 위해 최대 중량을 줄여야 한다. 항공기가 뜨는 힘은 속도의 제곱에 비례하므로 무거운 중량의 항공기는 착륙 접지를 위해 활주로에 접근 속도가 빨라야 뜬 상태를 유지할 수 있다. 그러므로 여객기가 착륙 허용 중량보다 무거운 경우 빠른 속도로 비행해야 하므로 활주로 접근이 용이하지 않으며, 접지하는 순간 충격이 크고 속도가 빨라 위험 상황에 처할 수 있다.

이번에는 중량을 초과한 항공기가 정비 불량으로 인한 엘리베이터 제어 시스템의 오류와 결합해 어떻게 사고가 유발되었는지 알아보자. 에어 미드웨스트 소속의 5481편 레이시온 사의 비치크래프트 1900D 쌍발 터보프롭 여객기가 2003년 1월에 미국 노스캐롤라이나 주 샬럿-더글러스 국제 공항을 이륙하자마자 활주로 격납고 옆에 추락했다. 비행 사고로 여객기는 파괴되고 전소되었으며, 기장과 부기장, 탑승객 19명 전원이 사망했다.

미국 국립 교통 안전 위원회(National Transportation Safety Board)는 이 사고는 이륙 중 피치 자세를 제어하지 못해 발생했다고 발표했다. 항공기 후방 부분이 너무 무거워 중량과 균형을 유지하지 못했을 뿐만 아니라 조종사가 피치 제어를 하지 못해 실속으로 추락한 것이다.

사고 항공기의 부기장은 승객과 화물의 평균 무게를 기준으로 이륙 중량을 계산해 7.72톤(1만 7018파운드)임을 확인했다. 사고 조종사는 인가된 최대 이륙 중량 7.77톤(1만 7120파운드)보다 0.05톤(102파운드) 작으므로 괜찮다고 생각해 비행을 무모하게 시도했다. 사고 당시 에어 미드웨스트는 승객 및 수하물 평균 중량을 근거해 계산했다. 미국 연방 항공국은 1996년에 항공기 이륙 중량은 실제 무게를 계산하는 데 사용

2003년 사고기와 동일한 레이시온 사의 비치크래프트 1900D

하거나 승인된 평균 중량을 사용하라고 권고했기 때문이다. 에어 미드웨스트는 후자인 평균 중량인 경우를 선택했다. 비행 사고 조사관은 사고기가 실제 탑승객(정원 19명)의 체중과 수하물에 근거해 7.89톤(1만 7400파운드)에 가깝다고 했다. 따라서 이 항공기는 최대 이륙 중량보다 0.13톤(280파운드) 더 무거웠다. 사고기는 탑승객의 수화물이 항공기 후방에 탑재되기 때문에 꼬리 부분이 무거웠으며, 항공기의 무게 중심은 후방 한계보다 더 후방에 위치하게 되었다.

사고기는 꼬리 부분이 무거워서 기수가 들리고 엘리베이터의 제어 시스템의 고장으로 인해 피치 자세를 아래로 내릴 수가 없어 높은 받음각 자세로 실속에 진입해 추락했다. 이 사고는 승인된 성능 한계를 벗어난 항공기가 정비 불량과 결합해 얼마나 치명적인 결과를 초래하는지 보여 준다.

49

비행 중에 꼬리 날개가 부러지면?

일반적으로 비행기는 주날개와 꼬리 날개를 갖고 있는데 비행기의 무게를 지탱하는 양력은 주로 주날개에서 발생하며, 꼬리 날개는 비행기의 안정성을 유지한다. B777 여객기를 탑승해 비행 중에 날개를 보면 날개가 딱딱하게 고정되어 있지 않고 유연하게 휘어지는 것을 관찰할 수 있다. 탑승객들은 날개가 곧 부러질 것 같은 느낌이 들어 불안하게 생각할 수도 있다. 결론부터 말하면 여객기의 주날개는 위로 휘어지는 특성을 지니고 있으므로 부러질까 걱정하지 않아도 된다.

여객기의 유연한 날개 구조(floppy structures)로 인한 날개의 변형은 피치 안정성에 심각한 영향을 유발한다. 날개 시위(chord) 방향의 각 위치는 기수내림 비틀림을 유발하면서 앞전 위치보다 뒷전 위치에서 더 변형된다. 그렇지만 항공기는 변형을 고려한 각종 구조 해석을 통해 날개 구조물의 안전성을 이미 확보된 상태다.

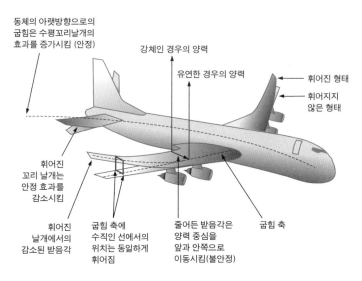

동체의 아랫방향으로의
굽힘은 수평꼬리날개의
효과를 증가시킴 (안정)

강체인 경우의 양력

유연한 경우의 양력

휘어진 형태

휘어지지
않은 형태

휘어진
꼬리 날개는
안정 효과를
감소시킴

휘어진
날개에서의
감소된 받음각

굽힘 축에
수직인 선에서의
위치는 동일하게
휘어짐

줄어든 받음각은
양력 중심을
앞과 안쪽으로
이동시킴(불안정)

굽힘 축

유연한 구조가 안정성에 미치는 영향

B777 여객기의 날개는 1995년 1월의 감항성(airworthiness, 항공기가 비행 중에 정상적인 성능과 안정성, 신뢰성을 확보하기 위해 갖추어야 할 능력) 평가 시험에서 154퍼센트의 하중을 기체에 가했을 때, 날개 끝에서 약 7.3미터까지 위로 올라가는 유연성을 보였다.

날개 스팬이 60미터인 B787 드림라이너는 2010년의 감항성 평가 시험에서 150퍼센트의 최대 하중을 기체에 가했을 때, 날개 끝에서는 약 7.6미터까지 올라간다. B787은 B777의 금속 날개의 파괴점보다 더 크게 변형(약 7.5~8미터)이 일어난다. 미국 연방 항공국(FAA)에 따르면 모든 상용 항공기는 150퍼센트 최대 하중을 기체에 가했을 때 적어도 3초 동안 견딜 수 있어야 한다고 규정하고 있다. 여객기는 FAA 감항성 평가를 통해 안전성을 보장받았기 때문에 부러질 염려는 없다.

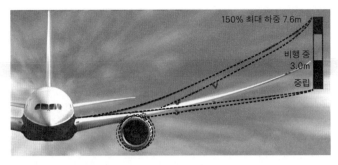

150% 최대 하중 7.6m

비행 중
3.0m

중립

유연하게 휘어진 B787 여객기

 B787 여객기는 2013년 1월에 배터리 화재와 연료 유출 등 잦은 사고로 안전 문제에 비상이 걸렸다. 그렇지만 B787은 같은 규모의 여객기에 비해 친환경 최신 엔진을 장착해 연비를 20퍼센트 이상 절감한 꿈의 여객기다. 승객 200~300명을 탑승시키고 1만 5700킬로미터까지 비행할 수 있다. 롤스로이스 사에서 제작한 트렌트 1000 터보팬 엔진으로 뒷부분을 악어 이빨처럼 생긴 쉐브론 노즐(chevron nozzle)로 제작해 기내에 전달되는 엔진 소음도 줄였다. 금속보다 훨씬 강한 탄소 복합 소재를 사용해서 비슷한 크기인 B767의 창문보다 65퍼센트 더 크게 제작했다. 종전의 여객기는 객실 여압을 2.4킬로미터(8,000피트) 고도에 맞추지만 B787은 1.8킬로미터(6,000피트) 고도에 맞추어 지상 기압과 더 가깝게 했다. 또 복합 소재는 부식이 잘 되지 않기 때문에 습도를 다른 여객기보다 약 7퍼센트 더 증가시켜 10~15퍼센트를 유지하므로 다른 여객기보다 쾌적하게 느낄 수 있다. B787의 평균 순항 속도는 마하수 0.85(3만 5000피트에서 시속 912킬로미터의 속도임)로 B737이나 A300에 비해 약 10퍼센트 빠르다.

 여객기가 순항 비행 중에 갑자기 돌풍이 불어 비행기가 틀어지면

도쿄에서 미주 지역을 향해 순항 중인 B787

태평양 상공 10.06킬로미터(3만 3000피트) 패콧(PACOTS, Pacific Organized Track System, 경제적인 운영을 위한 가변적인 태평양 횡단 항공로)을 순항 중인 B787 여객기를 촬영한 사진으로 날개가 휘어진 모습을 확연하게 볼 수 있다.

수평 또는 수직 꼬리 날개가 오뚝이처럼 원래 자세로 돌아가는 모멘트를 발생시켜 안정하게 한다. 꼬리 날개는 항공기 안정성을 유지하는 데 있어 아주 중요한 역할을 하므로 비행 중에 꼬리 날개가 부러진다면 항공기는 안정성을 잃어 100퍼센트 추락한다.

2001년 11월 12일에는 아메리칸 에어라인의 A300 여객기가 항적 난기류 때문에 추락해 탑승자 260명 전원이 사망하는 사고가 발생했다. 당시 사고 여객기는 뉴욕 존 에프 케네디 국제 공항을 이륙해 도미니카 공화국을 향해 상승하다가 일본 항공사의 B747 여객기의 항적 난기류를 만났다. 이를 피하려고 조종사가 러더를 너무 과도하게 조종하는 바람에 수직 꼬리 날개가 부러져 공항에서 8킬로미터 떨어진 인근 주택가에 추락했다. 사고 항공기는 항적 난기류뿐만 아니라 조종사의 대응 실수가 겹쳐 꼬리 날개가 부러지는 불운을 맞이했다.

1998년 5월 8일에 공군 곡예 비행팀 블랙 이글스 소속 A-37 공격기가 꼬리 날개가 부러지는 사고가 발생했다. 편대 비행하면서 뒤따라가는 A-37의 주날개가 앞서가는 A-37의 수평 꼬리 날개를 치면서 전방 공격기의 수평 꼬리 날개를 부러트린 것이다. 수평 꼬리 날개가 부러진 전방 공격기는 비행 안정성을 유지하지 못하고 추락해 조종사가 사망하는 비운을 맞이했다. 그러나 비행기의 주날개는 꼬리 날개보

블랙 이글스 소속 A-37 공격기

다 더 튼튼하기 때문에 뒤따르는 공격기는 날개가 일부만 파손된 채 무사히 착륙했다.

수평 꼬리 날개는 피칭 운동(pitching motion, 비행기 동체의 앞뒤가 위아래로 움직이는 운동)에 대한 안정성인 세로 안정성(longitudinal stability)을 갖도록 해 준다. 세로 안정성은 비행기 가로축(보통 Y축)을 중심으로 회전하는 피칭 운동에 대한 안정성을 말하며, 받음각과 피칭 모멘트의 관계를 나타낸다.

만약 평형 상태에서 교란에 의해 받음각이 (+)방향으로 증가하는 기수올림(nose up) 모멘트가 항공기에 발생할 때, (-)방향의 기수내림(nose down) 모멘트가 발생해야 안정성이 있다. 또 평형 상태에서 교란에 의해 받음각이 (-)방향으로 감소하는 기수내림의 피칭 모멘트가 발생했을 때, (+)방향의 기수올림의 모멘트가 발생해야 안정성이 있다. 이런 상태를 항공기의 세로 안정성이 안정(stable)하다고 하며, 받음각과 피칭 모멘트의 관계를 나타내는 직선의 기울기는 음(-)의 값을 갖는다. 만약 직선의 기울기가 양(+)의 값을 갖는 경우는 항공기가 교란에 의해 받음각이 증가했을 때 기수올림 모멘트가 발생해 불안정하다.

항공기의 무게 중심에 관한 피칭 모멘트는 주날개, 동체, 나셀, 추력, 수평 꼬리 날개 등에서 발생한 힘과 모멘트에 의해 영향을 받는다. 여기서 항공기의 무게는 무게 중심에서의 피칭 모멘트이기 때문에 피칭 모멘트에 영향을 주지 않는다.

일반적으로 비행기 날개와 동체는 비행기 전체의 안정성에 불안정한 영향을 미친다. 그러나 비행기는 수평 꼬리 날개에서 얻어지는 충분히 안정한 값으로 동체 및 날개의 영향을 상쇄시키고도 비행기 전체를 안정하게 만든다. 비행기 중심 위치의 이동 범위는 비행기의 세

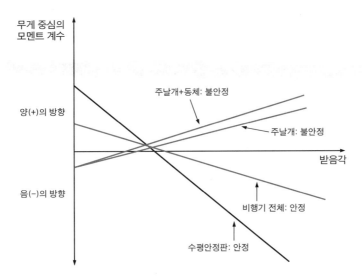

받음각에 따른 피칭 모멘트 계수 곡선

로 안정성과 직접 관련이 되며, 비행기의 수평 꼬리 날개는 설계하는
데 중요한 요소로 고려된다. 꼬리 날개는 비행기를 원래 상태로 회복
하는 복원 모멘트를 발생시키므로 이를 안정판(stabilizer)이라고 부르기
도 한다.

　이와 같이 꼬리 날개는 항공기 안정성에 있어 아주 중요한 역할을
한다. 하지만 가끔 꼬리 날개가 없이 날개만 있는 전익기(flying wing, 꼬리
날개가 없는 항공기 중에 날개만 있고 동체가 없는 것처럼 보이는 항공기)나 동체와 주날
개, 수직 꼬리 날개만 있고 수평 꼬리 날개가 없는 무미익기도 가끔 볼
수 있다. 독특한 날개를 채택해 날개 자체만으로도 안정성 문제를 해
결할 수 있기 때문이다.

50

조종사와 여객기의 피로

조종사는 피로 때문에 고도와 경로 이탈, 연료 계산 오류, 미허가 착륙, 잘못된 착륙 등 사고를 유발할 수 있다. 이를 방지하기 위해 전 세계 항공사들은 피로 위험 관리 시스템(FRMS, Fatigue Risk Management System)을 구축하고, 조종사의 피로를 과학적으로 관리하고 있다. 또 여객기 구조물도 피로로 인해 파괴될 수 있다. 그러니 항공기 제작사뿐만 아니라 항공사에서도 항공기 구조물이 파괴되지 않도록 다양한 노력을 기울인다.

조종사의 피로

대부분 인적 요소(human factor) 분야 과학자들은 조종사는 적어도 8시간 수면 시간을 지켜야 한다고 생각한다. 또 1996년 5월에 발행된

NASA TM(Technical Memorandum) 보고서(110,404)는 하루 24시간 중에 평균 8시간은 반드시 수면을 취해야 한다고 결론지었다. 조종사 피로에 의한 위험을 예측하기는 무척 어렵다. 왜냐하면 피로는 개인마다 다르며, 단지 수면 시간 이외에도 음주, 시차, 나이, 흡연 등 여러 요인에 따라서도 달라지기 때문이다.

제프리 구드(Jeffrey H. Goode)는 2003년도《안전 연구 저널(*Journal of Safety Research*)》에 발표한 논문에서 10~12시간 근무한 조종사는 9시간 이내로 근무한 조종사보다 사고율이 1.7배 높다고 보고했다. 또 13시간 이상 근무한 조종사는 9시간 이내로 근무한 조종사보다 사고율이 5.5배 높다고 언급했다. 10시간 이상 근무한 조종사는 전체 조종사의 10퍼센트를 차지하지만, 이들이 인적 요소로 인한 사고는 20퍼센트에 해당한다고 했다. 조종사가 오래 근무해 피곤할수록 비행 사고가 더 많이 발생한다는 중요한 결과를 제시했다. 따라서 항공사들은 조

B747 여객기를 조종하고 있는 기장

종사 근무 시간을 규정한 항공 법규에 따라 여객기에 탑승하는 조종사 숫자를 조절하고 있다. 미국 연방 항공 규정(FAR)에 따르면 정기 운항 항공사에서의 최대 승무 시간은 하루 연속 24시간 동안 8시간, 연속 7일 동안 34시간, 1개월 동안 120시간, 1년 동안 1200시간을 초과하지 못하도록 규정하고 있다.

예를 들어 여객기가 8시간 이내의 거리를 비행하면 조종사를 기장과 부기장 2명을 투입하지만 8~12시간 30분(대한항공은 2013년 5월부터 12시간에서 12시간 30분으로 변경) 비행하는 경우에는 반드시 3명의 조종사를 탑승시킨다. 조종사가 8시간 이상 비행하면 과로로 인해 비행에 지장을 초래할 수 있기 때문이다. 비행 시간이 12시간 30분을 초과하는 장거리 여객기인 경우에는 반드시 조종사 4명을 탑승시켜 교대로 휴식을 취하도록 운영되고 있다. 항공사는 일부 유럽 노선의 조종사 수는 중간 기착지에 따라 탄력적으로 운영하고 있다. 예를 들어 스위스 취리히 노선을 운영하는 경우 보통 비행 시간이 약 12시간 30분을 초과하지 않으므로 3명의 조종사만 투입한다. 그러나 오스트리아 빈을 중간 기착하는 경우 인천 공항에서 취리히까지 갈 때 12시간 30분을 초과하므로 조종사 4명을 탑승시킨다.

한편 애틀랜타, 뉴욕, 워싱턴 D. C. 등 미주 동부 지역을 운항하는 여객기는 항상 12시간 30분 이상 소요되므로 조종사 4명을 탑승시킨다. 그래서 연료비와 운영 경비가 많이 소요되므로 항공료가 미주 서부지역에 비해 훨씬 비싸다. 12시간 30분 이상 소요되는 미주 중동부 지역에서 귀국하는 여객기는 캄차카 항로보다 북극 항로(polar route)를 이용한다. 북극 항로는 비행 거리가 짧고 제트 기류를 피해 연료를 절감할 수 있기 때문이다. 그렇지만 극지방은 적도 지방에 비해 대기권

층이 얇아 높은 고도일수록 우주 방사선(cosmic radiation)의 양이 많아진다. 따라서 북극 항로는 조종사들이 미소량이지만 방사선에 피폭될 수 있으므로 이를 고려해 운영한다.

17~19시간 잠을 못 자면 혈중 알코올 농도 0.05퍼센트, 20~25시간 못 자면 혈중 알코올 농도 0.1퍼센트(Journal of Sleep Research, 8, 255~262쪽)일 때와 유사하다. 조종사의 신체적 피로로 인한 사고는 전체 사고율의 15~20퍼센트를 차지한다. 또 상용 항공 운송에서 치명적인 사고의 70퍼센트가 인적 오류와 관련되어 있다.

미국 국립 교통 안전 위원회(NTSB)는 1993년 8월 18일에 칼리타 에어(Kalitta Air, 미국의 화물 전용 항공사) DC-8-61F 화물기의 관타나모 만(쿠바 남동부의 관타나모 시와 인접한 만으로 미국의 해군 기지가 있음) 사고를 신체적 피로에 의한 첫 사고로 결론 맺었다. 미국 버지니아 주 노픽을 이륙한 카리타 에어 808편 화물기는 쿠바 관타나모 만 비행장에 착륙하기 위해 선회 접근하다가 추락해 승무원 3명이 모두 사망했다. 사고기의 오른쪽 날개가 실속(stall)에 들어가 뱅크각 90도까지 롤링 운동을 했다. 이것은 조종사가 신체적 피로로 한 가지에만 집중해, 속도가 줄어든 것을 몰라 추락한 것이다.

이외에도 조종사 피로로 인한 사고는 1994년 에어 알제리 B737의 영국 코벤트리 사고, 2001년 크로스에어 BAe 146의 스위스 취리히 사고, 2004년 BAe 제트스트림 31의 미국 커크스빌 사고, 2004년 MK 에어라인 사의 B747의 핼리팩스 사고, 2005년 로간에어 B-N Islander의 영국 매크리하니시 사고, 2007년 캐세이 퍼시픽 B747의 스웨덴 스톡홀름 사고, 2008년 고(GO) 항공사 CRJ200 1002편의 하와이 힐로 공항 준사고(incident), 2009년 콜간 에어의 Q-400 미국 버팔로 사고, 2010년 에어 인디아 익스프레스 B373의 인도 망갈로르 사고, 2011년 에어캐나다 B767의 노스 애틀랜틱 사고 등 수없이 많다. 미국은 1993년 이후로 조종사 피로로 인한 사고를 정식으로 인정하기 시작했다.

1999년 6월 1일에 댈러스-포트워스 국제 공항을 이륙해 아칸소주 리틀록 공항에 착륙 예정이던 아메리칸 항공 1420편 MD-82 여객기가 리틀록 공항에 착륙하면서 활주로를 벗어나 안테나와 조명등에 충돌해 대파되는 사고가 발생했다. 139명의 승객과 6명의 승무원 중에서 기장과 10명의 승객이 사망했다. 당시 조종사는 수면이 부족한 상태는 아니었지만 사고 발생 시간 기준으로 16시간이나 깨어 있어 수면을 취해야 하는 상태였다. 따라서 아메리칸 항공 1420편 사고는 피로로 인해 조종사가 정확한 판단을 하지 못한 점, 측풍과 악기상에 의한 착륙 시 조작 실패 등으로 일어났다.

2008년 2월 13일에 오전 고 항공사 1002편의 스캇 올트맨 기장과 딜런 세플레이 부기장은 봄바디어 CRJ 200 제트 여객기에 40명의 승객을 태운 뒤 호놀룰루 국제 공항을 이륙했다. 하와이 남부 힐로 공

2008년 준사고기와 동일한 봄바디어 CRJ200

항에 도착할 무렵 조종사가 모두 잠들어 힐로 공항을 6.4킬로미터(2만 1000피트) 고도로 48킬로미터를 지나쳤다. 항공 교통 관제사는 고 항공사 조종사들을 불렀지만 25분 동안 통신을 할 수 없었다. 여객기는 다시 돌아와 안전하게 힐로 공항에 착륙했지만 조종사들은 부주의한 운항과 무선 통신 두절 등과 같은 이유로 각각 면허 정지 60일, 45일을 당했고, 나중에 항공사에서 해고 처분을 받았다.

2010년 5월 22일에 에어 인디아 익스프레스 소속의 B737-800기가 아랍 에미리트 두바이 공항을 이륙해 인도 남부의 망갈로르 공항에 도착할 예정이었다. 도착 예정인 여객기는 착륙 접근할 때 정상보다 짧은 거리에서 강하를 수행해 비행 경로가 너무 높았다. 그래서 조종사는 자동 조종 장치를 끊고 원하는 비행 경로로 들어가기 위해 강하율을 높였다. 여객기 기장은 부기장의 복행(go around, 착륙 시도를 포기하고 다시 상승해 재착륙을 시도하는 것)과 지상 접근 위협 경보 장치(EGPWS, 착륙할 때 고도를 불러 주는 장치)의 경고에도 불구하고 잘못된 접근 경로로 끝까지 착륙을 시도했다. 여객기는 활주로 착지 지점이 너무 후방이어서 활주로 끝을 지나쳐 절벽에 떨어졌고 화염에 휩싸였다. 승객 160명과 승무원 6명 중 8명만 살아남고 158명이 사망했다. 이 사고기의 기장은 비행에 앞서 충분한 휴식을 취하지 못해 피로한 상태였으며, 음성 기록 장치에 기장의 코고는 소리가 녹음되어 있었다. 기장의 피로에 의한 오류가 사고의 원인으로 판명된 셈이다.

신체적 피로에 의한 사고를 예방하기 위해 ICAO에서는 2011년에 국제 민간 항공 협약 부속서 6(항공기 운항)을 개정해 피로 위험 관리 시스템의 근거를 마련했다. 국내에서도 국제 기준 개정에 따른 승무원의 피로를 과학적·체계적으로 관리할 수 있도록 피로 위험 관리 시스템을 도입했다. 대한항공이나 아시아나항공 등 국내 항공사에서도 피로 위험 관리 시스템을 구축해 조종사의 피로를 과학적으로 관리한다.

여객기의 피로

조종사만 피로한 것이 아니라 여객기 자체 구조물도 과도한 하중으로 인한 피로로 파괴될 수 있다. 여객기가 비행 중에는 비행 하중 이외에도 객실 여압에 의한 하중이 추가로 외판에 가해지며, 외판은 이 하중을 견딜 수 있어야 한다. 여객기는 통상 대기압의 4분의 1정도 되는 고도 약 10킬로미터에서 시속 약 900킬로미터의 속도로 비행하므로 비행기 객실 내부 압력과 외부 압력은 크게 차이가 난다. 여객기는 승객들이 호흡할 수 있도록 동체를 밀폐시킨 여압실을 만들고 엔진의 압축 공기를 공급하고 있다. 따라서 비행기 동체 외판은 풍선이 부풀은 것과 같이 객실 내부에서 외부로 압력이 가해지며, 압력은 1제곱미터당 6톤 정도 된다.

　여객기 동체는 앞뒤 방향으로 스트링거(stringer, 항공기 동체의 수평 뼈대)를 장착하고, 횡방향으로 중간 중간에 원형 프레임으로 보강하며 거기에 외피를 붙인다. 외판은 얇은 알루미늄 합금이나 복합 재료로 제작되며, 달걀 껍질과 같이 외판도 하중을 담당하고 있다. 외판과 스트링거는 리벳으로 접합하거나 접착제로 접합하기도 한다. 또 외판이 손상을 입어 찢어지더라도 파괴가 멈추거나 구조물이 안전성을 유지할수 있도록 페일-세이프(fail-safe) 개념으로 설계된다. 동체에는 창문과 출입구가 있으며 연결부는 응력이 집중되지 않도록 스트링거의 간격을 좁힐 뿐만 아니라 티타늄계의 강한 합금을 사용해 보강한다.

A340 동체 내부

금속 피로로 인한 손상은 평상시에 잘 발견되지 않고 갑자기 순식간에 파괴되는 다중 손상이 발생한다. 미국 알로하 항공사(Aloha Airlines, 1946년 설립된 알로하 항공사는 737기종 26대를 보유하고, 하와이 섬들과 미국 내륙 공항 6곳을 연결하는 노선을 운영했음)의 B737-297은 1988년 4월 28일에 하와이 주 힐로에서 호놀룰루까지 비행할 예정이었다. 승객 90명과 승무원 5명이 탑승하고 있던 B737은 카홀루이(Kahului)에서 43킬로미터 떨어진 남동쪽 7.3킬로미터(2만 4000피트) 상공에서 전방 입구 도어부터 날개의 앞전까지 2.4×3.7미터 크기의 동체 지붕이 날아 갔다. 비행 중 폭발성 감압(explosive decompression)을 겪은 비행기는 마우이 섬 카홀루이 공항에 비상 착륙했다. 이 사고로 승무원 1명이 사망하고 승객 65명이 부상당했다. 미국 국립 교통 안전 위원회는 사고 비행기가 소금과 습기에 노출된 해안 환경을 운항하면서 유발된 틈새 부식에 의한 금속 피로로 인해 사고가 발생했다고 발표했다.

한편 보잉 사의 B707은 4기의 제트 엔진을 장착한 협폭 동체의 중형 운송용 항공기다. 보잉 사는 처음으로 B707 제트 운송용 항공기를 제작하면서 후퇴익과 포디드 엔진을 채택했다. 이 항공기는 1960년대와 1970년대에 성공적으로 운영된 첫 번째 제트 여객기다. 보잉 사는 B707과 같은 효자 기종으로 인해 세계 최대 제작사로 성장했다. 그리고 7×7과 같은 후속 기종들을 내놓았으며, B727, B737, B757 등은 B707의 동체 설계의 일부분을 공유했다.

터보제트 엔진을 장착한 B707은 1957년 12월 20일 첫 비행 한 후, 팬암 사에서 1958년 10월 정기 노선에 투입되었다. 이후 B707은 터보제트 엔진에서 터보팬 엔진으로 개량되었으며, 총 1,011대의 항공기를 제작해 인도된 우수한 제트 여객기다. 그럼에도 불구하고 이 여객기는 2011년 현재 화물기로 운영되는 수십 대 외에 모두 폐기되었다. 좁은 동체 폭으로 인해 승객 좌석수가 적어 경제성이 떨어진다는 이유도 있었지만, 무엇보다 중요한 이유는 금속 피로로 인한 파괴가 우려되기 때문이었다.

해외 공항에 가면 국내 항공사의 여객기들이 계류장에 주기되어 있는 것을 좀처럼 보기 힘들다. 국내 항공사는 B747 여객기(대략 378석)로 성수기 때 미국을 한번 왕복하기만 하면 어림잡아도 10억 원 정도 매출을 올린다. 여객기 가격(대략 2500억 원)을 고려해 볼 때 이자만 감안하더라도 도저히 계류장에 세워 놓을 수 없다.

공항에 도착하자마자 바로 띄우니 승객으로서 혹시 사고가 나는 것이 아닐까 하는 생각을 할 수도 있다. 그러나 그런 두려움을 가질 필요가 없는데, 엔진 정지율이 5만 시간당 1회 이하로 신뢰성 있게 제작되었기 때문이다. 게다가 대략 2만 2000시간을 비행하면 완전히 분해

대한항공 B737

하는 중정비를 받는다. 예를 들어 여객기가 2만 2000시간 비행 후에
정비를 받는다고 하면, 평균 12시간 소요된다고 치더라도 미국 LA를
1,800번 왔다 갔다 할 수 있다.

여객기는 기체 사용 시간 및 엔진 사용 시간에 따라 정비가 계획되
어 있다. 엔진의 경우 엔진 종류에 따라 다르지만 엔진이 고장이 나지
않았더라도 정해진 비행 시간을 초과하면 정기 엔진 검사를 받는다.
물론 여객기 엔진은 그 사이에도 중간 검사를 받고 항공기가 출발하
기 전에도 반드시 점검을 하게 되어 있다. 비행편 사이마다 수행하는
중간 점검, 하루의 비행을 마치고 수행하는 비행 후 점검 및 주간 점검
등은 기본적인 정비 항목들을 철저히 검사해 다음 출발 태세를 점검
하는 계획 정비다.

항공사는 안전을 위해 체계적으로 여객기 정비를 하고 있어 탑승객
들은 항상 정비된 새로운 엔진을 장착한 항공기에 탑승하는 것이나

다를 바 없다. 신차를 구입하고 나서 대부분 2~3년은 아무 고장 없는 것과 마찬가지로 여객기 탑승객들은 비행기를 타면서 항상 신차를 탄다고 생각해도 무방하다.

항공기가 혹사당해 금속 피로가 발생하는 것을 정확히 예측한다는 것은 매우 어렵다. 그렇다고 단순히 비행기 정년제를 도입한다는 것은 더욱 더 곤란하다. 왜냐하면 금속 피로는 사용 방법에 따라 많이 달라지므로 단지 비행 시간만으로 정년 시기를 결정할 수는 없기 때문이다. 금속 피로는 피로 상황을 알 수 있는 스마트 구조(smart structure)로 항공기를 제작한다든가, 적절한 시기마다 균열 및 피로 검사 등을 수행해 방지할 수 있다. 항공사들은 다양한 기법으로 100퍼센트 안전을 위해 끊임없이 노력하고 있으며, 그로 인해 안전 기술이 나날이 향상되고 있다.

51

항공기가 등속 원운동을 할 수 있을까?

등속 원운동은 일정한 속도로 원운동을 하는 것이다. 끈에 돌을 매달아 일정한 속도로 돌리면 등속 원운동을 하게 할 수 있다. 예를 들면 정월 대보름날에 쥐불놀이로 깡통을 일정한 속도로 돌리면서 만드는 궤적이 등속 원운동이라 할 수 있다. 그럼 비행기가 수평면 또는 수직면에서 등속 원운동을 할 수 있는지 알아보자.

비행기가 일정한 속도로 등고도(수평면)에서 원운동을 하는 비행을 정상 선회(steady turn), 또는 균형 선회(coordinated turn)라 한다. 정상 선회는 원심력과 양력의 수평 성분(구심력)이 같아 조종사 몸이 한쪽으로 쏠리지 않는다. 실제 비행에서는 경사각을 주게 되면 양력이 줄어 고도가 떨어지게 되어 등고도에서 등속 원운동하는 선회를 할 수 없다. 그러나 조종사가 비행기를 잘 조종하면 등고도에서도 등속 원운동을 할 수 있다. 조종사는 비행기가 경사각에 의해 고도가 떨어지는 것을

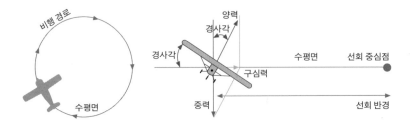

정상 수평 선회

일정한 고도에서 원심력과 양력의 수평 성분(구심력)이 균형을 이루며 원운동을 한다.

방지하기 위해 조종간을 당기고, 이로 인해 속도가 떨어지는 것을 막기 위해 추력을 증가시켜 일정한 속도를 유지하면 된다. 비행기가 급선회를 하며 수평 등속 원운동을 하는 경우 한 바퀴 돌아 선회 시작 지점의 후류에 부딪쳐, 조종사는 항공기가 덜컹하는 진동을 느낄 수 있다.

전투기 조종사가 선회 반경을 최소로 하기 위해서는 비행 속도를 최소로 하고 경사각을 최대로 하면 된다. 그러나 최소 속도는 실속 속도로 제한되어 있으며, 경사각을 최대로 하기에도 전투기의 구조적인 문제로 인해 제한을 받는다.

비행기는 곡예 비행을 위해 앞에서 말한 수평면에서의 선회 비행뿐만 아니라 수직면에서도 원을 그리는 선회 비행을 할 수 있다. 수직면에서 원운동을 하는 수직 선회의 대표적인 비행은 수직면에서 원궤도를 그리는 루프(loop) 기동이다. 수직면상의 원운동을 위해 직접 돌을 매달아 손으로 돌려보면 최고점일 때 거의 힘을 못 느끼다가 최저점일 때 힘이 가장 많이 든다. 수직 원운동은 매순간 속도의 크기가 다르다는 것을 알 수 있다.

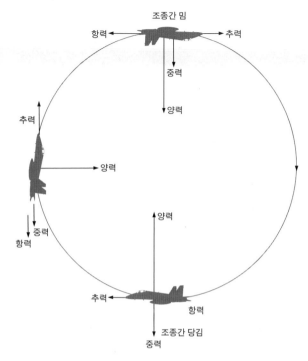

루프 기동

공중에서 수직으로 상승하며 원을 그리는 비행으로 최고 정점에서는 배면 비행이 된다.

조종사는 루프 기동을 하기 위해 우선 비행기를 강하해 속도를 높이며, 수평 비행 자세에서 상승 선회로 바꾸기 위해 조종간을 당기는 조작(pull-up maneuver)을 한다. 상승 선회가 일정한 속도를 유지하면서 원형의 궤적을 그리게 하기 위해서는 조종사는 추력을 증가시키면서 원을 그리는 어려운 조작을 해야 한다. 정점에 도달했을 때 배면 비행(inverted flight) 자세에서 조종사가 조종간을 당기면 비행기는 강하 선회로 원궤적을 그리게 된다. 비행기는 강하 자세에서 속도가 증속되므로 등속을 유지하기 위해 추력을 감소시키면서 원형의 궤도를 유지해야 한다.

일반 비행 관련 서적에는 수직면에서의 선회를 등속 원운동을 가정해 이론적으로 해석하고 있다. 그러나 실제 비행에서 조종사가 루프 기동을 하는 경우 각 위치에서의 속도가 다른 상태에서 비행을 하게 된다. 사실 조종사가 중력 가속도 g가 속도에 따라 다르지만 대략 4g에서 5g 정도로 심하게 작용하는 상태에서 일정한 속도를 유지하기 위해 추력을 조절하기도 어렵고 그 정도의 속도를 유지하기 위한 성능을 갖는 비행기도 드물다. 또 조종사가 수직면에 대해 정확히 원운동하는 자체도 조종하기 어려운 비행이여서 실제 비행 시 수직면상에서의 등속 원운동은 불가능하다고 봐야 한다.

52

비행기 속도 측정 장치 및 속도의 분류

항공기 맨 앞부분 또는 동체 전면에 무엇인가 뾰족하게 튀어나와 있는데 이것은 항공기 속도를 측정하기 위한 피토-정압관(Pitot-static tube)이다. 여객기의 경우 조종석 좌우 동체 앞부분에 한 쌍의 전압공(total pressure hole) 및 정압공(static pressure hole)을 두고 압력을 측정해 속도를 나타낸다. 이렇게 측정한 대기 속도는 종류가 많고 아주 복잡하지만 나름대로의 방식을 갖고 이해한다면 크게 어렵지 않다. 조종사는 항공기의 여러 대기 속도를 일일이 추적하지는 않고 고도에 따라 지시 대기 속도 또는 진대기 속도로 환산한 마하수를 참조해 비행하기 때문이다.

　마하계(Machmeter)는 고속의 항공기에서 속도와 함께 마하수를 나타내기 위해 장착된 계기다. 항공기에 있어서 마하수는 진대기 속도를 음파의 속도(speed of sound)로 나눈 값으로 조종사에게는 상당히 중요한 의미가 있다. 마하수는 고속으로 비행하는 제트 항공기 구조물이 실제적으로 겪는 중요한 수치이기 때문이다.

속도 측정 장치

항공기는 동체 전면 부분에 피토-정압관을 하나의 장치로 장착하거나 조종석 좌우 동체 앞부분에 장착한 한 쌍의 피토관 및 정압공으로부터 얻은 압력을 통해 속도를 나타낸다. 일반적으로 대형 항공기는 피토관과 정압공을 동체 부분에 따로 분리해 설치하고 있다.

전압, 즉 정체압력(stagnation pressure)을 감지하는 피토관과 정압을 감지하는 정압공을 함께 갖고 있는 장치인 피토-정압관의 앞부분은 전압을 측정하는 피토관으로 반구형으로 설계해 이를 지나가는 흐름이 흐트러지지 않도록 하고 있다. 정압공은 맨 앞에서 관 지름 d의 8배에서 16배 정도 위치에 두고, 지지대의 영향을 피하기 위해 뒷부분 지지

한국항공대학교에 전시된 F-5의 피토-정압관

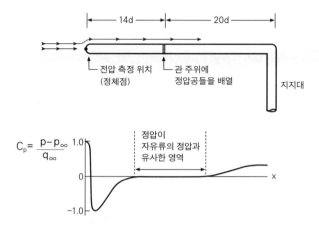

피토-정압관 및 관 표면에서의 압력 분포

대에서 16d 이상 앞쪽에 뚫는다. 정압공의 위치는 정압이 자유 흐름의 정압과 매우 유사한 값을 갖는 영역에 해당된다. 정압공은 비행 방향에서 약간 틀어지더라도 오차를 줄이기 위해 관 둘레를 따라 여러 개의 압력공을 뚫어 평균값을 읽는다.

피토-정압관은 항공기 속도를 나타내기 위해 항공기 기체 축과 평행으로 장착된다. 그러나 항공기의 어느 부분에 장착하느냐에 따라 장착오차가 있으므로 피토-정압관이 감지하는 항공기 속도는 다를 수 있다. 따라서 피토-정압관은 항공기 자체에 의한 국부 흐름 영향으로부터 어느 정도 떨어진 자유 흐름 속도를 갖는 위치에 설치해야 한다.

항공기에 피토관과 정압공을 분리해 따로 설치하면 피토관은 관 길이를 짧게 설치해도 된다. 하지만 정압공의 동체 표면에서의 위치는 흐름이 교란되지 않아 정압 손실이 없는 적절한 위치를 찾아 설치해야 한다. 피토관과 정압공을 분리하는 것은 항공기가 선회하거나 좌우로

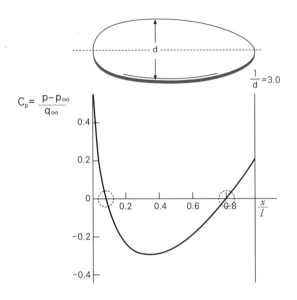

$$C_p = \frac{p - p_\infty}{q_\infty}$$

$$\frac{1}{d} = 3.0$$

유선형 물체 주위의 압력 계수 분포

세장비(길이를 지름으로 나눈 비)가 3인 경우의 유선형 물체의 압력 계수 분포를 나타낸 것이다. 압력 계수가 0인 두 곳을 찾을 수 있는데, 이곳이 바로 자유 흐름의 정압과 동일한 위치다. 정압공은 압력 계수가 0인 두 곳 중에 하나의 위치에 뚫어야 한다. 그러나 실제 항공기에 있어서 정압공은 동체에서도 비교적 교란의 영향이 적은 앞부분에 설치해 정확한 정압 값을 측정할 수 있도록 한다. 그러므로 동체 표면에서의 정압공의 적절한 위치는 항공기마다 다르며, 정압공 위치가 자유 흐름의 정압과 동일한 곳을 실험적으로 찾아 정압공 위치를 선정한다.

요잉 운동을 할 때 유발되는 오차를 감소시키기 위한 것이다.

피토-정압관은 공기 속도를 측정하기 위해 항공기뿐만 아니라 풍동 실험실, 기상대 등에서 필수 장비로 사용되고 있다. 피토관은 수학자이자 천문학자였지만 나중에 수력학 엔지니어가 된 앙리 피토가 만들었다. 1732년에 그는 파리의 세느강 다리의 두 교각 사이에서 피토관 장치로 강물의 유속을 측정한 결과를 최초로 발표했다. 피토는 전압 측정용 관으로 측정할 당시 '흐르는 물을 정지할 때까지 가지고 갔을 때 물기둥은 물의 속도를 얻을 수 있는 높이까지 정확하게 올라간다.'라는 중요한 사실을 알아냈다. 피토관에서 유체 기둥의 높이는 속도의 제곱에 비례한다는 관계식을 직관적으로 발견한 것이다. 다니엘 베르누이가 1738년『유체 역학(Hydrodynamica)』에서 베르누이 방정식을 발표한 것보다 6년 전이다.

오늘날 고급 항공기는 계기들이 1~2개의 컴퓨터 스크린에 나타나 있으며, 대기 속도, 상승율, 고도와 마하수를 계산하기 위해 에어 데이터 컴퓨터(air data computer)를 사용한다. 일반적으로 여객기의 에어 데이터 컴퓨터는 항공기 자세, 방향, 항법 등과 같이 결합된 하나의 체계를 갖췄다.

항공기에 장착된 2대의 에어 데이터 컴퓨터는 독립적인 피토관과 정압공으로부터 전압 및 정압 데이터를 받는다. 별도의 비행 데이터 컴퓨터는 2대의 컴퓨터에서의 정보를 비교하고 서로 잘 맞는지 점검해 항공기 속도로 처리한다. 전통적인 기계식 계기는 고급 항공기를 제외하고 아직도 사용하고 있으며, 디지털화된 계기를 장착한 최신 항공기에도 백업 계기(stand-by instrument)로 장착하고 있다. 전통적인 기계식 속도계는 피토관을 통해 유입된 압력이 속도계 내의 다이어프램(diaphragm)으로 전달되고, 톱니바퀴와 스프링으로 구성된 연결 계통을 거쳐 조정된 속도를 나타낸다. 따라서 기계식 속도계는 피토관에 연결된 압력 다이어프램을 포함하고 있으며, 이와 연결된 기계식 스프링 장치와 톱니바퀴 연결 장치가 있다. 마하계는 일종의 속도계로 간주할 수 있는 계기로 천음속이나 초음속으로 비행하는 고속 항공기에 장착된다.

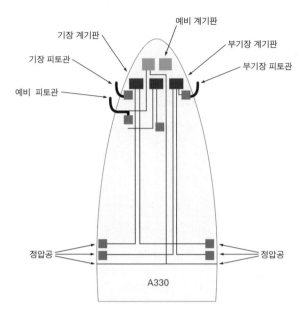

A330의 공기 속도 탐지 장치

정압관은 속도만 측정하는 것이 아니라 고도계, 상승계 등에도 활용되며, 조종에 지대한 영향을 끼치고 있다. 항공기의 피토관이 항공기 기수의 앞부분이나 날개의 앞전 부근 등 지면에서 높지 않게 장착된다면, 이물질이나 착빙 등으로 인해 피토관이 막힌 것을 조종사가 미리 육안으로 확인할 수 있다. 미국 연방 항공국(FAA)은 규정에 피토관의 이물질을 점검하는 것을 추천하고 있으며, 계기 비행 인증 항공기는 피토관의 착빙을 막기 위해 열선 장치를 반드시 장착해야 한다. 따라서 조종사나 정비사가 비행이 방금 끝난 항공기의 피토관을 맨손으로 만지면 화상을 입을 수 있다. 또 오류로 피토관 열선 장치가 가동

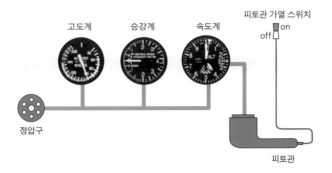

피토-정압관 시스템
조종석에 피토 정압관과 연결된 계기는 속도계, 승강계, 고도계 등이 있다.

되고 있는 경우 덮개(Remove Before Flight라 적혀 있는 빨간색 꼬리표가 붙어 있는 가
죽 덮개)를 만지면 화상을 입을 수 있으니 조심해야 한다.

계기판의 속도계가 지시하는 속도는 밀도 오차, 장착 오차, 계기 오
차 등이 수정되지 않은 지시 대기 속도로 조종사들은 대부분 이 속도
계를 읽는다. 승강계는 항공기가 수평 비행을 하는지 상승 또는 강하
비행을 하는지를 알기 위해 사용된다. 승강계는 상승률과 강하율을
분당 피트 또는 초당 미터로 나타낸다. 고도계(altimeter)는 항공기의 고
도 변화에 따른 압력 변화를 결정하기 위해 사용된다. 대기압은 지역
과 시간에 따라 변하므로 정확한 고도를 알기 위해서는 고도계를 이
륙하기 전에 설정해야 한다.

항공기 속도의 분류

항공기의 속도는 크게 대기 속도(airspeed)와 지상 속도(GS, ground speed)로

구별할 수 있다. 대기 속도는 항공기에 부딪치는 공기의 속도이며, 지상 속도는 실제로 항공기가 지상에서 단위 시간당 이동한 거리를 나타낸다. 여객기 승객들은 얼마나 더 가야 하는지 시간이 얼마나 걸리는지 알고 싶어 지상 속도에 관심이 많을 것이다. 실제로 객실 좌석의 스크린에 나온 속도는 지상 속도를 표시한다. 보통 여객기는 항력의 급격한 증가와 구조적인 문제로 초음속으로 비행할 수 없지만 지상 속도는 뒷바람만 세다면 초음속으로도 이동할 수 있다.

대기 속도는 지시 대기 속도(IAS, indicated airspeed), 수정 대기 속도(CAS, calibrated airspeed), 등가 대기 속도(EAS, equivalent airspeed), 진대기 속도(TAS, true airspeed) 등과 같이 여러 종류의 속도들이 있다. 대기 속도는 비행기가 체감하는 속도로 비행기 구조물이 견디고 양력을 유지하는데 직접적 관련있는 속도다. 조종사는 저고도에서 주로 지시 대기 속도만을 활용하고, 고고도에서는 주로 마하수만을 활용하지만 난기류를 만났을 때에는 마하수와 더불어 지시 대기 속도를 참조한다.

지시 대기 속도(IAS)는 항공기 조종사들이 계기판의 속도계를 직접 읽었을 때의 속도다. 지시 대기 속도는 밀도, 장착 오차, 계기 오차 등이 수정되지 않은 속도로 전압력과 정압력의 차이가 크면 클수록 더 커진다. 속도계로부터 읽은 지시 대기 속도는 지상에서의 실제 항공기 속도를 알기 위해서는 여러 요소를 수정해야 한다.

항공기의 지시 대기 속도는 2개의 압력을 측정해 얻는다. 하나는 피토관에서 측정하는 정체압력으로 대기 중의 공기 속도가 피토관 장치에 정체압력으로 전달된다. 다른 하나는 항공기 전진 방향에 수직으로 동체에 뚫은 정압공에서 측정한 정압으로 정압은 항공기가 상승하거나 증속함에 따라 감소한다. 대형 항공기에선 피토-정압계통이 고

장 나더라도 위험을 줄이기 위해 기장과 부기장이 각각 다른 피토-정
압계통을 사용하고 있다.

수정 대기 속도(CAS)는 지시 대기 속도에서 장착 오차와 계기 오차
를 수정한 속도다. 주로 비행 매뉴얼의 성능 표시에 사용되는 속도지
만 IAS 대신에 계기판에 입력되기도 한다. 항공기가 착륙을 하기 위해
속도를 줄이고 플랩과 랜딩 기어를 내리면 동체 주위의 공기 흐름이
변화하며, 항공기 동체 주위의 흐름 형태는 항공기의 속도와 자세를
변경해도 변화된다. 공기 흐름의 변화는 피토관과 정압공의 압력에 영
향을 끼쳐 항공기 속도를 변화시키므로 이를 수정해야 한다.

예를 들어 737 여객기가 시속 520킬로미터에서 순항하고 있을 때
의 여객기 주위 흐름 현상은 시속 280킬로미터에서 플랩 및 랜딩 기어
를 내리고 착륙하고 있을 때와 완전히 다르다. 공기 흐름 현상이 심하
게 다른 경우에 지시 대기 속도와 수정 대기 속도가 다를 수 있다. 그

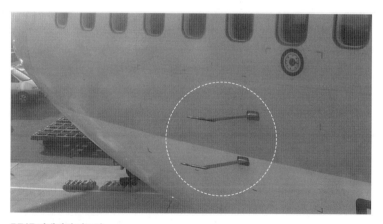

B747 여객기의 피토관

러나 대부분의 항공기는 피토관과 정압관을 공기 흐름 현상이 심하게 변하지 않는 곳에 설치하기 때문에 지시 대기 속도와 수정 대기 속도는 거의 일치한다고 볼 수 있다. 따라서 전투기든 여객기든 거의 모든 항공기가 수정 대기 속도를 아예 계기 상에 나타내지 않아 조종사가 알 수 없다.

등가 대기 속도(EAS)는 수정 대기 속도에서 압축성 흐름에 의한 오차를 수정한 속도다. 실제 조종사들은 등가 대기 속도를 활용하지 않고, 이를 통해 구한 진대기 속도를 활용한다. 일반적으로 항공기가 시속 367킬로미터보다 빠를 때(M)0.3) 항공기 정면에서 불어오는 공기는 압축되며, 공기 압축은 피토관의 압력과 공기 밀도를 증가시킨다. 즉 등가 대기 속도는 공기의 압축성으로 인해 비정상적으로 높게 나타나는 수정 대기 속도를 보정한 것이다. 항공기의 고도가 높아질수록 밀도가 감소하므로 수정 대기 속도는 더 커지고, 조종사는 등가 대기 속도를 얻기 위해 더 크게 수정해야 한다. 그래서 높은 고도에서 고속으로 비행하는 항공기는 압축성 흐름으로 인한 속도 오차를 반드시 보정해야 하며, 오차는 컴퓨터에서 자동으로 교정된다.

공기와 물속에서 손을 움직여 보면 물에서 느낀 동압력은 공기에서 느낀 것보다 더 크다는 것을 알 수 있다. 물의 밀도가 공기의 밀도보다 크기 때문이다. 제트 여객기는 속도가 빠른 공기가 피토관에 압축됨에 따라 증가된 밀도는 동압을 증가시킨다. 따라서 여객기 속도계에서 읽는 지시 대기 속도를 증가시키며, 공기가 압축되면 될수록 오차는 점점 더 심해지므로 이를 수정해야 한다. 항공기에 실제적인 영향을 미치는 것이 바로 등가 대기 속도며, 이는 항공기에 유발된 동압을 측정하는 것이다. 동압은 항공기로 인해 발생한 양력과 항력에 영향을 미치지만 주어진 등가 대기 속도에 대해 항공기는 같은 동압을 느끼므로 양력과 항력은 고도에 상관없는 장점이 있다. 고도가 높을수록 공기 밀도는 감소하므로 항공기가 같은 등가 대기 속도를 얻기 위해서는 더 빠른 속도로 비행해야 하는 것은 당연하다.

진대기 속도(TAS)는 항공기와 대기와의 상대 속도로 고도에 따른 공기 밀도와 온도를 모두 보정한 속도로 조종사들이 자주 보는 속도는 아니다. 대기 중에 이동하는 항공기의 실제 속도인 진대기 속도는 항공기 구조물이 실제적으로 겪는 속도이며, 고도가 증가함에 따라 증가한다. 따라서 조종사들은 비행 중에 대부분 지시 대기 속도를 보지만 가끔 고도를 변경할 때 진대기 속도를 활용한다. 왜냐하면 해면

아날로그 방식의 조종석(지시 대기 속도 및 진대기 속도를 나타내는 속도계)

에서의 시속 820킬로미터와 고도 12.2킬로미터(4만 피트)에서의 시속 820킬로미터는 밀도 차이로 인해 충돌 압력이 크게 차이가 나기 때문이다. 그래서 진대기 속도는 해면의 표준 대기 상태에서는 수정 대기 속도와 일치한다.

조종사가 높은 고도에서 비행을 할 때 항공기의 진대기 속도를 구하기 위해 고도 1,000피트(0.3048킬로미터)마다 2퍼센트씩을 추가하는 방법이 있다. 이것은 속도계가 표준 대기의 공기 밀도로 입력이 되어 있으므로 고도가 증가함에 따라 밀도가 감소하기 때문이다. 예를 들어 항공기가 해면 고도에서 실속 속도가 진대기 속도 시속 80.5킬로미터(50mph)인 경우, 이 항공기는 1만 피트(3.048킬로미터) 고도에서 시속 96.6킬로미터(60mph)인 경우 실속에 진입한다. 이 항공기의 진대기 속도는 1만 피트에서 계산해 보면 1,000피트마다 2퍼센트씩 늘어나므로 80.5 + (2퍼센트 × 10 × 80.5) = 시속 96.6킬로미터가 나온다. 항공기에 지시 대기 속도계는 해면 고도와 1만 피트에서 두 경우 모두 시속 80.5킬로미터를 나타낸다. 지시된 대기 속도로 시속 80.5킬로미터의 해면 고도에서 무거운 공기의 충돌 압력은 진대기 속도로 시속 96.6킬로미터인 경우 1만 피트에서 가벼운 공기의 충돌 압력과 같다. 따라서 조종사들은 항공기 속도가 항력 발산 마하수(drag divergence Mach number)에 도달해 충돌 압력이 구조물에 영향을 줄 정도까지 빠르지 않게 비행하는 저고도에서는 지시 대기 속도를 진대기 속도로 변환하지 않고 지시 대기 속도를 참조해 비행하는 게 편리하다. 그래서 글래스 콕핏을 갖춘 여객기 조종사는 지시 대기 속도와 진대기 속도로 환산한 마하수만을 참조해 비행한다.

지상 속도(GS)는 지상을 실제로 이동한 거리를 알 수 있는 실제 속도

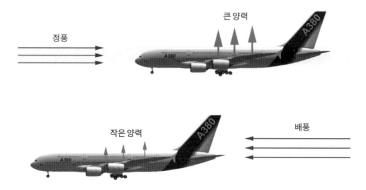

정풍 및 배풍

항공기 앞쪽에서 부는 정풍은 항공기가 느끼는 속도를 증가시켜 양력을 증가시키고, 뒤쪽에서 부는 배풍은 속도를 감소시켜 양력을 감소시킨다.

다. 지상에서의 속도를 결정하기 위해 진대기 속도에 바람의 속도를 적용한다. 항공기에 정면으로 부는 정풍 또는 맞바람(head wind)은 지상속도를 감소시키고, 뒤쪽에서 부는 배풍 또는 뒷바람(tail wind)은 지상속도를 증가시킨다. 따라서 일반적으로 여객기 자체가 느끼는 속도는 음속을 돌파할 수 없지만 여객기의 지상 속도는 배풍으로 증가해 초음속을 나타낼 수 있다. 이륙 후 어느 정도 시간이 지나 순항 고도에 오르면 기장이 기내 방송에서 말하는 비행 속도는 지상 속도이다.

한국에서 미국을 갈 때 제트 기류(대류권계면 부근에 시속 약 100킬로미터 되는 서쪽에서 동쪽으로 부는 편서풍으로 여객기 순항에 이용함)는 여객기 뒤편에서 부는 배풍이어서 빠르고 연료도 절감할 수 있다. 그러나 미국에서 한국에 올 때는 비행기 정면에 들이치는 정풍이므로 여객기 지시 대기 속도는 크지만 지상에서의 속도는 느리게 되어 더 많은 비행 시간이 소요된다. 진대기 속도는 여객기 자체가 느끼는 속도여서 마하수

M=1.0 가까이까지 속도를 증가시킬 수 없다. 왜냐하면 여객기 날개 윗면에 속도가 증가해 충격파가 발생해 항력이 급격히 증가하는 항력 발산 마하수에 도달하기 때문이다. 따라서 여객기들은 정풍인 제트 기류가 있는 태평양 항로를 비행하지 않고 북극 항로를 비행하거나 또는 태평양 상공에서 항로를 이탈하지 않고 정풍을 피하는 비행을 해 연료를 절감한다. 다른 항공사들도 마찬가지로 정풍을 피해 비행하므로 정풍을 피하는 항로에 항공기가 많이 몰리는 것은 당연하다.

마하계

마하계는 고속의 항공기에서 속도와 함께 마하수를 나타내기 위해 장착된 계기로 진대기 속도를 음파의 속도로 나눈 값이다. 이것은 항공기 구조물이 실제적으로 겪는 마하수이므로 고속으로 비행하는 제트 여객기에 있어서 아주 중요하다.

$$\text{마하수} = \frac{\text{진대기속도(TAS)}}{\text{음파의 속도}}$$

국부 음파의 속도(local speed of sound)는 음파의 전파 속도가 공기 분자 속도의 함수이기 때문에 사용되며, 공기의 온도는 평균 분자 속도를 반영한다. 따라서 음파의 속도는 온도만의 함수가 된다. 표준해면 고도에서의 온도인 섭씨 15도에서 음파의 속도는 초속 340미터다. 높은 고도로 올라감에 따라 온도가 감소하며 음파의 속도도 감소한다.

그렇지만 마하계에서는 온도 센서를 찾아볼 수 없는데 그 이유는 마하수를 동압과 정압만으로 계산할 수 있기 때문이다. 마하수 공식

종전에 사용된 마하계

상용 제트 여객기의 순항 속도는 마하
수로 보면 대략 M=0.85이다.

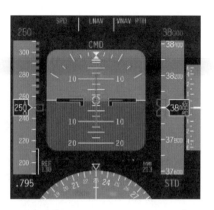

주비행 상태 표시창

글래스 콕핏에도 마하계는 조종석 항공기의 자
세와 고도, 속도 등을 알려 주는 주비행 상태 표시
창(PFD, Primary Flight Display) 좌측 부분에
지시 대기 속도와 함께 자동적으로 마하수(현재
M=0.795)를 지시한다.

에서는 온도가 들어가 있지만 밀도와 곱해진 식이므로, 이를 이상 기
체 상태 방정식으로부터 압력으로 바꿀 수 있기 때문이다. 따라서 마
하계는 다른 데이터를 획득하지 않고 단지 피토-정압관으로 측정한
전압과 정압비만으로도 항공기의 마하수를 결정할 수 있다. 이것이 바
로 항공기에 마하계가 필요한 중요한 이유 중의 하나로 대기를 구성하
는 공기가 이상 기체 상태 방정식을 따르기 때문에 가능하다.

조종사는 높은 고도(6,000미터 이상)에서 고속으로 비행하는 경우 비
행 한계를 초과하지 말라는 경고인 최대 안전 마하수에 많은 관심을
갖는다. 항공기는 높은 고도에서 온도 감소로 인해 마하수가 증가해
충격파 현상이 날개 윗면에 발생하기 쉽기 때문이다.

만약 제트기가 최대 안전 마하수를 초과한다면 날개 윗면에서의 초

음속흐름이 지나치게 많이 차지해 충격파가 발생하게 되므로 실속과 같은 위험한 버피팅(buffeting, 불규칙한 진동 현상) 현상을 초래할 수 있다. 항력 발산 마하수를 초과해 발생하는 버피팅 현상을 그대로 방치한다면 항공기에 심각한 조종 문제를 유발할 수 있다. 따라서 조종사가 순항 속도를 유지할 때 최대 작동 마하수를 초과해서는 안 된다. 그래서 항공기 속도를 보통의 속도 단위로 나타내기보다는 조종사가 마하수를 확인할 수 있도록, 음속에 기준을 둔 속도 단위로 나타내는 것이 실제 비행에서는 편리하다. 초음속 항공기도 비행할 수 있는 최대 마하수가 '마하수 제한(Mach limit)'이라 되어 있으며, 초과하면 항공기가 구조적인 손상을 입는다. 또 마하계는 항공기가 순항하는 가장 빠른 속도를 나타낸다. 따라서 조종사는 마하계를 통해 항공기의 최대 안전 마하수를 초과하지 않고 얻을 수 있는 최대 속도를 결정할 수 있다.

53

센서 구멍이 막혀 추락한 여객기

항공기 속도 데이터를 제공해 주는 피토-정압관에서 피토관이 막힌 경우 항공기가 높은 고도로 상승을 할 때 속도계는 정압공에서 감지한 압력이 고공에서 감소하기 때문에 속도가 증가하지만, 낮은 고도로 강하할 때는 속도가 감소하는 것으로 나타난다. 정압공이 막힌 경우에는 항공기가 높은 고도로 상승할 때 속도계는 속도가 감소하지만, 낮은 고도로 강하할 때는 속도가 증가하는 것으로 나타난다. 피토관 또는 정압공이 막혀 추락한 여객기 사고 사례를 통해 피토관과 정압공 관리 점검이 얼마나 중요한지 알아보자.

피토관이 막힌 사고 사례

버겐에어(Birgenair, 터키 이스탄불에 본부를 둔 터키 소속의 전세기 항공사) 소속 B757

여객기가 1996년 2월 6일에 도미니카 공화국 푸에르토 플라타 공항을 이륙해 독일 프랑크푸르트를 향했다. 이 여객기는 이륙하자마자 막힌 피토관으로 유발된 속도계 결함으로 인해 대서양에 추락해 승객 176명과 승무원 13명 전원이 사망했다. 버겐에어는 1988년에 설립된 항공사로 초기에는 DC-8 여객기로 운영했으며, 후에 전세기 B757과 B767로 독일에서 중앙아메리카의 카리브해까지 진출했었다. 터키인 사업가 메멧 버겐(Mehmet Birgen)이 전세 항공기로 운영하던 버겐에어는 예약 취소가 쇄도해 사고가 발생한 1996년에 파산했다.

B757은 사고 당일 오후 11시 42분에 이륙 후 1.43킬로미터(4,700피트)까지 상승하는 동안에 기장의 속도계는 350노트(시속 648.2킬로미터)를 나타냈다. 그렇지만 항공기의 실제 속도는 220노트(시속 407.4킬로미터)였다. 기록은 항공기 블랙박스(비행 사고가 났을 때 원인을 밝히는 데 중요한 역할을 하는 비행 자료 자동 기록 장치)를 통해 알 수 있었다.

사고기와 동일한 B757 여객기의 피토관

이와 같은 기장석의 높은 속도가 항공기의 자동 조종 장치에 반영되어 항공기는 속도를 줄였고 상승 자세를 증가시켰다. 기장과 부기장은 마하수 및 조종간 떨림 등 절박한 경고가 계속되는 동안 기장의 속도계(오류 속도)는 너무 빠르게 나타나고, 부기장의 속도(정상 속도)는 너무 느리게 나타나 혼란을 겪었다. 기장은 항공기가 자동 조종 장치 때문에 고도와 속도를 잃은 것을 인지하자마자 자동 조종 장치를 풀고 최대로 파워를 올렸으나 이미 늦었다. 항공기 자동 조종 장치가 기장석 속도계의 잘못된 속도를 반영하자마자 항공기는 이미 실속 속도에 도달했다. 오후 11시 47분 17초에 항공기의 지상 근접 경고 시스템이 작동했으며, 8초 후에 대서양 바다에 추락했다.

사고는 기장석 속도계의 오류로 발생했다. 사고가 발생하기 3~4일 전에 피토관의 덮개를 씌우지 않고 그대로 두었기 때문이다. 그 사이에 피토관에 이물질이 들어가 피토관이 막혀 항공기가 이륙 후 상승하는 동안에 계속 높은 속도를 지시한 것이다. 이 사고는 피토관에 이물질이 들어가지 않도록 관리를 잘하는 것이 무엇보다도 중요하다는 교훈을 준다. 따라서 비행 전에 피토관이 이물질이나 결빙으로 인해 막혔는지 반드시 확인해야 한다. 미국 연방 항공국(FAA)은 비행 후 이물질이 들어가지 않도록 덮개를 씌우는 것을 규정으로 의무화했다.

정압공이 막힌 사고 사례

항공기 동체에 있는 작은 구멍들은 피토관과 따로 동체 부분에 설치된 정압공으로 고도계, 속도계, 마하계, 수직 속도계(승강계) 등에 연결되어 있다. 만약 이것을 테이프로 막아 버리면 모든 피토 정압 계기에

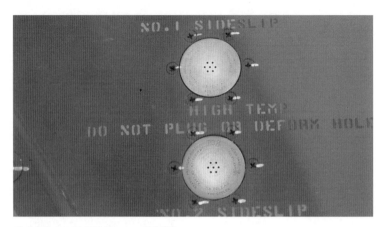

국산 초음속 고등 훈련기 T-50의 정압공

영향을 끼치기 때문에 피토관이 막힌 것보다 더 심각하게 위험하다.

정압공을 차단하는 가장 흔한 원인 중 하나가 기체 착빙이다. 고도계는 정압공이 막히면 고도계가 막힌 고도에서 움직이지 않고 고정된 값을 나타낸다. 수직 속도계도 항공기가 상승하거나 강하하더라도 0을 나타내며 움직이지 않게 된다. 정압공이 막힌 항공기 속도계는 피토관이 막힌 오차와 반대로 작동한다. 따라서 항공기 속도계는 항공기가 상승함에 따라 실제보다 느린 속도를 나타내고, 강하할 경우 실제 속도보다 더 빠르게 나타난다. 정압은 모든 피토-정압 계기에 연결되어 기본 공기 역학적 자료를 조종사에게 제공하는 역할을 한다. 또 정압은 항공기의 컴퓨터에도 제공되어 항공기가 위험한 상황에 있을 때 경고 기능을 수행하는 데에도 기여한다.

항공기 동체에 있는 정압공이 막혔다고 해서 바로 비행 사고로 이어지는 것은 아니다. 조종사는 정압에 이상이 있을 때 조종석에서 정압

대체 스위치를 선택할 수 있다. 대체할 수 있는 정압공이 여압 장치가 없는 객실 안에 있기 때문이다. 그러나 정압공이 막힌 경우 사고로 이어지기도 한다. 1996년 페루에서 발생한 여객기 추락 사고가 바로 그 경우다.

　페루 항공사 소속 B757 여객기가 1996년 10월 2일에 현지 시간을 기준으로 자정을 조금 넘어 페루의 수도인 리마의 호르헤 차베스 국제 공항을 이륙해 칠레의 수도인 산티아고를 향했다. 이륙 직후 초기 상승하는 동안에 속도 및 고도 등이 너무 낮았으며, 바람이 없었는데도 불구하고 갑자기 윈드쉬어(windshear) 경고음이 울렸다. B757 여객기의 정압공이 막힌 것이다. 따라서 여객기 속도계는 높은 고도로 상승함에 따라 실제보다 느린 속도를 나타내었다. 조종사는 이륙한 지 5분 후 계기에 문제가 생겼다며 리마 공항으로 회항하겠다고 관제탑에 보고했다. 이때 여객기는 이미 3.96킬로미터(1만 3000피트)까지 상승한 후였다. 항공기가 회항하는 동안에 기장석 계기의 속도 및 고도가 너무 높아 과속 경보가 계속 울렸다. 그러나 정상적인 부기장석 계기의 속도와 고도는 낮게 지시했다. 정압공이 막힌 속도계가 항공기가 강하할 경우 실제 속도보다 더 빠르게 나타낸 것이다.

　페루 항공사의 B757 여객기는 남태평양에 인접한 리마에서 이륙했기 때문에, 넓은 바다 상공을 비행을 하고 있었다. 더군다나 사고 여객기는 남태평양 바다위에서 야간 비행을 했기 때문에, 조종사의 강하 비행에 도움을 주거나 진고도를 알 수 있는 시각적인 참조물이 없었다. 또 조종사는 항공기의 속도 또는 수직 속도를 정확하게 모니터할 수 없어 여러 번 실속을 경험하면서 급격하게 고도를 잃었는데도 고도계는 반응하지 않았다. 항공기는 강하 자세를 유지했고, 10도의

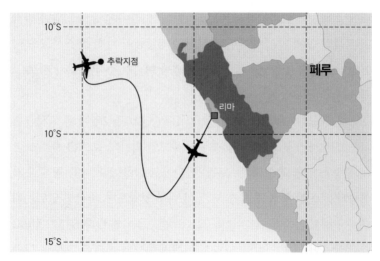

마스킹 테이프가 부착된 B757의 비행 경로

자세와 260노트(시속 481.5킬로미터) 속도로 남태평양 바다에 추락했다. 기장은 2.9킬로미터(9,500피트) 고도와 450노트(시속 833.4킬로미터) 속도에서 비상 사태를 선언했으며, 약 25분 후에 추락해 승객 61명과 승무원 9명 포함해 70명 전원이 사망했다.

여객기 잔해를 수거한 결과 동체 왼편에 있는 3개의 정압공에 항공기를 세척하기 전에 부착한 마스킹 테이프가 그대로 붙여 있었다. 사고 조사에서 마스킹 테이프를 실수로 남겨 놓아 계기가 오작동한 것이 주된 원인임을 밝혔다. 물론 정압공이 원인을 제공했지만 항공기가 야간에 바다 위에서 비행해 조종사가 시각적으로 참조하지 못한 것 또한 사고의 원인이 되었다. 비행 전 점검에서 정압공이 막혔는지 여부를 확인하는 것이 매우 중요하다는 것을 시사하는 사고였다.

54

우주에서 날리는 연

우리나라 전통 연(kite)은 무늬와 형태에 따라 분류되며 100여 종에 이른다. 사각 장방형의 방패연은 아주 가볍고 얇으며, 넓은 면의 구조로 바람을 받기 때문에 아주 약한 바람이라도 계속 떠 있을 수 있다. 방패연 중앙에 있는 원형의 방구멍은 공기 역학적으로 상당한 의미가 있다. 방패연에 방구멍이 없을 때에는 구멍으로 바람이 빠져나가지 않아 양력이 다소 크게 작용하겠지만, 어느 정도의 받음각 이상에서는 양력이 갑자기 떨어지는 실속 현상이 나타난다.

방구멍은 실속각(대략 받음각 35도 전후) 이후 양력을 생성하는 데 크게 기여한다. 방구멍은 연 앞면을 치는 바람을 구멍으로 빠져나가게 해 급격한 실속을 방지할 뿐만 아니라 양력 성분을 조절하고 있다고 보면 된다. 바람이 약할 때는 방구멍이 작은 것이 좋으며 바람이 셀 때에는 큰 것이 좋다. 이것은 방패연의 정면에 부딪치는 바람이 빠져나가게 해

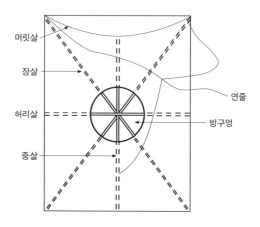

방패연의 구조

연줄이 끊어지지 않도록 한다. 또 방패연 뒷면의 낮은 압력을 즉시 채워 주기 때문에 연이 빨리 움직일 수 있는 기동성을 유발한다. 방패연의 기동성은 방구멍의 크기에 따라 달라질 것이라는 것은 불을 보듯 뻔하다. 또 방패연의 항력은 방구멍이 없을 때가 방구멍이 있을 때보다 당연히 크리라는 것을 짐작할 수 있다.

아주 약한 바람으로도 공중에서 떨어지지 않는 연의 원리로 비행체를 만들거나 우주에서 떠다니는 우주 범선을 만든다는 공상 과학 같은 이야기가 현실화되어 우주 공간에 우주 범선을 띄우는 실험이 여러 번 시도되었다. 태양 돛(solar sails) 또는 라이트 세일(light sails)이라 부르기도 하는 우주 범선은 레이저 발사기나 빛의 압력을 이용해 추진력을 얻는 우주 비행체 추진의 한 형태다. 레이저를 이용할 경우 거대한 레이저 발사기에서 쏜 레이저가 우주선의 돛에 반사될 때 작용하는 반작용력으로 추진력을 얻는다. 또 우주 공간에 올라간 뒤 얇은 필름을 입힌 돛을 펼친 후 태양광(광자)에서 나오는 에너지를 이용하기도 한다.

혜성의 꼬리를 구성하고 있는 물질이 태양으로부터 멀어지려는 힘을 받는데 멀어지려는 힘이 빛의 압력 및 태양풍(solar wind, 태양의 상부 대기층에서 방출 된 미립자의 흐름)이다. 빛의 압력(the pressure of heat and light radiation)은 아주 미약하며 이를 처음으로 측정한 사람은 어니스트 폭스 니콜스(Ernest Fox Nichols, 1869~1924년)와 고든 페리 헐(Gordon Ferrie Hull, 1870~1956년)이다. 그들은 1901년에 빛의 압력을 측정하기 위해 다트머스 대학교의 와일더 실험실에 라디오미터 실험 장치를 만들고 공기 압력으로 조절할 수 있는 석영 섬유(quartz fibre)로 토크 균형을 잡은 작은 2개의 은도금 거울을 제작했다. 거울을 둘러싸고 있는 공기의 영향은 무시할 수 있을 정도로 아주 작은 양이었다. 그들은 2개의 거울 중 한쪽 거울에만 빛을 가해 빛의 압력에 의해 거울이 아주 작은 각도만큼 회전하게 했다. 거울을 지탱하던 실을 뒤틀리게 해 정량적인 값으로 변환해 빛의 압력을 측정했다. 실험 장치로 획득한 최종 실험값은 제임스 클락 맥스웰(James Clerk Maxwell, 1831~1879년)의 이론에 비해 10퍼센트 정도 달랐지만 실험 오차 범위를 크게 벗어나지 않았다. 이와 관련된 니콜스와 헐의 논문은 1901년과 1903년에 발행된《피지컬 리뷰(Physical Review)》에 게재되었다. 이 실험은 맥스웰 방정식과 일치해 빛의 전자기 이론을 뒷받침할 뿐만 아니라 빛이 측정할 수 있는 압력을 갖고 있다는 첫 번째 명백한 증거다.

우주 범선에 대한 첫 이야기는 17세기 초로 거슬러 올라간다. 독일의 천문학자 요하네스 케플러(Johannes Kepler, 1571~1630년)는 커다란 거울로 우주 범선을 제작하면 우주를 여행할 수 있을 것이라고 주장했다. 그러나 당시 빛의 압력이 미약하다는 것도 알 수 없었고, 단순히 상상에 의해 우주 범선을 제안한 것에 불과했다. 그러나 미약한 빛의 압력을 추진력으로 사용한다는 개념은 러시아의 로켓 과학자이자 우주 비행 이론의 선구자인 콘스탄틴 치올콥스키(Konstantin Tsiolkovsky, 1857~1935년)가 1921년에 처음 제안했다. 그는 우주 엔지니어인 프리드리히 잔더(Friedrich Zander, 1887~1933년)와 함께 1924년에 "매우 얇고 거대한 거울판을 사용하고" "우주 속도를 얻기 위해 태양 빛의 압력을 사용하는" 내용을 발표했다. 그들은 연료 없이 우주 추진의 한 형태로 빛의 추력이 사용될 수 있는 우주 범선의 개념을 최초로 제안했다. 치올콥스키는 로켓 추진 이론을 최초로 전개하고 500여 편의 책과 논문을 저술한 과학자로 인류 우주 비행의 아버지로 알려져 있다.

　태양으로부터 불어오는 태양풍을 이용해 우주를 여행한다는 아이디어는 과학 소설 작가들로부터도 나왔다. 1951년에 우주 공학 엔지니어인 칼 윌리(Carl Wiley, 1918~1985년)는 러셀 선더스(Russell Saunders)라는 필명으로 《어스타운딩 과학 픽션(Astounding Science Fiction)》 5월호에 8쪽 분량의 기사 「우주쾌속범선(Clipper Ships of Space)」을 게재했다. 태양풍을 이용한 파라슈트모양의 우주 돛(space sailing)을 최초로 언급했다. 그러니 "태양 돛(solar sailing)"이라는 용어는 1950년대에 처음 나온 셈이다.

　영국인 아서 클라크(Arthur Charles Clarke, 1917~2008년)는 1963년에 단편 과학 소설 『선재머(Sunjammer)』를 발표했다. 이 소설은 태양풍으로 추진되는 아주 커다란 태양 돛을 갖춘 가벼운 태양 요트로 우주를 여행하는 이야기다. 이로 인해 태양 돛으로 우주 여행한다는 아이디어가 퍼지게 되었다. 클라크는 영국의 공상 과학 소설 작가, 과학 발명가,

퓨처리스트(futurist)이며, 2001년 소설『스페이스 오디세이』로 유명해졌다. 그는 1941년에서 1946년까지 영국 공군에서 레이다 강사 겸 기술자로 근무하며 당시 정지 위성이 이상적인 정보 통신 중계 장치라는 아이디어를 제안했다. 정지 위성 개념을 1945년 10월《무선세계(Wireless World)》에 논문으로 발표한 것이 클라크의 가장 중요한 과학적 공헌으로 그의 명예를 기리기 위해 정지 궤도를 클라크 궤도 또는 클라크 벨트라 부른다. 그는 1947년 및 1953년 두 번이나 영국의 행성 학회 회장을 역임했으며 1956년 스쿠버 다이빙에 관심이 많아 스리랑카로 이민해, 2008년 사망할 때까지 그곳에서 살았다.

프랑스의 작가 피에르 불(Pierre Boulle, 1912~1994년)의 공상 과학 소설『유인원 행성(Planet of the Apes)』(1963년)에서 우주 요트가 태양풍을 이용해 비행하는 내용이 나온다. 지구와 비슷한 유인원 행성을 발견하고 여기서 인간과 유인원과의 뒤바뀐 운명을 다룬 내용이다. 1968년에 프랭클린 샤프너 감독, 찰턴 헤스턴 주연의 SF 영화「혹성탈출」로 제작되었다. 공상 과학 영화의 원조로 간주되는 이 영화로 인해 우주 범선 개념이 널리 퍼졌다. 공교롭게도 이 시기에 미소 간 우주 경쟁으로 우주 개발이 본격적으로 시작되었다.

우주 범선 개념을 통해 상상력을 동원한 미국의 천문학자이자 작가인 칼 세이건(Carl Sagan, 1934~1996년)은 베스트셀러『코스모스(Cosmos)』를 통해 작가로서 많은 사람들에게 우주(Cosmos)를 쉽게 이해시켰다. 그가 사망한 후에 드디어 미국과 러시아 과학자들은 태양 돛을 장착한 우주 범선 코스모스 1호를 발사하기에 이르렀다. 우주 범선은 빛이 돛에 부딪칠 때 생기는 광압(빛의 압력)이나 태양풍 등으로 가동된다. 이는 태양에서부터의 거리의 제곱에 비례해 감소하는 아주 작은 힘이다.

아주 큰 대형 돛을 구비했다 하더라도 광압(빛의 압력)이나 태양풍에 의한 추진력은 초기에 아주 미약하다. 그러나 우주 범선은 공기가 없는 우주 공간에서 공기 저항을 받지 않으므로 시간이 지남에 따라 아주 빠른 속도를 얻는다. 따라서 현재의 로켓으로 발사된 우주선보다 더 빠르고 연료비가 거의 안 든다는 장점이 있다.

태양 돛은 약 800킬로미터보다 낮은 지구 궤도에서는 공기 저항과 공기로 인한 부식 때문에 제대로 작동하지 못한다. 그렇지만 더 높은 고도에서 유용한 속도를 얻고 제대로 작동하기 위해서는 몇 개월이 소요된다. 태양풍이 미약해 느리게 가속되기 때문이다. 태양 돛의 크기는 아주 크고 탑재물은 아주 작아야 한다. 2007년 에릭 드렉슬러(Eric Drexler, 1955년~)는 매우 높은 추력 대 질량비(thrust-to-mass)로 비행하는 태양 돛을 설계했으며 시제품을 제작했다. 그의 태양 돛은 인장 구조에 의해 지지되는 30~100나노미터 두께의 아주 얇은 알루미늄 필름 판넬을 사용했다. 그러나 필름 샘플은 다루기 곤란하므로 접거나 전개가 가능한 우주용 필름만을 설계했다.

1970년대 NASA 제트 추진 연구소(JPL, Jet Propulsion Laboratory)는 헬리혜성과 랑데부하기 위해 고속의 회전 블레이드 및 링 돛을 연구했다. 스트러트(strut)를 지지하지 않더라도 각운동량을 사용해 구조물을 버틸 수 있게 하는 의도였다. 모든 경우에 동하중에 대처하기 위해 아주 큰 인장력(tension)이 필요했다. 약한 돛은 자세를 변경할 때 진동하거나 물결치듯이 움직였으며, 진동은 구조물을 파괴시켰다. 또 헬리자이로라는 태양 돛을 설계했는데 헬리콥터와 유사한 방법으로 자세와 방향을 잡는다. 1980년대 초반에 NASA는 태양 돛 추진 우주 범선을 제작해 헬리혜성을 정찰하고자 했지만 예산 부족으로 중지했다.

우주 범선 코스모스 1호는 미국과 러시아의 공동 프로젝트다. 이 프로젝트는 우주 전문가들이 모인 행성 학회(Planetary Society)와 세이건 의 부인인 앤 드루얀 등이 설립한 영화사 코스모스 스튜디오, 러시아 과학 아카데미, 러시아 해군 등의 지원을 받았다. 코스모스 1호는 태양광과 태양풍 등의 압력으로 날아가는 100킬로그램 정도의 아주 가벼운 우주 범선으로 8개의 풍차 모양 태양 돛을 장착하고 2005년 6월 21일에 러시아 북서부 바렌츠 해에서 발사되었다. 코스모스 1호는 러시아 잠수함에서 발사된 지 83초 만에 로켓의 오작동으로 바다에 추락했다.

미국의 민간 우주 탐사 그룹인 행성 학회는 2009년 11월 9일에 세이건의 75회 생일(1996년 12월 20일 사망)을 기념하기 위해 태양광 우주선 라이트세일(LightSail) 1, 2, 3단계를 추진하는 계획을 발표했다. 2015년 5월 20일 케이프 커내버럴 공군 기지에서 발사된 라이트세일 프로토타입은 큐브셋(CubeSat, 10×10×10센티미터 크기의 소형 위성) 3개로 되어 있으며 4개의 삼각 분절로 펼쳐지는 접이식 태양 돛(32제곱미터)과 카메라 등이 실려 있다. 라이트세일 1호는 우주선을 태양광으로 추진할 수 있는지를 판단하기 위한 우주 범선이다. 만약 우주 범선이 태양광으로 가속된다면 우주 여행의 새로운 추진력으로 각광받을 수 있을 것이다.

NASA 에임스 연구 센터와 마셜 우주 비행 센터가 개발한 태양 돛 나노세일-디(NanoSail-D)는 2008년 8월 3일에 팰콘1(Falcon 1) 로켓으로 발사되었으나 실패했다. 두 번째 버전인 나노세일-디2(NanoSail-D2)는 2010년 11월 19일에 과학 위성 FASTSAT(Fast Affordable Science and Technology Satellite)에 실려 발사되었다. 낮은 지구 궤도에서 전개된 NASA의 첫 태양 돛으로, 돛을 전개하는 기술과 태양 돛의 활용 방법

NASA의 나노세일-디

을 시험하기 위한 것이다. 알루미늄과 플라스틱으로 만들어져 무게는
4.5킬로그램으로 아주 가벼운 우주선인 나노세일-디의 태양 돛은 빛
을 받아들이기 위해 방패연 모양을 하고 있으며, 총 면적은 30제곱미
터다.

　일본 우주 항공 연구 개발 기구(JAXA, Japan Aerospace Exploration Agency)
는 2010년 5월 21일에 H-IIA 로켓으로 태양 돛 이카로스(IKAROS,
Interplanetary Kite-craft Accelerated by Radiation of the Sun)를 비롯해 여러 개의
위성을 쏘아 올렸다. 이카로스는 2010년 6월 10일에 200제곱미터 크
기의 폴리이미드(polyimide, 내열성 수지) 실험 태양 돛을 전개했다. 이카로
스에서 분리된 아카츠키(AKATSUKI) 위성을 금성 대기 탐사를 목적으
로 활용하고자 했지만 연락이 끊겨 실패했다.

　영국의 서리 대학교 서리 우주 센터(SSC, Surrey Space Center)에서는 큐브세일(CubeSail)이라 불리는 미래의 태양 돛을 개발하고 있다. 큐브셋에 실려 올라간 큐브세일은 궤도에서 3.6미터짜리 붐을 만들고 25제곱미터 면적의 돛을 펼칠 것이다. 큐브세일의 주된 임무는 태양 돛을 전개하고 태양풍 및 태양 빛을 이용한 우주 범선의 개념을 보여 주는 것이다.

17세기 초 케플러가 처음 언급한 우주 범선은 실현 가능성이 없는 것으로 여겨져 왔다. 그러나 소설 같은 이야기가 현실화되어 우주 범선이 우주 공간에 떠 있게 되었다. 우주 범선은 추진 장치를 탑재할 필요가 없어 무게가 감소하고 추진 연료로 인한 폭발 위험성도 줄어들며, 비행 속도가 점자 증가하는 장점을 지닌다. 이제 상상 속에서만 가능했던 미래형 우주선인 우주 범선이 시도되고 있어 머나먼 우주로의 여행이 곧 현실로 다가올 것이다.

55

숟가락으로 볼 수 있는 와류

에어포일이 정지했다가 서서히 출발하면서 증속되면, 점성에 의해 유발된 에어포일 표면의 경계층은 역압력 구배(adverse pressure gradient, 유체 입자가 진행하는 방향에서 앞부분이 더 높은 압력이 존재하는 경우를 말함)로 인해 뒷전 근처에서 분리(separation)되기 시작한다. 이때부터 와류(vortex, 소용돌이를 수반하는 흐름)가 형성되기 시작하며 에어포일이 전진함에 따라 와류는 뒤로 이동하면서 점점 커진다. 그러다가 결국 와류는 표면으로부터 분리되어 후류 방향으로 흘러간다. 이렇게 발생한 와류를 출발 와류(starting vortex) 또는 기동와류라 부른다.

다음 쪽 그림은 에어포일이 정지된 상태에서 서서히 움직이기 시작하면서 발생한 출발 와류를 보여 준다. 출발 와류가 에어포일 표면으로부터 분리되어 날개 뒤로 이동되면서 점점 커져 후류 방향으로 흘러가는 장면이다. 이러한 현상은 비행기가 이륙하면서 기수를 들 때 활

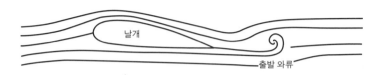

정지 상태에서 서서히 움직이기 시작하면서 발생한 출발 와류

주로 바닥에 형성되기도 한다. 또 출발 와류는 항공기가 급강하하다가 기수를 갑자기 들어 순환(circulation, 회전하는 흐름)이 급격히 증가할 때 추가로 발생하기도 한다.

커피 전문점에서 간단하게 티스푼으로 출발 와류를 볼 수 있다. 커피를 타고 나서 액체 크림을 넣은 다음, 섞기 전에 티스푼으로 출발 와류를 생성시키면 된다. 티스푼을 날개라 생각하고 직선으로 움직이면 티스푼 뒷부분에서 출발 와류가 발생된다. 이와 같이 출발 와류를 눈으로 직접 볼 수 있는 것은 티스푼이 날개 역할을 하고, 진한 커피색에 흰색의 크림이 섞이지 않은 상태에서 와류가 흰색의 액체 크림으로 나타나기 때문이다.

실제 날개에서의 점성 흐름은 비점성 흐름에서 나타나는 날개 주위의 상하 대칭 흐름을 깨뜨리고, 날개 뒷전에 접해 흐른다(쿠타 조건, 날개 주위의 공기 흐름이 날개 뒷전에서 만나는 현상). 따라서 점성에 의해 형성된 출발 와류는 날개 윗면과 아랫면의 압력과 속도 차이를 유발하는 원인이 된다.

6

비행의 시대를
만든 사람들

56

비행체를 고안한 천재 과학자, 레오나르도 다 빈치

레오나르도 다 빈치(Leonardo da Vinci, 1452~1519년)는 이탈리아의 과학자, 수학자, 기술자, 발명가, 해부학자, 화가, 조각가, 건축가, 식물학자, 작가, 음악가로 여러 방면에서 다재다능했다. 그는 새가 나는 원리를 연구해 오니솝터를 설계했을 뿐만 아니라 나사의 원리를 이용해 헬리콥터 형태의 비행체를 고안했다.

1452년 4월 15일에 이탈리아 토스카나 지방의 작은 마을 빈치에서 부유한 공증인인 세르 피에로 다 빈치(Ser Piero da Vinci)와 가난한 소작농 집안의 카테리나(Caterina) 사이에서 태어난 레오나르도 다 빈치는 1466년에 가족과 함께 토스카나의 수도였던 피렌체로 이주했다. 그는 피렌체 회화를 중흥시킨 안드레아 델 베로키오(Andrea del Verrocchio 또는 Andrea di Cione, 1435~1488년)의 문하생으로 들어가 20세까지 미술 및 기술 공작을 배웠는데, 인물화와 풍경화에서 독창적인 구도와 분위기

레오나르도 다 빈치

를 엿볼 수 있다. 여러 방면에 호기심이 많았던 그는 특히 인체 및 기계의 움직임을 자세히 관찰했으며 알고자 하는 욕구가 아주 강했다.

30세가 되던 1482년에 좀 더 넓은 활동 무대를 찾아 북이탈리아 중심 도시 밀라노로 간 그는 1499년 밀라노 공작 루도비코 스포르차(Ludovico Sforza, 1452~1508년)가 권좌에서 물러날 때까지 다양한 재능을 발휘했다. 1498년에 완성된 산타마리아 델레그라치 성당 식당의 벽화 「최후의 만찬」은 그리는 데 3년 6개월 걸렸다. 그동안에도 인체의 움직임과 기계의 움직임을 통합해 로봇 인간을 만들려 하기도 했다.

1499년 10월에 프랑스군이 밀라노를 점령하자 레오나르도 다 빈치는 제자들과 함께 밀라노를 떠나 1500년에 베네치아를 거쳐 피렌체에 도착했다. 1502년에는 약 8개월 동안 이탈리아 중부에서 건축가 및 책임 기술자로서 군사 건물을 연구하는 기사로 여러 곳을 순방하며, 새의 비행, 지질학, 식물학, 입체 기하학 등의 과학 연구를 진행했다. 1505년 새의 날갯짓을 연구해 얻은 "새는 수학적 법칙에 따라 작동하는 기계이며 그의 모든 운동을 인간 능력으로 구체화시킬 수 있다."라는 결론은 글라이더를 연구하는 사람들에게 커다란 자신감을 심어 주었다. 그는 나비와 잠자리, 박쥐, 꿀벌, 솔개, 비둘기 등 날아다니는 곤충이나 새들을 관찰하고 해부해 박쥐가 가장 이상적인 비행체라 결론을 맺었다. 그러고는 박쥐 날개의 기본도를 작성하고 비행 기계

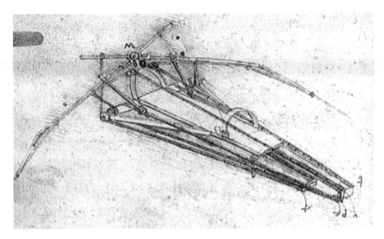

비행 기계의 설계도

를 고안했으나 띄우는 데는 실패했다(『하늘에 도전하다』37~38쪽 참조).

레오나르도 다 빈치는 1506년에 프랑스 치하의 밀라노에 초빙되어 루이 12세의 궁정화가 겸 기술자로서 밀라노에서 머무르며 제자인 프란체스코 멜지(Francesco Melzi, 1491~1570년)를 만난다. 1508년 완성된 「성 안나」는 대기 원근법이라는 과학적 원리를 표현한, 르네상스 고전 양식의 대표작이다. 동물의 해부학 연구에 열중한 다 빈치는 해부학 자들과 자주 접촉해 기계에 적용하려고 했다. 그는 해부학 연구를 통해 역학적 구조를 파악했으며, 자동으로 움직이는 동물(사자로 추성됨)로 봇을 제작하려고도 했다.

피렌체를 실질적으로 통치하던 메디치 가문의 수장이자 레오 10세 교황의 친동생 줄리아노 데 메디치(Giuliano de' Medici)의 후원을 받던 레오나르도 다 빈치는 메디치가 서른일곱의 젊은 나이에 폐결핵으로 사망하자, 1516년 가을 로마를 떠나 프랑스 후견인인 프랑수아 1세의 초청으로 프랑스로 이주했다. 이때 그는 불후의 명작 「모나리자」를 비롯해 2점의 그림(「성 안나와 성 모자」, 「세례자 요한」)을 가져갔다. 그는 제자인 멜지와 함께 프랑수아 1세의 저택과 가까운 프랑스 앙부와즈 교외 클레 성에서 머무르며 궁정화가로서 활동했을 뿐만 아니라 방대한 양의 수기(자기의 체험을 손수 적은 글)를 정리했으며, 프랑스 왕이 지휘하는 운하나 궁정 등의 건축 설계에 관여했다.

평생 독신으로 살았던 그가 1519년 5월 2일에 67세의 나이로 클레 성에서 사망하자 멜지가 작품과 수기를 상속받았다. 수기 노트에는 평생에 걸친 미술, 물리학, 역학, 광학, 천문학, 지리학, 해부학, 기계공학, 식물학, 지질학, 토목공학 등의 연구와 예술론, 인생론이 기록되어 있었다.

57

—

비행 현상의 근본 법칙을 알아낸 아이작 뉴턴

영국의 물리학자 아이작 뉴턴(Isaac Newton, 1642~1727년)은 1642년 12월 25일 크리스마스에 영국 동부 링커셔의 시골 마을 울스소프에서 자작농의 아들로 태어났다. 아버지는 뉴턴이 태어나기 몇 달 전에 사망했으며, 어머니는 2년 후 재혼했다. 뉴턴은 재가한 어머니가 다시 그에게 돌아올 때까지 9년 동안 할머니 밑에서 성장했다.

1661년 19세 때 뉴턴은 어머니의 반대에도 불구하고 케임브리지 대학교 트리니티 대학의 펠로우(fellow, 특별 회원)였던 숙부의 도움으로 케임브리지 대학교에 입학했다. 유능한 수학자 아이작 배로우(Isaac Barrow, 1630~1677년)의 지도를 받아 케플러의 굴절광학, 데카르트의 기하학과 기계적 철학, 윌리스의 무한의 산수 등을 공부했으며, 1665년에 학사 학위를 받았다. 1664~1665년 페스트 유행으로 대학이 일시 폐쇄되자 고향으로 돌아온 뉴턴은 미적분학의 발전, 색깔에 대한 이

46세의 뉴턴

론 등 위대한 업적을 이루는 핵심적인 생각을 한다. 이때 사과가 떨어지는 것을 보고 만유인력의 법칙에 대한 아이디어를 구상했다.

1667년에 대학에 돌아온 뉴턴은 대학의 마이너 펠로우로 선출되고, 이듬해 7월 메이저 펠로우가 되면서 석사 학위를 받았다. 1666년에는 유분법(method of fluxions, 플럭션법, 오늘날의 미적분법)을 알아내 접선 문제 등에 응용했다. 1669년에는 스승인 배로우의 뒤를 이어 케임브리지 대학교 루카스좌 수학 교수가 되었다. 1668년과 1671년에 반사 망원경을 제작했으며, 1672년에 왕립 회원이 되었다. 1670년 초 그의 첫 강의는 프리즘 실험을 설명하고 빛에 대한 새로운 이론을 제시하는 것이었다. 초기 연구는 광학 분야에서 두드러졌는데, 뉴턴은 1672년 빛과 색깔에 관한 논문을 왕립 학회에 발표한 당시 후크를 비롯한 학자들로부터 격렬한 공격을 받기도 했다. 이후 뉴턴은 1675년 박막의 간섭 현상(얇은 막에 의해 원무늬로 생기는 빛의 간섭 현상)인 '뉴턴의 원무늬(Newtons ring)'를 발견했다. 『광학(Optics)』(1704년)에서는 빛의 본성에 관한 고찰을 명백히 함으로써 광학의 발전에 크게 기여했다.

뉴턴은 일찍부터 역학 문제에도 관심을 가졌다. 지구상에서의 중력이 달의 궤도까지 미친다고 생각해, 행성의 운동과의 관계를 연구했다. 1670년대 말에는 행성 운동과 관련된 힘이 거리의 제곱에 반비례한다는 것을 어렴풋이 알았지만 수학적으로 정확하게 풀지 못했다. 그러나 뉴턴은 두 물체 사이의 만유인력이 물체의 질량에 비례할 뿐만 아니라 거리의 제곱에 반비례한다는 것을 수학적으로 증명했다.

뉴턴은 지상의 물체와 천체의 운동을 통합함으로써 만유인력의 법칙을 발견하고 역학체계를 '운동의 3법칙'으로 체계적으로 전개했다. 1687년 『자연철학의 수학적 원리(Philosophiae Naturalis Principia Mathematica)』, 즉 『프린키피아(Principia)』를 라틴 어로 출판했다. 근대 이론 물리학의 기초가 되는 『프린키피아』는 3부로 구성되며, 관성의 법칙, 힘과 가속도에 관한 운동 법칙, 작용-반작용의 법칙 등 뉴턴의 운동의 3법칙을 서술한다. 그중 힘과 가속도에 관한 뉴턴의 제2법칙($\overline{F}=m\overline{a}$)은 비행기가 날아가는 현상에 적용할 수 있는 가장 근본적인 물리 법칙이다. 비행기가 날아가는 현상을 시뮬레이션할 수 있는 나비에-스토크스 방정식은 뉴턴의 제2법칙으로부터 유도된다(『하늘에 도전하다』 145~150, 153~163쪽 참조).

1688년에 대학 대표의 국회의원으로 선출된 뉴턴은 1691년에는 조폐국의 감사가 되었고 1699년 조폐국장에 임명되어 화폐를 다시 주조하는 일을 수행했다. 1703년에 뉴턴은 왕립 학회 회장으로 추천되고, 1705년에 기사 작위을 받았다. 미분과 적분을 최초로 발견한 독일의 철학자이며 수학자인 고트프리트 빌헬름 폰 라이프니츠(Gottfried Wilhelm von Leibniz, 1646~1716년)는 뉴턴의 학문적 경쟁자였다. 뉴턴은 라이프니츠와 미적분법에 관한 우선권 논쟁을 했지만, 1716년 라이프니츠의 죽음으로 논쟁은 끝나게 된다.

뉴턴은 평생을 독신으로 보냈으며, 1727년 3월 20일에 84세의 나이로 런던 교외 켄싱턴에서 사망했으며, 런던 웨스트민스터 대사원에 안장되었다.

58

공기 역학의 범용 공식을 유도한 베르누이와 오일러

유명한 수학자였던 요한 베르누이(베르누이 방정식을 유도한 다니엘 베르누이의 아버지)와 파울 오일러(오일러 방정식으로 유명한 레온하르트 오일러의 아버지)는 스위스 바젤에서 서로 가깝게 지냈다. 요한 베르누이는 레온하르트 오일러에게 수학을 가르쳤고 레온하르트 오일러는 다니엘 베르누이보다 7살 어렸지만 친구처럼 지냈다. 그들의 삶을 통해 비행 현상을 규명하는 데 필수적인 베르누이 방정식과 오일러 방정식(『하늘에 도전하다』 153~165쪽 참조)을 살펴보자.

다니엘 베르누이

유체 역학에서 가장 널리 사용되는 공식 중 하나인 베르누이 방정식을 만든 다니엘 베르누이(Daniel Bernoulli, 1700~1782년) 자신도 베르누이

다니엘 베르누이

방정식이 21세기 유체 분야는 물론이고 항공기에까지 적용된다는 것은 몰랐을 것이다. 1700년 1월 네덜란드 그로닝겐에서 태어난 다니엘 베르누이는 수학자, 물리학자, 철학자 들이 많이 배출된 명문가 집안의 한 사람으로서 확률과 통계 분야를 개척하고 이를 역학과 유체 역학 등에 응용했다. 숙부인 자코브 베르누이는 적분 조건을 만든 수학자였다.

요한 베르누이는 결핵으로 사망한 형 자코브를 이어 그로닝겐 대학교에서 바젤 대학교의 교수로 자리를 옮긴다. 다니엘 베르누이는 수학을 공부하고 싶었지만 아버지의 뜻대로 의학을 공부하고 바젤 대학교의 교수로 2번이나 지원했지만 번번이 떨어졌다. 이때 요한 베르누이는 레온하르트 오일러(Leonhard Paul Euler, 1707~1783년)에게 수학을 가르치며, 그의 탁월한 재능을 발견했다.

베르누이의 초기 수학 업적은 리카티 방정식(Riccati equation)에 관한 『수학연습(Exercitationes)』(1724년)이었다. 2년 후에 그는 처음으로 복합 운동을 병진과 회전 운동으로 결정하는 데 유용하게 쓸 수 있는 방법을 알아냈다.

1724년 베르누이는 러시아의 예카테리나 1세 여왕의 초청을 받아 러시아 상트페테르부르크에 있는 임페리얼 러시아 과학 아카데미의 수학 교수로 임용된다. 이때 같이 간 형 니콜라스 베르누이가 1년 만에 맹장염으로 사망하자 베르누이는 수학 및 물리 부문에서 공석인

형의 자리를 오일러에게 추천했다. 베르누이와 오일러는 유체의 흐름, 특히 압력 측정 방법 발견에 주력했다. 베르누이는 운동 에너지를 최초로 공식화했으며, 보일의 법칙을 설명하기 위해 본인의 아이디어를 적용했다. 오일러-베르누이 빔 방정식(Euler-Bernoulli beam equation)과 탄성에 관해 오일러와 함께 연구한 베르누이는 파리 왕립 과학 아카데미에서 10번이나 수상하는 영광을 누렸다.

베르누이는 러시아 정부에 대한 적대감과 검열 등으로 러시아 과학 아카데미에 싫증을 느꼈으며, 1733년 병 때문에 바젤 대학교로 돌아갔다. 1734년 오랜 러시아 생활을 끝내고 스위스로 돌아온 그는 아버지의 집에서 기거하기 시작했다. 그러나 아버지와의 갈등은 오랫동안 지속되었다. 요한이 파리 왕립 과학 아카데미에서 1위로 동점을 기록해 아들과 공동으로 수상한다는 말에 자존심이 상했기 때문이다.

베르누이는 기체의 운동 이론을 꿰뚫어 보고 기체가 불안정한 구조에서 각각 움직이는 입자들의 집합체라 이론화했다. 그는 증가된 기체온도와 증가된 입자 에너지가 서로 관련이 있다고 생각했다. 이러한 기체 운동에 대한 생각을 1729년에 러시아 상트페테르부르크 아카데미 수학 교수로 있었을 때부터 쓰기 시작해 1738년에 출판된 『유체동역학(Hydrodynamics)』에 잘 나타내었다. 베르누이는 라틴 어로 쓰인 『유체동역학』에서 제트 추진력, 압력계, 파이프 내에서의 흐름 등을 체계화했다.

이것은 모든 결과가 에너지 보존이라는 법칙으로 나열된 점에서 프랑스 수학자 조제프 루이 라그랑주(Joseph-Louis Lagrange, 1736~1813년)의 『해석 역학(Mécanique analytique)』(1788년)과 흡사하다. 라그랑주의 해석 역학은 당시까지 발전해 온 해석학을 역학에 응용한 것이며, 이것은 뉴턴 역학을 근대적으로 해석해 역학을 새로운 단계로 끌어 올렸다.

바젤로 돌아간 베르누이는 바젤 대학교에서 의학, 형이상학과 자연철학 등을 연구하다 1782년 3월 17일 82세의 나이로 세상을 떠났다.

레온하르트 오일러

레온하르트 오일러(Leonhard Paul Euler, 1707~1783년)는 베르누이가 7세 때인 1707년 4월, 개혁 교회 목사인 파울 오일러(Paul Euler)와 목사의 딸인 마가레타 브루커(Margaretha Brucker) 사이에서 태어났다. 그는 전 시대를 아울러 가장 유명한 학자 중의 한 사람으로 수학자이자 물리학자다. 그는 스위스에서 어린 시절을 보내고, 상트페테르부르크와 베를린에서 체류하다 76세로 사망할 때까지 상트페테르부르크에서 지냈다.

오일러는 대수학, 해석학, 기하학, 확률론, 위상수학 및 그래프 이론 등 다양한 분야에서 중요한 발견을 했다. 그는 많은 현대 수학적 용어와 표기법, 특히 함수의 개념과 같은 수학적 해석을 도입해 현재 사용하고 있는 수학 기호를 창안했으며, 역학, 광학, 음향학, 천문학 분야에서도 두각을 나타내 역사상 가장 성공한 스위스의 수학자다. 스위스는 이를 기리기 위해 그의 얼굴을 새겨 넣은 10프랑 지폐와 탄생 300주년 기념 우표를 발행했다. 1957년 (구)소련에 발행한 오일러 출생 250주년 기념 우표에는 '최고의 수학자 및 아카데미 회원 탄생으로부터 250년, 레온하르트 오일러'라고 기록되어 있다.

오일러는 일찍이 바젤에서 외할머니와 지내며 공식적인 교육을 받기 시작했다. 그는 13세에 바젤 대학교에 입학하고, 1723년 르네 데카르트(René Descartes, 1596~1650년)와 뉴턴의 철학을 비교한 논문으로 철학

석사 학위를 받았다. 토요일 오
후마다 그를 교육한 요한 베르
누이는 수학에 대한 놀라운 재
능을 발견하고 오일러가 훌륭
한 수학자가 될 것을 확신했다.
1726년 19세의 오일러는 음파
의 전파에 관한 논문으로 박사
학위를 취득했다.

레온하르트 오일러

　1727년 5월 오일러는 1726
년에 사망한 베르누이의 형 니
콜라스의 자리를 제안 받아 러
시아의 수도 상트페테르부르크에 도착했다. 그는 임페리얼 러시아 과
학 아카데미의 의료학과 주니어 자리에서 수학과 자리로 옮겼다. 20
세의 젊은 나이에 선박에 관한 해석으로 파리 왕립 과학 아카데미상
에 도전한 그는 2등으로 입상한 이후 11번이나 파리 왕립 과학 아카
데미상을 받았다. 다니엘 베르누이와 긴밀하게 협력했던 오일러는 상
트페테르부르크에 정착하고 러시아 생활에 익숙해졌으며, 러시아 해
군의 의무 장교로 근무하기도 한다.

　표트르 대제가 설립한 상트페테르부르크 임페리얼 러시아 과학 아
카데미는 러시아의 교육을 개선하고 서부 유럽과의 과학적인 격차를
줄이려 노력했다. 러시아는 외국 학자에게 우호적이어서 아카데미는
풍부한 금융 지원을 했을 뿐만 아니라 표트르 대제와 귀족들의 개인
도서관을 이용할 수 있게 했다. 1727년 오일러가 러시아에 도착한 날
아카데미의 후원자이며 표트르 대제의 진보적인 정책을 유지해 왔던

예카테리나 1세(표트르 대제의 황후)가 사망했다. 12세의 어린 표트르 2세가 즉위하자마자 권력을 얻게 된 귀족들은 아카데미의 외국 과학자들을 좋지 않은 시선으로 바라봤으며, 예산을 삭감해 오일러와 동료들은 곤경에 처하게 되었다.

1730년 표트르 2세가 사망한 후 상황이 조금 호전되자, 오일러는 상트페테르부르크 아카데미에서 승진해 1731년에 물리학 교수가 되었다. 1733년에 베르누이는 검열과 적대적 관계 때문에 상트페테르부르크 아카데미를 그만두고 바젤로 떠난다. 오일러는 베르누이의 자리를 이어받아 상트페테르부르크 아카데미 수학과의 책임자가 된다. 그는 1734년 1월에 스위스 화가 조지 그젤(George Gsell)의 딸인 카타리나 그젤(Katharina Gsell)과 결혼해 네바 강 근처에서 살았다.

1741년 34세가 되던 해에 오일러는 러시아의 지속되는 혼란과 외국인에게 비우호적인 분위기를 염려해 14년 동안 지낸 상트페테르부르크를 떠나 프러시아(독일 동북부, 발트 해 근방에 1701년 세워진 프로이센 왕국의 영어 이름)로 간다. 그는 프러시아 프리드리히 대왕이 초청한 베를린 아카데미에 자리를 잡아 25년 동안 있으면서 명성을 크게 얻은 두 권의 책을 출간했다. 『무한소 해석 입문(Introductio in analysin infinitorum)』은 함수 개념을 기초 수학으로 정착시킨 기본서로 알려져 있다. 『미분학 (Institutiones calculi differentialis)』(1755년)은 뉴턴과 라이프니츠의 미적분학을 체계적으로 종합했다는 평가를 받는다. 또 오일러는 프리드리히 대왕의 조카인 안할트-데사우(Anhalt-Dessau) 공주의 과외 선생으로 요청받는다. 『독일 공주에게 보내는 편지(Letters of Euler to a German Princess)』는 그가 공주에게 쓴 200통 이상의 편지로 오일러의 사상을 잘 나타내 수학 책보다 더 많이 퍼졌다.

1766년에 오일러는 베를린 아카데미에 지대한 공헌을 했음에도 불구하고 베를린을 떠날 수밖에 없었다. 부분적으로 프리드리히 대왕과 성격 차이로 인해 갈등이 있었기 때문이다. 수학을 잘 하지 못했던 프리드리히 대왕은 오일러를 베를린 아카데미의 철학자 집단에 비해 너무 단순하다고 생각하고 경멸했다. 특히 프리드리히 대왕이 아끼는 계몽주의 철학자 볼테르(Voltaire, 1694~1778년)의 표적이 되어 여러 방면에서 직접적으로 부딪쳤다. 그렇지만 오일러는 종교적으로 순수하고 열심히 일만 하는 사람이었으며, 신념과 취향은 매우 보수적이었다.

스위스 화가인 엠마누엘 한트만(Emanuel Handmann, 1718~1781년)이 1753년에 그린 오일러의 초상화를 보면 오른쪽 눈에 사시가 있음을 알 수 있다. 1735년에 치명적인 열병을 앓은 후부터 오른쪽 눈이 실명되기 시작해 독일에서 머무는 동안 점점 악화되었다. 오일러는 나중에 나머지 눈도 백내장을 앓아 두 눈의 시력을 모두 잃었다. 그럼에도 불구하고 그는 뛰어난 기억 및 계산 능력으로 왕성한 저술 활동을 했다. 대서인의 도움을 받아 여러 연구 영역에서의 많은 논문을 집필했다.

러시아의 예카테리나 대제(예카테리나 2세)가 즉위한 1762년 이후 러시아의 상황은 크게 좋아졌다. 1766년 59세가 되던 해에 오일러는 상트페테르부르크 아카데미의 초대장을 수락해 러시아로 돌아가 여생을 보냈다. 1771년 상트페테르부르크의 화재를 겪고 1773년에는 40년 동안 함께 살았던 아내를 잃었으나 꿋꿋하게 연구 업적을 쌓던 오일러는 1776년에 아내의 이복동생과 재혼했다.

오일러는 엔지니어링의 초석이 된 오일러-베르누이 빔 방정식을 유도했다. 그의 기술을 고전 역학에 적용하는 것과 별도로 천체 문제에도 적용했다. 그는 혜성 및 천체의 궤도를 아주 정확하게 구하고 혜성의 본질을 이해하며, 태양의 시차를 계산한 업적을 내놓았다. 또 그의 계산은 정확한 경도 테이블을 얻는 데 크게 기여했다. 오일러는 광학에도 중요한 역할을 했으며, 뉴턴이 『광학』에서 밝힌 빛의 미립자 이론을 동의하지 않고 파동설을 주장했다. 1740년에 그는 광학에 관한 논문에서 일반적으로 알려진 크리스티안 하위헌스(Christian Huygens, 1629~1695년)가 제안한 빛의 파동 이론을 확신했다.

1755년에 오일러는 파리 아카데미에 논문 「유체 운동의 일반 법칙들(General laws of the motion of fluids)」을 제출해 오일러 방정식을 발표한다. 이는 뉴턴의 제2법칙을 유체에 적용해 유도해 낸 오일러 방정식으로 베르누이 방정식을 통합했다.

오일러는 수학의 모든 분야에서 평생 800여 편의 논문과 책을 발간해, 18세기 후반 수학 논문의 3분의 1이 오일러가 썼다는 이야기가 나올 정도였다. 그는 독일어가 모국어였지만 논문의 대부분을 라틴 어로 썼다. 오일러 방정식 외에도 지수함수와 삼각함수의 관계를 나타내는 오일러 공식, 다면체의 꼭짓점·모서리·면의 숫자의 관한 오일러 정리, 오일러 상수 등 그의 이름이 붙은 정리와 공식이 한둘이 아니다.

1783년 9월 18일 오일러는 뇌출혈을 일으켜 상트페테르부르크에서 76세의 나이로 세상을 떠나 아내가 묻혀 있던 상트페테르부르크의 바실리예프스키 섬 스몰렌스크 루터 공동묘지에 안장되었다. 나중에 (구)소련은 유해를 상트페테르부르크의 네바 강가에 위치한 알렉산더 넵스키 수도원으로 옮겼다.

59

비행 시뮬레이션 공식을 유도한 나비에와 스토크스

나비에-스토크스 방정식은 오일러 방정식에 유체의 점성을 고려해 보완한 방정식이다. 나비에는 유체 내의 분자들 간에 작용하는 힘을 고려했으며, 스토크스는 동점성 계수를 도입해 나비에-스토크스 방정식을 완성했다. 이 방정식은 유체 입자의 힘과 가속도를 수리적으로 계산해 비행기 표면에 작용하는 유동 성질을 구함으로써, 비행기가 날아가는 현상을 해석할 수 있다.

클로드 루이 마리 앙리 나비에

클로드 루이 마리 앙리 나비에(Claude Louis Marie Henri Navier, 1785~1836년)는 구조 역학을 전공한 프랑스 엔지니어이자 물리학자다. 그는 유체 역학 분야에서 본인의 이름과 스토크스의 이름을 딴 나비에-스토크스

클로드 루이 마리 앙리 나비에

방정식으로 유명하다.

1785년에 프랑스 디종에서 출생한 나비에는 변호사였던 아버지가 1793년에 사망하자 8세 때부터 교량 및 도로단(Corps of Bridges and Roads) 기술자인 삼촌 밑에서 교육을 받았다. 1802년에 나비에는 프랑스 공과 대학에 입학해 스승인 수학자 조제프 푸리에(Joseph Fourier, 1768~1830년)로부터 해석학을 배웠다. 나비에는 1804년에 교량 및 도로 국립 학교에 진학해 2년 후 졸업했다. 결국 그는 삼촌의 뒤를 이어 교량 및 도로단에서 교량 건설을 감독하고 1820년대 파리 세느 강에 최초의 현수교를 설계했다. 그러나 현수교는 완공되기도 전에 균열이 발생한데다가 정치적인 이권 분쟁으로 인해 철거되는 불운을 맞았다. 1824년 나비에는 프랑스 과학 아카데미에 들어갔고, 1830년에 교량 및 도로 국립 학교의 교수로 임명되어 응용 역학을 가르치기 시작했다. 다음해인 1831년에 프랑스 공과 대학에서 어거스틴 루이 코시(Augustin Louis Cauchy, 1789~1857년)의 뒤를 이어 역학 및 수학을 담당한다.

1819년에 나비에는 역학적 스트레스의 영향을 결정하는 데 성공하고, 결국 갈릴레오 갈릴레이의 틀린 내용을 수정한다. 1821년에 나비에는 일반 탄성론을 수학적으로 응용할 수 있는 형태로 공식화 했으며, 처음으로 높은 정확도를 갖고 토목 건축 분야에 적용할 수 있게 했다. 다음해인 1822년에 그는 비압축성인 점성 유체에 대한 운동의 방정식으로 확장해, 과학 아카데미에 발표했다. 나비에는 오일러가 했던 방식으로 유체의 운동을 분석하고, 인근 입자들 간의 반발력과 인력과 같은 분자들 간에 작용하는 힘을 고려해 오일러 방정식을 유체 방정식(후에 나비에-스토크스 방정식으로 명명됨)으로 수정했다. 그는 마찰에 의한 전단응력(shear stress, 물체의 어떤 면에서 서로 어긋나는 변형이 발생할 때 그 면에 평행인 방향으로 버티는 마찰력 같은 힘)의 개념이 부족했는데도 불구하고 이와 관련된 식을 적절한 형태로 유도했다.

또 나비에는 1826년에 면적의 2차 모멘트와는 별도로 구조물의 탄성 계수를 만들었다. 1830년에는 도로 및 철도의 건설, 정책에 정부의 고문으로도 활동해, 도로와 철도의 건설에 많은 조언을 했다. 나비에는 종종 현대 구조 해석의 창시자로 간주되며 도로와 가교 분야 전문가로 알려져 있다.

조지 가브리엘 스토크스

조지 가브리엘 스토크스(George Gabriel Stokes, 1819~1903년)는 아일랜드에서 태어난 영국의 수학 물리학자로 나비에-스토크스 방정식, 스토크스 정리(Stoke's theorem), 광학 등에 커다란 공헌을 했다.

그는 1819년 8월에 가브리엘 스토크스(Gabriel Stokes) 목사와 교회 목사의 딸인 엘리자베스 사이에 6남매 중 막내아들로 아일랜드 슬라이고 카운티의 스크린에서 출생해, 복음주의 개신교 집안에서 가정 교육을 받으며 성장한다. 1832년에 그는 스크린을 떠나 더블린에서 삼촌과 함께 생활하며 학교에 다녔다. 16세 때 영국 브리스톨 대학교에 입학한 스토크스는 1837년에 케임브리지 대학교 펨브룩 대학 학

조지 가브리엘 스토크스

부 과정에 입학해, 4년 후 시니어 랭글러(Senior Wrangler, 수학 수석 졸업자)로 졸업했으며 첫 번째 스미스상(Smith's Prize, 연구 우수자에게 주는 상)을 받고 펠로우십(fellowship, 대학의 특별 연구원 지위)도 받았다.

스토크스는 1843년에 점성 유체 방정식에 나비에와는 다른 가정들을 추가해 자신만의 독창성 있는 결과를 도출했다. 1845년에는 내부 마찰을 고려해 「탄성 고체의 거동 및 평형 상태, 그리고 유체 운동의 내부 마찰의 이론에 관해(On the theories of the internal friction of fluids in motion, and of the equilibrium and motion of elastic solids)」라는 논문을 케임브리지 철학학회 회보에 발표했다. 그는 비점성 흐름의 오일러의 방정식에 전단응력을 고려해 수정한 나비에-스토크스 방정식이라는 역사적인 공식을 완성했다.

스토크스는 1847년에 발생한 교량 재해, 철도 사고 등 여러 조사에 참여했다. 특히 철도 구조에서 주철을 사용하는 등 왕립 위원회의 회원으로서 엔지니어링 분야에 공헌을 한다. 또 그는 교량 위에서 움직이는 엔진에 의해 유도된 힘을 계산하고, 구조물에서 바람에 의한 압력 효과를 조사하는 데에도 참여했다.

스토크스는 유체 운동 및 점성 연구를 활발하게 했으며, 1850년에 점성 유체 속에서 낙하하는 구에 대한 한계 속도(또는 종단 속도, terminal velocity)를 계산한다. 물체가 유체 속을 나아갈 때 유체 분자를 옆으로 밀어내기 때문에 물체의 운동을 방해하는 항력이 작용하며, 이때 물체의 속도가 증가할수록 유체 내에서의 점성력을 증가시켜 항력은 더욱 커진다는 것이다. 이것은 지금도 스토크스의 법칙(Stokes' law)으로 잘 알려져 있다. 이 연구 결과로 인해 동점성 계수의 단위가 스토크스(Stokes)라는 이름이 붙게 되었다.

1849년에 그는 케임브리지 대학교의 수학 담당 루카스좌 교수가 되었다. 1851년에는 왕립 학회 회원으로 선출되며, 1854년 이래 왕립 학회의 간사로 근무했다. 그는 1857년에 결혼하면서 대학 법령에 따라 펠로우를 그만두어야 했지만, 12년 후 새로운 법령에 따라 다시 펠로우에 선출된다. 스토크스는 1889년 처음으로 준남작에 보위되고, 1887년부터 1892년까지 케임브리지 대학교 지역구를 대표해 국회의원으로서 대학에 더 봉사를 한다. 또 1885년부터 1890년까지 왕립 학회 회장으로 활동했다. 이 무렵 루카스좌 교수직위도 지냈으므로 동시에 3직위를 유지한 첫 번째 사람이다. 뉴턴도 3직위를 갖고 있었지만 동시에 3직위를 갖고 있지는 않았다.

스토크스는 제임스 맥스웰(James Clerk Maxwell, 1831~1879, 영국의 이론 물리학자로 전자기 현상에 대한 통일적 기초를 마련한 맥스웰 방정식으로 유명함), 윌리엄 톰슨 켈빈(Lord William Thomson Kelvin, 1824~1907년, 영국의 수리물리학자로 절대 온도의 단위 켈빈으로 유명함) 등과 함께 자연 철학의 트리오 중 한 사람으로 알려져 있다. 특히 그는 19세기 중반에 케임브리지 대학교에서 수리 물리학 분야에 많은 기여를 해 명성을 떨쳤다. 스토크스는 1902년에는 마스터 직위로 선출되었지만, 1년 후인 1903년 2월 1일 케임브리지에서 세상을 떠나 밀로드 공동묘지에 안장되었다.

60

근대 로켓의 선구자, 고더드와 치올콥스키

고더드는 세계 최초로 액체 추진 로켓을 개발한 미국의 로켓 개척자로 현대 로켓의 아버지로 불린다. 치올콥스키는 (구)소련의 로켓 과학자이자 우주 비행 이론의 선구자다. 치올콥스키와 고더드는 헤르만 오베르트(Hermann Oberth, 1894~1989년)와 함께 근대 로켓의 3대 선구자로 알려져 있다.

로버트 허칭스 고더드

로버트 허칭스 고더드(Robert Hutchings Goddard, 1882~1945년)는 1882년 10월 5일 매사추세츠 주 우스터에서 태어났다. 그는 5세 때부터 과학에 흥미를 느꼈으며 마르고 허약해 학교를 종종 결석했다. 공공도서관에 정기적으로 찾아가 물리학에 대한 책을 빌려 보는 왕성한 독서광이었

로버트 고더드

다. 16세 때에는 영국의 과학 소설가 허버트 조지 웰스(Herbert George Wells, 1866~1946년)의 공상 과학 소설인 『우주 전쟁』(1898년)을 읽고 우주에 관심을 가졌다. 그는 1899년 10월 19일 일기장에 화성에 갈 수 있는 장치를 만들면 좋겠다고 했으며, 매년 이 날짜를 기념일로 삼았다. 그는 1904년에 우스터 폴리테크닉 대학에 입학해 1908년에 학사 학위를 받았다. 1911년에 우스터에 있는 클라크 대학교에서 박사 학위를 받은 후 물리학을 가르치며 로켓 실험을 시작했다.

1914년에 고더드는 다단계 로켓에 대한 특허와 가솔린과 액체 아산화질소로 추진되는 로켓에 대한 특허를 등록했다. 이 2편의 특허는 로켓 역사에 있어 중요한 이정표로 여겨진다. 고더드는 여러 가지 면에서 시대를 앞섰으며, 동료들은 그의 연구를 제대로 이해하지 못했다. 연구 자금을 지원받는 데 어려움을 겪던 그는 1915년에는 로켓 실험을 포기하려고도 했다. 고더드는 1916년 9월에 로켓 실험을 설명하는 편지를 스미스소니언 협회(Smithsonian Institute, 미국 워싱턴 D. C.에 중심 시설이 있는 특수 학술 기관)에 보내 자신의 일을 지속할 수 있도록 요청했다. 스미스소니언 협회는 1917년 고더드에게 5년 동안 5,000달러의 연구비를 지원해 로켓 연구를 지속적으로 수행할 수 있었다.

1919년, 고더드는 20세기 로켓 과학의 고전 논문인 「극한 고도에 도달하는 방법(A Method of Reaching Extreme Altitudes)」을 발표했다. 이 책은 스미스소니언이 발간했으며, 진공 상태인 우주로 가기 위한 로켓 비행의 기본적인 수학적 이론 및 고체 추진 로켓에 대해 잘 설명하고 있다. 그러나《뉴욕 타임스》는 1920년 1월 12일자 사설에서 로켓을 추진시킬 물질이 진공 상태에서는 존재하지 않아, 뉴턴의 제3법칙인 작용과 반작용의 법칙이 성립하지 않는다는 취지로 설명했다. 또 고더드가 고등학교 수준의 지식도 없다며 맹비난했지만, 오늘날 고더드의 논문은 로켓 과학의 선구자적인 위대한 업적으로 여겨지고 있다.

고더드는 1926년 3월 16일에 매사추세츠 주 어번의 배추 농장에서 가솔린과 액화산소를 이용한 액체 추진 로켓을 세계 최초로 발사했다. 로켓은 2.5초 동안 농장 위를 12미터 올라가 56미터 거리를 날아갔다. 이 로켓 실험은 1903년 12월 라이트 형제의 첫 비행만큼 중요한 사건으로 여겨진다. 고더드가 처음으로 액체 로켓을 발사한 발사장은 현재 국립 사적지로 지정되었다.

1929년 7월 17일에 고더드는 기압계와 카메라, 과학 장비를 탑재한 로켓을 최초로 발사했다. 이때 로켓 연구에 관심을 갖고 있었던 찰스 린드버그(Charles Lindbergh, 1902~1974년, 세계 최초로 대서양 횡단 비행에 성공한 조종사)는 1929년 11월 전화를 걸고 고더드를 만나기 위해 클라크 대학교로 찾아가 재정 문제를 언급한다. 고더드는 린드버그의 추천으로 구겐하임 재단으로부터 4년간 10만 달러의 새로운 자금을 지원받은 덕택에 로켓 발사 실험이 금지된 매사추세츠 주를 떠나 뉴멕시코 주 로스웰로 실험장을 옮겼다.

고더드는 1930년 여름부터 로스웰에서 그의 팀과 함께 로켓을 발사하는 연구를 수행했다. 또 1932년에 자이로스코프 유도 장치를 장착하고 시험하기 시작했다. 1935년 3월 28일에는 자이로스코프 유도 장치로 로켓을 안정화해, 20초 동안 시속 885킬로미터의 속도로 1.46킬로미터 고도까지 비행할 수 있을 정도로 발전시켰다. 고더드는 1930년부터 1941년까지 로스웰에서 로켓을 총 31번 발사해 로켓을 개발하는 데 몰두했다. 한편 나치 독일의 과학자 베르너 폰 브라운은 고더드의 연구 결과를 참조해 세계 최초의 탄도 미사일인 V-2 로켓을 개발해 1942년에 처음으로 발사했다.

《뉴욕 타임스》는 아폴로 11호가 발사된 다음날인 1969년 7월 17일에 49년 전인 1920년에 발표한 고더드에 대한 사설을 정정했다. 진공 상태에서도 작용과 반작용 법칙을 적용할 수 있으며, 잘못 해석했던 것을 후회한다는 기사다. 그가 이미 1945년에 사망한 다음이지만 로켓과 우주 비행의 발전에 크게 기여한 것을 인정했다. 그는 214건의 특허를 보유했는데 미국 육군과 NASA는 로켓을 개발하면서 그의 특허를 침해했다. 이에 미국 정부는 1960년 8월에 고더드의 미망인과 구겐하임 재단에 100만 달러를 보상했다.

고더드는 1945년 8월 10일에 메릴랜드 주 볼티모어에서 후두암으로 사망했으며, 그의 고향인 매사추세츠 주 우스터의 호프 묘지에 안장되었다. NASA는 메릴랜드 주 그린벨트에 1959년 설립된 우주 비행 센터를 그를 기리기 위해 고더드 우주 비행 센터라 명명했다.

콘스탄틴 치올콥스키

콘스탄틴 치올콥스키(Konstantin Tsiolkovsky, 1857~1935년)는 1857년 9월 5일 러시아 제국 이제프스코예의 중류 가정에서 태어났다. 아버지 에드워드 치올콥스키(Edward Tsiolkovsky)는 폴란드 출신이며, 어머니는 교육

받은 러시아 여성이었다. 9세에 성홍
열에 걸려 거의 듣지 못하게 된 치올
콥스키는 초등학교에서 받아 주지
않자 13세에 독학을 시작해, 16세
에 모스크바로 나와 3년간 도서관
에서 혼자서 공부했다.

콘스탄틴 치올콥스키

고향으로 돌아와 교사 자격증을
취득한 그는 모스크바에서 남서쪽
으로 200킬로미터 떨어진 칼루가 지
방 보로프스크의 고등학교에서 수
학 교사로 경력을 쌓았다. 이때부터 서서히 과학에 대한 관심을 갖고
혼자 연구하기 시작했으며, 1892년에 칼루가에 있는 다른 학교로 자
리를 옮겼다. 그는 그곳에서 항공학과 우주학에 대한 연구를 끊임없
이 수행하며 풍동(wind tunnel)을 제작하기도 했다.

그는 1895년에 에펠탑(프랑스 혁명 100주년인 1889년에 개관한 높이 320.8미터의
탑으로 만국 박람회를 기념하여 제작됨)으로부터 아이디어를 얻어 세계 최초로
우주 엘리베이터(우주까지 수직으로 올라갈 수 있도록 케이블로 연결한 엘리베이터)의
개념을 생각했다. 그러므로 그는 우주에 올라가는 것을 생각한 첫 번
째 과학자로 우주 비행의 아버지로 불린다.

그의 가장 중요한 업적은 1903년에 발간된 「반작용 장치를 수단
으로 한 우주 공간의 탐사(The Exploration of Cosmic Space by Means of Reaction
Devices)」로 로켓에 대해 구체적으로 연구한 첫 학술 논문이었다. 치올
콥스키는 우주 여행과 로켓 추진의 여러 측면을 이론화했다. 그는 지
구 주위의 최소한의 궤도를 유지하는 데 필요한 수평 속도는 초속 8킬

로미터이며, 이것은 액체 산소와 액체 수소를 연료로 한 다단 로켓으로 달성할 수 있다고 했다. 다단 로켓을 사용해 지구의 중력권을 이탈하는 기술은 당시에 아무도 인정해 주지 않았다.

치올콥스키의 업적은 추력 조절 장치를 갖는 로켓의 설계, 다단계 부스터, 로켓의 방향 조정 장치, 로켓 엔진 냉각법, 우주 정거장, 우주선에서의 기밀식 출입구, 식량과 산소 공급 장치 등으로 우주 기술의 많은 부분을 차지한다. 그의 아이디어는 러시아 제국 밖으로 거의 알려지지 않아 독일을 비롯한 다른 나라 과학자들은 동일한 내용을 수십 년 늦게 다시 독자적으로 연구해야 했다.

1920년대 중반부터 치올콥스키는 업적의 중요성을 인정받아 주위에서 존중받기 시작했다. 그는 청각 장애 상태에서 1920년 은퇴 전까지 고등학교 수학 교사로 있으며 연구했고, 1921년 이후 에어쿠션(air cushion)으로 움직이는 기차에 대해서도 연구했다. 그는 1924년 8월 23일에 군사 항공 아카데미(Military Aerial Academy)의 초대 교수로 선출되기도 했다. 1927년에 에어쿠션의 연구 결과로 호버크라프트에 대한 개념과 관련된 논문「공기 저항과 고속 열차(Air Resistance and the Express Train)」를 펴냈고『우주 로켓 열차(Space Rocket Trains)』(1929년)에서는 다단 로켓을 발사해 연료를 소모한 로켓은 분리해 무게를 줄이고 가속도를 높여 최종 속도를 빠르게 얻는 방법을 제안했다.

치올콥스키의 업적은 나중에 폰 브라운과 같은 유럽 전역의 로켓 연구가들에게 영향을 주었다. 또 러시아에서는「반작용 장치를 수단으로 한 우주 공간의 탐사」가 발간된 1903년을 우주 개발의 원년으로 정했다. 치올콥스키는 칼루가 외곽 통나무집에서 여생을 보냈으며 1935년 9월 19일에 세상을 떠났다.

61

세계 최초로 동력 비행에 성공한 라이트 형제

1783년 프랑스 몽골피에(Montgolfier) 형제가 열기구를 발명해 하늘로 떠올랐다. 부력을 받아 떠오르는 공기보다 가벼운 항공기로 비행선과 같은 종류의 항공기다. 이와 달리 공기보다 무거운 비행기는 부력을 이용하지 않고 공기 역학적인 양력을 이용해 비행을 한다. 라이트 형제가 개발한 것이 바로 인류 최초로 조종이 가능하고 동력 장치가 장착된, 공기보다 무거운 항공기다.

형인 윌버 라이트(Wilbur Wright, 1867~1912년)는 1867년에 다섯 자녀 중 셋째로 인디애나 주의 밀빌 근처 농장에서 태어났다. 겨울에 하키 경기 중 스틱으로 얼굴을 맞아 심한 부상을 입은 그는 8년 동안 환자로 집에서 독서를 하거나 몸이 편찮은 어머니를 간호하며 보냈다. 그는 입학하려 했던 예일 대학교를 포기하고 고등학교를 중퇴한 이후 26세 때 오하이오 주 데이턴에 자전거 가게를 열 때까지 제대로 생활비를

윌버 라이트　　　　**오빌 라이트**

벌어 본 적이 없다. 당시 동생 오빌 라이트(Orville Wright, 1871~1948년)는 고등학교를 중퇴하고 1889년 데이턴에서 인쇄소를 열었으며, 지방 주간지《웨스트 사이드 뉴스》를 발행했다. 지금도 오하이오 주 데이턴에 가면 오빌이 당시 신문 사업을 한 자취가 박물관에 남아 있다.

　1892년 12월 라이트 형제는 라이트 사이클 회사를 열고, 자전거를 판매하거나 수리하고 있었다. 글라이더 비행을 하는 오토 릴리엔탈에 대한 기사 「나는 인간」을《맥클루어 매거진》에서 접하고 비행을 하기로 작정한다. 윌버 라이트는 1899년 봄부터 비행과 관련된 자료들을 수집하기 시작했으며, 워싱턴 D. C.에 있는 스미스소니언 박물관에 비행 관련 자료들을 요청하는 내용의 편지를 보냈다. 그들은 그동안 수집한 케일리와 릴리엔탈, 그리고 새뮤얼 피어폰트 랭글리(Samuel P. Langley, 1834~1906년) 등의 연구 결과물들을 이용해 글라이더를 제작했다.

　윌버 라이트는 1899년 7월에 날개 길이 1.5미터 정도의 대형 연을 제작해 비틀기 시험을 수행했다. 연의 비틀기는 4개의 코드(chord)로 조종되었다. 라이트 형제는 글라이더 비행에 적합한 장소를 찾기 위해 국립 기상국에 바람이 강하고 장애물이 없으며 모래밭이 있는 곳을

문의했다. 그들은 국립 기상국에서 추천한 노스캐롤라이나 주 동쪽 대서양에 접해 있는 키티호크의 킬 데빌 힐스를 택했다.

라이트 형제는 글라이더의 양력·항력 관계와 조종 경험을 얻기 위한 글라이더 연구를 수행하기 위해 1900년 9월 6일에 킬 데빌 힐스로 갔다. 당시 키티호크는 섬이라 배를 타야 갈 수 있었지만 지금은 교량이 있어 자동차로 갈 수 있다. 그들은 킬 데빌 힐스에서 글라이더로 12번 활공해, 앞뒤 균형을 잡아 주는 엘리베이터의 작용에 대한 지식을 얻고 10월 23일에 데이턴으로 돌아왔다.

라이트 형제는 1901년 7월 중순부터 8월 중순까지 킬 데빌 힐스를 두 번째 방문해서 새로운 격납고를 짓고 더 큰 글라이더를 조립해 시험 비행을 수행했다. 그들은 처음에 릴리엔탈의 양력 데이터를 포함한 여러 비행 관련 문헌에 의존해 연구를 수행했다. 그러나 그들은 릴리엔탈의 스미턴 계수(Smeaton Coefficient, 평판에 작용하는 항력을 의미하는 계수로 양력 수식에 사용했지만 현대 공기 역학에서는 사용하지 않음)가 틀렸다는 것을 깨달았다. 그들은 1901년 자전거 가게의 고용인인 찰리 테일러(Charlie Taylor, 1868~1956년, 라이트 형제의 비행기와 엔진을 제작하는 데 기여한 기계공)가 만든 풍동뿐만 아니라 힘을 측정할 수 있는 저울인 밸런스를 보유해, 실제 상태와 같은 실험을 수행할 수 있었다. 1900년 당시 통용되던 k값은 0.005였지만 라이트 형제는 그 값이 0.0033이라고 수정했다. 오늘날 k값은 0.00327로 알려져 있어 라이트 형제가 아주 정확했다는 것을 알 수 있다. 1901년 12월 초순경 48가지 날개 모형의 받음각을 0도에서 45도까지 변화시켜 가며 체계적으로 풍동 시험을 수행했다.

라이트 형제는 1902년 8월 28일 키티호크에 세 번째로 방문해 허리케인으로 훼손된 격납고를 수리하고 확장했다. 그들은 글라이더 날개의 가로세로비(aspect ratio)를 3에서 6으로 증가시키고, 날개보에서 1.2미터 정도 뒤에 2개의 수직 꼬리 날개(높이 1.8미터, 폭 0.3미터)를 장착한 후 시험 비행을 했다. 1902년 당시 라이트 형제는 동력 비행을 수행하지 않았으며, 더 크고 우수한 글라이더를 개발하고 조종 문제점을 해결하려 했다. 그들은 1902년 10월 25일에 비행을 멈추고 글라이더와 장비들을 정리한 후 데이턴에 있는 집으로 돌아왔다.

라이트 형제는 동력 비행을 성공시키기 위한 엔진 작업에 몰두했다. 윌버는 동력 비행에 적합한 엔진을 자동차 회사에 문의했으나 그런 엔진은 없다는 답변이 오자 동생 오빌에게 엔진 설계와 제작을 맡기고 실물 제작은 자전거 가게 고용인 테일러에게 의뢰했다. 윌버 자신은 동력 비행을 위한 프로펠러 개발에 집중했다. 1903년 3월 23일 비행기의 날개를 뒤틀어서 선회하는 방법과 횡운동을 제어하는 새로운 기술을 특허(미국 특허 번호 821393, "비행 기계", 1906년 5월 23일 등록)로 출원했다. 라이트 형제는 도르래를 이용해 양쪽 날개를 휘게 하는 방법으로 가로 안정성에 대한 특허도 받았다.

1903년 그들은 데이턴의 자전거 가게에서 테일러가 만든 엔진으로 플라이어 호를 제작했다. 1903년 6월 초 프로펠러와 엔진을 완성하고 동력 비행기 플라이어 호를 제작하던 7월 중순 랭글리 박사가 워싱턴 D.C. 포토맥 강에서 실제 크기의 동력 비행을 시도한다는 소식을 접했다. 그렇지만 라이트 형제는 개의치 않고 플라이어 호를 제작했으며, 1903년 9월 말 비행을 위해 키티호크를 향해 네 번째로 출발했다. 라이트 형제는 데이턴에서 가져온 엔진이 장착된 플라이어 호를 조립하는 동안 종전의 글라이더로 활공해 고도 기록을 갱신하기도 했다.

드디어 1903년 12월 17일 오전 4번의 비행을 시도해 1차에 동생 오빌의 조종으로 12초 동안 36미터(120피트) 비행에 성공했다. 마지막 4차 비행은 형 윌버의 조종으로 260미터(852피트)를 비행하는 데 성공했다. 4차 비행에서 플라이어 호는 강한 바람에 파손되어 더 이상 비행할 수 없었고, 1948년부터 워싱턴 D.C.의 스미스소니언 국립 항공 우주 박물관에 전시되고 있다.

라이트 형제는 동력 비행기 기술이 유출되는 것을 우려해 신문기자들을 초청하지 않았다. 따라서 인류 역사상 첫 동력 비행은 해안 구조대원 3명과 지역 사업가 1명, 소년 1명만이 볼 수 있었다. 라이트 형제는 데이턴에 있는 가족에게 동력 비행 성공 사실을 전보를 쳐서 알려주었다. 라이트 형제의 역사적인 동력 비행은 비행 시간이 짧다는 이유로 크게 주목을 받지 못하고 지역 신문에 조그맣게 실렸다. 이후 라이트 형제는 1903년 12월 23일 데이턴에 도착해 기다리던 기자들을 만났지만 동력 비행에 성공했다는 말만 되풀이할 뿐 비행 기술이 유출되는 것을 방지하기 위해 철저히 보안을 유지했다.

라이트 형제는 1904년 4월 말경 비행 연구를 지속하기 위해 데이턴의 은행장인 토랜스 허프먼(Torrence Huffman, 1855~1928년)의 목장에 비행장을 만들었다. 비행하기에 충분히 넓고 인적이 드물고 높은 나무들이 있어 보안을 유지하기 좋은 장소였다. 그렇지만 바람이 약하므로 이륙하기 위해 이륙 발사 장치인 캐터펄트(catapult, 사출기)를 제작했다.

1904년 9월에 라이트 형제는 현재의 라이트-패터슨 공군 기지 안에 있는 허프먼 목장을 원형으로 선회하면서 5분 정도의 비행을 최초로 공개했다. 1904~1905년 라이트 형제는 허프먼 목장에서 80회 이상의 비행을 수행했으며, 가끔 기자나 친구, 이웃을 초대해 시범 비행을 하기도 했다. 그들은 1905년 10월 허프먼 목장에서 플라이어 3호

허프먼 목장의 격납고와 캐터펄트

로 연료가 다 떨어질 때까지 38분 3초 동안 39.4킬로미터를 비행했다. 라이트 형제는 1905년에 세계 최초로 실용적인 비행기를 확보했으며, 1906년과 1907년에는 시험 비행을 하지 않고 비행기 판매에 힘썼다. 1908년 5월 14일에 라이트 형제는 처음으로 비행기에 기계공인 찰스 퍼나스(Charles Furnas, 1880~1941년)를 태워 두 사람이 탄 채로 비행을 했다. 퍼나스는 세계 최초 고정익 항공기 탑승객으로 기록되었다.

당시의 비행사들은 비행기의 수평 유지에 사용하는 에일러론을 장착했다. 글렌 커티스(Glenn Curtiss, 1878~1930년)는 미국 비행기 클럽에서 파일럿 면허를 받은 첫 번째 조종사로 미국 항공 업계의 선구자며, 1908년 에일러론으로 조종되는 비행기를 제작했다. 에일러론은 날개 끝에 장착되어 날개의 수평을 유지할 뿐만 아니라 비행기가 선회할 때 효과적으로 활용되었다. 라이트 형제는 비행기의 방향을 바꾸기 위해 날개의 비틀림(warping)을 이용했다. 그러나 비행기를 선회하는 데 날개 끝에 각도를 변화시키는 여러 기계적인 방법이 있을 것을 예측해 에일러론을 특허 청구에 포함시켜 가로 안정성에 대한 특허를 받았다.

1908년 8월 8일에 윌버 라이트는 프랑스 르망에서 최초의 실용적인 비행기를 공개하는 시범 비행을 수행했다. 그리고 오빌 라이트도 1908년 9월 버지니아 주 포트 마이어에서 미국 육군에 비행을 시범 보이면서 라이트 형제는 전 세계적으로 유명해졌다. 1908년 9월 17일에 오빌 라이트가 포트 마이어에서 군사 시범 비행을 위해 이륙한 지 5분 후에 조종 불능에 빠져 추락하는 사고가 발생했다. 공식적인 참관자로 탑승한 육군 중위 토머스 셀프리지(Thomas Selfridge, 1882~1908년)는 두개골이 깨져 병원으로 옮겼으나 사망해 동력 비행의 첫 희생자가 되었다. 오빌은 갈비뼈와 다리뼈가 부러지는 부상을 당했지만 치명적인 사고는 아니었다.

그들은 사고 후에도 비행에 적극적이었다. 1908년 10월 7일 프랑스 르망에서 윌버와 함께 비행한 하트 오 버그(Hart O. Berg)는 동력 비행기에 탑승한 최초의 여성이 되었으며, 당시 사진이 스미스소니언 국립 항공 우주 박물관에 소장되어 있다. 라이트 형제는 1908년 12월 91미터 고도에서 1시간 54분이라는 최장 비행 시간을 기록했다.

1909년 9월 29일에 윌버 라이트가 뉴욕 자유의 여신상 주위에서 공개 시범 비행을 해 전 세계의 주목을 받았다. 라이트 형제는 1909년 11월 데이턴에 공장을 세워 라이트 사를 설립했다. 1909년 라이트 형제는 처음으로 미국 육군과 시속 64.4킬로미터로 1시간 비행할 수 있는 2인승 플라이어 호를 판매하는 계약을 맺었다. 그해에 독일에도 비행기 제작 회사를 설립해 미국 데이턴과 독일 양쪽에서 라이트 플라이어 호를 제작했다.

라이트 형제는 1909년 9월에 커티스의 에일러론이 자신의 가로 안정성에 관한 특허를 침해했다고 소송을 제기했다. 미국은 특허 소송 때문에 기술 개발을 등한시해 유럽에 비해 항공기 개발에 주춤하게 된다. 결국 특허를 소송한 지 5년 후 형 윌버는 이미 사망했지만 동생 오빌은 특허 소송에 승소해 거액을 받았다. 그렇지만 미국 정부가 각 업체들의 특허를 서로 교환해서 사용할 수 있도록 주선해 항공 산업 발전에 앞장 섰다. 제1차 세계 대전이 끝날 무렵 특허 분쟁도 끝이 나고, 1929년에는 라이트 사와 커티스 사가 합병해 커티스-라이트 사 (Curtiss-Wright Corporation)가 탄생했다.

세계 최초의 동력 비행기 발명자는 라이트 형제가 아니라는 주장이 있다. 특히 프랑스는 알베르토 산토스-뒤몽(Alberto Santos-Dumont, 1873~1932년)이 1906년 10월 23일에 상자 연(box kite) 형태의 복엽기 14-bis로 61미터(200피트)를 비행한 것이 세계 최초의 동력 비행이라고 주장했다. 비행기의 발명에 대한 논란은 라이트 형제가 특허를 준비하는 동안 비밀을 유지하려고 했기 때문에 발생한 것이라 추정된다. 또 비행기 개발이 세계 각국에서 이뤄졌을 뿐만 아니라 자국의 긍지심 때문에 생긴 논란이다. 그러나 라이트 형제가 세계 최초로 동력 비행을 했다는 것은 라이트 형제가 롤 운동을 조종하기 위해 날개를 뒤틀고(나중에 에일러론으로 대체됨), 피치각(측면에서 본 항공기의 기축선과 진로선 사이의 각)을 제어하기 위해 엘리베이터를 이용하며, 요우각(위쪽에서 본 항공기 기축선과 진로선과 이루는 각)을 제어하기 위해 러더를 사용한 방법으로 충분히 증명된다. 따라서 라이트 형제는 고정익 항공기를 효과적으로 조종하고 균형을 잡을 수 있는 3축 제어 시스템을 처음으로 발명한 사람들이다.

라이트 형제가 비행기를 발명했다는 사실은 라이트 형제가 비행기에 적용된 3축 제어 시스템을 개발해 특허를 받았으며, 이것은 비행을

오빌 라이트가 살았던 오크우드 저택

안정적이고 지속적으로 유지할 수 있기 때문에 더 더욱 확실하다. 3축 제어 장치가 없는 항공기는 단순한 오락 장치에 불과하며, 현대의 거의 모든 항공기에서 지금까지도 3축 제어 장치를 사용하고 있다.

1912년 4월 윌버 라이트는 사업상 보스턴에 다녀온 뒤 장티푸스에 감염되어 열에 시달리다가 1912년 5월 30일 새벽에 오하이오 주 데이턴의 조용한 호숫가 집에서 45세의 젊은 나이에 사망했다. 데이턴의 장로교회에서 2만 3000명의 군중이 지켜보는 가운데 시민장으로 장례를 마친 후 데이턴 시 경계에 있는 우드랜드 공동묘지에 묻혔다.

오빌 라이트는 라이트 회사 회장직을 성공적으로 수행하다 1915년에 회사를 팔고 사업을 그만둔 뒤 각종 단체와 모임의 원로 또는 고문을 맡아 활동했다. 1948년 오하이오 주 오크우드 저택에서 심장마비로 세상을 떠났으며, 우드랜드 공동묘지에 안장되었다.

62

냉전 시대 우주 경쟁의 맞수, 폰 브라운과 코롤료프

1950~1960년대 동서 냉전 시대에 미국과 (구)소련이 우주 경쟁을 하는 동안 각국에서 우주 개발의 맏형 노릇을 한 항공 우주 과학자가 있었다. 바로 폰 브라운과 코롤료프다. 폰 브라운 박사는 독일과 미국에서 로켓 기술 개발에 선도적인 역할을 한 사람으로 우주 개발의 아버지라 불린다. 한편 코롤료프는 (구)소련의 우주 개발의 주도적으로 이끌어 온 최고의 수석 로켓 엔지니어로 우주 개발의 선도자 역할을 했다. 이들의 삶과 역할을 통해 미소 냉전 시대에 우주를 향한 도전과 경쟁의 일면을 살펴보자.

베르너 폰 브라운

베르너 폰 브라운(Wernher von Braun, 1912~1977년)은 정치가인 바론 마

V-2 로켓 모형을 든 베르너 폰 브라운

그누스 폰 브라운(Baron Magnus von Braun)의 세 아들 중 둘째로 1912년에 독일 포센 지방의 비르지츠(현재 폴란드)에서 태어났다. 폰 브라운은 스위스 취리히에서 초등 교육을 받았으며, 중학교 졸업 후 우주에 관심을 갖고 로켓을 연구하기 시작했다. 1934년 폰 브라운은 베를린 공과 대학에서 물리학으로 박사 학위를 취득했다. 그는 학생 시절 우주 비행에 관심을 가졌으며, 액체 연료 로켓 모터 시험에 독일의 로켓 과학자 오베르트의 지도를 받았다. 폰 브라운은 우주 여행에 관심이 아주 많았지만 주로 군사 로켓에 관한 일을 했으며, 20대~30대 초반에는 독일에서 군사 로켓 개발 프로그램에 핵심 역할을 했다.

독일군 장교 발터 로베르트 도른베르거(Walter Robert Dornberger, 1895~1980년)는 1932년 독일 육군 병기국에서 로켓 연구 개발의 책임을 맡고 있었다. 그는 폰 브라운이 베를린 공과 대학교에서 액체 로켓 실험을 수행할 수 있도록 도움을 주었다. 독일은 제1차 세계 대전의 패전국으로 1919년에 체결된 베르사유 조약에 의거 독일에서는 장거리 포를 보유 또는 개발조차 할 수 없었기에 대신 승전국들이 미처 생각하지 못한 로켓을 연구하기 시작했다. 1933년 히틀러 집권 이후 나치 독일은 1936년 페네뮌데(독일 북동부 발트 해 연안의 페네 강 근처 마을)에 대규모 로켓과 미사일 연구 및 실험 시설을 건설했다. 1935년 베를린 공과 대학에서 자이로스코프 개발과 관련되어 공학 박사 학위를 받은 도른베르거는 다음해 페네뮌데 총지휘관이 되었으며, 폰 브라운을 기술 책임자로 임명했다. 이곳에서 폰 브라운 팀은 액체 연료 로켓 엔진을 개발한 후 A-4라는 장거리 로켓을 개발하기 시작했다.

1942년 10월에 성공적으로 발사된 길이 14미터, 추력 25톤인 A-4 로켓이 바로 최초의 장거리 군사용 로켓이다. 히틀러가 생산을 허가한 A-4의 명칭은 '두 번째 복수 무기(Vergeltungswaffe 2)'를 뜻하는 V-2로 변경되었다. 1930년대 말부터 1940년대 초까지 폰 브라운 박사 팀이 개발한 V-2 로켓은 현대 액체 추진 로켓의 시초다. V-2 로켓은 폭탄

1943년 6월 V-2 로켓 발사 장면

약 1톤을 싣고 약 320킬로미터까지 날아간다.

제2차 세계 대전 종반 1944년 9월에 V-2 로켓은 런던과 파리를 포함한 여러 도시를 향해 발사되었다. 폰 브라운 일행이 V-2 프로그램과 관련된 상부 명령을 듣지 않자 독일의 비밀경찰 게슈타포(Gestapo)는 파업하려 했다는 허위 기소로 체포했다. 그러나 도른베르거가 나타나 폰 브라운이 없으면 V-2 로켓을 발전시키지 못하고 제자리만 맴돌 것이라고 설득했다. 독일 나치 정부는 폰 브라운이 로켓의 개발에 핵심적인 역할을 한다는 사실을 알고는 그를 풀어 주었다.

제2차 세계 대전이 끝나자 폰 브라운과 그의 페네뮌데 일행들은 1945년 6월에 미국으로의 이주를 승인받고, 1945년 10월에 공식적으로 미국으로 이주했다. 폰 브라운은 1960년 NASA에 합류하기 전에 미국의 대륙 간 탄도 미사일(ICBM, Intercontinental Ballistic Missile) 프로그램 일을 했다. 폰 브라운 일행은 텍사스 주 엘파소 북쪽 포트 블리스에 위치한 대규모 군대 시설에서 군인, 산업체 및 대학의 요원 등에게 로켓과 유도 미사일 등을 가르쳤고, 일행들은 경호 없이 포트 블리스를 이탈하지 못했다. 그들은 독일에서 미국 뉴멕시코 주 화이트 샌즈까지 가져온 V-2 로켓의 조립, 정비, 발사에 도움을 주었다. 그러고는 군사 및 연구 응용 로켓의 미래 가능성에 대해 연구하기 시작했다.

1950년 폰 브라운 일행은 '로켓의 도시'로 알려진 앨라배마 주 헌츠빌(1958년 NASA 마셜 우주 비행 센터가 창설된 도시)에 있는 육군 로켓팀으로 옮겼다. 그는 미국에 입국한 지 10년 만인 1955년 4월에 미국 시민권을 획득했다.

폰 브라운은 미국의 첫 번째 핵탄두 미사일 시험을 위한 레드스톤(Redstone) 로켓을 수정해 주피터-C를 개발했다. 주피터 C는 1958년 1

월 31일에 미국 최초의 인공위성 익스플로러 1호를 성공적으로 발사하는 데 사용되었다. 이 행사는 미국의 우주 프로그램의 탄생을 알려주는 첫 신호탄이 되었다. 이 당시 (구)소련의 코롤료프 팀은 스푸트니크 프로그램 등 여러 로켓 설계에서 미국을 앞서나가고 있었다. 반면에 미국 정부는 폰 브라운의 작품이나 견해에 관심이 없었으며, 오직 로켓 제조 프로그램에만 투자하고 있었다.

1958년 7월 29일에 창립된 NASA는 1958년부터 1963년까지 미국 최초의 유인 우주 비행 계획인 머큐리 프로젝트(1958~1963년)를 주도했다. 폰 브라운은 NASA가 창립된 지 2년 후에 신설된 마셜 우주 비행 센터(Marshall Space Flight Center)로 자리를 옮겼다. 1961년 5월 5일 앨런 셰퍼드(Alan B. Shepard Jr., 1923~1998년)가 폰 브라운 팀이 개발한 레드스톤 로켓을 이용해 프리덤 7호로 187킬로미터 고도까지 올라가는 탄도 비행에 성공했다.

미국의 케네디 대통령은 1961년 5월 의회 연설에서 인간을 달에 보내겠다는 연설을 했다. 이후 미국은 2인승 우주 비행 계획(1962~1966년)인 제미니 프로젝트와 달착륙 유인 비행 계획인 3인승 아폴로 프로젝트(1963~1972년)를 수립했다. 이 당시 폰 브라운은 1960년 7월부터 1970년 2월까지 마셜 우주 비행 센터의 첫 책임자를 맡아 새턴 5호(Saturn V) 발사체와 달까지 가는 아폴로의 부스터를 개발했다. 마셜 센터의 첫 주요 프로그램은 탑재물을 지구 중력권을 이탈할 정도의 강력한 새턴 로켓 개발이었다. 새턴 로켓으로 유인 달 탐사 비행을 위한 아폴로 프로그램이 수행될 수 있었다. 1968년 12월 21일(27일 귀환) 아폴로 8호는 새턴 5호 발사 로켓으로 지구 궤도의 중력권을 처음으로 이탈해 달 궤도까지 38만 킬로미터를 비행하는 데 성공했다. 아폴로 8

호는 20시간에 걸쳐 달 궤도를 10회 선회 비행한 후 귀환해 유인 우주선 최초로 지구 궤도를 이탈해 달 궤도를 돌았다.

드디어 1969년 7월 16일 마셜 센터에서 개발한 새턴 5호 로켓으로 발사된 아폴로 11호가 인류 최초로 달에 첫 발자국을 내딛는 데 성공했다. 새턴 5호 로켓은 여섯 팀을 달에 착륙할 수 있게 해 주었다. 폰 브라운은 달 착륙 몇 달 후에 처음으로 1980년대에 유인 화성 탐사 임무를 수행하기 위해 새턴 5호 로켓 운송 시스템을 계속 개발해야 한다고 공개적으로 발표했다. 1970년 3월 1일 폰 브라운은 NASA 본부 기획 담당 부관리자(Deputy Associate Administrator for Planning)로 발령 나자, 가족과 함께 헌츠빌을 떠나 워싱턴 D. C.로 이사했다. 그는 아폴로 프로그램의 종료와 관련해 여러 차례 논쟁 후 심한 예산 부족에 직면하다가 1972년 5월 퇴직했다.

폰 브라운은 NASA를 떠난 후 1972년 7월 워싱턴 D. C. 근교 메릴랜드 주 저먼타운에 있는 페어차일드 인더스트리(Fairchild Industries)의 개발 담당 부회장이 되었다. 1975년 폰 브라운은 우주 프로그램을 지지하는 그룹인 국립 우주 기관(National Space Institute, 1987년 3월 창립된 국립 우주 학회(National Space Society)와 합병됨) 창립에 많은 역할을 했으며 초대 회장이 되었다. 폰 브라운은 1976년 12월 건강상의 이유로 페어차일드 인더스트리 부회장직을 사임했다. 그는 1975년도 국립 과학 메달 수상자로 선정되었으나 1977년 초에 개최되는 백악관 시상식조차도 건강 문제로 참석하지 못했다. 폰 브라운은 1977년 6월 16일 버지니아 주 알렉산드리아에서 대장암으로 사망해 알렉산드리아 아이비 힐 묘지에 안장되었다.

세르게이 코롤료프

소련 최고의 수석 로켓 엔지니어인 세르게이 코롤료프(Sergey Korolyov, 1907~1966년)는 아버지는 러시아 인이고 어머니는 우크라이나 인으로 러시아 우크라이나의 볼히니아 지방의 지토미르에서 태어났다. 코롤료프는 오데사 건축 학교에서 다양한 직업 교육을 받은 다음 키예프에서 공부했다. 그는 항공에 관심이 많아 혼자서 비행 이론을 공부하고, 1920년대 초반에는 키예프의 항공 연구회에서 일하며 글라이더를 설계했다. 1926년에 그는 모스크바 최고 기술 학교(현재 국립 모스크바 공과 대학)에 진학해 주콥스키의 제자인 안드레이 투폴레프(Andrey Tupolev, 1888~1972년)로부터 항공기 설계 교육을 받고 1930년에 졸업했다. 그는 항공기 설계자로 교육을 받았지만 항공기 설계 계획과 통합뿐만 아니라 조직을 이끄는 데 탁월한 능력을 발휘했다. 그는 폭격기의 설계에 참여하면서 항공기에 제트 추진 기관을 이용하는 일에 참가했다.

코롤료프는 로켓 공학에 관심을 갖고 연구회를 조직했으며, 1933년에는 (ㄱ)소련 최초의 액체 연료를 이용한 로켓 엔진 개발에 성공했다. 1938년 스탈린의 대숙청 당시 코롤료프는 발렌틴 글루시코(Valentin Glushko, 1908~1989, 로켓 엔진 엔지니어)의 고발로 국가 연구 기관에서 고의로 자원을 낭비했다는 누명으로 체포

세르게이 코롤료프

당했다. 그는 고문으로 인해 자백을 한 후 10년형을 선고받고 시베리아 콜리마 광산에 있는 강제 노동 캠프에 수용되었다. 그는 감형을 받아 약 6년 만인 1944년에 풀려나왔다. 이 당시 ㈜소련은 코롤료프를 비롯한 우수한 로켓 기술자들을 숙청하는 바람에 로켓 개발이 나치 독일에 뒤떨어지는 원인이 되었다.

코롤료프는 1945년 제2차 세계 대전이 끝난 직후 독일 페네뮌데에 가서 그곳에서 만들어졌던 나치 독일의 V-2 로켓 정보를 수집했다. 또 ㈜소련은 미국보다 지리적으로 독일이 가까워 페네뮌데 시설 일부를 자국으로 옮겨 미국보다 더 빨리 로켓을 개발할 수 있었다. 뿐만 아니라 ㈜소련은 1946년에 독일 로켓 기술자들을 자국으로 이송해 로켓 연구를 지속할 수 있도록 했다. 1947년 독일 기술자들은 V-2의 개

모스크바에 전시된 R-7 로켓

량형인 R-1 다탄두형 로켓을 개발했으며, 코롤료프는 R-1을 근거로 R-2 로켓을 개발했다. 1949년 9월에 첫 시험 비행을 한 R-2 로켓은 V-2 로켓보다 2배 정도인 600킬로미터까지 날아간다.

코롤료프는 로켓 설계자로서 (구)소련 대륙 간 탄도탄 프로그램 (Soviet ICBM program) 개발에 핵심적인 역할을 했다. 1953년에 그는 사정 거리 1,200킬로미터에 달하는 R-5 중거리 탄도 미사일을 개발하는 데 성공했다. 또 1957년에는 세계 최초의 대륙 간 탄도 미사일인 R-7 로켓을 개발했다. 따라서 (구)소련은 R-7 대륙 간 탄도 미사일을 실전 배치해 미국 본토를 직접 공격할 수 있는 무기를 보유하게 되었다. R-7 로켓은 미사일과 우주 발사체에 모두 활용되었으며 보스토크(Vostok), 보스호트(Voskhod), 소유스(Soyuz) 등의 로켓들도 R-7 계열이다. 1957년 에 코롤료프는 글루시코 고발 사건이 사면되어 명예를 회복했다.

코롤료프는 (구)소련 과학 아카데미 회원으로서 (구)소련 우주 프로 그램 책임자로 임명되어 스푸트니크(Sputnik)와 보스토크 프로젝트를 주도해 성공시켰다. 그는 세계 최초의 인공위성을 발사하기 전인 1953 년에 (구)소련 과학 아카데미에서 개를 탑승시킨 인공위성 발사를 주 장했지만 군과 당의 반대로 무산되었다. 그는 미국이 국제 지구 관측 년(International Geographical Year, 1957년 7월부터 1958년 12월까지 지구 물리학 현상에 관해 세계 64개국이 협동 관측이 있었던 기간)인 1957년과 1958년에 세계 최초 의 인공위성을 발사하려는 계획을 매스컴을 통해 알았다. 그는 미국 이 예산을 이유로 멈칫하고 있는 동안 (구)소련이 세계 최초의 인공위 성을 먼저 발사해야 한다고 주장했다. 드디어 (구)소련은 1957년 10월 4일에 R-7 대륙 간 탄도 미사일 로켓을 이용해 세계 최초의 인공위성 스푸트니크 1호 발사에 성공했다. 이에 자존심을 짓밟힌 미국은 스푸트니크 쇼크를 받아 교육 과정을 개혁하고 NASA를 창설하는 등 우주 개발의 문제점을 하나하나 해결해 나갔다.

스푸트니크 1호를 발사한 지 한 달 후 1957년 11월 3일에 라이카 (Laika, 1954~1957년)라는 개를 태운 스푸트니크 2호를 발사했다. 라이카는 발사 당시 환경에 견디지 못하고 몇 시간 후에 사망했다. (구)소련은 1958년 5월에 스푸트니크 3호를 발사하고 1961년 4월 12일에는 유리 알렉세예비치 가가린(Yurii Alekseevich Gagarin, 1934~1968년) 소령을 태운 보스토크 1호를 발사했다. 가가린은 세계 최초로 지구 궤도를 도는 데 성공해 인류 최초의 우주 비행사가 되었다. 1인승 보스토크 우주선은 1961년부터 1963년까지 2년 동안 총 6번 발사되었다. (구)소련은 보스토크보다 커서 3인이 탈 수 있는 보스호트를 개발했으며, 1964년 10월 12일에 보스호트 1호는 3명의 우주 비행사를 태우고 지구 궤도를 돌았다. 이 우주선은 초기 보스토크 우주선에 비해 기술적으로 개선되었으며, 680킬로그램이 더 무겁다. 보스호트는 재진입할 때 역추진 로켓과 낙하산을 이용해 우주선 자체를 지상에 착륙시켰지만 초기 보스토크 우주 비행사들은 낙하산으로 뛰어내려야 했다.

한편 (구)소련은 달에 유인 우주선을 보내기 위해 1956년부터 N-1 로켓을 개발하기 시작했다. N-1 로켓은 큰 추력을 내기 위해 소형 로켓 엔진 30기를 묶는 클러스터 로켓 방식을 채택했다. 당시 코롤료프는 달 탐사보다는 대규모 우주 정거장 건설과 화성 유인 탐사에 더 많은 관심이 있었다. 그러나 1961년 초에 (구)소련은 미국의 달 탐사 계획에 영향을 받아 유인 달 착륙과 달기지 건설을 위한 계획을 수립했다. (구)소련의 보스토크와 보스호트에 이은 세 번째 유인 우주 비행 계획인 소유스 계획은 초기에 달착륙 프로젝트의 일환으로 고안된 프로그램이다. 소유스 계획은 소모성 우주 발사체인 R-7 로켓 계열을 사용하며, 지금도 러시아에서 운영하고 있는 프로그램이다. 소유스 1호는 1967년 4월 발사되었으며, 지금까지 소유스 로켓은 약 1,800회 발사되었다.

코롤료프는 N-1 로켓과 R-7 로켓으로 달 탐사선과 사령선을 따로 보내 지구 궤도에서 랑데부하는 방식을 제안했다. 랑데부 방식은 아폴로 계획에서도 구상했던 것으로 당시 기술로는 불가능했으며, 현재 오리온 계획(퇴역한 우주 왕복선을 대체할 유인 우주선 계획)에서도 구상 중인 방식이다. 그래서 코롤료프는 한 번에 임무를 끝내기 위해 N-1의 화물 탑재량을 90여 톤으로 늘렸다. 코롤료프는 1961년부터 1963년까지 N-1 개발을 위한 소규모 자금을 국가로부터 지원받아 연구·개발을 진행할 수 있었다. 그는 계속해서 유인 달 비행을 목표로 대형 소유스 우주선이나 대형 N-1 로켓의 개발에 몰두했다.

그러던 중 1966년 1월에 코롤료프는 암 검진을 받기 위해 입원한 후 갑자기 심장마비로 사망했다. 그는 (구)소련의 우주 프로그램의 중추적 역할을 했지만 (구)소련 당국은 핵심 기술자의 신원을 감추고 '수석 설계자(Chief Designer)'로만 공개했다. 그래서 서방 세계에서는 그가 사망할 때까지 그의 역할과 업적을 제대로 알지 못했다. 그의 사망 소식은 우주 개발 관련 업적으로 받은 메달과 함께《프라우다(Pravda, 1912년 5월 레닌의 주도로 창간된 러시아에서 으뜸가는 국영신문이자 정보·교육 매체)》에 발표되었다. 코롤료프가 사망한 후 그 휘하에 있던 연구원들은 달 우주선을 여러 모듈로 여러 번 발사해 지구 궤도상에서 도킹을 통해 달 우주선을 만들고자 했지만 실행하지 못했다. 우주 개발의 맏형 노릇을 한 코롤료프가 살아 있었다면 실행했을 수도 있었으리라는 아쉬움이 아직도 남아 있다.

1969년 2월 ㈜소련은 유인 달 착륙 N-1 로켓을 발사했지만 이륙 후 69초 만에 12.2킬로미터 고도에서 폭발했다. 같은 해 7월의 2차 발사와 1971년의 3차 발사, 1972년의 4차 발사 등 4번의 시험 비행 모두 실패했다. 그래서 ㈜소련은 1974년 5월에 유인 달 착륙 계획을 중단하고 N-1 로켓의 개발도 중단시켰다. N-1 로켓 실패의 원인은 엔진으로 30개에 달하는 엔진을 동기화해 제어하기 어렵고 엔진에 하나라도 고장이 나면 전체에 파급되어 연쇄 폭발했기 때문이다.

1996년 7월 러시아의 보리스 옐친(Boris Yeltsin) 대통령은 코롤료프가 근무했던 설계국과 우주선, 우주 정거장 생산 공장이 있던 모스크바 근교 칼리닌그라드를 '코롤료프'라 명명했다.

동서 냉전 시대에 미국의 우주 개발 책임자인 폰 브라운은 ㈜소련의 우주 개발 책임자인 코롤료프를 만난 적도 없으며, 죽을 때까지 존재조차 몰랐다. 그렇지만 폰 브라운과 코롤료프는 냉전 시대에 미국과 ㈜소련에서 우주 개발의 맏형 노릇을 한 영원한 맞수이며, 인류 역사에 새로운 지평을 연 항공 우주 과학자임에는 틀림없다.

63

최고의 공기 역학자, 프란틀과 제자 폰 카르만

프란틀이 1904년에 경계층(boundary layer) 개념을 처음으로 도입한 논문은 역사상 공기 역학 분야에서 노벨상을 수상할 정도의 최고의 업적이었다. 그는 복잡한 물리적 현상에서 뽑은 요점을 간단한 이론으로 만들어 내는 천부적인 재능이 있었다. 프란틀의 박사 과정 제자인 폰 카르만은 유체 유동을 연구하기 위해 수학적 도구를 사용하고 그 결과를 실용적인 설계에 직접 적용하는 데 뛰어났으며, 항공 역학 교과서에는 경계층 분야에서 카르만 폴하우젠 파라미터(Kármán-Pohlhausen parameter), 폰 카르만 적분 방정식(von Kármán integral equation), 원통(circular cylinder)을 지나는 흐름에서의 카르만 와열(Kármán vortex street) 등과 같이 그의 이름이 자주 등장한다. 사제간인 그들의 삶과 항공 우주 분야에 대한 공헌을 알아보자.

루트비히 프란틀

독일 뮌헨 근처 프라이징에서 태어난 루트비히 프란틀(Ludwig Prandtl, 1875~1953년)은 측량과 공학 분야 교수인 아버지의 영향을 많이 받았다. 어머니가 오랜 병을 앓고 있어서 아버지와 많은 시간을 보냈기 때문이다. 그는 1894년 뮌헨 공과 대학에 입학해 6년 만에 불안정 탄성 평형을 다루는 고체 역학에 관한 논문으로 박사 학위를 받았다.

1901년 하노버 공과 대학 유체 역학 교수가 된 프란틀은 경계층 이론, 초음속 노즐 흐름에 대한 중요한 이론들을 창안했다. 1904년 후반에 괴팅겐 대학교 응용 역학 교수로 임명되었으며, 그의 연구실은 1904년부터 1930년까지 26년간 세계 최고의 공기 역학 연구실로 자리매김했다. 그는 1953년에 사망할 때까지 괴팅겐 대학교의 자리를 지켰다.

1902년에서 1904년까지의 기간 중에 프란틀은 유체 역학에 있어서 아주 중요한 공헌 중의 하나인 경계층 개념을 도입했다. 그는 점성

루트비히 프란틀

흐름에 대해 표면에서의 흐름 속도는 0이고, 레이놀즈수가 충분히 크다면 마찰의 영향은 표면 근처의 얇은 층에만 제한적으로 적용된다고 했다. 그는 이것을 처음으로 천이층(transition layer)이라 불렀다. 프란틀은 이러한 생각을 논문으로 정리해 1904년 독일 하이델베르크에서 개최된 제3회 국제 수학자 회의

(the Third International Mathematical Congress)에서 발표했다. 그가 발표한 논문 「매우 작은 점성을 갖는 유체의 운동에 관해(On the motion of fluid with very small viscosity)」는 유체 역학 역사상 아주 중요한 논문 중 하나다.

프란틀은 지금까지 어려움에 봉착했던 점성 문제에 대한 해결책으로 경계층이라는 획기적인 개념을 세계 최초로 도입했다. 프란틀은 이론적인 고려와 몇 가지 간단한 실험으로 고체 주위의 흐름을 2개의 영역으로 구분했다. 하나는 마찰이 중요한 역할을 하는 고체 표면의 근접한 얇은 층이고, 다른 하나는 마찰을 무시할 수 있는 얇은 층 외부의 다른 영역이다. 경계층 개념은 프란틀 본인이 직접 제작한 소형 수동(water tunnel)에서 수행된 간단한 실험에서도 적용되었다. 이 개념을 근거로 프란틀은 점성 흐름의 중요성을 물리적으로 설명하고 수학적으로 어려운 문제를 간단하게 해결하는 커다란 성과를 얻었다.

경계층은 고체 표면에서는 점성 때문에 고체에 대한 유체의 속도가 0(no-slip condition, 점착 조건)이어야 한다. 그리고 고체와 멀리 떨어진 영역은 점성의 영향을 받지 않으므로 퍼텐셜 유동(potential flow)으로 취급된다. 만약 유동이 비점성, 비압축성이고 비회전(irrotational)이라고 이상적으로 가정한다면 전자기 이론에서 따온 선형 퍼텐셜 해석 기술에 의해 취급될 수 있기 때문에 이상화된 문제를 퍼텐셜 유동이라 한다.

따라서 물체 근처에서는 전단 흐름(shear flow, 속도구배가 있는 흐름)이 존재해야 하며, 점성의 영향이 대단히 크다. 경계층의 두께는 점성이 감소함에 따라(레이놀즈수 증가) 감소하지만, 점성이 매우 작은 경우(레이놀즈수가 큰 경우)라도 경계층 내부에서의 마찰 전단 응력(shear stress, 물체의 어떤 면에서 서로 어긋나는 변형이 발생할 때 그 면에 평행인 방향으로 버티는 힘으로 단위 면적당 작용하는 접선 방향의 힘이라 정의됨)은 상당히 크게 된다. 반면에 경계층 외부에서의 속도 구배(gradient, 물리량의 공간 변화율, 즉 기울기를 의미함)는 0에 가까운 값을 갖게 된다.

프란틀의 경계층 가설은 나비에-스토크스 방정식을 경계층 방정식(boundary layer equation)이라는 단순한 형태로 줄일 수 있다. 1908년에 프란틀과 그의 첫 번째 박사 과정 제자 하인리히 블라시우스(Heinrich Blasius, 1883~1970년)는 박사 논문에서 경계층 방정식을 평판(flat plate) 위의 층류에 적용해 풀었다. 이것이 바로 블라시우스 방정식으로 경계층 개념의 효과를 처음으로 보여 준 경계층 해법이다. 블라시우스 방정식은 경계층 두께와 표면 마찰 저항에 대한 방정식으로 마찰로 기인한 유체 역학의 항력을 설명하는 저항 법칙을 도출했다. 한편 블라시우스는 1912년부터 1950년까지 함부르크 기술 대학에서 조용히 학생들을 가르치는 데 집중해 잘 알려지지 않았다.

프란틀의 경계층 연구는 위대한 업적으로 이론 유체 역학에 혁명을 일으켰다. 그러나 이 업적은 언어 장벽 때문에 전 세계 유체 역학자들에게는 서서히 퍼지게 되었다. 이로 인해 경계층 이론은 1920년대까지 영국과 미국에 전달되지 못했다. 당시 프란틀과 그의 제자들은 괴팅겐에서 경계층 이론을 다양한 공기 역학 모형에 적용했으며 난류 효과도 포함해 적용했다.

날개 길이가 한정된 실제 비행기 날개 주위의 흐름에 관한 3차원 날개 이론에 대한 그의 연구 결과는 1918~1919년에 양력선 이론(lifting-line theory) 또는 란체스터-프란틀 날개 이론(Lanchester-Prandtl wing theory)으로 발표되었다. 이외에도 제1차 세계 대전 당시 항공기에 적용되었던 캠버가 있는 날개를 설계하기 위한 얇은 에어포일 이론(thin-airfoil theory)도 발표했다. 이 이론은 3차원 날개의 끝단에 발생하는 날개 끝 와류를 고려하는 실제적인 연구를 수행할 수 있도록 했다.

프란틀은 고속의 아음속에서 압축 효과를 기술하는 프란틀-글라워트(Prandtl-Glauert) 법칙에도 기여했다. 이것은 제2차 세계 대전 동안에 비행기가 처음으로 초음속 비행에 접근하기 시작함에 따라 매우 유용하게 사용되었다. 프란틀은 제자 테오도르 메이어(Theodor Meyer, 1882~1972년)와 함께 연구해 초음속에서 발생하는 프란틀-메이어 팽창파 이론을 발표했다. 마찰 계수 측정으로 유명한 요한 니쿠라드세(Johann Nikuradse, 1894~1979년)도 프란틀의 박사 과정 제자이다. 그는 난류 마찰에 대한 연구를 실험을 통해 체계적으로 접근했으며, 표면 거칠기에 따라 마찰이 증가하고 이로 인해 압력 손실을 유발한다는 결과를 도출했다. 또 프란틀은 아돌프 부제만(Adolf Busemann, 1901~1986년)과 함께 최초로 후퇴익을 제안했으며, 그들은 천음속 및 초음속 영역에서의 항공기의 항력을 크게 줄였다.

이외에도 프란틀의 제자들은 카르만-폴하우젠의 경계층 근사해를 알아낸 칼 폴하우젠(Karl Pohlhausen, 1892~1980년), 『경계층 이론(Boundary Layer Theory)』의 저자인 헤르만 쉴리히팅(Hermann Schlichting, 1907~1982년), 톨민-쉴리히팅파(Tollmien-Schlichting wave)로 유명한 발터 톨민(Walter Tollmien, 1900~1968년) 등 총 85명에 달한다. 프란틀은 공기 역학 교과서에 자주 등장하는 훌륭한 연구 업적을 이루었지만 그의 제자들도 유명한 학자들이다. 그러므로 프란틀이 공기 역학의 아버지라 불리는 것은 당연하다. 그는 경계층 이론뿐만 아니라 날개의 양력과 항력 이론의 발전에 선구자적인 역할을 했고, 유체 역학 외에 구조역학, 기상학 등 많은 분야에 중요한 공헌을 했다.

프란틀은 1953년 8월 15일에 독일 괴팅겐에서 사망할 때까지 괴팅겐 대학에서 연구를 수행하고 있었다. 프란틀은 막스 플랑크(Max Planck, 1858~1947년, 1919년 노벨 물리학상 수상)에 비할 정도의 학문적 업적을 이뤘지만 노벨상을 수상하지는 못했다. 그러나 비행기가 존재하고 학생들이 유체 역학 분야의 공부를 하고 있는 이상, '루트비히 프란틀'이란 이름은 후세에 영원히 기억될 것이다.

테오도르 폰 카르만

테오도르 폰 카르만(Theodore von Karman, 1881~1963년)은 1881년 헝가리 부다페스트에서 유태인 가족의 일원으로 출생해, 49세에 미국으로 이민 간 헝가리-미국의 엔지니어이자 물리학자이다. 그는 공기 역학 분야의 발전에 크게 공헌했으며, 난류 연구 분야에서 권위 있는 학자들 중 한 사람이다. 특히 천음속 및 초음속 공기 흐름 특성에서의 그의 업적은 뛰어나다. 그는 오늘날 부다페스트 기술 및 경제 대학교(Budapest University of Technology and Economics)로 알려진 부다페스트의 왕립

공과 대학에서 엔지니어링을 공부했다. 1902년 졸업 후 독일 괴팅겐 대학교의 프란틀 교수를 지도 교수로 대학원생으로 합류했으며, 1908년에 기둥의 좌굴(buckling, 기둥의 양단에 압축 하중이 어느 정도 이상 가해졌을 때 기둥이 붕괴되는 현상)에 관한 논문으로 박사 학위를 받았다.

폰 카르만은 1909년에 괴팅겐 대

테오도르 폰 카르만

학교 객원 강사가 되어 4년 동안 학생들을 가르치면서 공기 역학 연구를 집중적으로 수행했다. 당시 체펠린 항공사로부터 후원을 받아 대형 풍동을 건설하고, 이를 기반으로 풍동 실험을 통해 카르만 와열 (Kármán vortex street, 물체의 뒤에 규칙적인 소용돌이가 2열로 나타나는 현상)을 발견했다. 여기서 와열은 구조물 후방에 번갈아가며 발생하는 와류가 거리에 켜져 있는 가로등과 비슷하기 때문에 만들어진 명칭이다.

폰 카르만은 1913년 2월에 독일 아헨 공과 대학교의 항공 연구소 (Aeronautical Institute) 소장으로 부임했다. 그는 중간에 제1차 세계 대전으로 인해 헝가리 군대에 징집되었지만, 1929년까지 16년 동안 항공 연구소의 소장과 항공기계학부 학부장 자리를 동시에 맡게 된다. 아헨 공대에 재직하는 동안 그는 경계층에서의 카르만 운동량 적분 (Kármán momentum Integral), 표면 마찰에 의한 대수 법칙 등을 발견했다. 폰 카르만은 제1차 세계 대전이 발발하자 그가 출생한 헝가리로 돌아가 오스트리아-헝가리 육군 항공부대의 연구 책임자로 활동하기도 했다. 여기서 그는 당시 사용했던 관측 기구(observation balloons)의 문제점을 해결할 목적으로 헬리콥터의 초기 버전을 설계했다.

폰 카르만은 1928년부터 1929년까지 가바니시 항공 회사(Kawanishi Airplane Company)의 컨설턴트로 활동했고, 1927년에는 일본 고베의 풍동을 설계했다. 그는 1926~1928년에 캘리포니아 공과 대학의 구겐하임 항공 실험실(GALCIT, Guggenheim Aeronautical Laboratory at the California Institute of Technology)과 캘리포니아 기술 연구소 고문 겸 컨설턴트로 활동하며, 6개월은 미국 캘리포니아 공과 대학에 근무하고 6개월은 독일의 아헨 공대에 근무했다. 미국은 1930년 폰 카르만에게 구겐하임 항공 실험실 소장직을 맡아 줄 것을 제안했다. 유태인인 폰 카르만은 독일에서 유태인 차별 정책이 심해지자 이를 수락하고 어머니, 여동생 등과 함께 미국으로 이주했다. 그는 1949년까지 구겐하임 항공 실험실 소장직을 수행했다. 당시 폰 카르만은 동료들과 함께 비정상 에어포일 이론, 난류 이론, 천음속 공기 역학, 초음속에서의 경계층 이론 등 유체 유동 관련 연구를 수행했다. 연구 결과는 지금까지도 비행과 관련된 분야에서 아주 중요한 업적이다. 또 폰 카르만은 1936년에 프랭크 말리나(Frank Malina), 잭 파슨스(Jack Parsons) 등과 함께 JATO(Jet Assisted Take Off, 이륙용 보조 로켓) 로켓 모터를 제작하기 위해 에어로제트 (Aerojet) 회사를 설립했다. 그는 1936년에 미국 시민권을 획득했으며, 1938년에는 미국 공군에 이륙 중 부족한 항공기의 추진력을 보강하기 위한 로켓을 사용할 것을 자문했다.

제2차 세계 대전 중에 독일이 군사 목적으로 로켓에 관한 연구를 수행하자 미국 정부는 로켓 연구에 막대한 연구비를 지원했다. 연구비 지원으로 폰 카르만이 그의 동료들과 함께 1944년 11월 LA근교 패서디나에 있는 캘리포니아 공과 대학에 설립한 제트 추진 연구소는 후에 미국 우주 프로그램에 상당한 기여를 한다. 이 연구소는 지금도 연방 정부가 연구 및 개발 센터를 재정 지원하고 있으며, NASA의 계약하에 캘리포니아 공과 대학에서 관리하고 있다.

1944년 9월초쯤 그는 뉴욕시 근교의 라 과디어 공항 활주로에서 미국 공군 사령관 헨리 아놀드(Henry H. Arnold, 1886~1950년) 장군을 만났다. 그때 아놀드 장군은 폰 카르만에게 과학 자문 그룹을 이끌기 위해 워싱턴 D. C.로 이사하고 공군 장기 계획의 컨설턴트가 되어 줄 것을 제안한다. 그는 9월 중순쯤 캘리포니아 주 패서디나로 귀환한 후 1944년 10월 공군의 과학 자문 그룹 위원장 직위를 수여받고 그해 12월에 캘리포니아 공대를 떠난다.

새로 창설된 공군의 과학 자문 그룹은 로켓, 유도 미사일, 제트 추진 분야의 최첨단 기술에 관한 연구를 수행했다. 또 그는 1951년부터 북대서양 조약 기구(NATO, North Atlantic Treaty Organization) 산하의 AGARD(Advisory Group for Aerospace Research and Development, 항공 우주 연구 개발 자문단)의 회장을 맡았다.

폰 카르만은 이륙용 보조 로켓(JATO unit)을 고안해 실제로 응용할 수 있는 수준까지 개발하는 데 크게 공헌했다. 그는 실험뿐만 아니라 로켓 공학의 이론까지 수많은 업적을 남겼다. 1956년에 폰 카르만이 벨기에 브뤼셀에 설립한 연구소는 현재도 폰 카르만 유체 역학 연구소라 부른다. 1977년, RWTH(Rheinisch-Westfälische Technische Hochschule) 아헨 공과 대학교는 학교 내 항공 연구소에서 재직한 폰 카르만의 뛰어난 연구 업적을 기리기 위해 신축 강당을 '카르만 강당'이라 명명했다. 폰 카르만은 1963년 독일 아헨을 방문 중 세상을 떠났다.

64

비행기 형상을 한 단계 끌어올린 리처드 휘트콤

1950년 이후로 공기 역학 분야에서 가장 크게 발전한 것은 면적 법칙 (area rule)과 초임계 날개(supercritical wing)의 개발이라 할 수 있다. 이것은 리처드 토니 휘트콤(Richard T. Whitcomb, 1921~2009년)이 개발했다.

휘트콤은 1921년 2월 21일 미국 일리노이 주 시카고에서 북쪽으로 약 32킬로미터 떨어진 에반스톤에서 출생했다. 그는 1943년에 미국 매사추세츠 주 우스터 공과 대학 기계공학과를 졸업하고 NASA의 전신인 NACA 랭글리에 들어가 풍동 엔지니어로서 1980년까지 연구 활동을 수행했다.

그는 1950년대 초 면적 법칙에 대한 개념을 구상해 NACA 랭글리의 2.4미터 천음속 풍동 시험부에서 마하수 0.85부터 1.1까지 세장형 모델의 항력을 측정했다. 이 시험에서 그는 고속에서의 항력이 항공기 단면적(동체의 두께)의 함수라는 것을 증명했다. 당시 미국은 F-102

면적 법칙을 설명하는 휘트콤

와 같은 델타형 날개의 전투기를 초음속 비행을 위해 설계했지만, 마하수 1.0 근처에서 급격한 항력 증가로 인해 장벽에 부딪치게 되었다. 휘트콤이 고안한 면적 법칙을 적용해 F-102를 다시 설계했고, 그 결과 면적 법칙이 최초로 적용되어 음속을 돌파하는 데 크게 기여했다.

이러한 연구 결과로 휘트콤은 1954년 미국에서 항공 및 우주 분야에 가장 큰 업적을 이룩한 사람에게 주어지는 항공의 최고 명예상인 콜리에 트로피를 받았다. 미국 항공 및 우주 분야의 노벨상이라 부를 정도의 최고 명예상인 콜리에 트로피의 수상자 목록은 비행 역사에 있어서 주요 발전을 연대순으로 볼 수 있을 정도로 미국에서 최고로 권위 있다. 콜리에 트로피 시상식은 매년 6월 중순경에 워싱턴 D. C. 근교에서 열린다.

1960년대 당시 제트 수송기 B707에서 사용했던 NACA 6자리 계열 에어포일(NACA가 에어포일 형태를 변화시켜 체계적으로 만든 에어포일 시리즈)은 항력 발산 마하수(날개 윗면의 속도가 초음속이 되면서 충격파가 발생하고 충격파 이후에 압력이 급격히 증가해 흐름 분리가 발생하여 항력 계수가 급격히 증가하는 고아음속 영역에서의 마하수)라는 장벽에 부딪혀 순항 속도를 더 이상 증속을 할 수 없었다. 1960년대 초반에 휘트콤은 마하수 M=1.0 근처에서 크게 발생하는 항력을 감소시키기 위한 에어포일 설계에 관심을 두었다. 1965년에 휘트콤은 기존의 에어포일 공력 특성 자료와 풍동 실험을 통해 고

아음속 비행을 위한 초임계 에어포일(supercritical airfoil, 항공기가 음속에 가까운 속도에서 항력이 크게 증가하지 않도록 날개 면에 강한 충격파의 발생을 억제하도록 제작한 에어포일)을 개발했다. 1960년대에 천음속 영역에서 여객기의 효율을 향상시키기 위해 항력 발산 마하수를 증가시키는 새로운 에어포일 연구가 NASA 랭글리 연구 센터를 중심으로 활발하게 이뤄진 결과다.

항공기 설계자들은 고속 항공기에서 높은 임계 마하수(날개 윗면에서의 속도가 증가해 마하수 M=1.0이 될 때의 비행기의 속도) 값을 갖기 위해 얇은 에어포일을 자주 사용했다. 그러나 날개 구조 강도를 유지하고 연료를 저장할 공간을 마련하기 위해서는 날개를 더 이상 얇게 할 수 없었다. 그래서 두꺼운 날개를 택하는 경우에는 임계 마하수가 증가해 항력 발산 마하수도 증가한다. 그러나 임계 마하수가 증가하더라도 임계 마하수와 항력 발산 마하수 사이의 마하수 차이를 늘리게 되면 고아음속 영역에서 순항 속도를 증가시킬 수 있다고 생각했다. 이러한 이론을 채택한 것이 초임계 에어포일이라는 새로운 개념의 에어포일이다.

초임계 에어포일은 충격파와 흐름 분리를 고려해 윗면이 더 평편하고 아랫면 끝부분이 굽은 모양이다. 무딘 앞부분을 가지고 있어 에어포일 앞부분에서의 속도를 빠르게 한다. 날개 윗면은 평편하게 해 심한 역압력 구배를 감소시키고 속도 증가를 둔화시켰다. 에어포일은 날개 윗면에서의 국부 마하수가 작아져 6자리 계열 에어포일에 비해 상대적으로 약한 충격파를 에어포일 후방에 발생시킨다. 따라서 초임계 에어포일은 항력 발산 마하수를 증가시키는 결과(NACA 64시리즈의 항력 발산 마하수=0.67, 초임계 에어포일의 항력 발산 마하수=0.79)를 초래한다.

그러나 초임계 에어포일은 윗면이 평편하기 때문에 역방향 캠버(camber, 날개 단면 중심선이 위로 휜 정도를 나타내는 것)를 가져 양력이 감소한다.

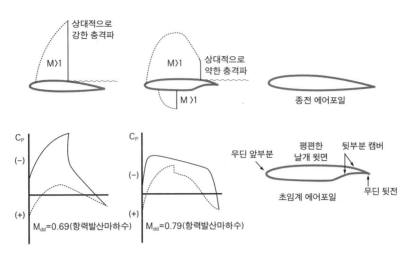

종전 에어포일과 초임계 에어포일의 충격파 발생과 압력 계수 비교

이를 보상하기 위해 에어포일 후방 아랫면에 정방향 캠버를 주어 양력을 증가시켰다. 따라서 초임계 에어포일은 에어포일 윗면의 속도를 증가시키기보다는 날개 후방 아랫면의 속도를 감소시켜 날개 윗면에서 강한 충격파가 발생하는 것을 방지한 것이다.

초임계 에어포일은 천음속 비행에서 날개 윗면에 아주 약한 충격파가 발생하도록 해, 에어포일 두께비가 크더라도 항력이 급격히 증가하는 것을 방지한 에어포일이다. 이것이 개발되면서 "에어포일 단면이 뭉뚝한 앞전을 갖는 두꺼운 에어포일은 더 높은 받음각까지 실속을 지연"시킨다는 1917년 프란틀의 획기적인 연구 결과에 이어 에어포일 형태가 또 한 번 획기적으로 발전했다. 에어포일 개발은 항공 산업에 커다란 영향을 미쳤으며, 오늘날 거의 대부분 상업용 비행기를 개발할 때 초임계 에어포일을 도입해 설계하고 있다. 에어포일은 B757, B767,

리어젯 같은 최신 고속 항공기의 날개로 적용되고 있다.

초임계 에어포일을 사용하면 순항 마하수에서 마하수 M = 0.05만큼을 증가시켜 구간 속도(block speed, 구간 거리에 대한 평균 속도)를 증속할 수 있으므로 항공사의 직접 운영비를 줄여 준다. 또 두꺼운 날개를 사용해 가로세로비를 증가시키고, 최대 양력과 양항비(L/D)를 향상시키며, 날개 자체 중량을 감소시키므로 초임계 에어포일을 채택한 날개의 후퇴각을 감소시킬 수 있는 장점이 있다. 그러나 초임계 에어포일은 과도하게 기수내림 피칭 모멘트가 작용하고 날개 후방에 과도한 역압력 구배가 발생하는 단점이 있다. 또 날개 후방이 아주 얇아 고양력 장치를 장착할 공간이 없다는 것도 단점이다. 그렇지만 초임계 에어포일은 날개 윗부분의 속도를 점차 감소시켜 최종 충격파를 약화시켜 충격파 후방의 흐름 분리를 심하게 유발하지 않으므로 여객기의 순항 속도를 증가시킨다.

이외에도 휘트콤은 1970년대에 날개 끝에 장착해 유도항력을 감소시키는 윙렛(winglet)을 개발했다. 윙렛은 B737, B747, A330, A380 등 여러 여객기에 장착되어 있다. 이것은 날개 끝 와류가 유발하는 유도 저항을 감소시키므로 연료를 절감할 수 있다. 이와 같은 업적으로 인해 휘트콤은 발명가 명예의 전당에 입성했으며, 국가 과학 메달도 수상했다.

휘트콤은 라이트 형제와 같이 강한 직관력을 비행 문제에 적용했으며, 결혼하지 않고 일에 전념해 많은 업적을 쌓았다. 버지니아 주 남동부에 있는 뉴포트뉴스에서 2009년 10월 13일 세상을 떠났다.

65

미국의 천재 항공기 설계자, 앨버트 '버트' 루탄

앨버트 '버트' 루탄(Elbert 'Burt' Rutan, 1943년~)은 미국의 천재 항공 우주 엔지니어로 가볍고 강하며 연료를 절약할 수 있는 항공기 설계자로 유명하다. 그는 1982년 모하비 사막에 스케일드 컴포지트 사(Scaled Composites)를 세우고 우주선을 운반하기 위한 화이트 나이트를 제작했다. 또 혁신적인 홈 빌트 항공기(home-built aircraft, 집에서 자신이 직접 조립·제작하는 항공기)인 바리즈(VariEze, Very Easy)를 설계했다. 항공사상 가장 멀리 비행한 항공기는 버트 루탄이 설계한 보이저(Voyager) 호로 날개 스팬 33.8미터(110.8피트)에 비해 자체 중량(1.02톤)은 상당히 가볍다.

루탄은 1965년부터 1972년까지 에드워즈 공군 기지의 시험 비행 프로젝트 엔지니어로 근무했으며, 1974년 6월 루탄 항공기 공장(Rutan Aircraft Factory)을 창설했다. 그는 1976년에 바리즈를 제작해서 판매했으며, 홈빌트 항공기를 설계하고 제작했다. 커나드 형태의 소형 비

미국 오슈코시(Oshkosh) 에어쇼에 전시된 바리즈

행기 바리즈는 100마력(74.6킬로와트) 엔진으로 추진되며, 성인 2명을 태우고 시속 290킬로미터의 속도로 1,127킬로미터 거리를 비행한다. 소형이고 성능이 우수해 자신만의 항공기를 보유하려는 항공 애호가들에게 많은 인기를 얻은 바리즈는 시대를 앞선 설계이면서도 기계적으로 간단하고 특이한 형상을 지녔다. 세계 최초로 윙렛을 장착한 바리즈는 다른 어떤 항공기보다 저렴하고 신속하게 제작할 수 있으며, 유지하고 관리하는 비용이 저렴해 경제적이다.

또 루탄은 보이저 호를 설계했다. 1986년 12월 14일 오전 8시 1분에 버트 루탄의 형인 조종사 리처드 '딕' 루탄(Richard 'Dick' Rutan, 1938년~)과 제나 예거(Jeana Yeager, 1952년~)는 3,180킬로그램(7,011 파운드)의 연료를 탑재한 보이저 호로 지구를 한 바퀴 돌기 위해 에드워즈 공군 기지를 이륙했다. 캘리포니아에서 태평양과 인도양을 지나 아프리카와 대서양을 거쳐, 미국 대륙을 건너는 비행을 통해 로스앤젤레스에서 북쪽으로 166킬로미터 떨어진 에드워즈 공군 기지에 착륙했다. 그들은 무역풍을 등에 업고 비행하기 위해 서쪽 방향으로 4만 211킬로미터를 비행했으며, 시간당 187킬로미터를 비행했다. 1986년 12월 23일 오전 8시 6분에 다시 에드워즈 공군 기지에 착륙해 9일 3분 44초 동안 공중 급유 없이 전 세계 일주 비행에 성공했다. 기록면에서 볼 때 딕 루탄과 예거는 공중 급유 없이 논스톱으로 지구를 한 바퀴 비행한 세계 최초의 조종사들로서 콜리에 트로피를 비롯해 많은 상을 수상했다. 현재 보이저 호는 워싱턴 D. C. 스미스소니언 국립 항공 우주 박물관에 전시되어 있다.

또 루탄은 2004년 10월 4일 캘리포니아 주 모하비 사막의 에드워즈 공군 기지에서 발사되어 최대 고도 111.64킬로미터까지 올라가 3분간 우주 공간에 머문 후 무사 귀환한 스페이스십 원을 설계했다. 이 외에도 지상 110킬로미터 상공까지 비행할 수 있어 무중력 상태에서 지구의 모습을 관찰할 수 있는 스페이스십 투를 제작했다. 그는 민간 우주선으로 상용화하기 위해 운반 비행기인 화이트나이트 투를 제작했으며, 이는 복합 재료를 많이 사용해 가벼우면서도 높은 강성도를 갖는다. 2013년 4월 시험 비행에 성공했지만 2014년 10월 시험 비행에는 아쉽게도 실패했다. 그래도 우주 관광 회사인 버진 갤럭틱(Virgin Galactic)은 전설적인 항공 엔지니어인 루탄이 설계한 우주선을 탑승해 일반인도 우주 여행을 할 수 있는 프로그램을 추진 중이다.

66

뉴턴의 양력 계산 오류

뉴턴(Isaac Newton, 1642~1727년)의 제3법칙인 작용-반작용의 법칙은 날개가 받음각을 갖고 날아갈 때, 공기의 아랫방향으로 미는 힘의 반작용으로 날개를 위로 올리는 힘이 작용한다는 것이다. 그리고 공기는 날개 표면 주위를 흘러감에 따라 날개에 부착되는 현상이 생기는데 뉴턴은 이 사실을 알지 못했다.

양력은 공기 밀도와 날개 주위 공기 속도에 따라 달라진다. 날개가 더 많은 양력을 얻기 위해서는 속도를 증가하거나 받음각을 크게 해야 한다. 속도를 증가시킨다면 더 많은 양의 공기를 아랫방향으로 흐르게 해 양력을 증가시킨다. 또 받음각을 증가시키면 공기 흐름의 방향을 아랫방향으로 더 많이 변경해 아랫면에 작용하는 공기가 더 많아져 양력을 증가시킨다. 받음각을 증가시키는 데에는 날개 윗면에서 공기가 떨어져 나가는 실속 현상이 발생할 수 있으므로 어느 정도 한

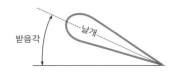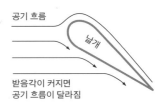

받음각의 정의 및 뉴턴의 작용반작용법칙

계가 있다. 새나 비행기는 착륙하기 위해 속도를 줄여야 하므로 대신 받음각을 증가시킨다. 속도를 줄이는 대신 무게를 지탱할 수 있는 양력을 얻을 수 있기 때문이다.

뉴턴은 경사진 평판에 작용하는 힘을 경사각(또는 받음각) α라고 할 때 $sin^2\alpha$에 비례한다는 '사인제곱 법칙(sine-squared law)'을 유도했다. 즉 평판에 작용하는 공기력은 $R=\rho V^2 S sin^2\alpha$이며 이를 뉴턴의 사인제곱 법칙이라 부른다. 뉴턴의 이론대로라면 평판의 양력은 그림에서와 같이 $L=Rcos\alpha=\rho V^2 S sin^2\alpha cos\alpha$이고, 항력은 $D=Rsin\alpha=\rho V^2 S sin^3\alpha$이다.

평판이 만약 받음각 2도라면 2π 라디안이 360도이므로 라디안으로 환산하면 0.035로 아주 작다. 더구나 사인의 제곱은 더욱 작으므로 작은 받음각을 갖는 경우 양력은 아주 작다는 것을 알 수 있다. 그러나 비행기가 받음각이 거의 없을 정도로 직선 수평 비행을 하고 있을 때 비행기는 무거운 비행기 무게를 지탱할 수 있을 정도로 충분한 양력이 있다. 받음각이 작아 양력이 작을 텐데 어떻게 날 수 있을까?

뉴턴의 사인제곱 법칙이 맞다면 $sin^2\alpha$값이 작아 양력을 크게 하기 위해서 날개 면적 S를 크게 해야 한다. 날개가 너무 크게 되면 실제 비

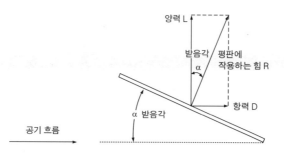

받음각이 작을 때 평판에 작용하는 공기 역학적 힘

행기를 제작하는 데 많은 어려움이 따른다. 양력을 증가시키는 또 다른 방법은 받음각을 높이는 방법이지만, 이것은 항력이 더 크게 증가해 공기 역학적 효율이 떨어진다. 양력과 항력의 비를 나타내는 양항비(L/D)는 공기 역학적 효율을 나타내는 척도이며, $\cot\alpha$로 나타낼 수 있다. 따라서 항력에 비해 양력을 크게 하기 위해서는 받음각을 작게해야 한다. 뉴턴은 양력을 $\sin^2\alpha\cos\alpha$에 비례한다고 했으므로 거대한 비행기를 제작해야 한다 그렇지 않으면 작은 날개로 인해 양항비가 작기 때문에 큰 항력을 이겨내고 날기 위해서는 강력한 엔진을 장착해야 한다.

후에 뉴턴의 사인제곱 법칙은 19세기에 '공기보다 무거운 물체는 날 수 없다'라는 것을 증명하기 위해 사용되었다. 그러므로 뉴턴의 생각은 틀렸으며 뉴턴의 이론으로 인해 비행기 개발이 지연되었다는 이야기가 나온다. 뉴턴은 어디가 틀려 실제의 발생하는 양력보다 작게 추정했을까?

뉴턴이 생각하지 못한 것 중 하나가 바로 앙리 코안다(Henri Coandă, 1886~1972년)가 발견한 표면 부착(surface attachment) 효과다. 이것은 코안다 효과라고도 하는데 공기가 표면에 붙어서 굽어진다는 것이다. 뉴턴의 개념에 코안다 효과를 고려하게 되면 표면에 부착하는 효과로 인해 흐름이 휘어져 흐르는 양이 증가한다. 하나 더 추가할 것은 표면에 인접한 흐름들도 같이 휘어진다는 것이다. 따라서 표면 부착 효과뿐만 아니라 인접한 공기 흐름도 휘어지므로 휘어지는 공기 질량은 더 많아지고 윗면과 아랫면의 압력차도 훨씬 커 양력이 크게 증가한다.

또 비행기가 전진 비행을 할 때 날개 앞전에서의 올려흐름이 존재하게 된다. 이것은 공기가 아랫방향으로 가속되어 날개 윗면에 감소된 압력 때문에 아랫면에서 윗면으로 올라가는 흐름이 발생하는 것이다. 앞전에서의 올려흐름은 앞으로 진행하는 날개에 차단된다. 날개 윗면의 낮은 압력을 채우지 못하도록 공기 흐름을 차단시키므로 날개 윗면의 압력은 더 낮아져 더 큰 양력을 발생시킨다. 뉴턴은 평판의 양력 계산에 표면에 부착하는 흐름뿐만 아니라 평판에 인접한 흐름도 휘어지는 것을 생각하지 못했다. 또 날개나 평판에 의해 올려흐름이 차단되는 것도 전혀 알지 못했다.

이와 같은 이유로 인해 뉴턴의 양력 계산 이론은 비행의 가능성을 비관적으로 보게 되어 비행기 개발을 지연시켰다고 말하기도 한다. 물론 뉴턴이 생각한 양력 계산은 여러 항목을 고려하지 못해 양력을 작게 추정한 것은 사실이다. 그러나 그 이유로 인해 뉴턴이 비행의 가능성을 지연시켰다고 이야기하는 것은 곤란하다. 당시 비행에 관심이 있었던 사람들은 뉴턴 양력 이론을 전혀 믿지 않았던 분위기였고, 이론이 비행기 개발에 직접적으로 어떤 영향을 끼쳤는지 정량적인 값으로 나타낼 수 없기 때문이다.

7

비행의 시대를
사랑한 사람들

67

상상의 나래를 펼친 작가, 쥘 베른과 생텍쥐페리

공상 과학 소설의 선구자 쥘 베른은 잠수함이나 우주선이 만들어지기도 전에 우주 및 해저 여행 등에 대한 과학 소설을 썼다. 특히 그는 독자들로 하여금 새로운 세계를 탐험할 수 있는 기회를 제공했다. 한편 베른과 1세대가 차이가 나는 생텍쥐페리는 유명한 『어린 왕자』를 쓴 작가이자 조종사다. 그는 작품을 통해 사람들 간의 정신적 유대에서 진정한 삶을 찾으려 했다.

쥘 베른

프랑스의 작가 쥘 베른(Jules Verne, 1828~1905년)은 공상 과학 소설(SF, Science Fiction)이라는 용어가 나오기 전에 이미 과학 지식을 이용해 현실에서는 도저히 체험할 수 없는 상상의 나래를 펼쳐 과학의 무궁무

쥘 베른

진한 가능성을 그린 작품들을 썼다. 『타임머신』과 『투명인간』 등을 쓴 H. G. 웰스, 「혹성 탈출」의 원저자 피에르 불 등에 의해 공상 과학 소설이 발전한다. SF라는 새로운 용어는 미국의 과학 소설가인 휴고 건스백(Hugo Gernsback, 1884~1967년)이 1926년에 창간한 세계 최초의 SF 잡지 《어메이징 스토리즈(Amazing Stories)》에서 처음으로 사용했다.

베른은 1828년 프랑스 서부의 항구 도시 낭트에서 법률가의 아들로 태어났다. 연극과 잡지에 글을 쓰기 시작한 그는 19세 때 장편 문학 작품을 쓰기 시작했다. 그러나 그의 아버지는 문학은 돈을 벌기 힘들다며 법학을 공부하도록 장남인 그를 1948년에 파리로 보냈다. 그는 오페라 극작가인 미셸 카레(Michel Carre, 1819~1872년)의 영향을 받아 오페라 가극을 쓰기 시작했으며, 법률 공부보다 글 쓰는 일에 흥미를 느껴 풍부한 과학 지식과 뛰어난 글 솜씨로 글 쓰는 데 몰두했다. 이것을 알게 된 아버지가 경제적인 지원을 중단하자 생계 문제를 해결하기 위해 주식 중개인으로 활동하기도 했다.

파리에서 문학 살롱을 드나들며 알렉상드르 뒤마 페르(Alexandre Dumas père, 1802~1870년)를 비롯한 작가들과 교제하던 베른은 1862년 앨프레드 드 브레하(Alfred de Bréhat)를 통해 '프랑스 아동 문학의 아버지'로 불리는 출판업자 피에르 쥘 에첼(Pierre-Jules Hetzel, 1814~1886년)을 만났다. 이미 위고, 조지 샌드 등 유명한 작가들의 작품을 출간한 에첼은 재미있는 픽션과 과학 교육을 결합한 교육 잡지를 창간했다. 에첼은 여러 번 출판을 거절당했던 원고 『기구 여행(Voyage en Ballon)』을 일부 수정하는 조건으로 잡지에 연재했는데 이것이 바로 「기구를 타고 5주간」(1863년)이다. 1866년에 『해더러스 선장의 모험(The Adventures of Captain Hatteras)』이 나오자 에첼은 베른의 교육적이고 야심찬 소설들을 "기이한 여행들(Voyages Extraordinaires)"이라 불렀다. 『지구 속 여행』(1864년), 『지구에서 달까지』(1865년), 『달나라 여행』(1869년), 『해저 2만 리』(1870년), 『80일간의 세계 일주』(1873년)와 같은 위대한 작품들이 포함된다.

베른은 『해저 2만 리』에서 잠수함 노틸러스 호가 최대 지름 8미터, 길이 70미터인 홀쭉한 원통형으로 최고 속도 50노트를 낼 수 있다고 구체적으로 언급했다. 잠수함이나 우주선이 개발되기도 전에 우주, 해저 여행에 대한 공상 과학 소설을 집필한 것이다. 특히 『20세기 파리』는 미셸이라는 주인공을 통해 100년 후 반인간적 도시가 된 파리의 미래 모습을 정확히 묘사하고 예언한 선구적인 소설이다.

베른은 1888년부터 약 15년간 파리 북쪽으로 145킬로미터 떨어진 소도시 아미앵의 시의원을 지냈다. 1905년 77세의 나이에 당뇨병으로 아미앵 자택에서 세상을 떠난 그의 유해는 마을의 마들렌 공동묘지에 안장되었다. 위대한 공상 과학 작가 베른을 기리기 위한 쥘 베른 박물관이 그가 탄생한 낭트에 건립되어 자필 문서와 공예품, 발명품의 복제품 등을 전시하고 있다.

앙투안 드 생텍쥐페리

앙투안 드 생텍쥐페리(Antoine de Saint-Exupéry, 1900~1944년)는 프랑스 리

앙투안 드 생텍쥐페리

옹에서 귀족 집안의 5남매 중 셋째로 태어났다. 1919년 생텍쥐페리는 예비 해군 사관 학교에 두 번 실패한 후에 미술 학교에 청강생으로 입학했다. 1921년에 경기병 제2연대 소속으로 스트라스부르 근처 노이호프에서 군복무를 시작한 그는 군복무 중 개인 비행 교습을 받고 1922년 프랑스 육군에서 공군으로 이적했으며, 모로코 카사브랑카에 있는 37 전투기 비행 전대에 부임한 후 정식 조종사가 되었다.

그후 파리 근교 르 부르제에 있는 34 항공 전대에 부임하고, 작가인 루이즈 드 빌모랭(Louise de Vilmorin)과 약혼했지만 그녀 가족의 반대로 결혼하지 못했다. 그는 사무실 근무를 선호해 공군에서 제대했으며, 몇 년 동안 트럭 판매원, 자동차 공장 직원 등 다양한 직업을 경험하기도 했다.

1926년에 생텍쥐페리는 다시 비행하기 시작해 국제 우편 비행 개척자 중 한 사람이 되었다. 그는 프랑스 툴루즈에서 서아프리카 세네갈 다카르까지 우편 비행기를 조종했다. 남모로코의 스페인령 사하라 사막의 케이프 쥐비 공항의 착륙장 매니저로 일하기도 했다. 1929년에는 아르헨티나로 이주해 아에로포스탈 항공사의 책임자가 되었다.

1923년부터 본격적으로 작가로서의 기반을 다진 그는 1929년 3월에 나온 『남방 우편기』의 초고를 1926년 4월 《르 나비르 다르장(*Le Navire d'argent*)》에 단편 「비행사」로 먼저 발표하기도 했다. 그는 1931년

아에로포스탈 항공사 근무 경험을 토대로 『야간비행(*Vol de nuit*)』을 출간해 문학계에 떠오르는 스타로 부상하고 페미나 상(Prix Femina, 1904년 제정된, 매년 프랑스에서 출간된 가장 우수한 문학 작품에 수여하는 문학상)을 받았다.

1935년에는 파리에서 이집트로 향해 비행하던 중 카이로 근교 리비아 사막에 불시착해 5일 동안 걷다가 구조되기도 했다. 인간의 본질에 관한 내용을 서정적인 필치로 표현한 단편 소설 『인간의 대지』(1939년)가 미국에서 영문판 『바람과 모래와 별들(*Wind, Sand and stars*)』로 번역 출간되었다. 그의 작품은 대부분 조종사로서의 경험을 통해 영감을 받은 것이며, 그는 제2차 세계 대전 초기까지 지속적으로 소설을 쓰면서 비행기도 조종했다.

제2차 세계 대전이 발발하자 그는 프랑스 공군에서 활약하다가 1940년 7월 전역한 후 12월에 미국으로 건너갔다. 미국에 머무는 동안 삽화를 넣은 『어린 왕자』(1943년)를 출간했다. 그후 프랑스로 귀국해 프랑스 공군 조종사로서 독일 병력의 움직임 정보를 수집하는 임무를 부여 받고, 1944년 7월 31일에 P-38 라이트닝을 조종해 코르시카 섬 공군 기지를 이륙했다. 그는 임무 수행 중 실종된 것으로 기록되었지만, 2004년 3월 마르세유 근처에서 비행기 잔해가 발견되었다. 그는 독일 전투기 조종사에게 피격되어 사망한 것으로 알려져 있다.

68

항공기 제조 회사를 창업한 록히드 형제와 휴즈

미국 최대의 방위 산업체인 록히드 마틴 사는 1912년 록히드 형제가 설립한 회사에서 1916년에 록히드 항공기 제조 회사로 이름을 바꾸고, 1995년 마틴 마리에타(Martin Marietta)를 합병하면서 비롯되었다. 한편 휴즈 항공사는 미국 역사에서 영향력 있는 조종사 중 한 사람으로 많은 부를 축적한 실업가로도 유명한 하워드 휴즈(Howard Hughes, Jr, 1905~1976년)가 설립한 회사다. 그들의 삶과 그들이 만든 항공기 제조 회사의 성장 과정을 알아보자.

록히드 형제

앨런 록히드(Allan Lockheed, 1889~1969년)가 형 맬컴 록히드(Malcolm Lockheed, 1887~1958년)와 함께 1912년에 설립한 알코 하이드로-항공기

맬컴 록히드　　　　　　　**앨런 록히드**

회사(Alco Hydro-Aeroplane Company)가 나중에 록히드 사가 되었다. 록히드 형제의 본명 'Loughead(록히드)'를 많은 사람들이 '로그헤드(log-head)'라 틀리게 발음하자, 1934년에 발음대로 록히드(Lockheed)라 개명했다.

　록히드 형제는 캘리포니아 주 샌프란시스코 만 인근 나일스에서 태어났다. 1904년에 형인 맬컴은 샌프란시스코에 있는 화이트 자동차 회사의 기계공이었으며, 동생 앨런도 자동차 정비공으로 일했다. 록히드 형제는 글라이더 시범 비행을 목격한 후 처음으로 항공에 매료되었다. 1910년에 앨런은 시카고에서 항공기 정비사로 일하기 시작했고 바로 항공기 조종법을 배웠다. 앨런은 집에서 만든 항공기로 처음으로 비행했으며, 그것을 제작한 조지 게이츠(George Gates)가 러더와 엘리베이터를 조작하는 동안 앨런은 에일러론을 조작했다. 그것은 역사적으로 조종사 두 명이 조종한 첫 항공기였다.

　앨런은 1912년 샌프란시스코에 돌아와 형 맬컴과 함께 비행기에 태워 주고 돈을 받는 사업을 하면 성공할 수 있을 것이라 생각하고 실행에 옮겨 항공기 회사를 창립했다. 기계공이었던 록히드 형제는 근무 시간 이외의 자유 시간에 비행기를 설계하고 제작했으며, 1913년에는 샌프란시스코 만 상공을 성공적으로 비행했다.

그들은 1916년에 샌타바버라로 옮겨 록히드(로그헤드) 항공기 제조 회사(Loughead Aircraft Manufacturing Company)를 설립했다. 그들의 첫 번째 프로젝트는 세계 최대의 수상기인 F-1이었으며, 10명의 승객이 탑승할 수 있었다. 록히드 형제는 이 프로젝트에 당시 20세이던 '잭' 노스럽(1939년 노스럽 사를 설립함)을 설계자로 고용했다. F-1을 생산해 비행하는 데 성공한 덕택에 수상기를 제작해 달라는 주문을 받았으며, 미국 해군과 커티스 수상기(Curtiss HS-2L) 제작 계약을 맺을 수 있었다. 제1차 세계 대전 후 이 회사는 민간인이 사용할 수 있도록 단좌 복엽기 S-1을 제작하는 데 집중했다. 개발과 제조에 3만 달러라는 엄청난 자금을 투자했지만, 비행기가 너무 크고 비쌌기 때문에 팔 수 없었다. 결국 록히드 항공기 제조 회사는 1921년에 재정적인 어려움으로 문을 닫았다.

맬컴은 항공기 사업과 관련된 일을 완전히 관두고, 디트로이트로 가서 차량용 유압 브레이크 시스템 회사인 록히드 하이드로릭 브레이크 회사(Lockheed Hydraulic Brake Company)를 설립했다. 그는 자동차 기계공으로서 자동차 브레이크 시스템을 성공적으로 개발해 부를 축적했다. 노스럽은 더글러스 사로 옮겨 일을 했다.

한편 동생 앨런은 형과 달리 항공기 산업 분야를 떠나지 않고 남았다. 1926년에 앨런 록히드와 노스럽은 재결합했고, 록히드 항공기 회사(Lockheed Aircraft Corporation)를 만들기 위해 자금을 확보했다. 그들은 맬컴의 록히드 브레이크 회사와 같은 록히드(Lockheed)라는 철자를 사용했다. 그들은 종전의 항공기 S-1을 혁신적인 단일 몸체로 개선한 고익 단엽기 록히드 베가(Vega)를 제작해 1927년 7월 첫 비행에 성공했다. 6인승 베가는 순항 속도가 시속 265킬로미터(시속 165마일)이고 항속 거리가 1,165킬로미터(725 마일)이며, 아멜리아 에어하트(Amelia Earhart, 1897~1939년)와 윌리 포스트(Wiley Post, 1898~1935년) 같은 세계의 최고의 조종사들에게 인기가 있었다. 1928년에 노스럽은 독자적인 항공기 사업을 하기 위해 록히드를 그만두었다. 1929년에 앨런은 록히드 사를 디트로이트 항공기 회사(Detroit Aircraft Corporation)에 넘겼으며, 록히드 사는 팔린 지 얼마 안 돼 세계 경제 공황으로 인해 1932년에 부도를 맞게 되었다.

같은 해 사업가인 로버트 그로스(Robert Ellsworth Gross, 1897~1961년)와 코틀랜츠 그로스(Courtland Gross, 1904~1982년) 형제는 부도난 회사를 인수해, 1934년에 록히드 사(Lockheed Corporation)로 명칭을 바꿨다. 로버트 그로스는 1934년부터 1956년까지 록히드 사의 회장직을 수행했다. 1930년대 록히드 사는 수직 꼬리 날개 2개를 지닌 경제적인 일렉트라(Model 10 Electra), 1940년대 돌고래를 연상케 하는 동체와 꼬리 날개 3개가 있는 컨스텔레이션(Constellation) 등과 같은 혁신적인 비행기를 개발했다. 당시 록히드 사는 더글러스 사의 DC 시리즈와 함께 세계 여객기 시장을 장악했다.

또 록히드 사는 100석 이상의 대형 여객기인 L188 일렉트라를 개발해 1957년 12월에 첫 비행을 했다. 이 여객기는 1959년 1월부터 상용 여객기로 취항했지만 곧 2건의 사고가 발생했는데 원인은 엔진 장착 부분의 설계 결함이었다. 위기를 맞은 록히드 사는 이를 타개하기 위해 군수 제조업체로 전환했다.

록히드 형제는 1930년대 항공기 제조 회사를 따로 설립하기 위해 두 번이나 시도했지만 모두 다 실패했다. 제2차 세계 대전 후 앨런은 부동산 세일즈맨으로 활동했으며, 가끔 항공 컨설턴트 역할을 했다. 앨런의 비행에 대한 애정은 줄어들지 않았으며 1969년 사망할 때까지 록히드 항공기 회사와 비공식적인 관계를 유지했다. 맬컴은 1958년 캘리포니아 주 캘리베러스 카운티에서 세상을 떠났다.

1980년대 말에 (구)소련의 붕괴와 함께 냉전 시대가 끝나자 미국 국방부는 항공기 개발 및 구매 계획을 취소했다. 그래서 미국의 군수 회사들은 위기를 맞게 되어 방위 산업계의 인수·합병이 발생한다. 록히드 사는 1991년에 F-16 제작으로 유명한 제너럴 다이내믹스 사(General Dynamics) 사의 항공 부문을 인수했다. 또 1995년에 총기와 미사일을 생산하던 마틴 마리에타(Martin Marietta, 1961년 합병 설립된 전자 및 항공 우주 분야 회사) 사를 합병해, 오늘날의 록히드 마틴으로 회사명을 바꿨다. 미국 최대의 방위 산업체인 록히드 마틴 사는 시장 축소 위기를 생산 혁신뿐만 아니라 십여 차례 인수와 합병을 거듭하면서 극복했다.

하워드 휴즈

하워드 휴즈 주니어(Howard Hughes, Jr., 1905~1976년)는 1905년 12월 24일 텍사스 주 휴스턴에서 태어났다. 그는 변호사였다가 사업으로 성공한 아버지 하워드 로바드 휴즈(Howard R. Hughes, 1869~1924년)와 영국 출신의 어머니 앨런 스톤 휴즈(Allene Stone Hughes)의 외동아들로, 질병으로부터 아들을 보호하려고 집착한 어머니의 영향을 많이 받고 자랐다. 그는 어머니로부터 물려받은 강박증으로 인해 평생 괴로워했다. 어머

하워드 휴즈

니는 1922년 3월에 임신 합병증으로, 아버지는 1924년 1월에 심장 마비로 사망했다. 그래서 그는 질병으로 일찍 사망한 부모로 인해 의학 연구소를 만들려는 확고한 의지를 갖게 되었다. 18세라는 어린 나이에 아버지로부터 석유 채굴용 드릴을 제작하는 휴즈 공구 회사(Hughes Tool Company)를 물려받은 휴즈는 1923년 명문 대학인 라이스 대학교를 다녔을 정도로 똑똑했지만 아버지가 세상을 떠나자 그만뒀다.

휴즈는 로스앤젤레스 로저스 공항에서 뛰어난 교관 조종사들로부터 비행하는 방법을 배워 상무부 항공 분과 위원회에서 정식으로 발행한 조종사 면허(면허증 번호 4223)를 취득했다. 그는 휴즈 공구 회사의 자회사로 1932년에 캘리포니아 주 버뱅크에 있는 록히드 항공기 격납고의 일부를 임대해 휴즈 항공기 회사를 설립했다. 그리고 그는 조종사로서 1935년에 휴즈 H-1 레이서(Hughes H-1 Racer, 미국의 휴즈 사에서 제작한 경주용 비행기)로 시속 563킬로미터의 속도 기록, 1938년에 록히드 L-14 슈퍼 일렉트라로 91시간 동안의 세계 일주 비행 기록 등 세계 기록을 여러 번 수립했다. 그는 1935년에 휴즈 H-1 레이서 및 1946년에 XF-11이라는 고고도 고속 정찰기, 1947년에 휴즈 H-4 허큘리스 스프루스 구스(Spruce Goose, 멋진 거위라는 별명을 가진 초대형 수송기로서 1947년에 단 1회 비행함) 등의 항공기를 제작했다. 휴즈는 1939년에 트랜스 월드 항공사(Trans World Airlines, Inc.)를 인수해 여객 사업도 시작했다.

1948년 휴즈는 새로운 부서로 휴즈 항공 우주 그룹(Aerospace Group)을 만들었다. 휴즈 항공기 회사는 헬기 제조업자 월레스 켈렛(W. Wallace Kellett, 1891~1951년, 미국 항공기 제작사로 1929년 설립된 켈렛 오토자이로 회사의 창업자)으로부터 XH-17 스카이 크레인 최신 디자인을 구입해 당시 최신 항공기인 헬리콥터의 개발과 생산에 전념했다. 휴즈 사가 개발한 헬리콥터로 1976년부터 생산하는 군용 헬기 500MD나 1983년부터 생산한 AH-64 아파치 등이 있다.

1953년에 휴즈는 자신이 말한 "생명 자체의 기원(genesis of life itself)"을 이해하고 생의학 기초 연구의 목표를 달성하기 위해 메릴랜드 주 볼티모어에 하워드 휴즈 의학 연구소를 개설했다. 그는 휴즈 항공기 회사의 모든 주식을 새로 설립한 휴즈 의학 연구소에 기부했다. 하워드 휴즈 의학 연구소는 미국에서 두 번째로 큰 민간 재단이 되었으며, 휴스턴, 댈라스, 시카고, 샌프란시스코, 솔트레이크시티, 뉴욕, 워싱턴 D. C. 등 미국 전역에 개설되었다. 하워드 휴즈 의학 연구소는 1985년에 제너럴 모터스에 휴즈 항공사 주식을 52억 달러에 매각했다. 제너럴 모터스는 1997년에 휴즈 항공사를 레이시온 사에 판매하고, 2000년에는 휴즈 우주 및 통신사를 보잉 사에 판매했다.

휴즈는 영화(「두 명의 아라비아 기사」(1928년), 「지옥의 천사들」(1930년), 「스카페이스」(1932년), 「무법」(1943년) 등) 제작, 방송사 운영, 항공사 및 항공기 제작사 운영 등 다른 전문적인 업적에도 불구하고 말년에 결벽증과 편집증 등에 시달린 것으로 알려져 있다. 그는 1976년 4월 5일에 70세의 나이로 휴스턴 감리교 병원으로 가는 개인 비행기 안에서 세상을 떠났으며, 텍사스 휴스턴 글렌우드 묘지의 부모 묘역 옆에 안장되었다.

휴즈는 조종사로서 1936년 및 1938년 하몬 트로피, 1938년 콜리에 트로피, 1940년 옥타브 샤뉴트 상, 1939년 특별 의회 금메달을 비롯해 여러 상을 수상했다. 레오나르도 디카프리오 주연의 영화 「에비에이터(Aviator)」(2005년)가 실존 인물인 하워드 휴즈를 모델로 만든 영화다.

69

최초 대서양 횡단 비행에 성공한 찰스 린드버그

찰스 오거스터스 린드버그(Charles Augustus Lindbergh, 1902~1974년)는 미국의 조종사이자 작가, 발명가, 평화 운동가다. 그는 33시간 30분 동안 뉴욕-파리 간 5,809킬로미터(3,610마일)를 비행해 세계 최초로 대서양 횡단 단독 비행에 성공했다.

린드버그는 1902년 2월 4일에 미시간 주 디트로이트에서 태어났다. 부모는 스웨덴에서 미국으로 이주한 이민 가족으로, 아버지 찰스 어거스트 린드버그(Charles August Lindbergh)는 미네소타 주 리틀 폴스의 변호사였고, 미네소타 제6선거구 하원 의원이기도 했다. 어머니 에반젤린 로지 랜드(Evangeline Lodge Land)는 미시간 대학교를 졸업하고 디트로이트에서 화학 교사로 있었다. 린드버그는 18세가 될 때까지 미네소타 리틀 폴스 미시시피 강 유역의 가족 농장에서 보냈다.

린드버그는 1918년에 리틀 폴스에 있는 고등학교를 졸업하고,

찰스 린드버그

1920년에 매디슨에 있는 위스콘신 대학교에 입학했다. 1922년 그는 위스콘신 대학교을 중퇴하고, 비행에 매력을 느껴 네브래스카 주 링컨 비행 학교에 들어갔다. 그는 1923년에 제1차 세계 대전에 사용된 '커티스 제니' 훈련기를 구입해 훈련을 받은 후 첫 단독 비행에 성공했다.

1924년 텍사스 주 샌안토니오에 있는 미국 육군 비행 학교에 입학한 린드버그는 좋아하는 진로를 선택하고 재미를 붙여 최고의 성적으로 졸업했다. 1926년에 그는 일리노이 주 시카고에서 미주리 주의 세인트루이스까지 왕복하는 항공 우편 비행의 첫 번째 조종사가 되었다. 또 린드버그는 산티아고에서 제작된 특수 단엽기로 산티아고에서 뉴욕까지 21시간 20분 만에 도착하는 비행 기록을 수립하기도 했다.

1919년에 뉴욕에서 호텔 사업을 하는 레이몬드 오티그(Raymond Orteig, 1870~1939년)가 뉴욕과 파리 간 무착륙 단독 비행에 상금 2만 5000달러를 걸었다. 몇몇 조종사들이 도전했으나 번번이 실패하거나 일부는 목숨을 잃기도 했다. 그렇지만 린드버그는 뉴욕에서 파리까지 무착륙 비행을 안전하게 시도하기 위해 샌디에이고의 리안 항공사(Ryan Airlines Corporation)에서 제작한 단일 엔진의 고익기를 개량했다. 원래 이 기종의 표준형은 5인승이었지만 장거리 비행을 위해 1인승으로 바꾸고 나머지를 연료 탱크로 변경해 장거리 비행을 가능케 했다. 이 비행기가 바로 '세인트루이스의 정신(Spirit of St. Louis)' 호다. 그는 무착륙 단독 비행으로 대서양을 횡단하기 위해 미주리 주 세인트루이스에 있던 사업가들의 지원을 받고 이를 기리기 위해 그렇게 명명했다. 또한 그는 샌디에이고에서 뉴욕까지 2,414킬로미터(1,500마일)를 14시간 25분의 비행 기록을 수립했다.

린드버그는 1927년 5월 20일에 오전 7시 52분에 파리 르부제 공항을 가기 위해 세인트루이스 단엽기로 뉴욕 인근 롱아일랜드 루스벨트 공항을 이륙했다. 연료를 더 탑재하기 위해 낙하산과 라디오 없이 샌드위치, 물, 항공도, 자기 컴퍼스, 급유 측정 장치 정도만 갖고 비행을 했다. 그는 역사적인 비행을 하는 동안 안개, 졸음, 착빙(공기 중의 물방울이 얼음이 되어 비행기 표면에 부착되는 현상) 등과 싸웠다.

1927년 5월 21일 오후 10시 22분(프랑스 현지 시간)에 이륙한 지 33시간 30분 만에 드디어 파리 인근 르부제 공항에 착륙했다. 대서양 논스톱 단독 비행을 세계 최초로 성공해 '하늘의 왕'이라는 찬사를 받고 국제적인 영웅이 되었다. 1927년 6월 11일에 미해군 순양함 USS 멤피스를 타고 세인트루이스 호와 함께 고국으로 돌아왔다. 그는 자신의 책을 광고하고 항공 사업을 촉진하기 위해 1927년 7~10월 82개의 도시를 순회 방문했다.

린드버그의 부인인 앤 모로 린드버그(Anne Morrow Lindbergh, 1906~2001년) 역시 선구적인 조종사며 작가다. 멕시코 대사로 있던 드와이트 모로(Dwight Whitney Morrow, 1873~1931년)가 1927년 그를 멕시코로 초청했을 때 린드버그는 대사의 딸인 앤 모로를 처음 만나 1929년 5월에 결혼했다. 1930년대 린드버그는 앤 모로와 함께 대륙을 탐험하는 비행을 했다. 앤 모로는 남편의 부조종사로서 항법사, 라디오 조작사, 상용 항공사가 사용할 수 있는 항공 루트를 만드는 일을 했다.

한편 1932년에 린드버그의 두 살 된 아들 찰스 오거스터스 2세가 뉴저지 주 호프웰 근처에서 유괴·살해되는 아픔을 겪기도 했다. 2년 뒤 몸값에서 나온 지폐를 추적해 독일 출신의 브루노 리처드 하우프트만을 유괴 살해범으로 검거했다. 이 희대의 유괴 살인 사건으로 인해 사회적인 관심을 끌기 위해 유명인에 대해 범죄를 저지른다는 뜻으로 '린드버그 신드롬'이라는 신조어가 생기기도 했다.

미국이 제2차 세계 대전에 참전했을 당시, 린드버그는 포드 자동차 회사와 유나이티드 항공기 회사의 고문으로 전쟁에 참여했다. 전쟁이 끝난 후 독일 항공학의 발전을 조사하기 위한 해군 기술 사찰단의 일원으로도 활동했다.

린드버그는 말년을 가족들과 함께 코네티컷과 하와이에서 조용히 보내다가, 1974년 72세를 일기로 하와이 마우이에서 세상을 떠났다. 앤 모로 린드버그는 딸 리브의 버몬트 농장에서 살다가 2001년에 94세의 나이로 세상을 떠났다. 린드버그는 1927년 대서양 횡단 비행 체험을 기록한 『세인트루이스의 정신(*The Spirit of St. Louis*)』(1953년)으로 퓰리처 상을 받았다. 이 책은 1957년에 영화 「저것이 파리의 등불이다」로 만들어졌다.

70

'잘못된 방향'의 조종사, 코리건

더글러스 코리건(Douglas Corrigan, 1907~1995년)은 별명 '롱 웨이(Wrong Way)'인 미국의 조종사로 뉴욕에서 롱비치로 비행해 돌아가기로 했지만, 비행 허가를 받지 않은 상태에서 아일랜드까지 비행한 사람이다.

코리건은 텍사스 주 갤버스턴에서 태어났으며, 아버지의 직장 때문에 자주 이사하다 부모가 이혼 후 어머니와 동생과 함께 로스앤젤레스에 정착했다. 1925년 10월 집 근처에서 커티스 JN-4 '제니(Jenny)' 복엽기를 타는 것을 처음으로 목격했고 직접 타 보기도 했다. 여기에 매료되어 바로 비행 교육을 받기 시작했다. 1926년 3월에 그는 20번의 유료 비행 교육을 받고 난 후 처음으로 단독 비행을 했다.

항공기 제조업자인 클로드 라이언, 마호니 등은 코리건이 조종술을 배운 공항에서 라이언 항공 회사(Ryan Aeronautical Company, 1999년 노스럽 그러먼 사에 합병됨)를 운영하고 있었으며, 코리건을 샌디에이고 공장에

더글러스 코리건

고용했다. 코리건이 라이언 항공 회사에 합류하자마자 회사는 린드버그로부터 스피리트 오브 세인트루이스 호의 설계 및 제조 주문을 받았다. 코리건은 날개 조립 및 연료 탱크의 설치 및 계기판을 담당했으며, 동료인 댄 버넷(Dan Burnett)은 날개를 담당해 초기 설계보다 더 길게 제작했다.

코리건은 1927년 5월 21일에 린드버그가 대서양 횡단 비행을 성공하자, 이에 버금가는 위업을 달성하기로 맘을 먹었다. 1928년에 회사가 세인트루이스로 옮기자, 그는 새로 만든 에어텍 학교에 정비사로 남았다. 매일 50명이 넘는 학생들이 비행을 해 코리건은 점심 시간에 겨우 비행을 할 수 있었다. 그러나 그것마저도 회사는 고난이도 비행은 위험하다며 금지시켰다. 비행술을 배울 수 있는 회사의 항공기 정비사로 직장을 다시 옮긴 그는 1929년 10월에 운송 조종사 자격증을 획득했고, 1930년에는 친구와 함께 작은 동부 해안 도시를 오가는 운항 사업을 시작했다. 사업의 성공에도 불구하고 그는 서부로 돌아가 대서양 횡단 비행을 위해 준비했다.

뉴욕에서 아일랜드까지 논스톱 대서양 횡단 비행을 준비한 그는 1933년 정부에 허가를 신청하지만 안전 문제로 거절당했다. 2년 동안 항공기 수리를 반복한 후 다시 신청했지만 계속해서 거절당했다. 1937년 규정이 점점 강화되자 항공기를 대대적으로 보수한 후 허가를 신청했지만, 불안정하다며 항공기 면허를 갱신하지 못했다. 그러나 그는 그동안 모은 900달러로 비행기 엔진을 수리해 실험 면허를 획득했고, 반드시 돌아온다는 조건으로 뉴욕까지 대륙 횡단 비행 허가를 얻어 냈다. 그는 뉴욕에 일부러 늦게 도착해 연료를 채우고 공항 근무자가 퇴근한 후 아일랜드로 이륙할 계획을 세웠다.

1938년 7월 9일에 코리건은 캘리포니아 주 롱비치를 이륙해 뉴욕 브루클린에 있는 플로이드 베넷 필드(Floyd Bennett Field)로 향했다. 그는 연료 소비 효율을 좋게 하기 위해 시속 137킬로미터로 순항했으며, 총 27시간이 소요되었다. 대륙 횡단 비행 후에 뉴욕 플로이드 베넷 필드에 도착하자마자 항공기를 정비한 후 이륙을 준비했다. 그는 휘발유 1,200리터와 윤활유 61리터를 탑재하고 비행 허가대로 캘리포니아 롱비치로 가는 척하며 새벽 5시 15분에 이륙했다. 뉴욕 플로이드 베넷 필드를 이륙하자마자 롱비치가 아닌 아일랜드를 가기 위해 고의로 오류를 가장하고 기수를 동쪽으로 돌렸다.

코리건은 뉴욕을 이륙한 지 28시간 13분 만인 1938년 7월 18일에 아일랜드 더블린 발도넬 공항에 착륙했다. 그는 원래 뉴욕에서 롱비치로 돌아가기로 되어 있었지만, 비행 허가를 받지 않고 불법으로 대서양 횡단 비행을 한 것이다. 그는 두꺼운 구름으로 지상 참조물을 참고할 수 없었고 조종석 내 불빛이 약해 컴퍼스를 잘못 읽어 아일랜드까지 비행을 했다고 평계를 댔다. 그는 불법 행위에도 불구하고 조종사 면허 14일 정지라는 가벼운 처벌을 받았다. 증기선 맨해튼에 비행기를 싣고 8월 4일 뉴욕에 코리건이 도착하자 린드버그의 횡단 비행 성공 당시보다 더 많은 사람들이 그의 위업을 축하하기 위해 브로드웨이 퍼레이드에 참여했다. 그러나 코리건의 영웅적인 위업은 공식적으로 인정받지 못했다.

코리건은 『그것은 내 이야기(*That's My Story*)』라는 자서전을 썼으며 크리스마스 시장을 목표로 1938년 12월 15일에 출판했다. 그는 또 거꾸로 가는 시계를 포함한 '잘못된-방향(wrong-way)'의 제품을 출시했다. 1939년 4월에 개봉된 그의 인생에 대한 영화(「The Flying Irishman」)로 일약 스타가 된 그는 자신의 이야기로 평생 먹고 살 수 있을 정도의 많은 돈을 벌었다.

코리건의 '오류(error)'는 우울한 미국 국민을 웃게 했다. 그의 별명인 '잘못된 방향의 코리건(Wrong Way Corrigan)'은 어떤 사람이 오류로 인해 명성을 얻었을 때 풍자되는 말로 대중적인 유행어가 되었다. 그는 1995년 12월에 88세로 사망해 캘리포니아 주 산타 애너에 있는 페어하벤 메모리얼 파크에 안장되었다. 그러나 그는 대서양을 횡단한 몇 안 되는 용감한 조종사 중 한 명으로 기억되고 있다.

71

용병 비행단 플라잉 타이거즈의 셰놀트와 보잉톤

클레어 셰놀트 장군은 플라잉 타이거즈(Flying Tigers, 나는 호랑이)를 지휘한 전투 조종사다. 한편 그레고리 '패피' 보잉톤 대령도 플라잉 타이거즈 소속의 전투 조종사로 제2차 세계 대전 당시 혁혁한 공을 세웠다. 플라잉 타이거즈의 정식 명칭은 미국의 자원 입대자 모임(AVG, American Volunteer Group)으로 제2차 세계 대전 당시 일본 전투기와 싸우기 위해 조직된 용병 비행단이며, 1941~1942년 미얀마와 중국에서 일본 육군과 공군을 압도하고 치명적인 타격을 가했다.

클레어 셰놀트

클레어 셰놀트(Claire L. Chennault, 1893~1958년)는 1893년 텍사스 주 커머스에서 태어나 루이지애나 주 텐사스 패리시 시에서 자랐다. 그는

클레어 셰놀트 장군

1909~1910년에 루이지애나 주립 대학교에 다니며 ROTC 훈련을 받았다. 제1차 세계 대전 동안 육군 항공단에서 조종 기술을 배워 1926년에 항공단에 남았다. 1930년대에는 미국 육군 항공단 항공 전술 학교 (Air Corps Tactical School)에서 근무했다.

강직한 셰놀트는 항공단 내의 상관들과 자주 충돌했으며, 자신의 주장을 공군 정책에 반영할 수 없다는 것을 깨달았다. 이런 상황에 회의를 느낀 그는 1937년에 건강상의 이유를 들어 미국 육군 항공단에서 대위로 전역했다. 전역 후 셰놀트는 중국 외교관들로부터 장개석 총통의 공군 자문관이 되어 달라는 끊임없는 요청을 받았으며, 결국 수락했다. 중국으로 건너간 그는 중국 공군 대령으로 임명되었다.

셰놀트는 일본과 맞서 싸우기 위해 중국 용병 비행단인 플라잉 타이거즈를 창단하기로 했다. 한편 중국은 전쟁에 필요한 전투기로 영국이 미국으로부터 인수를 거부한 100대의 P-40B 워호크(Warhawk, 미국 커티스-라이트 사가 제작해 1938년 10월 첫 비행을 한 단발 전투기)를 헐값으로 구매했다. 그는 전투기 조종사와 정비사 등 지상 요원을 구하기 위해 AVG를 결성하기로 했다. 1941년 4월 15일 루스벨트 대통령은 AVG 결성을 승인했다. 미국 육군 항공단, 미국 해병 항공단, 미국 해군 항공단 소속의 현역 조종사들은 계약이 끝난 후 복귀시켜 주는 조건으로 AVG에 가입했다. 셰놀트는 조종사들에게 실제 공중전을 통해 능력을 확인할 수 있다는 점, 한 달에 600달러 이상의 보수, 격추할 때마다 500달러의 보너스, 새로운 환경과 아시아의 환경 정취 등으로 설득해 자원입대자들을 모았다. 당시만 해도 미국이 참전하지 않았기 때문에 미국은 일본과의 외교적인 마찰을 우려해 비밀리에 진행해야 했다.

1941년 7월까지 100여 명의 조종사들과 150여 명의 지상 요원들이 교사, 여행객, 엔지니어, 은행원 등 각양 각색의 직업이 기재된 가짜 여권을 만들어 비밀리에 버마(현재의 미얀마)에 도착했다. 셰놀트는 도착 후 요원들의 일부가 이탈하고 전투기 숫자가 감소하는 등의 어려움을 극복하고 플라잉 타이거즈 3개 대대를 운영했으며, 제1, 2 비행 대대는 중국 남서부 쿤밍에, 제3비행 대대는 버마 랭군에 주둔시켰다. 셰놀트는 P-40 전투기의 장단점을 분석해 일본 전투기와 대응할 비행 전술을 구상함으로써 일본 전투기 수백 대를 격추(19명의 에이스 탄생)하는 혁혁한 공을 세웠다. 또 버마 지역의 군용 물자 수송로를 공중 엄호하고 중국의 수도였던 충칭을 방어하는 임무를 성공적으로 수행했다. 플라잉 타이거즈는 1941년 12월부터 정규군으로 편입된 1942년 7월까지 중국-버마 등지에서 일본 전투기 및 지상군을 상대로 용맹을 떨쳤다.

1941년 12월 7일 일본의 진주만 기습을 계기로 미국이 제2차 세계 대전에 참전하며, 1942년 6월 미드웨이 해전을 기점으로 태평양 전쟁이 확대되었다. 미군은 정규군의 지휘계통을 따르지 않는 용병 부대를 정리해 정규군으로 편입시키기로 했다. 결국 1942년 7월 4일 해산된 용병 비행단인 플라잉 타이거즈는 정식으로 미국 14공군에 재편성되었다. 이때 셰놀트는 미군 대령으로 다시 미국 육군 항공단과 합류했으며, 나중에 준장으로 진급해 14공군 사령관이 되었다. 그는 14공군을 지휘하면서 미국 공군 소장으로 승진했다.

셰놀트는 사망하기 1년 전에 이미 폐암으로 폐 한쪽을 제거했지만 결국 극복하지 못하고 1958년 7월 27일에 루이지애나 주 뉴올리언스에서 세상을 떠났다. 그는 사망하기 전날에 3성 장군으로 승진했으며, 워싱턴 D. C. 근교 알링턴 국립묘지에 안장되었다. 중국에서 전쟁 영웅인 셰놀트를 기리기 위한 동상이 대만의 수도 타이베이에 세워져 있으며, 또 셰놀트 기념탑이 루이지애나 주 배턴루지 시 주의회 의사당 앞에 세워져 있다. 그리고 루이지애나 주 레이크 찰스 시에 가면 그를 기리기 위해 명명한 셰놀트 국제 공항이 있다.

그레고리 '패피' 보잉톤

그레고리 '패피' 보잉톤(Gregory 'Pappy' Boyington, 1912~1988년)은 1912년에 미국 아이다호 주 쾨르달렌에서 태어나 워싱턴 주 터코마에서 자랐다. 1930년 그는 시애틀의 워싱턴 대학교에 입학해 ROTC 훈련을 받았으며, 대학 시절 레슬링 및 수영팀에도 참가했다. 그는 1934년 6월에 항공 우주공학 학사 학위를 받고 졸업과 동시에 소위로 임관했다. 1936년에 보잉톤은 해병대 항공생도가 되어 플로리다 주 펜사콜라에 있는 해군 항공 기지에서 비행 훈련을 받았다. 1937년 해군 조종사가 되어 1940년에 중위로 승진한 그는 1941년 8월 해병대를 전역하고, 미국의 자원 입대자 그룹(AVG)인 중앙 항공기 제조 회사(CAMCO, Central Aircraft Manufacturing Company)에 취직했다. CAMCO는 일본과 전쟁 중인 중국을 지원하기 위한 중국 용병 부대 조직으로 셰놀트가 이끄는 플라잉 타이거즈다. 그는 중국-일본 전쟁에서 중국 공군 소속으로 실제 공중전 경험을 쌓았다.

1942년 봄 제1비행 대대 소속이었던 그는 AVG와의 계약을 깨고 미국으로 귀국해 해병대에 다시 복귀했다. 실제 공중전 경험이 있었던 보잉톤은 해병대 소령이 되었으며, 여기 저기 흩어져 있는 조종사를 차출해 미국 해병 214 전투 비행대를 만들어 혁혁한 공을 세웠다. 이 비행대는 검은 양 비행대(Black Sheep Squadron)

그레고리 '패피' 보잉톤

로 더 잘 알려져 있다. 보잉톤은 1943년 8월부터 1944년 1월까지 검은 양 비행대 비행대장으로서 6개월 동안 남태평양 러셀 군도에서 활약했다.

1943년 9월 초 F4U 콜세어(미국 보트 사가 제작해 1940년 5월 첫 비행을 한 항공모함 탑재 전투기)로 어느 정도 훈련을 마친 검은 양 비행대는 9월 14일부터 본격적인 임무에 들어갔다. 보잉톤은 보트(Vought) F4U 콜세어 전투기의 특성을 활용해 32일 동안 14대를 격추했다. 1943년 10월에 검은 양 비행대는 남태평양 부건빌 섬 남쪽 끝 카일리(Kahili) 상공에서 아군 손실 없이 적 항공기 20대를 격추하는 혁혁한 공을 세운다. 그는 1944년 1월 3일에 남태평양 뉴브리튼 섬 북쪽 라바울 항구 상공에서 적기를 격추시키면서 총 전투기 24대(미국 전투기 에이스 협회 기록은 AVG 근무 당시 2대, 미국 해병 근무 당시 22대)를 격추시켜 전설적인 에이스라는 칭호를 얻는다. 그러나 그도 라바울 상공에서 피격되어 바다에 추락해 일본 해군 잠수함에 포로로 잡혔다.

보트 항공기 제작사의 F4U 콜세어 전투기

    이후 검은 양 비행대는 항공모함 프랭클린 호에 편입되어 2차 세계 대전 말까지 계속 활동했다. 1945년 8월 중순 일본 본토에 원자 폭탄 투하 후 일본은 항복했으며, 보잉톤은 도쿄 근교 오모리 포로 수용소에서 자유의 몸이 되었다. 보잉톤은 1944년 1월부터 1945년 8월까지 일본 포로 수용소에서 약 20개월을 생활했다.

    그는 1945년 8월 29일 미국에 도착했으며, 9월 6일에 해병대 중령이 되었다. 1947년 8월에 대령으로 승진한 후 해병대에서 퇴직했으며, 1958년에 자서전 『바 바 블랙 십(*Baa Baa Black Sheep*)』을 출간했다. 보잉톤은 1988년 1월 캘리포니아 주 프레즈노에서 75세에 암으로 사망해 알링턴 국립묘지에 안장되었다. 2007년 8월에 보잉톤의 고향인 아이다호 주 쾨르달렌 공항은 보잉톤의 명예를 기리기 위해 '쾨르달렌 공항- 패피 보잉톤 필드'로 이름을 바꿨다.

72

제2차 세계 대전의 에이스, 베이더와 리처드 봉

제2차 세계 대전의 에이스로 영국의 더글러스 베이더와 미국의 리처드 봉을 들 수 있다. 베이더는 비행 사고로 두 다리가 절단되었는데도 제2차 세계 대전에 참전해 혁혁한 전과를 올린 영웅이자 영국을 선도하는 지도자다. 한편 봉은 공식적으로 40대 격추와 200번의 출격이라는 전과를 세워 미국의 에이스 중의 에이스라는 칭호를 받은 전투기 조종사다.

더글러스 베이더

더글러스 베이더(Douglas Bader, 1910~1982년)는 영국 런던 세인트 존스 우드에서 태어났다. 베이더는 아버지 프레더릭 베이더(Frederick Bader)가 제1차 세계 대전 당시 프랑스 전투에 참전했다가 1917년 부상을 입고

더글러스 베이더

고생하다가 합병증으로 샤망한 지 6년 후인 1928년에 영국 크랜웰에 있는 공군 대학에 생도로 입대했다.

1931년 12월에 그는 곡예 비행을 하기 위해 레딩 에어로 클럽을 방문했다. 런던에서 서쪽으로 66킬로미터 떨어진 우드리 에어필드에서 저고도 곡예 비행을 시도하던 중 비행기의 왼쪽 날개 끝이 지상에 접촉해 추락했다. 그는 공항에서 가까운 레딩의 로열 버크셔 병원에 신속하게 이송되었으나 두 다리를 절단하는 불운을 겪었다. 그는 공군에 남아 있으려 했지만 1933년 4월 강제로 전역하게 되었다.

1939년 제2차 세계 대전이 발발하자 베이더는 공군에 복귀해 의족으로 비행 훈련을 받을 수 있었다. 1940년 2월 그는 런던 북부 덕스포드에 있는 전투 비행대대에 배속되었다. 같은 해 6월 벨기에 국경에 위치한 프랑스 북부의 덩케르크 전투에서 처음으로 독일 전투기를 격추했다. 1941년 베이더는 3개의 스핏파이어 비행대를 지휘해 적극적으로 유럽 상공에서 공중전을 감행했다. 그는 두 다리가 절단되었는데도 불구하고 제2차 세계 대전에서 호커 허리케인(Hawker Hurricane, 맹활약한 영국 공군의 전투기)과 슈퍼마린 스핏파이어(Supermarine Spitfire, 영국의 슈퍼머린 사가 제작한 주력 전투기) 등을 의족으로 조종해 22대의 적기를 격추한 에이스다. 그러나 베이더는 1941년 8월 프랑스 독일군 점령 지역에서 독일 Bf 109와 공중전 도중 충돌해 낙하산으로 비상 탈출했지만, 독일군 포로로 잡혀 3년 8개월가량 포로 생활 후 1945년 4월에 석방되었다.

1946년 2월에 영국 공군을 완전히 떠난 그는 1979년 6월 조종사로서 마지막 비행을 했으며, 그의 총 비행 시간은 5,744시간 25분을 기록했다. 그는 사망하기 3주 전부터 약한 심장마비 증세가 있었는데 결국은 1982년 9월 72세의 나이로 심장마비로 세상을 떠났다. 전쟁 후 1954년에 폴 브릭힐(Paul Brickhill)이 쓴 베이더의 전기 『하늘에 도달(Reach for the Sky)』은 베스트셀러가 되었다.

리처드 봉

리처드 봉(Richard Bong, 1920~1945년)은 미국 공군 소령으로 제2차 세계 대전에서 일본기를 40대를 격추시킨 미국 최고의 에이스다. 위스콘신 주 포플라에 있는 농장의 스웨덴 출신 가정에서 태어난 그는 9명의 형제 자매 중 첫째로, 어려서부터 항공기에 관심이 많았다.

그는 1938년에 슈페리어 주립 사범 대학에 입학했다. 학교에 다니는 동안, 봉은 민간 조종사 훈련 프로그램에 등록하고 개인 비행 교습을 받았다. 1941년 6월에는 캘리포니아 주 랭킨 항공 아카데미에서 기본 비행 훈련도 받았다. 그는 육군 항공부대 생도 프로그램에 지원해 정식으로 비행 훈련을 받기 시작했다. 그는 훈련 기간 동안 전투기 조종사로서

리처드 봉

의 능력을 인정받아 북부 캘리포니아에서 알아주는 조종 학생이 되었다. 그는 캘리포니아 주 태프트의 가드너 필드에서 기본 비행 훈련을 마친 후, 단발 AT-6 텍산(Texan, 노스 아메리칸 항공사에서 제작한 복좌 고등 훈련기로 1935년 4월 첫 비행)으로 고등 비행 훈련을 받기 위해 애리조나 주 루크 필드로 갔다. 1942년 1월 9일에 그는 조종사 자격을 획득하고 소위로 임관했다.

몇 개월 후 봉은 처음으로 캘리포니아 주 샌프란시스코 만 인근 해밀턴 필드의 제5 공군 49 전투기 대대에 배속되었다. 그곳에서 그는 록히드의 새로운 전투기 P-38 라이트닝(Lightening, 록히드 사에서 제작한 쌍발 전투기로 1939년 1월 첫 비행)으로 기종을 전환했다. 1942년 9월에 그는 오스트레일리아 북부 해안의 다윈에 있는 49 전투기 그룹, 9 전투기 대대 플라잉 나이츠(Flying Knights)에 배속되었다. 1942년 12월에 봉은 뉴기니 동부의 부나-고나 전투(Battle of Buna-Gona) 중 부나 상공에서 미쓰비시 A6M '제로(Zero, 1939년에 첫 비행한 일본의 장거리 함상 전투기로 약 1만 1000대 생산)'와 나카지마(Nakajima) Ki-43 '오스카(Oscar, 1939년에 첫 비행한 일본의 전투기로 약 6,000대 생산)' 등을 격추했다. 1943년 7월 26일에 그는 남태평양 라에(Lae) 상공에서 일본 전투기 4대를 격추해 수훈십자 훈장(Distinguished Service Cross)을 받았다.

1944년 4월 12일에 봉 대위는 27대를 격추해 제1차 세계 대전에서 총 26대를 격추한 미국의 전투기 에이스 에디 릭켄베커(Eddie Rickenbacker 1890~1973년)의 기록을 갱신했다. 1944년 9월에는 5 전투 사령부 참모로 배속 받아 전투 임무를 수행하지 않는 보직을 맡기도 했지만 필리핀 지역에서 전투 임무를 수행해 격추 기록을 계속 갱신했다. 그후 미국 육군 항공단의 시험 비행 조종사가 되어 캘리포니아 주

버뱅크에 있는 록히드 공장에 배속받았다. 그는 록히드 에어 터미널에서 P-80 슈팅 스타(Shooting Star, 록히드 사에서 제작한 미국의 첫 제트 전투기로 1944년 1월 첫 비행을 했으며, 진품은 워싱턴 D.C. 국립 항공 우주 박물관에 전시됨) 제트 전투기의 시험 비행을 수행했다.

1945년 8월 6일에 그는 P-80A 전투기를 시험 비행을 하기 위해 이륙했으나 연료계통의 문제로 인해 추락하는 위기에 직면해 비상 탈출을 했다. 그러나 고도가 너무 낮아 낙하산을 펴기도 전에 떨어져 결국 사망했다. 그의 죽음은 히로시마 원자 폭탄 폭격 소식과 함께 신문에 첫 페이지를 장식해 미국 전역에 알려졌다. 그의 전과를 기리기 위해 미국 위스콘신 주 더글러스 카운티의 비행장을 리처드 봉 공항으로 명명했다.

73

세계 최초 남녀 우주 비행사, 가가린과 테레슈코바

(구)소련은 제2차 세계 대전 끝난 직후 지리적으로 가까운 장점을 이용해 독일 페네뮌데에 있던 나치 독일의 V-2 로켓의 기밀을 쉽게 획득했다. 그래서 (구)소련은 미국보다 빨리 V-2의 개량형 로켓을 개발해 최초 우주인을 먼저 배출할 수 있었다. 가가린은 1961년 4월 12일에 지구 궤도를 비행한 인류 최초의 우주 비행사다. 또한 테레슈코바는 1963년 6월 16일 보스토크 6호에 탑승하고 지구 궤도를 비행한 여성 최초의 우주 비행사다.

유리 가가린

유리 알렉세예비치 가가린(Yuri Alexeyević Gagarin, 1934~1968년)은 (구)소련 영웅으로 1961년에 보스토크 1호로 인류 최초의 우주 비행에 성공

유리 가가린

한 지구 궤도 개척자다. 그는 1934년 3월 9일에 소비에트 연방 스몰렌스크 주 클루시노 마을에서 4자녀 중 셋째로 태어났다. 아버지 알렉세이 이바노비치 가가린(Alexey Ivanovich Gagarin)은 집단 농장에서 목수와 벽돌공으로 일했고, 어머니 안나 티모페브나 가가리나(Anna Timofeyevna Gagarina)는 목장에서 우유를 짰다.

가가린은 러시아 서부 볼가 강 중류 연안 사라토프(Saratov)에 있는 공업 중등 기술 학교에 다니는 동안 '항공 클럽'에 참가해 경비행기를 조종하는 훈련을 받았다. 1955년에 기술학교를 졸업 후, 그는 오렌부르크에 있는 제1치칼로프 공군 조종사 학교(First Chkalov Air Force Pilot's School)에서 군사 비행 훈련을 받고 미그-15기((구)소련의 미코얀-구레비치 사에서 제작한 후퇴익 제트 전투기로 1947년 12월 첫 비행) 조종사 자격을 획득했다. 1957년에 비행 학교를 졸업한 후 공군에 소속되어 노르웨이 국경선 근처에 배치되었으며, 1959년 11월 선임 중위로 진급했다.

1960년 그는 (구)소련의 우주 프로그램에 참여할 우주인 20명 중 한 사람으로 선발되어 우주인 훈련을 받았다. 우주인 훈련 과정을 거쳐 최종 2명 중에 한 사람으로 선발되었다. 최종적으로 외모, 언론 대응 능력, 출신 성분 등 여러 항목을 평가해 가가린을 선택했다고 한다. 또 가가린의 작은 키(157센티미터)가 좁은 우주선 조종석에 들어가기 수월해서 최종 선발에 도움이 되었다고도 한다. 1961년 4월 12일에 가가린은 보스토크 3KA-2를 탑승해 인류 최초로 우주 공간을 1시간 48분 동안 비행하고 귀환했다. 그가 우주에서 지구를 보고 남긴 "지구는 푸른빛이었다."라는 멋진 말은 우주 시대를 개막을 의미했다. 최초 우주인이 된 이후에 가가린은 유명 인사가 되어 (구)소련의 업적을 홍보하기 위해 이탈리아, 영국, 독일, 캐나다, 일본 등 전 세계에 강연을 하러 다녔다.

1963년 11월에 그는 (구)소련의 공군 대령이 되었으며, 우주인 훈련 설비가 있는 스타시티(Star City, 모스크바 북동쪽으로 40킬로미터 정도 떨어진 한적하고 작은 도시)로 돌아와서 재사용할 수 있는 우주선을 설계하는 데 7년 동안 참여했다. 스타시티는 1960년부터 우주인 양성소로 건립되었으며 현재 정식 명칭은 '러시아 가가린 우주인 훈련 센터'다. 이곳은 세계 최초 우주인 가가린부터 미국, 유럽, 아시아 등의 수백 명의 우주인을 훈련시켜 우주로 보내는 일을 해 왔다.

그후 가가린은 스타시티의 훈련 책임자를 맡으며 미그-15 전투기 조종사로서 비행을 다시 시작했다. 1968년 3월 27일에 가가린은 비행 교관과 함께 미그-15 전투기를 탑승하고 일상적인 훈련 비행을 수행하던 중 모스크바 근교에 추락해 사망했다. 가가린은 러시아 모스크바의 크렘린 궁전 붉은 광장에 잠들어 있으며, 가가린과 비행 교관이 사망한 장소에 추모비가 세워져 있다.

발렌티나 테레슈코바

26세의 젊은 (구)소련 여성 발렌티나 테레슈코바(Valentina Tereshkova, 1937년~)는 1963년 6월 16일에 보스토크 6호를 탑승하고 우주를 처음으

발렌티나 테레슈코바

로 비행했다. 그녀는 1937년에 러시아 서부 야로슬라블 주의 작은 마을 볼쇼이 마슬렌니코보에서 태어났다. 아버지 블라디미르 테레슈코프(Vladimir Tereshkov)는 트랙터 운전 기사였고, 어머니 엘레나 테레슈코바(Elena Fyodorovna Tereshkova)는 방직 공장에서 일했다. 1945년 8세 때 학교 교육을 받기 시작했지만 1953년에 가정 형편상 학교를 그만두고 통신 교육 과정으로 교육을 받았다. 그녀는 젊었을 때 낙하산에 관심이 많아 (구)소련 도사프(DOSAAF, Volunteer Society for Cooperation with the Army, Aviation, and Fleet의 러시아 어, 1927년 설립된 러시아 육·해·공군 후원 단체) 항공 클럽에서 낙하산 훈련을 받고, 1959년 5월에 처음으로 공중에 올라가 점프를 했다. 방직 공장 조립공으로 일하면서 아마추어 낙하산 스카이다이빙을 하고 있을 때 우주인을 모집했다. 1961년에 그녀는 지방 청년 공산당 연맹 비서가 되었고, 나중에 (구)소련 공산당에 가입했다. 1962년 2월 그녀는 400명 이상이 지원한 여성 우주 비행사 후보 중에서 5명에 포함되었다. 제2차 세계 대전 중에 현역 하사로 탱크 부대에 근무한 그녀의 아버지는 1939년에 핀란드와의 전쟁에서 탱크 리더로서 사망한 전쟁 영웅이었는데, 그녀가 우주인으로 선발되는 데 프롤레타리아 집안 배경도 도움이 되었다고 한다.

그녀는 우주인이 되기 위해 무중력 비행 훈련, 고립 시험, 중력 가속도 시험, 로켓 이론, 우주 공학, 120회의 낙하산 점프와 미그-15 제트 전투기 조종 등과 같은 강도 높은 훈련을 받았다. 1963년 5월 보스토크 6호에 탑승할 5명의 후보 중 그녀를 최종 선정했고 흐루시초프가 승인했다. 1963년 6월 16일에 보스토크 6호로 70시간 50분 동안 지구를 48회 궤도 비행한 그녀는 세계 최초로 여성 우주인이 되었다.

테레슈코바는 1963년 11월 우주인 중 유일하게 미혼이었던 안드리얀 니콜라예프(Andriyan Nikolayev, 1929~2004년, 1962년 8월에 보스토크 3호 우주선을 조종했으며, 1970년 6월에 소유스 9호를 탑승하고 우주에서 가장 오래 머무는 기록을 세운 (구)소련의 우주 비행사)와 모스크바 결혼식 궁전에서 결혼했다. 흐루시초프를 비롯한 정부 최고 관리 및 우주 프로그램 관계자들이 참석해 축하해 주었다. 자라서 의사가 된 딸이 1964년에 태어났지만 그들은 1982년에 이혼했다. 테레슈코바는 우주 비행을 마친 후 주콥스키 공군 사관 학교(Zhukovskiy Military Air Academy)에서 공부했으며, 1969년 졸업해 우주 비행사이면서 엔지니어가 되었다. 1977년에 기술 과학 분야 박사 학위를 받았으며, 50여 편의 과학 논문을 저술했다.

그녀는 1962년부터 (구)소련 최고 회의 현역 의원으로 활동했고, 1969~1991년에 (구)소련 최고 상임 위원회 위원, 공산당 중앙 위원회 중앙 위원 등이 되었다. 1962년 군 생활을 시작한 그녀는 1997년에 공군 소장으로 퇴역했다. 그녀는 (구)소련의 최고 영웅상 및 UN 평화 금상 등 많은 상을 받았다.

테레슈코바는 자신의 우주 비행 50주년이 되는 2013년 6월 16일을 앞둔 기자 회견에서 "화성으로의 첫 비행은 돌아올 수 없는 비행이 될 가능성이 크지만 나는 참가할 준비가 되어 있다."라고 밝혔다. 그러나 "화성은 여전히 도달할 수 없는 인류의 꿈"이라며 인간의 한계에 대해서도 언급했다.

74

—

미국 최초의 남녀 우주인, 존 글렌과 샐리 라이드

존 글렌은 NASA가 1959년에 선발한 머큐리 7(미국의 1인승 우주 비행 계획
인 머큐리 프로젝트에 참가할 우주 비행사 7명) 중 한 사람이다. 그는 1962년에 프
렌드십 7호를 타고 지구 궤도를 3바퀴 돌아 지구 궤도 비행을 한 최초
의 미국인이며, 1998년 우주 왕복선 디스커버리 호를 탑승해 머큐리
와 우주 왕복선 둘 다 비행한 유일한 사람이 되었다. 한편 이미 고인이
된 샐리 크리스틴 라이드 박사는 미국의 물리학자 및 NASA 우주인
으로 1983년에 우주 비행을 한 최초의 미국 여성이다.

존 허셸 글렌 주니어

존 허셸 글렌 주니어(John Herschel Glenn, Jr. 1921년~)은 우주 비행사로서 미
국 상원 의원을 역임했다. 글렌은 오하이오 주 케임브리지에서 태어나

존 허셸 글렌 주니어

뉴콩코드에서 성장했다. 그는 머스킹엄 칼리지에서 화학을 공부하고 1941년에 개인 조종사 면허를 체육 학점으로 획득했다. 1942년 3월에 해군 항공생도로 입대해 조종 훈련을 받은 그는 1943년 미국 해병대에 배속을 받아 제2차 세계 대전 동안에 59회의 전투 임무를 수행했다. 한국 전쟁에도 해병대 조종사로 참전해 90회의 비행 작전 임무를 수행했으며, 한국 전쟁이 끝날 무렵 F-86 세이버(Sabre)로 압록강 근처에서 미그-15기 3대를 격추했다. 전쟁 후 미국으로 돌아온 글렌은 1954년 텍사스 시험 조종사 학교에서 시험 비행 조종사로 활동했다.

그는 1959년 4월에 머큐리 7 우주 비행사로 선발되어 비행사 역할뿐 아니라 조종실 설계 등의 작업에도 참여했다. 1962년 2월 20일에는 프렌드십 7호를 타고 159~261킬로미터 고도에서 4시간 55분 23초 동안 지구 주위를 세 바퀴 도는 머큐리 아틀라스 6(Mercury Atlas 6) 임무를 수행한 후 대서양의 바하마 근처에 착수했다. 그는 지구 궤도를 비행한 첫 번째 우주 비행사가 되었고, 우주에 간 세 번째 미국인이 되었다.

그는 NASA를 그만둔 후 1965년에 해병대 대령으로 예편해 사업을 하다가, 1974년 11월에 민주당 상원 의원에 당선돼 정치에 입문했다. 1974년부터 1999년까지 오하이오 주를 대표하는 4선 상원 의원을 지냈다. 그는 1978년 의회에서 명예 우주 메달을 받았고, 1990년 우주인 명예의 전당에 등재되었다.

정치가로 활동하던 그는 평상시 우주 비행이 노인에게 미치는 영향을 연구하기 위한 우주 비행을 하고 싶다고 자주 말해 왔다. 드디어 그는 1998년 10월 29일에 77세의 나이로 우주 왕복선 디스커버리 호에 탑승해 우주 비행을 함으로써 최고령 우주 비행사가 되었다. 그는 미국 첫 머큐리와 우주 왕복선을 둘 다 비행한 유일한 사람이 되었다. 이를 기념하기 위해 NASA는 1999년 오하이오 주 클리블랜드에 있는 루이스 연구 센터 명칭을 존 글렌 연구 센터로 바꾸었다.

샐리 크리스틴 라이드

샐리 크리스틴 라이드(Sally Kristen Ride, 1951~2012년)는 미국의 물리학자로서 NASA에 합류해 1983년 32세에 우주 비행을 한 최초의 미국 여성이다. 그녀보다 먼저 우주 비행을 한 두 여성은 (ㄱ)소련에서 1963년과 1982년에 각각 비행한 테레슈코바와 스베틀라나 사비츠카야(Svetlana Savitskaya, 1948년~, 소유스 T-7호를 타고 1982년에 살류트 7호에 간 여성 우주인)다.

라이드는 노르웨이의 후손으로 1951년에 로스앤젤레스에서 태어났다. 로스앤젤레스 포톨라 중학교와 웨스트레이크 여학교(현재 하버드-웨스트레이크 학교)에서 장학금을 받은 그녀는 과학에 흥미가 많았으며, 학창

샐리 크리스틴 라이드

시절 테니스를 배워 전국 순위 안에 드는 수준급 선수가 되었다. 처음에 펜실베이니아 주 필라델피아에서 서쪽으로 33킬로미터 떨어진 스와스모어 대학을 다니다 캘리포니아 주 스탠퍼드 대학교로 옮겨 영어 및 물리학 학사 학위를 받은 후 같은 대학에서 천체 물리학 및 자유-전자 레이저 물리학을 연구해 물리학 석사 및 박사 학위를 받았다.

우주 프로그램에 참여할 지원자를 찾는 신문 광고를 보고 지원한 라이드는 8,900명의 지원자 중에서 최종 후보로 선정되어 1978년 NASA에 합류했다. 그녀는 우주 왕복선의 두 번째 임무 STS-2(Space Transportation System-2, 우주 수송 시스템 2번째로 1981년 11월 12일에 발사된 우주 왕복선 컬럼비아 호의 임무)와 세 번째 임무 STS-3(1982년 3월 22일에 발사된 컬럼비아 호의 임무)에 지상에서 우주선 통신 담당관(capsule communicator) 역할을 수행했을 뿐만 아니라 우주 왕복선의 로봇 팔 개발에도 참여해 경력을 쌓았다.

라이드는 1983년 6월 18일에 우주 왕복선 챌린저 호(STS-7)의 승무원으로 탑승해 우주에 올라간 첫 여성 미국인이 되었다. 1984년 챌린저 호로 두 번째 우주 비행을 해 우주에서 343시간 이상을 머물렀으며, 세 번째 우주 비행을 준비하기 위해 훈련을 받던 중 챌린저 호 사고(1986년 1월 28일 챌린저 호가 발사 73초 만에 이음새 결함으로 공중에서 폭발한 사고)가 발생했다. 그녀는 챌린저 호의 사고 조사 위원회 위원으로 활동했으며, 사고 조사 후 워싱턴 D. C.에 있는 NASA 본부에 근무하게 되었다.

라이드는 1987년에 스탠퍼드 대학교 국제 안보 및 군비 통제 센터로 옮겼고, 1989년에는 샌디에이고에 있는 캘리포니아 대학교의 물리학 교수와 캘리포니아 우주 연구원(California Space Institute)의 책임자가 되었다. 2003년에 그녀는 우주 왕복선 컬럼비아 호(2003년 2월 1일에 16일

간의 우주 실험 임무를 마치고 대기권 진입 도중 텍사스 상공에서 선체 결함으로 공중에서 폭발한 사고) 사고 조사 위원회의 위원으로도 활동했다. 대학 교수직을 그만두고 2001년에 설립한 샐리 라이드 사이언스(Sally Ride Science)의 CEO를 맡은 그녀는 과학을 공부하려는 초중등 학생들을 위해 우주에 관한 책을 저술하거나 과학 프로그램을 만들었다.

라이드는 2012년 7월 췌장암으로 61세의 젊은 나이에 사망해 캘리포니아 주 산타모니카 우드론 묘지에 안장되었다. 미국 텍사스 주 우드랜즈와 메릴랜드 주 저먼타운에 있는 초등학교는 그녀를 기리기 위해 샐리 K. 라이드 초등학교로 명명되었다.

75
—

『코스모스』의 저자, 칼 세이건

칼 에드워드 세이건(Carl Edward Sagan, 1934~1996년)은 미국의 천문학자이자 작가이며, 천문학, 천체 물리학, 자연 과학 분야에서 크게 성공한 유명인사다.

세이건은 유대계와 러시아계 이민자 가족의 일원으로 1934년 11월 9일에 뉴욕의 브루클린에서 태어났다. 그는 1951년 뉴욕 맨해튼에서 남서쪽으로 34킬로미터 떨어진 뉴저지 주 라웨이에서 라웨이 고등학교를 졸업했다. 그는 시카고 대학에서 학사 학위를 받고, 1960년 동대학원에서 천문학 및 천체 물리학 박사 학위를 취득했다. 그는 대학 시절에 유전학자인 뮐러 실험실에서 일하기도 했다.

1962~1968년까지 그는 매사추세츠 주 케임브리지에 있는 스미스소니언 천문대에서 근무했다. 1971년 그는 코넬 대학교 전임 교수가 되었으며, 행성 연구 실험실을 지도했다. 1972~1981년에는 코넬

칼 세이건

대학교 라디오 물리학 및 우주 연구 센터(Center for Radio Physics and Space Research) 부소장을 맡았다.

세이건은 미국 우주 프로그램의 리더 역할을 했으며, 1950년대부터 NASA의 자문 조언자로서 행성 탐사에 많은 공헌을 했다. 칼 세이건은 금성의 표면 온도가 섭씨 500도 정도로 아주 높다는 것을 최초로 밝혀냈다. 그는 NASA 제트 추진 연구소의 방문 과학자로서 금성 탐사용 마리너(Mariner) 1호 임무를 설계하고 관리했다. 마리너 2호는 1962년 금성의 표면 온도가 높다는 그의 결론을 뒷받침했다. 그는 먼지와 바람에 의한 화성의 계절적인 변화뿐만 아니라 목성, 금성의 대기를 조사해 발표했다. 또 토성의 위성인 타이탄의 유기분자로 인한 붉은 안개나 온실 효과로 인한 금성의 고온 현상 등 행성 탐험 문제들을 해결했다.

한편 세이건은 작가로서 많은 사람들에게 우주를 잘 이해하게끔 그의 생각을 잘 전달했다. 그는 600편 이상의 기사와 논문을 집필했고, 『우주의 지적 생명(Intelligent Life in the Universe)』(1966년), 『에덴의 용(The Dragon of Eden)』(1978년), 『혜성(Comet)』(1985년), 『콘택트(Contact)』(1985년) 등 20권 이상의 책을 저술했다. 특히 1980년 출간된 『코스모스(Cosmos)』는 전 세계적 베스트셀러로 과학의 대중화에 큰 기여를 했다. 이 책은 우주에 대해 누구나 생각할 수 있는 궁금증을 현대 과학으로 풀어서 최고로 근접한 정답을 말해 준다. 또 TV 시리즈로 우주의 신비를 쉽고 생생하게 전달해, 1980년에 미국 방송계 최대의 상인 에미 상과 피보디 상을 받았다.

세이건은 코넬 대학교에서 비판적 사고에 관한 강좌를 개설해 1996년에 사망할 때까지 학생들을 가르쳤다. 그는 골수이형성증(골수가 기본 혈액 구성세포를 정상적으로 생산하지 못하는 질환으로 백혈병의 전단계로 간주되기도 함)을 앓고 있었으며, 골수 이식 수술을 세 차례 받았지만 1996년 12월 20일 62세의 젊은 나이로 워싱턴 주 시애틀에 있는 프레드 허친슨 암 연구 센터에서 세상을 떠났다. 2001년 11월 NASA 에임스 연구 센터는 우주 생활을 연구하기 위한 연구 센터를 개소하면서 그를 기리기 위해 칼 세이건 센터라 명명했다.

76

세계 최고의 여성 조종사, 에어하트와 웨그스태프

미국의 항공 개척자이자 작가 에어하트는 대서양 횡단을 비행한 첫 여류 비행사로서 처음으로 수훈 비행 십자 훈장을 받은 당대 최고의 여성 조종사다. 그녀는 1937년 지구 일주 비행 기록을 수립하기 위한 비행 도중에 하와이 남쪽 중앙 태평양 상공에서 실종되었다. 웨그스태프는 미국 국립 곡예 비행 챔피언십에서 세 번이나 우승한 몇 안 되는 조종사 중 하나로 가장 유명한 여성 조종사다. 그녀는 지금도 매년 세계 유명 에어쇼의 수백만 관중 앞에서 낮은 고도에서 숨 막히는 곡예 비행을 펼치고 있다.

아멜리아 에어하트

아멜리아 에어하트(Amelia Earhart, 1897~1937년 실종, 1939년 사망 선언)는 캔

아멜리아 에어하트

사스 주 애치슨에서 태어났다. 그녀의 부모는 아이오와 주 디모인으로 이사했다. 그러나 에어하트와 그의 동생 뮤리얼 에어하트(Grace Muriel Earhart, 1899~1998년)는 전 연방 법원의 판사이고 애치슨 저축 은행장이었던 외할아버지와 함께 애치슨에 남았다. 두 자매는 집에서 학교 교육을 받았으며, 책 읽는 데 많은 시간을 보냈다. 에어하트는 1916년에 하이드파크 고등학교를 졸업한 후 펜실베이니아 주 라이달의 오곤츠 학교 단기 대학 과정을 시작했지만 졸업은 못했다.

1917년 그녀가 크리스마스 방학 동안 캐나다 토론토에서 대학에 다니고 있는 동생 뮤리얼을 방문 중 제1차 세계 대전 참전 병사들이 부상당해 돌아오는 것을 목격했다. 그녀는 적십자에서 간호 보조원 교육을 받은 후 토론토 스패디나 군 병원에서 자원 봉사자로 일하며 환자들의 특별식을 준비하고 병원 조제실에서 처방된 약제를 나눠주는 일을 했다. 당시에 에어하트는 토론토에서 매년 이벤트가 열리는 장소인 캐나다 국립 박람회장(CNE, Canadian National Exposition)에서 개최된 에어페어를 방문해 제1차 세계 대전 에이스가 직접 조종하는 비행 장면을 보았다.

1920년 12월에 에어하트는 아버지와 함께 캘리포니아 주 롱비치에 있는 얼 도허티 비행장(Earl S. Daugherty Field, 현재의 롱비치 공항. 롱비치 지역의 선구자적 비행사의 이름을 땄) 개장 기념 에어쇼를 구경하러 갔다가 프랭크

캐나다 토론토 에어페어

혹스(Frank Hawks, 1897~1938년, 나중에 비행 경주로 명성을 얻은 조종사)가 태워 주는 비행기에 탑승하게 되었다. 10분간의 비행 후에 그녀는 당장 비행기 조종술을 배우기로 결심했다. 그녀는 다양한 아르바이트로 모은 1,000달러로 커티스 비행 학교에 등록했으며, 거기서 여성 조종사인 네타 스눅(Neta Snook Southern, 1896~1991년)에게서 비행 교육을 받았다. 1922년 10월 22일에 에어하트는 4.3킬로미터(1만 4000피트) 고도까지 비행해 여성 조종사로서 세계 최고 고도 기록을 수립했다. 또 1923년 5월 15일에 그녀는 국제 항공 연맹(FAI, Federation Aeronautique Internationale)에 의해 발급된 16번째 여성 조종사 면허증을 갖게 되었다. 또 그녀는 여성 조종사 조직인 나인티 나인(The Ninety-Nines)에서도 활동했다.

　1928년 4월에 에어하트는 나중에 남편이 된 출판업자 조지 퍼트넘

(George P. Putnam, 1887~1950년)에게서 단순 승객으로 대서양 횡단 비행에 동참하지 않겠냐는 제안을 받았다. 그녀는 이 제안을 수락해 조종사 윌머 슐츠(Wilmer Stultz, 1900~1929년), 부조종사 루이스 고든(Louis Gordon) 등과 함께 대서양 횡단 비행을 준비했다. 1928년 6월 17일에 그녀는 2명의 조종사와 함께 포커 트라이모터(Fokker F. VII, 네덜란드 항공기 제작사인 포커 사에서 제작한 수송기로 1924년 11월 첫 비행을 했음)로 캐나다 뉴펀들랜드 주 트레패시를 이륙했다. 그녀는 20시간 40분 비행 후에 영국 런던에서 서쪽으로 330킬로미터 떨어진 사우스 웨일스의 버리포트에 착륙했다. 대부분의 비행은 계기 비행이었고 비행 훈련을 받지 않은 에어하트는 단순 보조 역할로 대서양 횡단 비행에 참여했다. 그녀는 대서양 횡단 비행이 끝나자마자 퍼트넘의 권유로『20시간 40분(20 Hours - 40 Minutes)』을 써서 일약 베스트셀러 작가가 되었다.

대서양 횡단 비행으로 명성을 얻은 에어하트는 순수한 자기 자신만의 기록을 세우기 위해 노력해 1928년 8월에 로스앤젤레스에서 뉴욕까지 북아메리카 대륙을 단독으로 횡단 비행한 첫 여성 조종사가 되었다. 1931년 에어하트는 결혼 후에도 본인의 비행은 계속하기로 약속하고, 이혼 경력이 있는 퍼트넘과 결혼했다. 그녀는 결혼한 해에도 핏케언(Pitcairn) PCA-2 오토자이로(전진추력을 얻기 위해 프로펠러를 이용하고 양력을 얻기 위해 회전 날개를 이용한 항공기)로 5.6킬로미터(1만 8415피트)고도를 올라가 세계 최고 고도 기록을 세웠다. 에어하트는 1930년부터 1935년 사이에 7개의 여성 속도 및 거리 항공 기록을 수립해 당대 최고의 여성 비행사로 명성을 날렸다.

1932년 5월 20일에 그녀는 34세의 나이에 대서양을 단독으로 횡단하기 위해 록히드 베가(Lockheed Vega, 1927년 7월 첫 비행을 한 6인승 고익기) 비행기로 캐나다 뉴펀들랜드 하버 그레이스를 이륙했다. 그녀는 14시간 56분 비행 후 북아일랜드 데리 북쪽 컬모어 목장에 착륙했다. 이로써 그녀는 여성 최초로 대서양 논스톱 단독 비행에 성공했으며, 최단시간 대서양 횡단 비행 기록도 수립했다. 그녀는 미국 의회로부터 수훈 비행 십자 훈장을 받고 허버트 후버(Herbert Hoover) 대통령이 수여하는 내셔널 지오그래픽 협회(National Geographic Society, 1888년 지리학 지식의 확장과 보급을 위해 미국 워싱턴 D. C.에 설립한 비영리 과학 교육 기구) 금메달, 프랑스 정부 훈장 등 많은 상을 받았다.

1935년 1월에 그녀는 하와이 호놀룰루 윌러 필드에서 캘리포니아주 오클랜드까지 태평양을 논스톱으로 비행해 '하늘의 퍼스트레이디'라는 별명을 얻었다. 1937년 6월 1일에 적도 주변을 도는 세계일주 비행에 도전하는 야심찬 계획을 세웠다. 그녀는 바로 세계 일주 비행을 위해서 강력한 600마력 프랫 & 휘트니 엔진 2기를 장착한 록히드 일렉트라(Lockheed L-10E Electra, 1934년 2월 첫 비행을 한 10인승 여객기, 순항 속도 시속 306킬로미터, 항속 거리 1,150킬로미터) 비행기를 준비했다. 그녀는 항법사 프레드 누넌(Fred Noonan, 1893~1937년 실종)과 함께 일렉트라를 타고 로스앤젤레스를 출발해 대서양을 건너 아프리카와 인도, 오스트레일리아를 거쳐 뉴기니 라에(Lae)에 도착했다. 라에를 이륙해 4,000킬로미터 떨어진 태평양의 작은 섬인 하울랜드 섬을 향한 그녀는 불행하게도 1937년 7월 2일 비행하던 중 "연료가 거의 다 떨어졌는데도 육지가 보이지 않는다."라는 긴급한 소식을 전한 후 해상에서 실종되었다.

당시 루스벨트 대통령(재임 기간 1933~1945년)의 지시로 미국 해군 군함과 항공기로 대대적 수색이 이루어졌으나 잔해조차 찾을 수 없었다. 결국 그녀는 1939년 1월 5일 사망했다고 선언되었다. 남편 퍼트넘은

에어하트가 실종된 뒤 1937년에 그녀가 비행 정착지에서 보낸 편지와
신문에 쓴 내용들을 모아 『마지막 비행(*Last Flight*)』을 펴냈다.

'패티' 웨그스태프

패트리셔 '패티' 웨그스태프('Patty' Wagstaff, 결혼 전 이름은 Patricia Rosalie
Kearns, 1951년~)는 아버지가 미국 공군 B-25 폭격기 조종사로 복무 중
미주리 주 세인트루이스에서 태어났다. 그녀는 9세 때 일본 항공사
(Japan Air Lines)의 여객기 조종사로 취직된 아버지를 따라 일본으로 건
너갔다. 아버지는 10세 때부터 비행에 관심을 보이기 시작한 그녀에게
DC-6의 조종석에 앉아 조종 휠을 잡도록 했다. 그녀는 그때 비행기
와 함께 평생을 지낼 줄은 꿈에도 몰랐을 것이다. 언니인 토니도 콘티
넨탈 항공사의 조종사로 명문 파일럿 가족이다.

    1979년에 직장 때문에 미국 알라스카 주의 남서쪽 조그만 마을
딜링햄으로 가게 된 그녀는 브리
스톨 만 원주민 협회(Bristol Bay Native
Association)에서 경제 개발 플래너로
일했으며, 항공기만이 접근할 수 있
는 고립된 지역을 방문하기도 했다.
패트리셔는 직장 업무를 수행하기
위해 렌트한 작은 비행기가 이륙 중
충돌한 경험이 있어 다른 사람이 조
종하는 비행기에 대해 좋지 않은 감
정이 있었다. 그래서 변호사이면서

패티 웨그스태프

조종사인 밥 웨그스태프(Bob Wagstaff)를 고용해 세스나 185 수상기로 조종을 직접 배운 그녀는 헬기를 포함해 다발 항공기 면허를 취득했으며, 나중에 밥 웨그스태프와 결혼했다.

1983년에 그녀는 미국 위스콘신 주 애보츠퍼드에서 개최되는 에어쇼에 처음으로 참석했다. 거기서 챔피언 곡예 비행 조종사가 에어쇼를 하는 것을 보고 감명받아 본인도 곡예 비행을 하겠다고 결심했다. 조종사 면허를 받은 지 5년 후인 1985년에 그녀는 미국 곡예팀의 일원이 되었으며, 하루에 3번씩 고된 훈련을 받았는데도 지치지 않고 열성적으로 임했다.

웨그스태프는 미국 국립 곡예 챔피언십에서 1991년부터 1993년까지 3년 동안 우승했다. 또 1993년 국제 곡예 선수권 대회에 참가해 우승했으며, 세계 곡예 챔피언십에 미국 곡예팀으로 6번이나 자격을 얻어 참가해 모두 베티 스켈튼(Betty Skelton, 1926~2011년, 미국의 여성 곡예 조종사)의 '곡예 비행의 퍼스트 레이디' 상을 받았다. 그녀는 그동안 각종 곡예 비행 챔피언십에 참가해 미국 최고 점수를 받거나 금, 은, 동메달 등 다수의 메달을 수상했다. 1994년부터는 스미스소니언 국립 항공 우주 박물관 2층 갤러리에 웨그스태프의 굿리치 엑스트라 260(Goodrich Extra 260) 곡예기가 에어하트의 록히드 베가와 함께 전시되고 있다. 엑스트라 260은 독일 곡예기 조종사인 월터 엑스트라가 설계한 수제품 곡예기로 1986년 첫 비행을 했다. 1993년 웨그스태프는 미국 곡예 비행 대회에서 우승한 후 엑스트라 260을 워싱턴 D.C에 있는 스미스 소니언 국립 항공 우주 박물관에 기증했다.

2005년에 그녀는 캐더린 라이트 상을 받고, 2013년에는 탁월한 비행사 상을 받았다. 그녀는 곡예 비행 스케줄이 없는 시기에는 플로리다 주 페르난디나 비치에서 곡예 비행을 가르친다. 또 주요 영화와 TV 프로그램에서 스턴트 파일럿으로 활동하거나 다른 곡예 비행 조종사를 가르친다.

그녀는 국립 항공 명예의 전당을 비롯해 국제 여성 항공 명예의 전당, 애리조나 항공 명예의 전당 등에 등재되었다. 그녀는 엑스트라, T-6, P-51 머스탱 등 여러 항공기로 미주 지역에서 1년에 15~20회 에어쇼를 하고 있으며, 홈페이지에 1년 일정과 사진, 일대기, 곡예 항공기 제원, 후원사들이 게시되어 있다. 웨그스태프는 현재도 곡예 비행의 스포츠와 예술에 헌신하고 있으며, 현대 항공사상 곡예 비행 분야를 개척한 가장 유명한 여성 조종사다.

77

—

달 궤도 랑데부를 창안한 존 후볼트

존 후볼트(John C. Houbolt, 1919~2014년)는 1960년 4월에 뉴욕에서 개최된 자동차 엔지니어 학회(Society of Automotive Engineers)의 국립 항공 회의(National Aeronautical Meeting)에서 논문 「연료를 최소로 소모하는 우주에서의 랑데부(Rendezvous in Space with Minimum Expenditure of Fuel)」를 발표했다. 이 논문은 그가 NASA 우주 엔지니어로 근무하면서 창안한, 달 착륙 임무를 효과적으로 할 수 있는 달 궤도 랑데부(LOR, Lunar Orbit Rendezvous)에 대한 내용이다. 딜 궤도 랑데부 방식은 우주선을 달 궤도에 진입시키고 모선에서 달 착륙선을 분리해 착륙한 후, 귀환하기 위해 다시 모선과 랑데부를 하는 방식이다.

미국 아이오와 주 알투나에서 출생해 어린 시절을 일리노이 주 시카고 남서쪽 졸리엣의 농장에서 보낸 후볼트는 어바나-샴페인에 있는 일리노이 대학교에서 토목 공학으로 1940년과 1942년에 각각 학

LOR을 설명하는 후볼트

사 및 석사 학위를 받았다. 그후 버지니아 주 햄튼에 있는 NASA 랭글리 연구 센터의 구조 연구 부문에서 엔지니어로서 활동했다. 1957년에 취리히 연방 공과 대학에서 박사 학위를 취득했다.

항공 우주 과학자들은 1960년 초반 이전에는 달에 착륙하고 다시 지구로 되돌아오기 위해서는 대형 로켓을 우주선에 싣고 가서 달에서 발사해야 한다고 생각했다. 물론 이 당시에는 지구 궤도 비행조차도 수행하지 못하는 시절이었다. 이후 아폴로 프로젝트 과학자들은 초기 공상 과학 소설 작가들이 생각한 랑데부(우주선이나 인공위성이 우주 공간에서 만나는 일) 방식을 진지하게 토론하고 연구하기 시작했다.

랑데부 방식은 두 우주선이 지구 상공에서 서로 만나는 지구 궤도 랑데부(EOR, Earth Orbit Rendezvous)와 달 상공에서 만나는 달 궤도 랑데부(LOR, Lunar Orbit Rendezvous)가 있다. 지구 궤도 랑데부 방식은 2번에 걸쳐 발사한 2대의 우주선을 지구 궤도상에서 우주 정거장처럼 도킹한 후 하나로 조립해 달을 향해 이동하는 것이다. 이 방식을 이용하면 우주선이 달에서 착륙뿐만 아니라 귀환하기 위해 이륙을 해야 하므로 중량이 증가하고 연료가 많이 소모되는 문제점이 발생한다. 그러나 달 궤도 랑데부 방식은 두 대의 우주선이 가벼워 연료 소모가 적고 더군다나 귀환할 때 착륙선을 버리므로 가벼운 무게로 지구로 귀환할 수 있다.

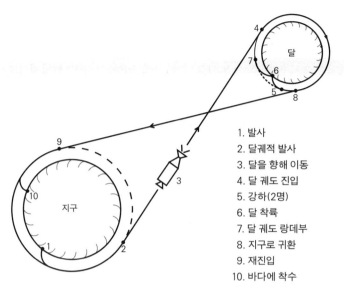

1. 발사
2. 달궤적 발사
3. 달을 향해 이동
4. 달 궤도 진입
5. 강하(2명)
6. 달 착륙
7. 달 궤도 랑데부
8. 지구로 귀환
9. 재진입
10. 바다에 착수

달 궤도 랑데부(LOR) 방식

달 궤도 랑데부 방식은 지구 궤도 랑데부 방식과 같이 우주선을 2번 발사하는 것이 아니고 사령선(모선)과 달 착륙선을 한꺼번에 탑재해 우주선을 한번만 발사한다. 그리고 달 궤도에 진입한 후 착륙선만 달에 착륙해 임무를 수행하고, 다시 이륙해 달 궤도에서 기다리던 사령선과 도킹 후 착륙선은 버리고 지구로 귀환한다.

    달 궤도 랑데부 방식은 후볼트가 1960년 처음으로 발표했을 당시에는 많은 반대가 있었다. 그러나 후볼트는 물러서지 않고 NASA의 연구신을 설득해 결국 관철시켰다. 초기에 반대했던 베르너 폰 브라운도 나중에 달 궤도 랑데부 방식을 지지했다. 마침내 1962년 초 달 궤도 랑데부 방식은 아폴로 프로그램으로 채택되었다.

    후볼트는 달궤도 랑데부를 창안한 업적으로 1963년에 NASA에서 '특별 공로 메달(Exceptional Achievement Medal)'을 받았다. 그는 NASA에 근무하면서 우주 왕복선 사고 조사를 비롯해 항공 및 우주 비행 위원회에 위원으로 활동했다. 또 항공 우주 연구 및 개발을 위해 북대서양 조약 기구(NATO) 자문 그룹의 위원과 공군의 과학 자문 위원회에 위원으로서 20년 이상 봉사했다. 이외에도 B-2 스텔스 폭격기와 같은 일급 비밀에 해당하는 프로젝트의 구성원으로 참여했다. 그는 1942년부터 근무했던 NASA에서 1985년에 은퇴했다.

후볼트는 2005년 5월에 어바나-샴페인에 있는 일리노이 대학교에서 명예 박사 학위를 받았다. 그의 업적을 기리기 위해 졸리엣 지역의 역사 박물관 한쪽에는 그와 관련된 유물을 영구 전시하고 있다. 또 그가 다녔던 미국 최초의 전문대 졸리엣 초급 대학의 앞 도로를 후볼트 로드라 명명했다. 그는 2014년 4월 15일에 파킨슨병으로 메인 주 스카보로에서 세상을 떠났다.

참 고 문 헌

Abbott, Ira H., von Doenhoff, A. E., *Theory of Wing Sections: Including a Summary of Airfoil Data*, Dover Publications, Inc., 1959

Alexander, David E., *Nature Flyer: Birds, Insects, and the Biomechanics of Flight*, The Johns Hopkins University Press, Baltimore, 2002.

Anderson Jr., John D., *The Airplane, a History of Its Technology*, American Institute Aeronautics and Astronautics, 2002.

Anderson, Jr, John D. *Fundamentals of Aerodynamics*, The McGraw-Hill Company, Fifth edition, 2000.

Anderson, Jr, John D. *Introduction to Flight*, The McGraw-Hill Company, Fifth edition, 2005

Anderson, Jr, John D. *Modern Compressible Flow: With Historical Perspective*, The McGraw-Hill Company, Third edition, 2003.

Aviation Week & Space Technology, *All-Time Top 100 Stars of Aerospace and Aviation*, The McGraw-Hill Companies, 2003.

Beckwith, Tomas G., Marangoni, Roy D., and Lienhard V, John H., *Mechanical Measurements*, Addison-Wesley Publishing Company, 1995.

Bento Silva de Mattos Ramon Papa Luis Carlos de Castro Santos, Considerations about Forward Fuselage Aerodynamic Design of a Transport Aircraft AIAA 2004-1241, 42nd AIAA Aerospace Sciences Meeting and Exhibit, 5-8 January 2004, Reno, Nevada, USA

Bill Gunston, *Aviation: the First 100 Years*, *Barron's* Educational Series, Inc., Hauppauge, NY, USA, 2002.

Christopher Chant, John Batchelor, *A Century of Trimph the History of Aviation*, The Free Press, A division of Simon & Schuster, Inc., New York, NY 10020, USA, 2002.

E.F. Nichols and G.F. Hull, 'A Preliminary Communication on the Pressure of Heat and Light Radiation', *Physical Review* (Series I), vol. 13, Issue 5, pp. 307-320, 1901

Evans, Julien, *All You Ever Wanted to Know about Flying: e Passenger's Guide to How Airliners Fly*, Motorbooks International, 1997.

Goodmanson, Lloyd T., and Gratzer, Louis B., Recent Advances in Aerodynamics for Transport Aircraft, *Astronaut. & Aeronaut*, vol. 11, no. 12, 1973., pp.30-45., ; Part 2, vol. 12, no. 1, 1974., pp.52-60.

Greenwood, John T, *Milestones of Aviation: Smithsonian Institution National Air and Space Museum*, Hugh Lauter Levin Associates, Inc., New York, 1989.

Guy Norris and Mark Wagner, *Giant Jetliners*, Motorbooks International Publishers & Wholesalers, Osceola, WI, USA, 1997

Harold Rabinowitz, *Pushing the Envelope: Airplanes of the Jet Age*, MetroBooks, Friedman/Fairfax Publishers, New York, NY 10010, USA, 1998.

Holman, J. P., *Experimental Methods for Engineers*, McGraw-Hill Inc., 1978

J. W. Pawlowski, D. H. Graham, C. H. Boccadoro, P. G. Coen, and D. J. Maglieri, Origins and overview of the Shaped Sonic Boom Demonstration program, *AIAA paper 2005-0005*, 43rd AIAA Aerospace Sciences Meeting and Exhibit, Reno, 2005.

James E.A. John, Theo G. Keith, *Gas Dynamics*, Prentice Hall, Inc., Third edition, 2006.

Jong-seob Han, Jo Won Chang, and Sun-tae Kim, Reynolds number dependency of an insect-based flapping wing , *Bioinspiration and Biomimetics*, IOP publishing, 2014.

Kennedy, Gregory P., and Maxwell, Ted A., *Life in Space*, Time Life Books Inc., 1984.

Korean Air Safety Magazine, *SKY SAFETY 21*, 2013. Summer, Vol. 117, pp. 29-41.

Lawrence, Loftin K., *Quest for Performance: The Evolution of Modern Aircraft* NASA SP-468, 1985.

Mackenzie, A. J., Deconstructing the Top 100, *The Space Review*, 14 July 2003.

Marco Cannone and Susan Friedlander, Navier: Blow-up and Collapse, NOTICES of the AMS, Vol. 50, No. 1, 2003

Mario Vargas, Julius A. Giriunas, and Thomas P. Ratvasky, Ice Accretion Formations on a NACA 0012 Swept Wing Tip in National Icing Conditions *AIAA Paper 2002-0244*, 40th AIAA Aerospace Sciences Meeting & Exhibit, Reno, NV, 14-17 Jan., 2002.

Masahiro Kanazaki, Yuzuru Yokokawa, Mitsuhiro Murayama, Takeshi Ito, Shinkyu

Jeong, Kazuomi YamamotoNacelle Chine Installation Based on Wind-Tunnel Test Using Efficient Global Optimization, Transactions of the Japan Society for *Aeronautical and Space Sciences*, Vol. 51, No. 173, PP. 146-150, 2008.

Myong Hwan Sohn, Jo Won Chang, Visualization and PIV Study of Wing-tip Vortices for Three Different Tip Configurations, *Journal of Aerospace Science and Technology*, Vol. 16, 2012, pp. 40-46.

Niko F. Bier, David Rohlmann, Ralf Rudnik, Numerical Maximum Lift Predictions of a Realistic Commercial Aircraft in Landing Configuration, *AIAA 2012-0279*, 50th AIAA Aerospace Sciences Meeting, Nashville, Tennessee, January 2012.

Orville Wright, Fred C. Kelly, *How We Invented the Airplane*, Dover Publications, Inc., 1988.

Pearcy, Arthur, *Fifty Glorious Years: a pictorial tribute to the Douglas DC-3*, Orion Books a division of Crown Publishers, Inc., New York, NY 10003, USA, 1985.

Rabinowitz, Harold, *Classic Airplanes: pioneering Aircraft and the Visionaries Who Built them*, MetroBooks, 1997.

Rolls-Royce, The Jet Engine, Rolls-Royce plc, Derby, England, 1992

Savile DBO. 1957. Adaptive evolution in the avian wing, *Evolution* Vol. 11 pp. 212-224

Schlichting, Hermann, *Boundary Layer Theory*, McGraw-Hill, Inc., Seventh edition, 1979.

Spick, Mike, *Milestones of Manned Flight: The Ages of Flight from the Wright Brothers to Stealth Technology*, Smithmark Publishers Inc., 1994.

Stefan Melber-Wilkending, Aerodynamics of the Wing/Fuselage Junction at an Transport Aircraft in High-lift Configuration, New Results in Numerical & Experimental Fluid Mechanics VII, NNFM 112, Springer-Verlag Berlin Heidelberg, pp. 529-536, 2010.

U.S. Federal Aviation Administration, *Pilot' Handbook of Aeronautical Knowledge*, United States Department of Transportation Federal Aviation Administration, 2003.

van der Burg, J., von Geyr, H.-F., Heinrich, R., Eliasson, P., Delille, T., Krier, J., Geometrical Model Installation and Deformation Effects in the European Project EUROLIFT *II, AIAA-2007-4297*, AIAA 25th Applied Aerodynamics Conference, Miami, FL, June 25-28, 2007.

von Geyr, H. Frhr., Schade, N., van der Burg, J., Eliasson, P., Esquieu, S., CFD Prediciton of Maximum Lift Effects on Realistic High-Lift-Commercial-Aircraft-

Configurations within the European project EUROLIFT II, AIAA-2007-4299, AIAA 25th Applied Aerodynamics Conference, Miami, FL, June 25-28, 2007.

Whitcomb, Richard T., A Study of the Zero-Lift Drag-Rise Characteristics of Wing-Body Combinations Near the Speed of Sound, NACA RM L52H08, NACA Report 1273, Langley Aeronautical Laboratory, Langley Field, Va., 3 September 1952.

Whitford, Ray, *Evolution of the Airliner*, Crowood, 2007.

Yuan Zhong , Keliang Zhao, CFD-based Research of Strake Effects for Low Speed High Lift Configuration, 28th International Congress of the Aeronautical Science, ICAS 2012.

구자예, 『항공추진 엔진』, 동명사, 2011.

김병식, 「아르키메데스와 베르누이」, 《한국수자원학회지》, Vol. 39, No. 9, 2006.

김영도, 「20세기 현대 유체역학의 개척자 Ludwig Prandtl」, 《한국수자원학회지》, Vol. 40, No. 9, 2007.

김웅석, 「뉴턴 : Isaac Newton」, 《한국수자원학회지》, Vol. 39, No. 6, 2006.

노오현, 「압축성 유체 유동」, 박영사, 2004년

노오현, 「점성유동이론」 박영사, 2007년

리카르도 니콜리, 유자화 옮김, 임상민 감수, 『비행기의 역사』, 위즈덤하우스, 2007.

박무종, 「유체역학의 선구자이자 위대한 수학자, Leonhard Euler」, 《한국수자원학회지》, Vol. 40, No. 4, 2007.

박영진, 「점성유체의 이론을 확립한 George Gabriel Stokes」, 《한국수자원학회지》, Vol. 40, No. 3, 2007.

박창균, 「오일러의 삶, 업적 그리고 사상」, 《대한수학회소식》, 제113호, 2007, pp.6-14.

배형옥, 「자연을 지배하는 공식 해석한다」, 《과학동아》, Vol. 7, 2001.

윤용현, 조옥찬, 『최신 비행역학』, 경문사, 2006.

이동섭, 「현대 난류연구의 선구자 Theodore von Karman」, 《한국수자원학회지》, Vol. 41, No. 6, 2008.

이승오, 「마찰계수의 실험적 고찰의 선구자 Johann Nikuradse」, 《한국수자원학회지》, Vol. 42, No. 6 2009.

장세명, 「회전익 이론을 이용한 부메랑의 비행궤적 연구」, 《한국항공우주학회지》, 제31권 1호, 2003.

장조원, 「마른하늘에 날벼락, 비행기 급강하 사고 왜?」, 《월간중앙》, 2013년 2월호, pp. 244-249

장조원, 「여객기 결항 어떻게 결정되나」, 《국방일보》 병영컬럼, 2013년 8월 2일.

장조원, 「여객기의 엔진나셀에 부착된 스트레이크의 역할」, 《항공우주매거진》 제7권 제1호, 2013. 4., pp. 92-101.

장조원, 「우주에서 뛰어내린 겁 없는 사나이」, 《월간중앙》, 2012년 12월호, pp. 276-281

장조원, 「첨단 비행기와 팽이의 회전원리」, 《국방일보》 병영컬럼, 2013년 9월 16일.

장조원, 「폰 브라운과 코롤로프, 새 지평을 열다」, 《항공우주매거진》 제8권 제1호, 2014. 4,, pp. 47-53.

장조원, 「하늘길을 디자인하다」, Staple, 2014년 8 · 9월호, pp. 46-51

장조원, 「하늘에 도전하다」, 중앙북스, 2012년 5월.

장조원, 「항공기에 나타난 흰색 구름과 충격파 현상」, 《항공우주매거진》 제7권 제2호, 2013. 10., pp. 51-57.

장조원, 「항공기에 나타난 흰색 구름과 충격파 현상」, 《국방일보》 병영컬럼, 2013년 9월 2일.

장조원, 「항공기에 숨어 있는 과학 및 비밀 장치」, 《항공우주매거진》 제9권 제1호, 2015. 4., pp. 32-41.

장조원, 노오현 「초음속흐름에서 전방원추체가 무딘 물체의 항력에 미치는 영향」, 《한국항공우주학회지》, 제15권 제2호, 1987, pp. 13-22.

정우창, 「경계층 및 난류이론의 공학적인 접근: Heinrich Blasius」, 《한국수자원학회지》, Vol. 42, No. 10 2009.

조옥찬, 『비행원리의 발달사: 공기역학의 어제와 오늘』, 경문사, 1997.

최규헌, 「Navier-Stokes 방정식의 Claude-Louis Navier」, 《한국수자원학회지》, Vol. 41, No. 2, 2008.

한종섭, 장조원, 김선태, 「잠자리형 모델의 날개 간 상호 작용에 따른 비행 안정성 및 조정성」, 《한국항공운항학회 추계학술대회 논문집》, 2010년 12월

한국항공우주학회, 『항공우주학개론』, 경문사, 2011.

Barnard, R. H., 김승조, 정인석, 김기욱, 김범수, 박춘배 옮김, 『항공기 어떻게 나는가』, 경문사, 1993.

Craig, Gale M., 이승건 옮김, 『비행의 원리』, 우용출판사, 2002.

Smith, Patrick., 김세중 옮김, 『비행 기 상식사전』, 예원미디어, 2006.

Walsh, John E., 박춘배 옮김, 『키티호크의 그날』, 경문사, 1993.

도판 저작권

찾아보기

가

가가린, 유리 알렉세예비치 556, 619, 621
가구야 115
가나 에어웨이즈 58
가로세로비 167, 307, 310, 344, 540, 573
가로 안정성 128, 334, 543
가바니시 항공 회사 565
가버 시설 51
「가변 밀도 풍동 시험을 통한 78개 에어포일
　단면의 특성」 306
가변 밀도 풍동(VDT) 301, 306~307
가변 피치 프로펠러 44~46
가속도계 371
가스 터빈 엔진 52, 54, 150, 361, 414, 422
가압 풍동 308~310, 427
간섭 항력 141, 144, 146, 260
갈릴레오 갈릴레이 526
감항성 450
갸로, 롤랑 22
거꾸로 된 제니 38
거리 측정 장치(DME) 372
건스백, 휴고 586
걸프전 173~174
검은 양 비행대 611~612

게이지 압력 208
게이츠, 조지 592
경계층 303~304, 312, 330, 341, 505,
　559~563, 566
경계층 방정식 562
경계층 분리 330
경사각 347, 469~470, 580
계기 비행 279, 478
계기 압력 208
계기 착륙 장치(ILS) 372
글라이드 슬롭 372
고 항공 460~461
고급 전술 전투기 186
고더드, 로버트 허칭스 531~533
고더드 우주 비행 센터 534
고도계 202, 313, 371, 478~479, 491~493
고든 베넷 항공 트로피 대회 303
고든, 루이스 638
고든, 리처드 113
고등 훈련기 탐색 개발 사업 199
고바이패스비 58~59, 66, 347, 363, 364,
　422
「고속 비행을 위한 날개 평면형상」 75
고속 압축성 유동 258

고속 에어포일 308
고속의 아음속 흐름 271~272
고아음속 268, 270, 570~571
고정익 비행기 16, 127
고체 추진 로켓 533
'곡예 비행의 퍼스트 레이디' 상 641
공군사관학교 289
「공기 저항과 고속 열차」 536
공기 질량 유동율 361~363
공대공 미사일 30, 203, 291, 379
공랭식 엔진 139
공력 계수 246
공력 중심 19, 139, 162, 165, 176~177, 338,
  341
공상 과학 496, 499, 532, 585, 644
공중 급유기 51
공중 기술 서비스 사령부 383
『공중 비행에 대해』 129
「공중 운동」 310
공탄성 78
과학 로켓 115
관성 시동기 44
관성 항법 장치(INS) 202, 371~372
『광학』 379, 411, 512, 514, 524, 527
괴링, 헤르만 171
괴팅겐 대학 73, 149, 303, 560, 564
교란 269, 274, 388~399, 424, 436~438,
  475
구간 거리 92
구간 속도 92, 94, 573
구간 시간 93~94
구겐하임 재단 144, 533~534
구겐하임 항공 실험실 565
구드, 제프리 458
국립 공군 박물관 51, 173, 187, 380
국립 과학 메달 552
국립 우주 기관 552

국립 우주 학회 552
국립 항공 협회(NAA) 158
국립 항공 회의 643
국방과학연구소(ADD) 290
국제 민간 항공 기구(ICAO) 90, 277, 280,
  283~284, 462
국제 지구 관측년 555
국제 항공 연맹(FAI) 637
국제 항공 운송 협회(IATA) 319
군용 헬기 500MD 597
굿리치 엑스트라 260 641
굿린, 찰머스 157
권운 410
균형 선회 469
『그것은 내 이야기』 606
그러먼 사 30, 66, 339, 342
그럽스, 빅터 81
그레이엄-화이트 항공사 37
그레이트 아티스트 51
그로스, 로버트 594
그로스, 코틀랜츠 594
그젤, 조지 522
그젤, 카타리나 522
극곡선 252
「극한 고도에 도달하는 방법」 532
글라이더 15~17, 127~137, 170, 224,
  301~302, 510, 538~540, 592
글래스 콕핏 62, 190, 202, 290, 313~317,
  348, 487
글렌 엘 마틴 사 47
글렌, 주니어, 존 허셜 625~626
글로스터 미티어 152, 261
글루시코, 발렌틴 553
금속 편향판 23
금속 피로 464~465, 467
「기구를 타고 5주간」 587
『기구 여행』 587

기동와류 505
기수내림 449,454
기수올림 339,454
기체 상태 방정식 230,487
기총 차단 기어 24
김승조 117
깊은 실속 333,336
꼬리 날개 37,58,128,131,139,145,
165~170,174,177,180,182,239,
335~336,341,346,380,388,449~455
꼬리 로터 128,387~389

나

나노세일-디 501~502
「나는 인간」 538
나로 우주 센터 117
나로호 115,117,239
나비에, 앙리 224,525~528
나비에-스토크스 방정식 224,226,227,
515,525,562
NASA(미국 국립 항공 우주국) 113,118,
164,309,310,315,342,366,384,534,
551,552,569,625,627,628,628,632,
643,645
NASA 랭글리 309,314,378,571,644
NASA 에임스 427,501,633
NASA 제트 추진 연구소(JPL) 500,566,
632
NASA 중립 부력 연구소 215
나셀 58,347,421~430
「나의 직업 항공기 조종사」 292
NACA(미국 국립 항공 자문 위원회) 39,
142,155,158,180,267,301,308~309,
570
NACA 기술 보고서 143,312
NACA 보고서 75,245,254,306~307
NACA 랭글리 75,306,569

NACA 에어포일 35,151
NACA 카울링 143
NACA 풍동 78
난기류 404~407,411~418,452
날개 끝 와류 242,243,311~312,336,388
『날개 단면의 이론』 308
날개 뿌리 152,167,170,177,327,333~334,
341,431~433
날개 스팬 77,131~132,137,178,310,
331~332,337
날개 이론 226,312,562
『남방 우편기』 588
남아프리카 항공 70,318
내리흐름 243,337,424
내부 무장창 174,189,241
내셔널 지오그래픽 협회 금메달 638
내연 기관 359~360
내측 스트레이크 348,427,430~431
노말 글라이더 132~133
노스럽 그러먼 사 66,174,603
노스럽 사 66,171,174,186,187,593
노스럽 XB-35 171~172
노스럽, 존 크누센 '잭' 171,593~594
노스 아메리칸 사 153~154,339,616
노오현 401
누넌, 프레드 639
《뉴욕 타임스》 533,534
《뉴욕 해럴드》 303
뉴커먼, 토머스 359~360
뉴턴, 아이작 213,514~515,581~582
뉴턴의 제2법칙 213,223~224,515,524
뉴턴의 제3법칙 248,533,579
능동 전자 주사식 배열(AESA) 레이다 190
니쿠라드세, 요한 563

다

다네가시마 우주 센터 115

다니엘 구겐하임 메달 312
다소사 169, 331, 339
「다양한 엔진 덮개 형태를 갖는 "휠윈드" 공랭식 방사형 엔진의 항력과 냉각」 143
다이아몬드 항공 316
다이어프램 477
단열 팽창 396
달 궤도 랑데부(LOR) 643~645
『달나라 여행』 587
대공 미사일 30
대권 항로 279, 283~284
대기 속도 408, 473, 477, 479~480
대류성 난기류 404~405
대륙 간 탄도 미사일(ICBM) 30, 115, 550, 555
대륙 간 탄도탄 프로그램 555
대서양 횡단 41, 53, 72, 471, 604, 637
대수 방정식 218
대우중공업 200
대한항공 61~62, 67, 94~95, 200, 293, 295, 363~364, 429, 445, 459, 463, 467
대형 와류 발생기 423
더글러스 사 46, 53~55, 59, 141~147, 263, 593~594
더글러스 커머셜 144
더글러스, 도널드 54, 144
더비처 131, 133
더치 롤 369
덕트 220~221
덕티드 팬 361
던 D.5 166
던, 존 윌리엄 166
덩케르크 전투 614
데카르트, 르네 520
델타 포지션 101
델타 항공사 45, 263
델타익 미라지 Ⅲ 330

델타형 날개 570
도른베르거, 발터 로베르트 548~550
도사프(DOSAAF) 622
도플러 라이다 411
도플러 효과 411
『독일 공주에게 보내는 편지』 522
동력 비행 15, 17, 35, 122, 127, 135, 267
동안정성 436~437
동적 불안정 437~438
동적 중립 437~438
동천출판 292
두랄루민 26~27
뒤셴 252
뒷바람 164, 406~407, 480, 485
뒷전 플랩 167, 327
뒷전 후퇴각 323, 327~329
드 브레하, 앨프레드 586
드 하빌랜드사 52, 69
드렉슬러, 에릭 500
드로그 안정 낙하산 106
드루얀, 앤 501
드모아젤 단엽기 22
등가 대기 속도(EAS) 480, 482
등속 원운동 469~470
등엔트로피 과정 273, 400
등엔트로피 관계식 272, 275
디스커버리 호 315, 625, 627
DC-3 우남 148
DC-1 46, 141, 144~145
DC-2 44, 46~47
DC-3 44, 47, 75, 141, 143, 146~148
DC-4 49, 54
DC-6 49~52, 94
DC-7 51~52, 262
DC-8 51~55, 263, 426, 490
DC-9 55~57, 332, 335
DC-10 59~60, 62, 426~428

DA42 316
DST 147
DH 106 코멧 52, 70
디엘 254
디지털 엔진 제어 장치(FADEC) 290
디칭 280, 298
디트로이트 사 594

라

라디오미터 497
라이드, 샐리 크리스틴 625, 627
라이어슨 대학교 368
라이언 항공사 603~604
라이카 556
라이트 사이클 회사 135, 538
라이트세일 496, 501
라이트, 오빌 17, 138, 538, 543, 545
라이트, 윌버 17, 36, 135, 538, 543, 545
라이트 항공사 139, 542, 544
라이트 형제 15, 17, 35, 37, 39, 135~139,
  147, 165, 245, 253, 261, 267~268,
  301~302, 330, 338, 533, 538~541,
  543~544, 573
라팔 169, 339
란체스터, 프레더릭 311~312
란체스터-프란틀 날개 이론 312, 562
랄리 피토관 공식 273, 275
랑데부 방식 557, 643~645
랜드, 에반 젤린 로지 599
랜딩 기어 481
램제트 365
랭글리, 새뮤얼 피어폰트 538
러더(방향타) 37, 177~178, 318, 334~335,
  367, 452, 544, 592
런던 공습 30
레델, 발터 42
레드불 스트라토스 97, 108

레드스톤 로켓 550~551
레드플래그 185
레어 메탈 116
레오나르도 다 빈치 15, 509~511
레오 10세 511
레이놀즈수 301~305, 308, 310, 424,
  560~561
레이다 19, 82, 86, 170~171, 174, 189~190,
  202~203, 280, 297, 377~379, 382, 408,
  411, 499
레이다 반사 면적(RCS) 174, 339, 380
레이돔 405
레이먼드, 아서 147
레이시온 사 332, 446, 597
로간에어 B-N Islander 460
로벨, 제임스 113
로컬 라이저 372
로켓 엔진 118, 156, 197, 365, 536, 549, 553
로켓플레인 리미티드 193
로킹 핀 320
로터 128, 248~249, 387~389
록히드 마틴 사 67~68, 164, 185, 187,
  199~200, 240, 291, 366, 380, 591, 595
록히드 사 52, 54, 59~60, 172, 186~187,
  316, 591~594, 616~617
록히드, 맬컴 591
록히드 베가 594, 638, 641
록히드, 앨런 591
록히드 일렉트라 639
록히드 컨스텔레이션 262
록히드 하이드로릭 브레이크 회사 593
록히드 형제 592~593, 595
롤링 모멘트 250, 333~334
롤링 운동 177~178, 183, 192, 334, 369,
  544
롤스로이스 사 162, 451
루나 111~112, 114

루나 임팩터 프로젝트 118
루스벨트 대통령 639
루이스 연구 센터 627
루탄 바리즈 339
루탄, 리처드 '딕' 576
루탄, 앨버트 '버트' 343, 575~576
루프 기동 470~471
루프트한자 항공사 43, 58, 65, 67, 94
《르 나비르 다르장》 588
리벳 72, 260, 463
리브 602
리안 항공사 600
리액션 모터스사 156
리어젯 332, 573
리카티 방정식 518
리플렉스 에어포일 176
릭켄베커, 에디 616
린드버그, 앤 모로 601, 602
린드버그, 찰스 오거스터스 533, 599~602,
    604~605
릴리엔탈, 오토 16~17, 127, 130~133, 136,
    246, 252, 302, 538~539

마

마리너 632
마셜 우주 비행 센터 501, 550~551
마이크로버스트 407
『마지막 비행』 640
마찰 계수 295, 299, 354, 563
마찰 전단 응력 561
마커 비콘 372
마틴 마리에타 591, 595
마틴 사 50
마하계 473, 477, 486~488, 491
마하수 59, 62, 157~159, 161, 202,
    257~259, 263, 268, 271~272, 275,
    308~309, 349, 365, 393, 451, 486~487,

569~570, 573
마하수 제한 488
마하파 394, 397~400
말리나, 프랭크 566
맞바람 407~408, 411, 485
매사추세츠 공과 대학 301
「매우 작은 점성을 갖는 유체의 운동에 관
    해」 561
매질 210
맥나리 워터스 법안 45
맥도넬 더글러스사 49, 59~61, 64~65, 94,
    339, 426
맥스웰 방정식 497, 529
맥스웰, 제임스 클락 497, 529
《맥클루어 매거진》 17, 135, 538
맨하이 프로젝트 100
맬컴 591~593, 595
머큐리 7 625~626
머큐리 프로젝트 112, 551, 625
메르세데스-벤츠 19
메서슈미트사 29, 74, 151~152
메이어, 테오도르 563
메인 기어 355
멜지, 프란체스코 511
면적 법칙 168~169, 183, 569~570
「모나리자」 512
모노코크 27
모델 500 180
모랭 솔니에르 L 22~23, 25
모로, 드와이트 601
모션 156, 194~195, 197~198, 643, 645
몽골피에 형제 537
몽티웅 상 253
무게 중심 74, 128, 139, 151, 167, 435,
    438~443, 455
무게 효율 252
무궁화 1호 114

무미익기 165, 455

무미익 형상 항공기 175

《무선세계》 499

무인기(UAV) 370, 373

무인 전투기 175

무한 날개 242~243, 307

『무한소 해석 입문』 522

뭉크, 막스 312

뮤-미터 299

미국 국립 공군 박물관 51, 380

미국 국립 교통 안전 위원회(NTSB) 446, 460, 465

미국 국방부 고등 연구 계획국(DARPA) 342

미국 연방 항공 규정(FAR) 440, 459

미국 연방 항공국(FAA) 90, 181, 194, 280, 327, 334, 440, 450, 478, 491

미그 290

미그-15 32~33, 54, 154, 159, 620~621

미드웨스트 446

미라주 169

『미분학』 522

미사일 접근 경고 시스템 189

미쓰비시 A6M 제로 616

미코얀-구레비치 사 620

밀도 210~212

밀도 고도 211

바

『바 바 블랙 십』 612

바나드 328

『바람과 모래와 별들』 589

바리즈 339, 343, 575~576

바움가르트너, 펠릭스 97~110

바이어스 타이어 357

바이패스비 133, 183, 362~363, 422

「반작용 장치를 수단으로 한 우주 공간의 탐사」 535

받음각 18, 227, 243, 302, 304~305, 318, 336, 421, 425, 432~433, 454, 495, 539, 579~580

발산 속도 342

방사형 엔진 142

방전 시스템 418~419

방전 현상 418

배로우, 아이작 513~514

배풍 485

백업 계기 477

뱅크 347

버겐, 메멧 490

버겐에어 489~490

버그, 하트 오 543

버넷, 댄 604

버지스 사 167

버진 갤럭틱 193, 195, 577

버진 애틀랜틱 에어웨이즈 65

버킹엄 267

버피팅 488

벌렌, 번트 28

벙크 349~351

베넷, 제임스 고든 302

베니어스, 재닌 17

베르누이 방정식 223~224, 259, 265, 269~270, 272, 517, 524

베르누이, 다니엘 223, 477, 517~522

베르누이, 요한 517~519, 521

베르사유 조약 548

베른, 쥘 585~587

베스토, 레너드 253

베이 190

베이더, 더글러스 613~614

베이더, 프레더릭 613

베이퍼콘 394~395

베츠, 알베르트 74, 312

베트남 전쟁 59

벤투리관 267

벨 사 50, 52, 75~76, 158, 261

벨, 랠리 158

벨로시티 XL 339

벨리 페어링 432~433

보르탁 278

보스토크 1호 556, 619

보스토크 3호 623

보스토크 6호 619, 621, 623

보스호트 555~556

보이저 343, 575~577

보잉 사 46~48, 50, 53~67, 76, 78, 94, 153,
　　164, 187, 295, 314~315, 347, 350, 366,
　　428, 465, 597

보잉 300 모노메일 45

보잉톤, 그레고리 '패피' 610~612

보케, 한스 340

보틸론 323~324, 331~333

복스카 51

복엽기 21, 131, 133, 166, 253, 544, 593

복행 462

볼츠만, 루트비히 233, 236~237

볼타 회의 73~74

볼테르 523

봄바디어 CRJ 200 461

봄바디어 사 332

봉, 리처드 613, 615~617

뷜코프, 루트비히 74, 151

부나-고나 전투 616

부메랑 249~250, 343~344

부제만, 아돌프 73~75, 563

북극 항로 282~283, 459, 486

북대서양 조약 기구(NATO) 567, 646

북대서양 횡단 항공 우편 비행 48

북태평양 항로(NOPAC) 282~283, 406

분리 유동 329

불, 피에르 499, 586

붉은 남작 305

브라운, 러셀 33

브라운, 아서 41

브래그, 로버트 81

브래드쇼, 그랜빌 252

브랜슨, 리처드 195

브레게 방정식 254

브레게, 루이-찰스 253~254

브리티시 에어로스페이스 사 332

브리티시 에어웨이즈 52, 161, 163, 297

브럭힐, 폴 615

V-1 로켓 30, 385

V-2 로켓 30, 534, 549~550, 554, 619

VC-10 55~56, 58

VS-300 387~388

VSS 엔터프라이즈 197

블라시우스, 하인리히 562

블랙박스 490

블랙 이글스 202~204, 393, 453

블레리오 단엽기 22

블레이드 297, 362, 364~365, 388,
　　412~415, 500

블록 3.2C 191

블롬 & 보스 345~346

블루 오리진 193

B-2 스피릿 66, 173, 177, 381, 646

B-17 플라잉 포트리스 49, 172

B-24 리버레이터 30, 172

B-29 슈퍼포트리스 49~51, 77, 156, 383,
　　385

B-47 스트라토제트 76~78, 153

B-52 66, 172~173

B-52G 스트라토 포트리스 385

B247 44, 46~47

B307 스트라토라이너 44, 48, 76

B-314 클리퍼 44, 47~48

B377 스트라토크루저 52

B707 52~53, 55~57, 60, 77~78, 465, 570

B707-120 54, 94

B707-320 55

B707-820 54

B717 335

B727 54, 55~57, 63, 335, 465

B737 NG(넥스트 제너레이션) 67, 332, 348, 422, 428

B737 54~57, 62~64, 67, 292~293, 317, 320, 324, 347~348, 350, 357, 378, 421, 428, 433, 451, 465, 467, 573

B737-100 57, 58

B737-200 56, 58

B737-297 464

B737-300 58, 67, 428

B737-900 57, 67, 348

B737 MAX 348

B747 59~60, 62, 65, 67, 79, 81~84, 94, 217, 271, 280, 292, 293, 319~320, 349, 357, 412, 445, 465, 481, 573

B747-8 62, 66~67, 428

B747-200 297

B747-400 62~63, 65, 297, 355

B747 콤비 318

B757 54, 57, 63~64, 293, 320, 428, 465, 489~490, 493, 573

B757-200 62

B767 62~63, 65, 295, 320, 428, 573

B767-400ER 316

B777 64~65, 67, 255, 280, 292~293, 295, 316, 320, 349, 405, 428, 449~450

B787 드림라이너 67, 280, 293, 316, 325, 450

비가역 과정 234~235, 400

비교란 영역 397

비대칭 항공기 343~346

BV 141 345~346

비상 탈출 루트 296

비압축성 흐름 221, 224, 229, 257, 259~260, 266, 308

BAe 125-1000 시리즈 332

BAE 시스템스 189, 199

BAe 제트스트림 31 460

BMW 003 터보제트 엔진 151

BMW 132N 방사형 엔진 345

BMW 801 엔진 346

비점성 유체 유동 225~226

비즈니스 제트기 179~180, 183

비즈제트 180

비치 킹 에어 180, 308

비치크래프트 1900D 446~447

비치크래프트 바론 58 344

비커스 비미 41

비커스-암스트롱 항공사 58

비틀림 449, 542

비행 관리 시스템(FMS) 367

비행 기계 16, 131, 510~511, 540

『비행 기계의 진전』 252

비행 시간 36, 93, 153, 188, 282, 291~294, 369, 459, 466~467, 485, 541, 543, 615

비행 통제 컴퓨터 진단 장치 368

『비행기 역학: 비행의 원리 연구』 252

「비행기의 항속 거리와 유용 중량에 대한 연구」 254

「비행사」 588

비행선 21, 24~26, 121, 130, 537

『비행의 기초』 254

비행정 43, 45, 47~48

빈, 앨런 113

빌름, 알프레드 26~27

빌모랭, 루이즈 드 588

사

사브37 비겐 340

사비츠카야, 스베틀라나 627

사우스 아프리칸 에어웨이즈 65

사이드 스틱 컨트롤러 318

사이테이션 180~181,308

사이테이션 I (모델550) 180

사이테이션 V (모델560) 181

사이테이션 X (모델750) 181,183

사이테이션 X 플러스 179,182

사인제곱 법칙 580~581

사하중 37

산소 탈출 루트 296

산악파 난기류 404~405

산토스-뒤몽 시계 123

산토스-뒤몽, 알베르토 121,544

살류트7호 627

삼각 날개 167~169

3×1000 프로젝트 171

삼성 탈레스(주) 202

삼성항공 200

318 화이트 나이트 195

3차원 유한 날개 310~311

3축 제어 544,545

상반각 128,333~334

상승률 252,255

상용 항공 시스템 48

상자 연 544

「새의 상승 비행 및 기계적 비행의 가능성」
  311

새턴5호 551~552

새턴 로켓 113,551

샐리 라이드 사이언스 629

샐리K. 라이드 초등학교 629

생산성 91~94

『생체 모방』 15,18

생체 모방 공학(바이오미메틱스) 18

생텍쥐페리, 앙투안드 585~587

샤누트, 옥타브 17,252

사이렐, 조지 76~77

서리 우주 센터 502

서베이어 1호 112

서징 415

석영 섬유 497

선미익 338

선바이저 106

『선재머』 498

선형운동량 보존 법칙 217,223

선회계 248

설계 하중계수 202

성능 지수 240

세계 자연 보전 연맹 18

「세기의 충돌」 80

세로 안정성 436,440~441,443,454

세미모노코크 46

세스나 180~183,269,308,320,353,374,
  379,641

세스나414A 373

세이건, 칼 에드워드 499,501,631,633

세이지 체셔 에어로스페이스 사 108

세인트루이스의 정신 600~602

세장비 476

세차 운동 247~248

센추리 시리즈 54,59,168

셀레네 116

셀프리지, 토머스 543

셔놀트, 클레어 607~610

셰퍼드, 앨런 551

소닉 붐 104,401

소유스9호 623

소유스 로켓 555, 557

소유스T-7호 627

소유스TMA 315

소형 수동 561

속도계 267, 313, 371, 477, 482, 489
손명환 406
솔니에르, 레몽 23
수륙양용 비행정 45
수리온 389
수송기 28, 39, 45, 47, 51, 143, 383, 570, 596
수정 대기 속도(CAS) 480~482
수직 꼬리 날개 76, 139, 165, 170, 172, 176,
　178, 324, 334, 338, 426, 452, 455, 594
수직 안정판 187~188
수평 꼬리 날개 58, 139, 165~170, 176, 183,
　323, 336, 338, 453, 455
수평-수직 꼬리 날개 165, 183
『수학연습』 518
수호이 Su-47 343
순수 질소 356
순항 속도 27, 44, 62, 75, 92~94, 144, 164,
　181~183, 262, 293, 327, 363, 346, 451,
　570, 594
쉬드 아비아시옹 사 54
쉴리히팅, 헤르만 563
슈미트, 오토 17
슈퍼 DC-3 148
슈퍼마린 스핏파이어 614
슈퍼크루즈 비행 189
슐리렌 광학 장치 402
슐츠, 윌머 637
스넥마 사 162, 347
스로틀 190, 317, 374
스마트 구조 467
스모크 리무버 319
스미스, 사이러스 롤러트 146
스미스 상 528
스미스소니언 국립 항공 우주 박물관 132,
　135, 196, 385, 541, 641
스미스소니언 협회 532
스미턴 계수 245~246, 539

스위거트, 존 113
스카이로켓 158
「스카페이스」 597
스칸디나비아 항공사 349
스컹크 웍스 프로젝트 380
스케일드 컴포지트 사 575
스켈튼, 베티 641
스키도미터 299
스타십 343
스타체이서 193
스타프 릴리엔탈 131
스택, 존 158
스탠바이 인스트루먼트 317
스텔스 66, 68, 170, 172, 174, 176, 185, 188,
　241, 377, 379, 381~382
스토크스 법칙 529
스토크스, 조지 가브리엘 224, 527~529
스트러트 500
스트레이크 348, 424, 432~433
스트레이크 와류 424~426
스트링거 463
스트링펠로, 존 130
스티븐 우드바-헤이지 센터 국립 항공 우주
　박물관 51
스패드 VIII 305
스페리 자이로스코프 회사 370
스페리, 로런스 371
스페리, 엘머 370~371
스페이드 어드벤저 193
『스페이스 오디세이』 499
스페이스십 원 195~196, 577
스페이스십 투 194, 197~198, 343, 577
스포르차, 루도비코 510
스포일러 171, 178, 183
스포트라이트 모드 379
스푸트니크 551, 555~556
스플릿 플랩 항력 리더 177~178

슬라이딩 창문 320
슬랫 424~425, 428, 431~432
슬랫혼 421, 432~433
C-47 스카이트레인 47, 146, 148, 383, 385
C-53 스카이트루퍼 146
C-54 스카이마스터 49, 51, 371
C-97 49
C-121 컨스텔레이션 52
CRM(인적 자원 관리) 90
시베리아 항공 60
시애틀 비행 박물관 57
CF-105 애로우 330
CFM 인터내셔널 사 347
CFM56 엔진 347
시위선 327, 333~334
시코르스키, 이고르 45, 387
시코르스키 일리아 무로메츠 39
시효 경화 26
신틸로미터 411
실속 88, 139, 304, 330, 332, 336, 338, 341,
    348, 374, 412~414, 421, 423, 430~434,
    446~447, 460, 484, 488, 493, 495, 572,
    579
실속각 495
실속 속도 69, 148, 201, 407, 423, 426~427,
    440, 443, 470, 484, 491
싱가포르 항공사 94
쌍발 엔진 57, 63~65, 144, 180, 308, 334,
    344~345, 373
쌍발 전투기 67, 616
쌍발 터보팬 엔진 181
쌍발기 운항 경로 제한 규정(ETOPS) 280

아
아놀드, 헨리 566
아라도 항공기 제작사 345
아라도 Ar198 345

아랍 에미레이트 항공 94, 417
R-1 555
R-7 로켓 554~555, 557
R4M 로켓 30
아리랑 1호 114
아마딜로 에어로스페이스 193
아메리칸 에어라인 45, 146~147, 452
아메리칸 클리퍼 45
아메리칸 항공 45, 147, 262, 348, 461
아시아나항공 63, 94~95, 292, 295, 429,
    463
아에로포스탈 항공사 588~589
아에로플로트 56, 60
아음속 49, 62, 144, 162, 164, 169, 191, 200,
    243~244, 263, 267, 270~271, 328~330,
    366, 393, 397
아음속 풍동 142, 304, 309
아음속 항공기 201, 260
아틀라스 치타 340
아틀란티스 호 315
아폴로 계획 113, 551~552, 556, 644~645
악기류 408
안드레아 델 베로키오 509
《안전 연구 저널》 458
안정성 131, 166, 172, 176~178, 202, 239,
    333~334, 388, 435~438, 444, 449~450,
    452~455
안정판 455
안할트-데사우 522
알레냐 아에르마키 사 201
뒤마, 페르, 알렉상드르 586
알로하 항공 464
알코 하이드로-항공기 회사 591
알콕, 존 41
암스트롱, 닐 113
암스트롱 한계 104
압력 207~209

압축기 54, 150~151, 297, 360~362, 412~415
압축기 실속 297, 413~414
압축성 공기 역학 261
압축성 유동장 230
압축성 흐름 257, 259~260, 482
드 라 뫼르트, 앙리 도이치 121
드 파텍, 앙트완 122
앞바퀴 326, 355, 443
앞선 깃 249
앞전 77, 162, 189, 198, 226, 242, 302~304, 328~333, 423, 449, 464, 478, 572, 582
앞전 노치 331
앞전 뿌리 확장 장치 331
앞전 슬랫 56, 348, 421, 423, 425~426, 432
앞전 장치 430
앞전 후퇴각 75, 328~329
애프터버너 F404-GE-102 터보팬 엔진 201
액정 패널 316
액주계 273~274
액체 추진 로켓 156, 531, 533, 549
앵글로 프렌치 사 161
야간 비행 43~44, 297, 493
『야간비행』 589
양력 244~246
양력 계수 145, 176, 243, 245~246, 251, 301, 305~307, 337, 431, 439
양력선 이론 312, 562
양항 극선도 246, 251
『어린 왕자』 585, 589
《어메이징 스토리즈》 586
《어스타운딩 과학 픽션》 498
에너지 보존 법칙 217~218, 223, 229~230, 233, 238
에놀라 게이 50~51
『에덴의 용』 632

에드워즈, 글렌 172
「에비에이터」 598
S-1 594
S-40 45
SR-71 블랙버드 59, 380~381, 385
에스커드릴 MS 26 23
STS-2 628
에어 미드 웨스트 446~447
에어 알제리 460
에어 인디아 익스프레스 461~462
에어 프랑스 161~163, 253
에어로마린 모델 75 43
에어로마린 웨스트 인디스 에어웨이 42
에어로스페이스 벤처 195
에어리, 존 266
에어버스 사 59~61, 64~66, 94, 295, 318, 320, 350, 355, 421~422, 428~429, 431~433
에어부산 295~296
에어캐나다 461
에어포일 17, 136, 152, 176, 180~181, 225~227, 241~243, 245, 261, 301~312, 328~329, 438, 505, 562, 570~573
에어포켓 408
에어하트, 아멜리아 594, 635~641
A-4 59, 549
A-6 59
A-37 199, 453
A300 59~61, 63~64, 320, 355, 428, 451~452
A300-600 292, 295
A310 62, 64
A318 64, 428~433
A319 64, 427~428
A320 62, 64, 292, 294, 316, 318, 320, 326, 350, 422, 427~433
A320 패밀리 64, 428~429

A321 64, 255, 350, 405, 421, 427~433

A330 62, 64~66, 292, 295, 316, 320, 429, 478, 573

A330-300 294

A340 65, 428, 464

A340-300 316

A350 95, 316

A380 35, 66, 91, 93~95, 217, 223, 244, 293~294, 316, 320, 349~350, 363~364, 379, 417, 419, 421~422, 428, 445, 573

ABC 모터스 252

AIM-9 사이드와인더 공대공 미사일 190~191, 203, 291

AIM-120 암람(AMRAAM) 미사일 190~191, 203

AH-64 아파치 597

AE 3007C1 183

H2A 로켓 115

H-ⅡA 로켓 502

He 178 150

HeS-1 엔진 150

HeS-3 제트 엔진 150

HG9550 레이다 고도계 202

HOTAS 190

HS-121 56

AT-6 텍산 616

ATB 173 .

에일러론 167, 183, 318, 332, 341, 367, 542~544, 592

에첼, 피에르 쥘 586~587

에펠, 구스타브 252, 306

F-1 커티스 수상기 593

F-4 팬텀 34, 59, 329~331

F-4E 241

F4U 콜세어 30, 611~612

F-5 59, 474

F-14 62, 363

F-15 이글 62, 158, 185~186, 189, 241, 330, 339, 363

F-15E 스트라이크 이글 34, 241

F-15K 34, 199

F-16 파이팅 팰콘 62, 185~186, 200~201, 241, 363, 595

F-18 185

F-22 랩터 67~68, 185~192, 241, 379~381

F-28 56

F-35 라이트닝Ⅱ 186, 240~241, 381

F-51 머스탱 30, 32~33

F-80 슈팅스타 33, 52

F-84 54

F-86 세이버 32~33, 54, 78, 153~154, 158~159, 626

F-86L 세이버 385

F-100 슈퍼 세이버 54, 158~159, 168~169

F-101 부두 54, 169

F-102 델타 대거 54, 168~169, 569~570

F-103 168

F-104 스타파이터 54, 169

F-105 썬더치프 54, 169

F-106 델타 다트 54, 168~169

F-117 나이트호크 172, 316, 379~381

F-117A 나이트호크 174

FW 190 30, 346

F/A-18 호넷 64, 394~395

F/A-18E/F 슈퍼 호넷 186, 329~330

FA-50 201~203

FASTSAT 501

FOD 347

엑셀시어 프로젝트 100

엑스트라, 월터 641

엑스프라이즈 재단 196

X-1 글래머러스 글레니스 75~76, 155~158, 261

X-10 339

X-37 196

X-45 175~176, 178

X-47 페가수스 176, 178

X-54 164

XB-15 48

XB-70 발키리 164

XH-17 스카이 크레인 597

XS-1 155, 157

XF-103 168

XF-11 596

N-1 로켓 556~558

N-1M 171

N-9M 171~172

《엔지니어링 뉴스》 266

엔진 나셀 323, 347~348, 421~424,
 426~428, 430, 433~434

엔진 나셀 스트레이크 348, 421~425,
 427~428, 433~434

엔진 나셀 후류 423, 426, 433

엔진 덮개 141~143, 146, 421

엔트로피 213, 233~238, 400

L.049 49

L-4 연락기 32~33

L-14 슈퍼 일렉트라 596

L188 일렉트라 594

L-1011 59~60

엘레본 167~168, 171, 177~178

엘리베이터(승강타) 37, 98, 137~138, 167,
 183, 318, 367, 370, 440, 446~447, 535,
 539, 544, 592

LIG 넥스원(주) 202

M61 벌컨포 203

M-130 44, 47~48

MD-11 62, 64, 427

MD-80 64

MD-80/90 56, 64

MIT 76, 301, 306

Me 163 코멧 167

Me 262 슈발베 30, 74, 149~153, 261

MK 에어라인 사 460

엠브라에르 사 332

여압 장치 48, 69, 105, 296, 320, 401~402,
 442, 493

역압력 구배 505, 571, 573

연료 탱크 위치 441

「연료를 최소로 소모하는 우주에서의 랑데
 부」 643

연선기법 406

연속 방정식 218, 220~221, 223, 230

열역학 제1법칙 230, 233, 238

열역학 제2법칙 233~234, 238

「열의 역학적 이론에 관해」 234

영국 왕립 폴리테크닉 연구소 130

영국 항공 학회 310

영국 해외 항공 52, 58, 69~70, 262

영상 레이다(SAR) 379

영상 레이다 매핑 191

예거, 제나 576~577

예거, 찰스 엘우드 '척' 104, 157~158, 261

예카테리나 1세 518, 522

옐로스톤 프로젝트 67

옐친, 보리스 558

오니숍터 15, 132, 509

오리온 계획 557

오베르트, 헤르만 531, 548

오일러, 레온하르트 224, 227, 517~524,
 527~528

오일러 방정식 224, 226~227, 517,
 524~525, 527

오일러-베르누이 빔 방정식 519, 523

오일러, 파울 517, 520

오자이브형 날개 162

오토, 니콜라우스 360

오티그, 레이몬드 600

옥타브 샤뉴트 상 598
온도 212~213
온도 구배 409
올드린, 에드윈 113
올려흐름 336~337, 582
와류 18, 145, 162, 302, 311, 330, 332, 339,
　388, 421, 423~425, 427~428, 432~434,
　505~506, 565
와류 발생기 331~332
와류 생성판 324, 331
Y1 67
YB-35 171~172
YF-22 186~187
YF-23 블랙위도우 186~187
와이크, 프레드 142
와트, 제임스 359
완전 기체 230~232
왕립 학회 514~515, 529
왕립 항공사(RAE) 267
왕립 항공학회 254
외측 스트레이크 348, 427, 430~433
요구동력 251
요우 345
요우각 544
요우 댐퍼 172, 368~369
요잉 모멘트 177~178, 327, 334~335
요잉 운동 171, 177~178, 369, 476
우드바 헤이지 센터 163
우리별 1호 114
『우주 로켓 열차』 536
우주 방사선 117, 460
우주 범선 496~501, 503
우주선(cosmic ray) 100
우주 왕복선 315, 557, 625, 627~628, 645
『우주 전쟁』 532
우주 점프 104, 110
『우주의 지적 생명』 632

「우주쾌속범선」 498
우편 비행 37~38, 588, 600
운동 마찰 계수 354
운항 관리사 441~442
울램스, 잭 157
워시아웃 177
워커, 조지 128
원자 폭탄 51, 612, 617
원형 아닌 엔진 흡입구 347
웨그스태프, 밥 641
웨그스태프, 패트리셔 '패티' 635,
　640~642
웨스턴 에어 익스프레스 45
《웨스트 사이드 뉴스》 538
웬햄, 프랜시스 310
웰스, 허버트 조지 532, 586
위성 항법 장치(GPS) 202, 372
윈드쉬어 493
윌로우 런 공장 30
윌리, 칼 498
윌슨 대통령 44
윙렛 183, 573, 576
유나이티드 에어라인 45, 63, 65, 147, 263
유노디에르 경주장 36
유도로 79, 82, 84, 89, 92~93
유도 받음각 337
유도 항력 170, 242, 312, 337
유동 성질 220, 223, 269, 399, 525
유럽 항공 방위 우주 산업(EADS) 365
유로리프트 프로젝트 424
유로콥터 389
유로파이터 타이푼 241, 339~340
유모 004 151~153
유분법 514
유스터스, 로버트 앨런 103
USS 델라웨어 369
USS 멤피스 601

UN 평화 금상 623
유연한 날개 구조 449
유용하중 37
유인 글라이더 16, 127, 130
『유인원 행성』 499
『유체동역학』 519
『유체 역학』 477
「유체 운동의 일반 법칙들」 524
U-2 고고도 정찰기 54, 380
유한 날개 242~243, 307, 312
융커스 사 25~26, 40, 151, 340~341
융커스 D.I 26
융커스 F.13 40~41
융커스 G.24 43
융커스 Ju 52 44~46
융커스 Ju 287 340~341
음극선관(CRT) 313
음파 209~210, 259, 397~398, 486
응력 188, 208, 258, 324, 463
『응용 공기 역학』 253
응용 공기 역학 연구실 309
응축 현상 393~396
이글 호 113
이대성 191
이륙 결심 속도 87
이륙 표준 절차 85
이륙용 보조 로켓(JATO) 566~567
이상 유체 유동 225
이스턴 에어라인 45, 61, 63
EC-135 헬리콥터 389
E&IS 레이다 경보 수신기(RWR) 189~190
ERJ 145 패밀리 332
이슬점 393, 395
『20세기 파리』 587
『20시간 40분』 638
이중 반전 프로펠러 128
이중 슬롯 플랩 429~431

2차원 저난류 가압 풍동 302, 308~310
2차원 후퇴익 이론 78
이충환 200
이카로스 502
익스플로러 1호 551
『인간의 대지』 589
인공 수평의 371
인데버 호 315
인도 우주 연구소 116
인장력 500
일렉트라 594
일류신 Il-62 331
일류신 Il-86 60
일리아 무로메츠 39
일본 우주 항공 연구 개발 기구(JAXA)
  109, 115, 502
일본 항공사 452, 640
일엽반기 26
임계 마하수 183, 261, 263, 571

자

자동 비행 368, 370~371
자동 조종 장치 367~374, 416, 462, 491
자동 지상 충돌 회피 시스템 191
자선 195, 197~198
자세 제어 128
자세계 313
『자연철학의 수학적 원리』 515
자유 낙하 97, 99, 100~103, 105~106, 110,
  215
자이로 방향계 370
자이로스코프 248, 369, 371, 533, 549
자이로컴퍼스 369~370
잔더, 프리드리히 498
잘못된 방향의 코리건 606
장거리 수송기 51, 78
장거리 중형 비즈니스 제트 181~183

장조원 328, 401, 406
「저것이 파리의 등불이다」 602
저바이패스비 57~58, 363
저속의 아음속 흐름 257, 265, 269
저아음속 268~269
저익기 43, 46, 144~145, 334
적란운 405, 417~418
전단 흐름 561
전단응력 527~528, 561
전단풍 404, 406~409
전산 유체 역학 227~228, 310
전압 265, 268, 270~271, 418, 474, 477, 487
전압공 473
전영훈 200
전익기 165~166, 170~174, 176~178, 455
전진익기 340~343
전체 항력 계수 242
전투기 입문 과정(LIFT) 289, 291
전환 속도 87
점등 항로 시스템 44
점보 여객기 59, 94
점보제트 60
정상 비행 334, 336, 339, 436
정상 선회 469
정상 수평 선회 470
정상 흐름 220
정안정성 436
정압 265
정압공 268, 274, 473, 475~477, 481, 489,
 491~494
정압관 478, 482
정압 프로브 274
정지 궤도 499
정체압력 266, 474
정풍 485~486
제너럴 다이내믹스 사 185, 595
제너럴 일렉트릭 사 201, 347

제미니 계획 113, 551
제빙 300
제스트(ZEHST) 365
제어 커나드 339
J1 26
제2차 세계 대전 29~31, 39, 45, 47, 49~52,
 73, 75~76, 146, 154, 159, 167, 171~172,
 187, 260~261, 344, 379~380, 383, 385,
 549~550, 554, 563, 566, 589, 595, 602,
 607, 609, 612~613, 614, 622
제이콥 306~307
JT8D 터보팬 엔진 58
제1세대 제트 수송기 53
제1차 세계 대전 21, 23, 29~31, 38~39,
 41, 141, 179, 245, 260, 303, 370, 544, 548,
 562, 565, 593, 600, 608, 613, 616, 636
제트 기류 102~103, 164, 278~279,
 283~284, 404, 409~410, 485
제트 엔진 55, 69, 77, 149~150, 153, 159,
 360, 365~366, 465
제트 추진 연구소 500, 566, 632
조기 실속 304, 348, 423~424, 427, 433
라그랑주, 조제프 루이 519
조종 휠 318
조종석 연기 배출 포트 319
조종성 133, 345, 435~436, 440
조지 샌드 586
존 글렌 연구 센터 627
존스, 로버트 75
종단 속도 102
좌굴 564
주날개 37, 56, 58, 139, 151, 201, 347, 433,
 441, 449, 453~455
주로터 388~389
주비행 상태 표시창(PFD) 487
주콥스키, 니콜라이 예고로비치 226, 311,
 343, 553

주피터-C 550
준 1차원 유동 220
준궤도 우주선 197
준사고 460
메디치, 줄리아노 데 511
중국 동방 항공 65
「중량, 날개 면적 또는 동력의 변화에 따른 효과 및 비행기 성능 추정에 대한 신뢰성 있는 공식」 254
중앙 항공기 제조 회사(CAMCO) 610
중폭격기 45, 172
중화 항공 415
지구 궤도 랑데부(EOR) 644
『지구 속 여행』 587
『지구에서 달까지』 587
지면 효과 336~337
지배 방정식 227~228
GBU-39 소형 정밀 관통탄(SDB) 191
지상 속도 480, 484
지상 접근 위협 경보 장치(EGPWS) 462
지시 대기 속도(IAS) 320, 473, 479~480
지역 항법(RNAV) 279
진대기 속도(TAS) 473, 483, 486
진에어 295
질량 207, 213, 217
질량 보존 법칙 217~223

차

차단 기어 23
차이나 클리퍼 47
착륙 장치 44
착륙횟수 357
착빙 479, 492
찬드라얀 1호 116
찰스 오거스터스 2세 602
창어 1호 116
챌린저 호 628

천리안 115
천음속 49, 74, 155, 270, 309, 563, 566, 569, 571~572
천이층 559
청천 난류(CAT) 403~404, 408~416
체스트 팩 106
체액 비등 104
체펠린 24, 26, 564
체펠린 LZ.37 25
초고바이패스비 364
초기 날개 실속 427
초두랄루민 27~28
초음속 항공기 201, 328, 401, 488
초음속 62, 73, 97, 103, 104, 158, 164, 169, 191, 257, 272, 328~329, 393, 395, 397, 400~401, 563, 566
초음속기 164, 167, 200, 263, 340
초임계 날개 569
초임계 에어포일 183, 309, 571~573
초초두랄루민 27
초킹 261
최고 영웅상 623
최대 양력 180, 303, 307, 573
최대 양력 계수 302, 305, 421, 423, 431~433, 439
최재승 292
최저 직항로 고도(MORA) 296
최저 항공로 고도(MEA) 278, 296
「최후의 만찬」 510
추력 대 중량비 189, 240~241
추력 대 질량비 500
추력 편향 노즐 191
추진력 128
축 150
출발 와류 505~506
충격파 현상 393~394, 397, 401, 487
층류 에어포일 308

치올콥스키, 콘스탄틴 498, 534~536
7×7 465

카
카레, 미셀 586
카르노, 사디 360
카르만 와열 559, 565
카르만 운동량 적분 565
카르만-폴하우젠의 경계층 563
카르티에, 루이 123
카멜, 숍위드 305
카엠페, 헤르만 안슈츠 369
카펀-브레게 항속 거리 방정식 254
칼리타 에어 460
칼슨, 얀 349
캄차카 항로 282~283, 459
캐더린 라이트 상 641
캐세이 퍼시픽 460
캐터펄트(사출기) 541~542
캘리포니아 공과 대학 144
캠버 137, 176, 245, 307, 312, 562, 572
커나드 37, 137~139, 169, 323, 338~340,
    342~343, 575
커티스, 글렌 542~543
커티스-라이트 사 544, 608
커티스 엔지니어링 사 254
커티스 콘도르II 146
커티스 JN-4 제니 38, 600, 603
컨베어 사 169
컨스텔레이션 594
컬럼비아 호 628
케네디, 존 F. 112, 551
k값 539
KC-10 426
KC-100(나라온) 290
KF-16 34, 199
KF-X 381

KFP 사업 200
KLM 147
KLM 79, 81~89
KT-1 290
KTX-2 200
케일리, 조지 15~16, 127~130, 251,
    301~302, 538
케플러, 요하네스 497, 503, 513
켈렛 오토자이로 회사 597
켈렛, 월레스 597
켈리 법안 43
켈빈 온도 212
켈빈, 톰슨 윌리엄 529
코롤료프, 세르게이 547, 551, 553~558
코리건, 더글러스 603~606
코멧 52, 69~72, 167, 262
코멧 유형 고장 72
코브라 기동 191~192
『코스모스』 499, 631~632
코스모스 1호 499, 501
코시, 어거스틴 루이 526
코안다, 앙리 244, 581
코안다 효과 244, 582
코크란, 재키 158
콘래드, 찰스 113
『콘택트』 632
콘티넨탈 항공사 639
콜간 에어 460
콜리에 트로피 158, 182, 187, 570, 577, 597
콜린스, 마이클 113
콩코드 61~62, 161~163, 169, 182, 263,
    273, 354
「콩코드기의 충돌」 162
쿠바나 항공사 148
쿠타 311
쿠타 조건 506
쿨비트 192

큐브셋 118, 501, 503
큐브세일 503
크로스에어 Bae 146 460
크로스필드, 앨버트 스콧 158
클라우지우스, 루돌프 233~235
클라크 궤도 499
클라크, 아서 498~499
클러스터 로켓 방식 556
클리블랜드 비행 대회 157
클리퍼 45, 47~48
키팅거, 조지프 윌리엄 99~101, 103, 105, 108~109

타
『타임머신』 586
탁월한 비행사 상 641
탄산 엔진 132
「탄성 고체의 거동 및 평형 상태, 그리고 유체 운동의 내부 마찰의 이론에 관해」 528
탑승 수속 444
태양 돛 496, 498~501, 503
태양풍 209, 497~501, 503
태평양 횡단 비행 48
태평양 횡단 항로 282
터보제트 52, 54, 56, 58, 69, 149, 360~363, 365, 465
터보팬 54~59, 67, 180, 183, 195, 332, 347~348, 360~365, 413~414, 422, 426, 465
터보프롭 290, 308, 361~362, 446
터키 항공 65
테네리페 참사 79, 88~90
테레슈코바, 발렌티나 619, 621~623, 627
테일러, 찰리 539
토크 209, 247~248, 388, 497
톨민, 발터 563
톨민-쉴리히팅파 563

톱니 323, 329~333
『투명인간』 586
투폴레프, 안드레이 56, 553
트라이모터(엔진3기) 27~28, 42, 45, 93, 142
트랜스 월드 항공사(TWA) 45~46, 144, 147, 262, 596
트랜스컨티넨탈 45
트렌트 900 터보팬 엔진 364
트렌트 1000 터보팬 엔진 451
트리밍 346
특별 공로 메달 645
특별 의회 금메달 598
T-33A 고등 훈련기 52
T-38 199
『T-50 끝없는 도전』 200
T-50 골든 이글 199~204, 290~291, 492
T-50B 202~204
T-59 호크 199
T-103 290
티베츠, 폴 51
TRW 115
TA-50 202~203, 291
Tu-104 52
Tu-134 56
Tu-144 62, 163, 169, 340
Tu-154 56, 299
T자형 꼬리 날개 323, 333, 335~337
티타늄 합금 59
틴 구스 27, 42

파
파라곤 우주 개발사 103
파르망 F.60 골리앗 40
파머, 아놀드 182
파슨스, 잭 566
파이어니어 4호 111

파이퍼 체로키 316
『파일럿의 진로탐색 비행』 292
파일론 53, 77, 203, 327, 332, 347~348,
    422~428, 433, 465
판데르발스 방정식 231~232
판데르발스, 요하네스 디데릭 231
「80일간의 세계일주」 195
『80일간의 세계일주』 587
패러데이, 마이클 419
패콧(PACOTS) 282, 452
팬암 사 45, 47~48, 53, 59, 79, 81~86,
    88~89, 94, 263, 465
팰콘1 501
퍼나스, 찰스 542
퍼시픽 항공사 69
퍼텐셜 유동 225, 561
퍼트넘, 조지 637~639
페고, 아돌프 23
페네뮌데 548~550, 554, 619
페더드 대기권 재진입 시스템 198
페루 항공 493
페미나 상 589
페어차일드 인더스트리 552
페일-세이프 464
평균 공력 시위(MAC) 440
평균 캠버선 180, 307
평판 244, 246, 331, 395~396, 539, 562,
    580~582
포드 사 27, 30, 602
포드 트라이모터 27~28, 42, 142
포디드 엔진 53, 77, 151, 465
포미리오 복엽기 38
포브스, 다니엘 172
포스트, 윌리 594
포커 사 42, 638
포커 트라이 모터 42, 638
포커 Dr-1 305

포커 DR-VII 306
포커 E 전투기 24
포커 F.VII b/3m 42
포커, 앤서니 24, 42
포케불프 FW 189 라마 345~346
포케불프 FW 190 30
포케불프 FW 200 콘도르 46
포화 곡선 396
폰 라이프니츠, 고트프리트 빌헬름 515
폰 리히트호펜, 만프레트 305
폰 브라운, 바론 마그누스 547
폰 브라운, 베르너 534, 536, 547~552, 558,
    654
폰 오하인, 한스 149~150, 360
폰 카르만 유체 역학 연구소 567
폰 카르만 적분 방정식 559
폰 카르만, 테오도르 76, 144, 312, 559,
    564~567
폴하우젠, 칼 563
표면 마찰선 424
표면 마찰에 의한 대수 법칙 565
표면 마찰 테스트기 299
표면 부착 효과 581
표트르 2세 522
표트르 대제 521~522
푸가초프의 코브라 191~192
푸리에, 조제프 526
푸셔형 비행기 166
폴코보 항공 60
풍동 74, 78, 136~137, 144~145, 245, 252,
    261, 267, 301~310, 401, 426~427, 430,
    535, 539, 565, 569~570
풍동 저울 308
《프라우다》 557
프란틀, 루트비히 73, 144, 245~246, 303,
    306, 311~312, 512, 559, 561~564, 572
프란틀-글라워트 법칙 563

프란틀-메이어 팽창파 이론 563
프랑수아 1세 511~512
프랑스 정부 훈장 639
프랫 & 휘트니 58, 189, 196, 639
프렌드십 7호 626
프로브 272, 274~275
프로젝트 1065 151
프로펠러 22~24, 43~46, 50, 52, 94, 128,
  137, 141~142, 144, 150, 166, 179, 211,
  253, 260, 262~263, 344, 362, 387, 540
프리덤 7호 551
프리드리히 대왕 522~523
『프린키피아』 515
플라이 바이 와이어 62, 64, 178, 202,
  317~318
플라이어 A 37
플라이어 호 36~37, 137~140, 338~339,
  540~541, 543
플라이어 호 IV 330
플라이트 디렉터 368
플라잉 나이츠 616
플라잉 타이거즈 607~610
플라츠, 라인홀트 42
플랑크, 막스 564
플래핑 날개 16, 132
플랩 56, 178, 255, 260, 318, 426, 481
플랫 스핀 100~101, 106
플로이드 베넷 필드 605
P-38 라이트닝 30, 187, 589, 616
P-39 에어라코브라 157
P-40 전투기 609
P-40B 워호크 608
P-80 슈팅 스타 617
P-80A 617
P-팩터 345
피로 균열 52, 71~72
피로 위험 관리 시스템(FRMS) 457,

462~463
피마 항공 우주 박물관 385
피스톤 엔진 49, 137, 141
PCA-2 오토자이로 638
《피지컬 리뷰》 497
피치 174, 177~178, 189, 337, 446
피치각 44, 131, 544
피칭 모멘트 78, 139, 250, 308, 337,
  454~455
피칭 운동 176, 339, 454
피토관 266~271, 274, 308, 474~482,
  489~492
「피토관에 관한 노트」 266
「피토관의 유래와 이론」 266
「피토관의 조사」 267
피토, 앙리 266, 477
피토-정압관 265, 270, 272~273, 320,
  473~476, 479, 487, 489
필레트 141, 145~146
필리핀 클리퍼 47
필립, 장 아드리앙 122
필립스, 호라시오 302
필처, 퍼시 133
펫케언 638

하
『하늘에 도달』 615
『하늘에 도전하다』 292, 328, 379, 401, 511,
  515, 517
하늘의 퍼스트 레이디 639
하니웰 H-764G 202
하몬 트로피 597
하반각 334
하와이 클리퍼 47
하워드 휴즈 의학 연구소 597
하위헌스, 크리스티안 524
하이브리드 로켓 195~197

하인켈, 에른스트 29, 150
한계 속도 528
한국항공대학교 289, 309, 474
한국항공우주산업(주)(KAI) 199~200,
　204, 290~291, 389
한국항공우주연구원 115, 117~118
《한국항공우주학회지》 401
한국항공운항학회 19
한국형 전투기 개발(KF-X) 사업 204
한트만, 엠마누엘 523
항공 기관사 88, 314
『항공 기술의 기초로서 새의 비행』 16
『항공 비행』 311
항공 우주 연구 개발 자문단(AGARD) 567
항공 우주 정비 및 재생 그룹(AMARG)
　384~385
항공 우주 정비 및 재생 센터(AMARC)
　383~384
항공 우편 37~38, 43, 48, 600
항공 의학 학교 216
항공 정보 간행물(AIP) 284
항공 클럽 620
항공 항행 계획 284
『항공기 어떻게 나는가』 328
항공기 운항 절차 285
『항공의 기초로서의 새의 비행』 246
항력 감소 효과 75
항력 발산 마하수 263, 484, 486, 570~571
항법사 601, 639
항적 난기류 405~407, 452
항행 성능 기준(RNP) 278
『해더러스 선장의 모험』 587
『해석 역학』 519
『해저 2만 리』 587
핵탄두 미사일 550
핸들리 페이지 O/400 39
행성 학회 499, 501

허브스트 기동 191
허시 키트 56
허프먼 목장 36, 541~542
허프먼, 토랜스 541
헤이즈, 프레드 113
헨슨, 윌리엄 130
헬륨-3 116
헬리콥터 128, 249, 387~389, 500, 509,
　565, 597
「현대 유체 역학의 항공학 응용」 312
협폭 동체 53~54, 56, 347, 465
혜성 69, 209, 497, 500, 523
『혜성』 632
호르텐 형제 170
호르텐 Ho 229 171, 380
호커 850XP 332
호커 비치크래프트 332
호커 시들리 사 330
호커 허리케인 614
호커 헌터 330
호킹, 스티브 193
「혹성 탈출」 499, 586
혹스, 프랭크 637
화이트 나이트 195~196, 575
화이트 나이트 투 194~197
환태평양 항로 비행 48
활공비 298
활주로 마찰 테스트 299
회전 실속 413~415
회전 현상 335
회전계기(RPM) 414
회항 시간 연장 운항(EDTO) 280
후기연소기 189
후류 308, 330, 333, 336, 406, 423, 470, 505
후버, 허버트 639
후볼트, 존 643~646
후크의 법칙 258

후퇴각 54, 73~78, 156, 176, 178, 183, 201,
   323, 326~329, 340
후퇴익 33, 52~53, 73~78, 151, 156~157,
   166, 181, 329, 340~343, 465, 563
휘트콤, 리처드 토니 309, 569~570, 573
휘틀, 프랭크 149, 360
휴이트-스페리 자동 비행기 370
휴이트, 피터 371
휴즈 공구 회사 596
휴즈 H-1 레이서 596
휴즈 H-4 허큘리스 스프루스 구스 596
휴즈, 주니어, 하워드 591, 595~598
휴즈 항공기 회사 596~597
흐름 분리 145, 302, 305, 412~413,
   422~426, 431~433, 570~571, 573
흐름각 412~414
히틀러 46, 152, 548~549
힌지 162

비행의 시대

1판 1쇄 펴냄 2015년 6월 12일
1판 9쇄 펴냄 2023년 5월 15일

지은이 장조원
펴낸이 박상준
펴낸곳 (주)사이언스북스

출판등록 1997. 3. 24.(제16-1444호)
(06027) 서울특별시 강남구 도산대로1길 62
대표전화 515-2000, 팩시밀리 515-2007
편집부 517-4263, 팩시밀리 514-2329
www.sciencebooks.co.kr

ISBN 978-89-8371-717-7 03400